建筑电气

（第三版）

主　编　魏金成
副主编　顾　薇

重庆大学出版社

内容简介

本书详细地介绍了建筑电气的基本内容和基本设计方案。全书共分10章,内容包括建筑电气的概述、建筑电气的电工与电子技术基础、电力系统、施工工地供配电线路、室内供配电线路、建筑照明设计、接地接零与防雷、智能建筑的电气系统、总体建筑电气设计,每章附有适量的例题和习题。

本书力求实用,尽量地避免烦琐的理论推导,尽量做到深入浅出。全书采用最新国际符号、新设备和新技术规程。内容适用范围比较宽,力求达到实用、适用、好用的目的。

本书可作为高等院校建筑工程和电气工程专业的教材,也可供有关工程技术人员学习参考。

图书在版编目(CIP)数据

建筑电气/魏金成主编.—3版.—重庆:重庆大学出版社,2013.6(2024.1重印)
土木工程专业本科系列教材
ISBN 978-7-5624-2384-3

Ⅰ.①建… Ⅱ.①魏… Ⅲ.①房屋建筑设备—电气设备—高等学校—教材 Ⅳ.①TU85

中国版本图书馆CIP数据核字(2013)第115877号

建筑电气
(第三版)
主 编 魏金成
副主编 顾 薇
责任编辑:曾显跃 版式设计:曾显跃
责任校对:任卓惠 责任印制:张 策
*
重庆大学出版社出版发行
出版人:陈晓阳
社址:重庆市沙坪坝区大学城西路21号
邮编:401331
电话:(023) 88617190 88617185(中小学)
传真:(023) 88617186 88617166
网址:http://www.cqup.com.cn
邮箱:fxk@cqup.com.cn(营销中心)
全国新华书店经销
POD:重庆新生代彩印技术有限公司
*
开本:787mm×1092mm 1/16 印张:17.25 字数:431千
2013年6月第3版 2024年1月第18次印刷
ISBN 978-7-5624-2384-3 定价:49.80元

土木工程专业本科系列教材
编审委员会

前　言

建筑业是我们国家的重要产业。建筑电气是现代建筑的重要组成部分，现在经常提到智能建筑，从某种角度讲，它在很大程度上要依赖于建筑电气。建筑电气是现代电气技术与现代建筑的巧妙集成，它是一个国家建筑产业状况的具体表征。

建筑电气与建筑有着密不可分的关系，其具体地体现在对建筑的设计、布置和构造，建筑的功能和规模，建筑的管理和安全等各方面产生重要的影响。因此，对从事建筑设计、电气工程专业等人员来说，建筑电气是必备的一门技术。

目前，在建筑电气中某些专门内容的书籍日渐增多，但比较系统地介绍建筑电气的书籍仍显不足，特别是能够做到深入浅出，理论联系实际，文字简练，图文并茂，适合于教学的书籍就更少。作者根据自己多年从事建筑电气技术及相关课程教学的经验，编写成书，希望所编写的《建筑电气》教材能够得到广大读者的喜爱。

本书编写的目的是尽可能使读者从中得到比较深入的基础知识，全面而系统地获得建筑电气设计的基本内容和基本设计方法，以利于今后从事工程设计和技术工作，并能得到一些技术设计和施工的实用资料。

本书在编写过程中参阅了许多文献，其中大部分作为参考书目已列于书末，以便读者进一步查阅有关资料，同时谨对原作者表示感谢。

本书由西华大学魏金成担任主编，并编写了第1、10章；贵州工业大学顾薇担任副主编，并编写了第4、9章；昆明理工大学杨建林编写了第6、7、8章；西华大学钟小凡编写了第2、3、5章；全书由魏金成统稿。

本书由董秀成教授担任主审，此外，在编写过程中还得到了杨洪、余建华和周明等同志的大力帮助；同时，还得到了朱彦鹏教授的指导，谨在此向他们表示诚挚的谢意。

由于作者水平有限，书中难免存在某些缺点和错误，恳请读者批评指导。

编　者

2013年4月

目录

第1章 建筑电气概述

1.1 研究建筑电气的意义及建筑电气系统的组成

1.1.1 研究建筑电气的意义

建筑电气是以电能、电气设备和电气技术为手段,创造、维持与改善室内空间的电、光、热、声环境的一门科学。随着建筑技术的迅速发展和现代化建筑的出现,建筑电气所涉及的范围已由原来单一的供配电、照明、防雷和接地,发展成为以近代物理学、电磁学、无线电电子学、机械电子学、光学、声学等理论为基础的应用于建筑工程领域内的一门新兴学科。而且还在逐步应用新的数学和物理知识结合电子计算机技术向综合应用的方向发展。这不仅使建筑物的供配电系统、保安监视系统实现自动化,而且对建筑物内的给水排水系统、空调制冷系统、自动消防系统、保安监视系统、通信及闭路电视系统、经营管理系统等实行最佳控制和最佳管理。因此,现代建筑电气已成为现代化建筑的一个重要标志;而作为一门综合性的技术科学,建筑电气则应建立相应的理论和技术体系,以适应现代建筑电气设计的需要。

1.1.2 建筑电气系统的组成

利用电工技术、电子技术及近代先进技术与理论,在建筑物内外人为创造并合理保护理想的环境,充分发挥建筑物功能的一切电工、电子设备的系统,统称为建筑电气。

各类建筑电气系统虽然作用各不相同,但它们一般都是由用电设备、配电线路、控制和保护设备三大基本部分所组成。

用电设备如照明灯具、家用电器、电动机、电视机、电话、喇叭等,种类繁多,作用各异,分别体现出各类系统的功能特点。

配电线路用于传输电能和信号。各类系统的线路均为各种型号的导线或电缆,其安装和敷设方式也都大致相同。

控制、保护等设备是对相应系统实现控制保护等作用的设备。这些设备常集中安装在一起,组成如配电盘、柜等。若干配电盘、柜常集中安装在同一房间中,即形成各种建筑电气专用房间，如变配电室、共用电视天线系统前端控制室、消防中心控制室等。这些房间均需结合具体功能，在建筑平面设计中统一安排布置。

1.2 建筑电气设备的分类

建筑电气设备按其不同性质与功能来分，种类繁多，这里不一一列举。下面仅从建筑电气设备在建筑中所起的作用和专业属性来分类。

1.2.1 根据在建筑中所起的作用不同来分类

可将建筑电气中的设备大致分为如下4类：

①创造环境的设备　为人们创造良好的光、温湿度、空气和声音环境的设备，如照明设备、空调设备、通风换气设备、广播设备等。

②追求方便的设备　为人们提供生活工作的方便以及缩短信息传递时间的设备，如电梯、通讯设备等。

③增强安全性的设备　主要包括保护人身与财产安全和提高设备与系统本身可靠性的设备，如报警、防火、防盗和保安设备等。

④提高控制性及经济性的设备　主要包括延长建筑物使用寿命、增强控制性能的设备，以及降低建筑物维修、管理等费用的管理性能的设备，如自动控制设备和电脑管理。

1.2.2 根据建筑电气设备的专业属性来分类

可将建筑电气中的设备大致分为如下8类：

①供配电设备　如变电系统的变压器、高压配电系统的开关柜、低压配电系统的配电屏与配电箱，二次回路设备，发电设备等。

②照明设备　如各种电光源。

③动力设备　各种靠电动机拖动的机械设备，如吊车、搅拌机、水泵、风机、电梯等。

④弱电设备　如电话、通讯设备、电视及CATV、音响、计算机与网络、报警设备等。

⑤空调与通风设备　如制冷机泵、防排烟设备、温湿度自动控制装置等。

⑥洗衣设备　如湿洗及脱水机、干洗机等。

⑦厨房设备　如冷冻冷藏柜、加热器、自动洗刷机、清毒机、排油烟机等。

⑧运输设备　如电梯、运输机、文件及票单自动传输设备等。

1.3 建筑电气系统的分类

建筑电气系统一般由用电设备、供配电线路、控制和保护装置三大基本部分组成，由上述三大基本部分的性质不同，可以构成种类繁多的各种建筑电气系统。因此，详尽地对建筑电气系统进行分类是很困难的。但从电能的供入、分配、传输和消耗使用来看，全部建筑电气系统可分为供配电系统和用电系统两大类。而根据用电设备的特点和系统中所传递能量的类型，又可将用电系统分为建筑照明系统、建筑动力系统和建筑弱电系统三种。

1.3.1　建筑的供配电系统

接受发电厂电源输入的电能，并进行检测、计量、变压等，然后向用户和用电设备分配电能的系统，称为供配电系统。一般供配电系统包括：

(1)一次接线(主接线)

直接参与电能的输送与分配，由母线、开关、配电线路、变压器等组成的线路，这个线路就是供配电系统的一次接线，即主接线。它表示电能的输送路径。一次接线上的设备称为一次设备。

(2)二次接线(二次回路)

为了保证供配电系统的安全、经济运作以及操作管理上的方便，常在配电系统中装设各种辅助电气设备(二次设备)，例如电流互感器、电压互感器、测量仪表、继电保护装置、自动控制装置等，从而对一次设备进行监视、测量、保护和控制。通常把完成上述功能的二次设备之间互相连接的线路就称为二次接线(二次回路)。

供配电系统作为向用电设备提供电能的路径，其质量的好坏直接影响着整个建筑电气系统的性能和安全，因此对供配电系统的设计应引起高度重视。

1.3.2　建筑的用电系统

(1)建筑电气照明系统

将电能转换为光能进行采光，以保证人们在建筑物内外正常从事生产和生活活动，以及满足其他特殊需要的照明设施，称为建筑电气照明系统。它由电气系统和照明系统组成。

①电气系统　它是指电能的产生、输送、分配、控制和消耗使用的系统。它是由电源(市供交流电源、自备发电机或蓄电池组)、导线、控制和保护设备与用电设备(各种照明灯具)组成。

②照明系统　它是指光能的产生、传播、分配(反射、折射和透射)和消耗吸收的系统。它是由光源、控照器、室内空间、建筑内表面，建筑形状和工作面等组成。

③电气和照明系统的关系　电气和照明两套系统，既相互独立，又紧密联系。因此，在实际的电气照明设计中，一般程序是根据建筑设计的要求进行照明设计，再根据照明设计的成果进行电气设计，最后完成统一的电气照明设计。

(2)建筑动力系统

将电能转换为机械能以拖动水泵、风机等机械设备运转，为整个建筑提供舒适、方便的生产与生活条件而设置的各种系统，统称为建筑动力系统，如供暖、通风、供水、排水、热水供应、运输系统。维持这些系统工作的机械设备，如鼓风机、引风机、除渣机、上煤机、给水泵、排水泵、电梯等，全部是靠电动机拖动的。因此，建筑动力系统实质就是向电动机配电，以及对电动机进行控制的系统。

1)电动机的种类及在建筑中的应用

电动机的种类如表1.1所示。

同步电动机构造复杂、价格太贵，在建筑动力系统中很少采用。

直流电动机构造也较复杂、价格太贵，而且需要直流电源，因此，除在对调速性能要求较高的客运电梯上应用外，其他场所也很少应用。

异步电动机构造简单，价格便宜，启动方便，在建筑动力系统中得到广泛应用，其中鼠笼式用得最多。当启动转矩较大，或负载功率较大，或需要适当调速的场合，采用绕线式异步电动机。

表 1.1 电动机分类表

<table>
<tr><td colspan="7">电 动 机</td></tr>
<tr><td colspan="3">交流电动机</td><td colspan="4">直流电动机</td></tr>
<tr><td rowspan="2">同步电动机</td><td colspan="2">异步电动机</td><td rowspan="2">它激式
直流电动机</td><td colspan="3">自激直流电动机</td></tr>
<tr><td>鼠笼式</td><td>绕线式</td><td>串激式</td><td>并激式</td><td>复激式</td></tr>
</table>

2）电动机的控制

电动机控制通常可分为两种：人工控制和自动控制。

①当电机功率较小，且允许现场直接控制时，靠人直接操纵执行设备（如刀闸等）实现为电动机配电，这种方式称为刀闸控制，或称人工控制。

②当电动机功率较大，靠人直接控制不太安全时，或当电动机距被控设备太远无法就地直接控制时，或需要远距离集中控制时，就需要采用自动控制方式。自动控制方式中采用最广泛的是继电器接触器控制方式或可编程逻辑控制器（PLC）控制方式。

（3）建筑弱电系统

电能为弱电讯号的电子设备，它具有讯号准确接收、传输和显示，并以此满足人们获取各种信息的需要和保持相互联系的各种系统，统称为建筑弱电系统，如共用电视无线系统、广播系统、通讯系统、火灾报警系统、智能保安系统、综合布线系统、办公自动化等。

随着现代建筑与建筑弱电系统的进一步融合，智能建筑也随之出现。因此，建筑物的智能化的高低取决于它是否具有完备的建筑弱电系统。

习 题

1.1 建筑电气系统的基本组成是什么？

1.2 建筑电气设备按其在建筑中的作用可分为哪几类？

1.3 建筑电气设备按其专业属性可分为哪几类？

1.4 建筑电气系统由哪几部分组成？

1.5 供配电系统一般包括哪几部分？

1.6 建筑用电系统可分为哪几类？

第2章
建筑电气的电工技术基础

本章的前半部分介绍电路的基本概念和基本定律,然后着重阐述直流电路和交流电路的基本分析方法,这些电工的基本理论和基本知识贯穿于整个用电领域,所以通过对本章的学习,应该掌握好分析电路的基本方法,为后续内容的学习打下基础。

本章的后半部分介绍一些常用电气设备,如变压器、电动机、接触器、继电器等及其控制系统,这些设备都是在建筑施工及供配电中常用的电气设备,所以对这些设备的构造及其原理的了解,有助于施工过程中安全合理的使用。

2.1 电路的基本概念及基本定律

2.1.1 电路的基本概念

(1)电路的组成及作用

电流所流经的通路就称为电路。电路是为实现能量的传输和转换,或者为实现信号的传递和处理而将电气元件或设备组合而成的系统总称。

组成电路的系统可大可小,有的简单有的复杂,其形式多种多样,但通常都由电源、负载以及连接电源与负载的中间环节组成。

电源是将非电能量转换为电能的设备,如发电机、电池、整流电源等,它是电路运行的能量源泉。

负载是将电能转换为非电能的设备或元件,如电灯、电动机、电炉、扬声器等,它是电路中消耗能量的装置。

中间环节是传送、分配和控制电能的部分,它包括连接电源与负载的所有开关、导线、保护设备以及复杂的网络或系统。

如图2.1所示是一个最简单的照明电路,它由电源E、灯泡D、开关K及连接导线组成,当开关K闭合时,电路中就有电流流过,电灯D发光,将电能转换为光能和热能。

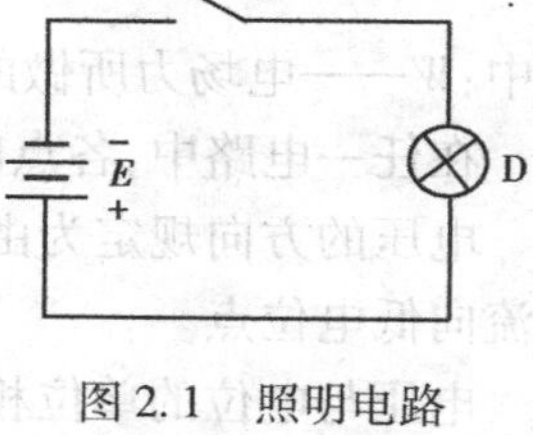

图2.1 照明电路

(2)电路的基本物理量

1)电流

电荷的定向运动形成电流。正电荷运行的方向被规定为电流的方向。

电荷的多少叫电量,用 q 来表示。如果在一个极小的时间 dt 内,通过横截面为 S 的导体的电量为 dq,那么流过这节导体的电流为:

$$i = \frac{dq}{dt}$$

电流就是流过导体横截面的电量对时间的变化率,只有当这个变化率存在时才有电流,也就是要有电荷的移动才会有电流。

如果电流的方向和大小都不随时间变化,即在任一时间通过导体横截面的电量都相同,则 dq/dt 为常数,这种电流就称为恒定电流,即直流,用 I 表示。对直流电来说

$$I = \frac{Q}{t}$$

电量的单位是库仑(C),电流的单位是安培(A)。在 1 秒钟内通过导体横截面的电量为 1 库仑时,则导体内的电流为 1 安培。

在计量微小电流时,常用的单位为毫安(mA)或微安(μA)。

$$1\,\text{mA} = 10^{-3}\,\text{A}$$

$$1\,\mu\text{A} = 10^{-6}\,\text{A}$$

2)电位

电路中某一点 A 的电位 V_a 在数值上等于将单位正电荷自该点沿任一路径移动到参考点电场力所做的功。所以电位是一个相对的物理量,任意一点的电位都是相对于参考点而言的,在确定电路中各点电位时,首先应当选择好参考点。参考点的选择原则上是任意的,以方便为原则,通常选接地点为参考点,用符号“⊥”表示。

参考点选定以后,就可以以参考点为零电位点对其余各点的电位进行惟一的、单值的确定,比参考点电位高的电位为正,正值越大电位越高,比参考点电位低的电位为负,负值越大电位越低。

3)电压

A、B 两点之间的电位差就是这两点间的电压 U_{ab},即将单位正电荷从 A 点移动到 B 点电场力所做的功。

$$U_{AB} = \frac{W}{q}$$

$$U_{AB} = V_A - V_B$$

式中:W——电场力所做的功。

在任一电路中,各点的电位虽然都是相对量,但两点间的电压却是绝对惟一的。

电压的方向规定为由高电位点指向低电位点,而在电场力的作用下,正电荷正是从高电位点流向低电位点。

电压与电位的单位相同,都是伏特(V)。1 伏特的含义是:将 1 库仑电荷从一点移动到另一点时电场力所做的功如果是 1 焦耳(J),则该两点间的电压就为 1 伏特。

另外有:

$$1\text{kV} = 10^3 \text{ V}$$
$$1\text{mV} = 10^{-3} \text{V}$$
$$1\mu\text{V} = 10^{-6} \text{ V}$$

4) 电动势

如果将电路中电位不同的 A、B 两点用导体连接起来，正电荷就会在电场力的作用下由高电位的 A 点流向低电位的 B 点，这样 A 点的电位会逐渐降低，而 B 点的电位则会逐渐升高，那么 A、B 间的电位差就将逐渐减小至零，这样就无法维持电流在导体中的流动。为了维持电流的流动，就必须使在低电位的 B 点上增加的正电荷经另一路径流向高电位的 A 点，所以必须借助电源，让电源内部的电源力把正电荷从低电位的 B 点拉向高电位的 A 点，这时电源力就对正电荷做了功，而电源力对电荷做功能力的大小就用电动势来衡量。电源的电动势 E_{BA} 等于电源力把单位正电荷从低电位的 B 点经电源内部移动到高电位的 A 点所做的功。

$$E_{BA} = \frac{W}{q}$$

式中：W——电源力所做的功。

电动势的方向规定为在电源内部由低电位点指向高电位点，与电压降的方向刚好相反，所以在电源内部，电流与电动势同方向而与电压的方向相反。

电动势的单位与电压相同，都是伏特（V）。对于大小和方向都不会变化的直流电动势，用 E 表示，如果电动势的大小和方向会随时间的变化而变化，则为交流电动势，用 e 表示。

5) 电功率与电能

由于电路的主要作用之一是实现电能的传输和转换，所以在分析电路时，除了要进行电流、电压的计算外，还应对电路中的能量消耗与转换有所认识。

①电功率

电功率是描述单位时间内电场力所做的功的物理量，所以有：

$$P = W/t$$

由于　$U = W/q \qquad I = q/t$

因此　$P = UI$

引用欧姆定律，可得出负载电阻 R 消耗的电功率：

$$P = I^2R = \frac{U^2}{R}$$

功率的单位是瓦特（W），除了瓦特外，还可用千瓦（kW）或毫瓦（mW）作单位。

$$1 \text{ kW} = 10^3\text{W}$$
$$1 \text{ mW} = 10^{-3}\text{W}$$

②电能

电能是指一段时间内电路所消耗（或产生）的能量。

$$W = Pt$$

电功率是描述设备单位时间内用电或发电能力的物理量，而电能则能说明设备在一段时间内的用电量或发电量。

电能的常用单位为“度”。

1 度 = 1 千瓦 × 1 小时 = 1 千瓦小时 = 1kW · h

如1千瓦的电阻炉使用1小时所消耗的电能为1度，而40瓦的白炽灯点亮25小时所消耗的电能也为1度。

2.1.2 电流和电压的参考方向(正方向)

在分析实际电路时，往往难以确定在某个元件或某条支路上电流或电压的方向，这时为使分析和计算能得以进行，就引入了参考方向或称正方向的概念。参考方向的选择是任意的，可以与实际方向相同，也可以相反，但当参考方向选定以后，电流和电压的值就有了正负之分。

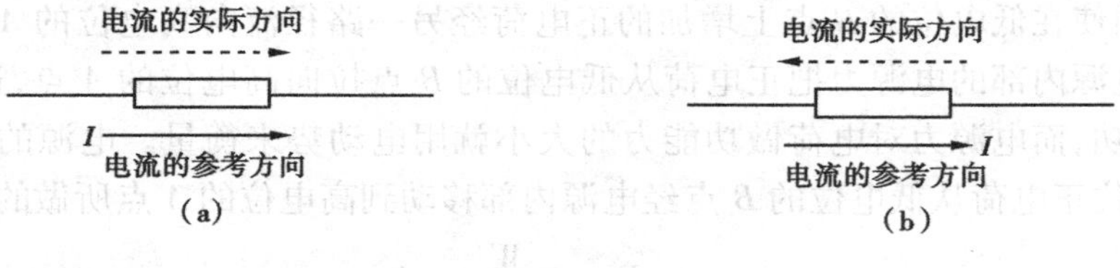

图2.2 电流的参考方向与实际方向

(a)$I>0$;(b)$I<0$

电流的方向在电路图中用箭头表示。当电流的参考方向与实际方向一致时，电流的值为正，当参考方向与实际方向相反时，电流的值为负，如图2.2所示。

电压的方向在电路图中可用箭头表示，也可用“+”“-”来表示，如图2.3所示。同样，当电压的参考方向与实际方向一致时，电压的值为正，当参考方向与实际方向相反时，电压的值为负。

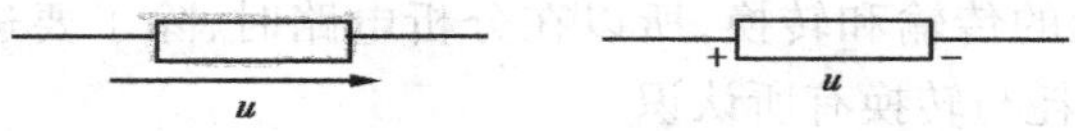

图2.3 电压方向的两种表示方法

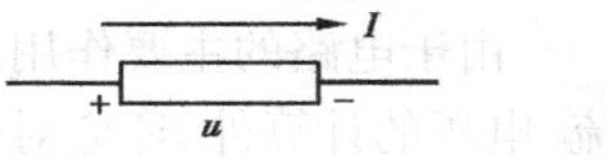

图2.4 电压电流的关联参考方向

在同一个元件或同一条支路上，电压与电流的参考方向可以相同，称为关联参考方向，也可以不同，称为非关联参考方向，但为了分析方便，通常选择电流与电压的关联参考方向，如图2.4所示。

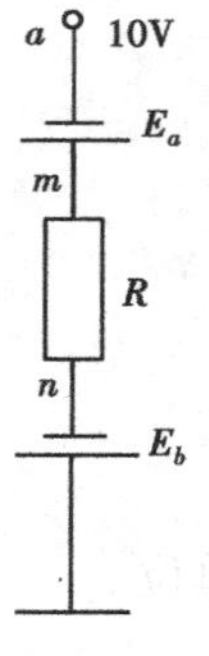

图2.5 例2.1电路

【例2.1】 计算图2.5中电阻R上的电压U_{mn}。已知$V_a=10V$，$E_a=4V$，$E_b=3V$。

解 由于a点电位为10V，而在电动势E_a的作用下，m点的电位会比a点高4V，因此

$$V_m=(10+4)\text{ V}=14\text{ V}$$

又由于E_b的高电位端接地，电位为零，所以低电位端n点的电位

$$V_n=(0-3)\text{ V}=-3\text{V}$$

故

$$U_{mn}=V_m-V_n=17\text{V}$$

2.1.3 电路的基本定律

(1)欧姆定律

欧姆定律是最基本的电路定律。它的基本定义为流过电阻的电流与电阻两端的电压成正比。在电流、电压的关联参考方向下，欧姆定律的表达式为：

$$R = \frac{U}{I}$$

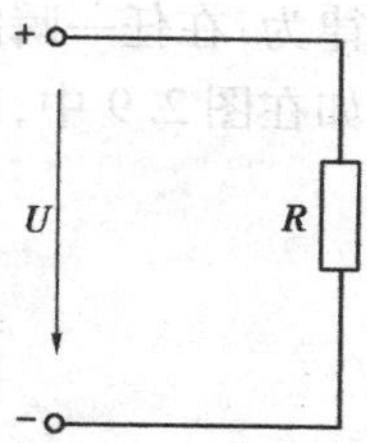

图2.6　非关联参考方向的电阻电路

R 为该段电路的电阻。当电压一定时，电阻越大，则电流越小，所以电阻对电流起着阻碍的作用。电阻 R 的单位是欧姆（Ω），对大电阻则常用千欧（$k\Omega$）或兆欧（$M\Omega$）为单位。

$$1k\Omega = 10^3\Omega$$
$$1M\Omega = 10^6\Omega$$

如果电路中电压与电流的参考方向选择得不一致，如图2.6所示，这时该电阻上欧姆定律的表达式为：

$$U = -RI$$

所以在应用欧姆定律时，一定要注意电压与电流的参考方向是否一致，在非关联参考方向下，表达式中有一个负号。

如果电阻是一个与流过它的电流无关的常数，这样的电阻称为线性电阻。线性电阻上电压与电流之间的关系遵从欧姆定律，其伏安特性曲线是一条过原点的直线，如图2.7所示。一般所分析的电路中的电阻如未加特别说明，都属于线性电阻。

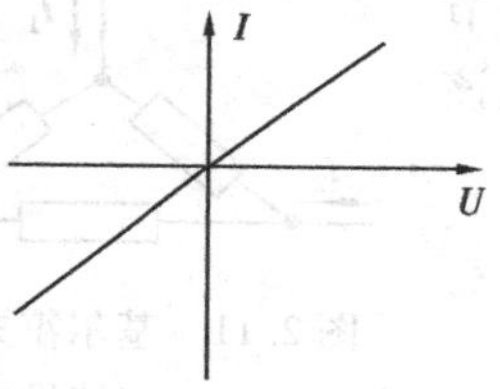

图2.7　线性电阻的伏安特性

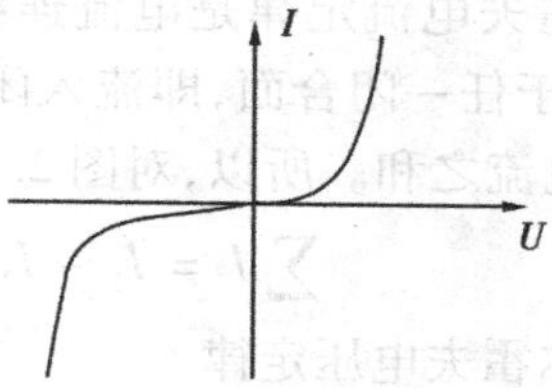

图2.8　二极管的伏安特性

凡是电压与电流之间的关系不具有这样一条直线关系的电阻都称为非线性电阻。图2.8所示的半导体二极管的伏安特性曲线表明二极管属于非线性电阻。

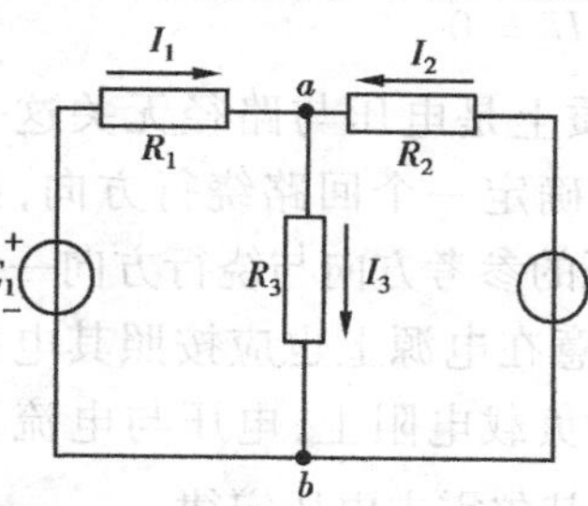

图2.9　电路

(2)基尔霍夫定律

电路中的另一个基本定律就是基尔霍夫定律，这个定律有两条：一条是基尔霍夫电流定律，另一条是基尔霍夫电压定律。在阐述基尔霍夫定律之前，先介绍电路中的几个常用术语。

支路：电路中的每一条分支叫支路，同一条支路上流过的电流相同。图2.9中有三条支路，R_1、E_1 支路上流过电流 I_1，R_2、E_2 支路上流过电流 I_2。R_3 支路上流过电流 I_3。

节点：电路中三条或三条以上的支路的联接点就称为节点。图2.9中有两个节点，节点 a 和节点 b。

回路：电路中的任一闭合路径称为回路。图2.9中有三个回路，E_1—R_1—R_3、E_2—R_2—R_3、E_1—R_1—R_2—E_2。如果回路中除组成本身的支路外不含有其他支路，则该回路称为网孔。图2.9所示电路中有两个网孔。

1)基尔霍夫电流定律

基尔霍夫电流定律是有关节点的定律，用来确定电路中各支路、各部分电流之间的关系。

该定律为:在任一瞬间,流向某一节点的电流之和等于流出该节点的电流之和。

如在图2.9中,对于节点 a 有:

$$I_1 + I_2 = I_3$$

$$\sum I = I_1 + I_2 - I_3 = 0$$

$$\sum I = 0$$

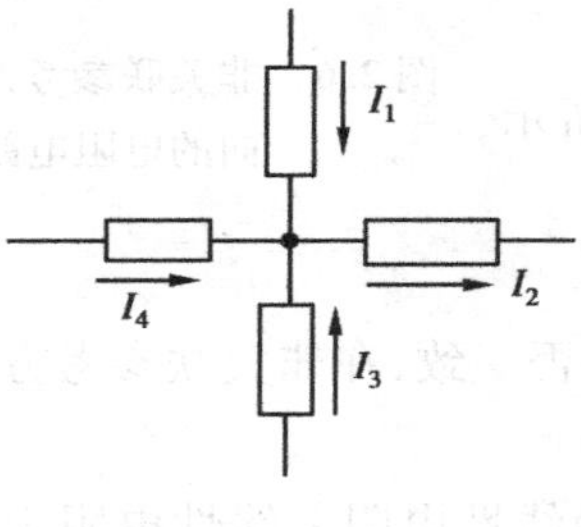

图2.10　例2.2

即在任一节点上,电流的代数和为零。在计算中电流的方向均为参考方向,流入节点的电流为正,则流出节点的电流为负,选择的方向不同,则符号相反,而在参考方向下电流的值也有正有负,所以无论在任何瞬间,在任一节点上电流的代数和一定恒等于零。

【例2.2】　在图2.10中,$I_1 = I_2 = 2A$,$I_3 = -5A$,求 I_4。

解　I_1、I_3、I_4流入节点取正,I_2流出节点取负,则有:

$$I_1 - I_2 + I_3 + I_4 = 0$$

$$I_4 = -I_1 + I_2 - I_3 = [-2 + 2 - (-5)]A = 5A$$

基尔霍夫电流定律是电流连续性的体现,它不仅适用于节点,也适用于任一闭合面,即流入闭合面的电流之和等于流出该闭合面的电流之和。所以,对图2.11所示的闭合面有:

$$\sum I = I_1 - I_2 - I_3 = 0$$

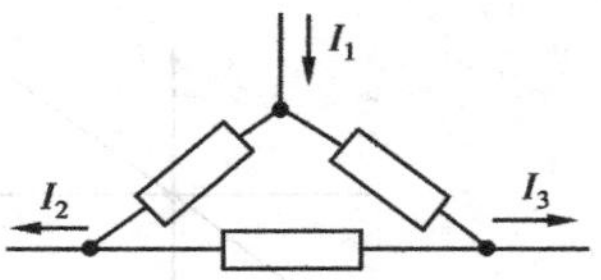

图2.11　基尔霍夫电流定律推广

2)基尔霍夫电压定律

基尔霍夫电压定律确定的是一个回路内各部分的电压关系。对于电路中的任一回路,在任一瞬间沿回路绕行一周,回路中的各段电压降的代数和为零。

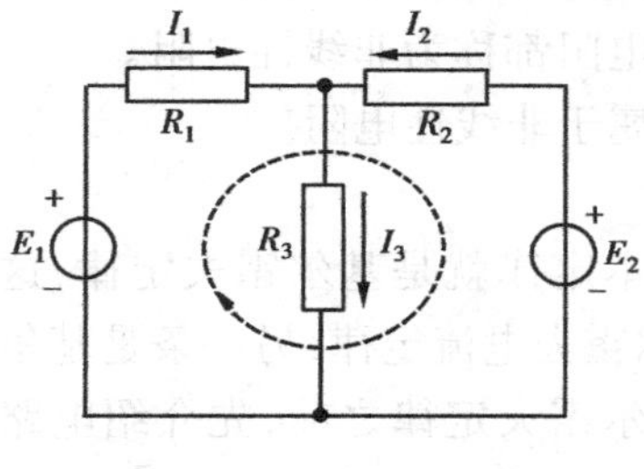

图2.12　电路回路

$$\sum U = 0$$

基尔霍夫电压定律实质上是电压与路径无关这一性质的反映,在应用时首先应确定一个回路绕行方向,如图2.12中的虚线方向。当电压的参考方向与绕行方向一致时取正,反之则取负。特别注意在电源上也应按照其电压降的方向参与列写方程,而在负载电阻上,电压与电流为关联参考方向。如在图2.12中,在 $R_1—R_2—E_2—E_1$ 回路中,按照基尔霍夫电压定律:

即 $$I_1R_1 - I_2R_2 + E_2 - E_1 = 0$$

【例2.3】　如图2.12所示电路中,$R_1 = 10\Omega$,$R_2 = 4\Omega$,$E_1 = 24V$,$I_1 = 3A$,$I_2 = 5A$。求 E_2、I_3。

解　根据基尔霍夫电压定律有:

$$I_1R_1 - I_2R_2 + E_2 - E_1 = 0$$

所以 $$E_2 = E_1 + I_2R_2 - I_1R_1 = (24 + 5 \times 4 - 3 \times 10)V = 14\ V$$

根据基尔霍夫电流定律有:

$$I_3 = I_1 + I_2 = (3 + 5)A = 8A$$

2.1.4　电路的工作状态

有源电路具有三种工作状态:开路、短路及有载工作状态。这三种工作状态可能是正常工作状态,也可能是故障状态。

(1)开路

当电源与负载没有形成回路时,电路处于开路状态。在图 2.13 中,开关 K 断开,则电路开路,此时电路中的电流为零,因此,电源内阻及负载上都没有电压降,这时电源的端电压称为空载电压 U_0,它等于电源的电动势 E,而电源输出的电功率为零。

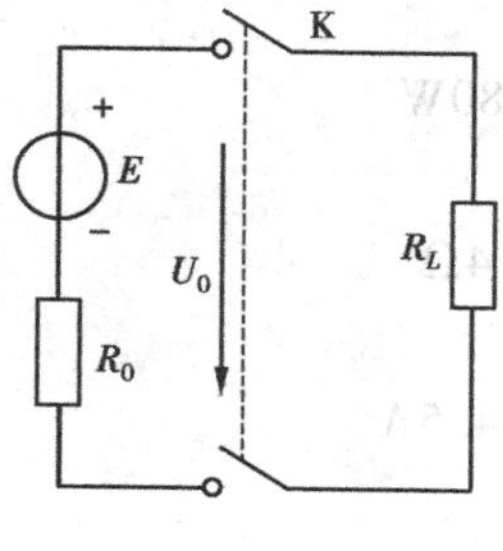

图 2.13　开路状态

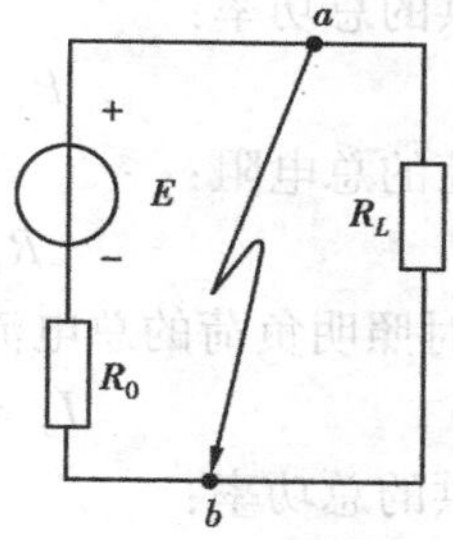

图 2.14　短路状态

当电路开路是由于开关断开引起的时,这是正常开路,如果是由于电路中线路上的接触不良或元件的损坏造成的开路,则为故障开路。

(2)短路

短路是指电源的两个输出端短接在一起,如图 2.14 中,a、b 两点短接在一起,则电源短路。发生短路时电流不再流经负载,回路中只有阻值极小的内阻 R_0,因此,这时电流相当大,称为短路电流 I_S。

$$I_S = E/R_0$$

发生短路时,电源的输出端电压为零,电源产生的电功率全部消耗在内阻上。

$$P_E = \Delta P_0 = I_S^2 R$$

短路是一种严重的事故,会对电源及线路上的其他设备造成严重损坏,因此,常在电路中串联保险、自动断路器等保护设备,以在发生短路时快速切断回路,保障电路的安全。

当然短路事故是应当尽量避免的,但有时在调试、检查设备或为了对设备进行某些保护时也常常采用短路的方式,这种情况则为正常短路。

(3)有载工作状态

有载工作状态是指电源与负载接通形成闭合回路,如在图 2.13 中开关 K 闭合,则电路处于有载工作状态。

任何一个实际的电气设备,为了能保障其正常运行并达到最佳工作状态,都对其电压、电流、功率等参数值进行了规定,称为额定值,常用下标 N 表示,如 U_N、I_N、P_N 等。当设备按照其额定值运行时,称为额定工作状态,也称为满载运行,未达到额定值的运行称为欠载运行,超过额定值则为超载。设备应尽量工作在额定状态,以达到最佳的技术经济效能,而欠载及超载状态则应尽量避免,特别是长时间或过量超载,常常会烧坏电源或用电设备,所以在使用电气设备时一定注意不要超过其额定值。

【例 2.4】 某工地的照明负载为 20 盏 220V、100W 的白炽灯,问在点燃 20 盏灯和点燃 10 盏灯的情况下,电源提供给照明负载的总电流及总功率分别是多少?电源所带照明负荷的总电阻分别是多少?如果每日照明 10h,则 20 盏灯每月照明用电为多少?

解 因为白炽灯的额定电压为 220V,所以它们应全部并联在 220V 的电网上,每盏灯流过的额定电流为:

$$I_N = P_N/U_N = 100/220\ \text{A} = 0.45\text{A}$$

20 盏灯时照明负荷的总电流为:

$$I_1 = 20 \times I_N = 20 \times 0.45\text{A} = 9\text{A}$$

电源提供的总功率:

$$P_1 = U_N I_1 = 220 \times 9\text{W} = 1\,980\text{W}$$

照明负荷的总电阻:

$$R_1 = U_N/I_1 = 220/9\Omega = 24.4\Omega$$

10 盏灯时照明负荷的总电流为:

$$I_2 = 10 \times I_N = 10 \times 0.45\text{A} = 4.5\text{A}$$

电源提供的总功率:

$$P_2 = U_N I_2 = 220 \times 0.45\text{W} = 990\text{W}$$

照明负荷的总电阻:

$$R_2 = U_N/I_2 = 220/0.45\Omega = 48.9\Omega$$

按每月 30 天计,则 20 盏灯的用电量为:

$$W = P_1 t = 1.98 \times 10 \times 30\text{kW}\cdot\text{h} = 594\ \text{kW}\cdot\text{h}$$

可见,点燃的电灯越多,电源提供的电流及功率越多,这时称为负载的增加,但此时所带负载的电阻却在减小,所以,负载的增加是指功率的增加而不是电阻的增加,电源所带负载越多则总的负载电阻越小。

2.2 直流电路的基本分析方法

2.2.1 电阻的联接及等效变换

为了适应不同的需要,电路元件都要进行不同形式的连接,对电阻来说,最基本的连接方式就是串联和并联。

(1)电阻的串联

两个或两个以上的电阻一个接一个地顺序相联,就称为电阻的串联。串联电路的一个重要特点就是在串联电阻中流过同一个电流,根据这一点就可判断电阻之间是否串联连接。电阻串联之后可用一等效电阻来代替。如在图 2.15 中,R_1 与 R_2 的串联可用等效电阻 R 代替:

$$R = R_1 + R_2$$

经等效变换后,在同一电压 U 的作用下,电流 I 保持不变,所以在串联电路中,等效电阻等于各个串联电阻之和。

串联电路具有分压的作用,在图 2.15 中,两个串联电阻的电压分别为:

$$U_1 = IR_1 = \frac{U}{R_1 + R_2}R_1 = \frac{R_1}{R}U$$

$$U_2 = IR_2 = \frac{U}{R_1 + R_2}R_2 = \frac{R_2}{R}U$$

所以串联电阻上所承受的电压与其电阻值成正比。

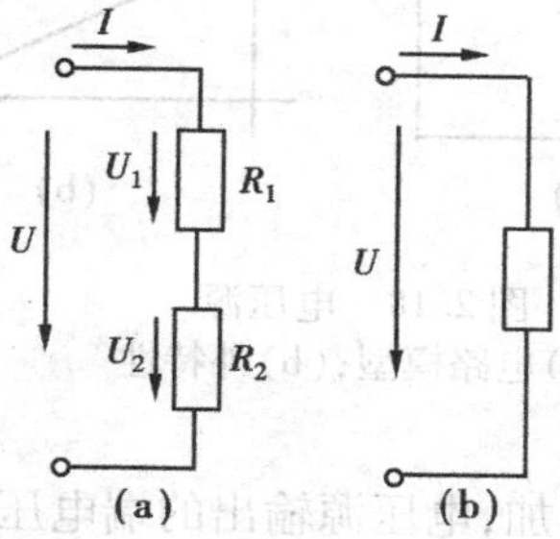

图 2.15　电阻的串联

(a)串联电路；(b)等效电路

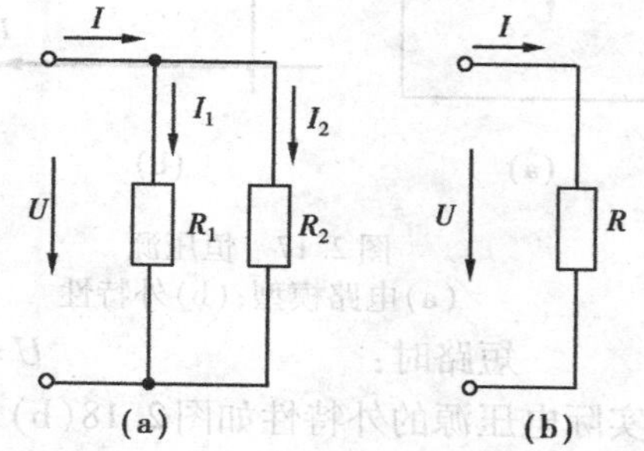

图 2.16　电阻的并联

(a)并联电路；(b)等效电路

(2)电阻的并联

两个或两个以上电阻的两端都连接在两个公共的节点上就称为电阻的并联。并联电路的重要特点则是各个并联支路上的电阻所承受的是同一个电压。并联的电阻也可用一等效电阻来代替。在图 2.16 中，并联的电阻 R_1 和 R_2 可用等效电阻 R 代替：

$$\frac{1}{R} = \frac{1}{R_1} + \frac{1}{R_2}$$

经等效变换后，在同一电压 U 的作用下，电流 I 没有发生改变，所以在并联电路中，等效电阻的倒数等于各个并联电阻的倒数和，且等效电阻的值小于任意一个并联电阻。

并联电路具有分流的作用，在图 2.16 中，两个并联电阻的电流为：

$$I_1 = \frac{U}{R_1} = \frac{R}{R_1}I$$

$$I_2 = \frac{U}{R_2} = \frac{R}{R_2}I$$

所以并联电阻上的电流分配与电阻值成反比。

2.2.2　电压源、电流源及其等效变换

电源是为电路提供电能的有源元件。电源有两种不同的形式：电压源和电流源。

(1)电压源

当电源的输出电压总为时间的常数而不随外电路的变化而变化时，这样的电源称为理想电压源或称恒压源，其电路模型和外特性如图 2.17。对恒压源来说，其输出的端电压 U 恒等于电动势 E，而输出的电流 I 则随着负载 R_L 的不同而不同。

对实际的电压源来说，其输出的电压会随着负载的增加而有所减小，这是由于电压源中存在着内阻，将内阻 R_0 与电动势 E 相串联就得到实际的电压源的电路模型，如图 2.18(a)。

这时的端电压：　　$U = E - IR_0$

开路时：　　$U = E \qquad I = 0$

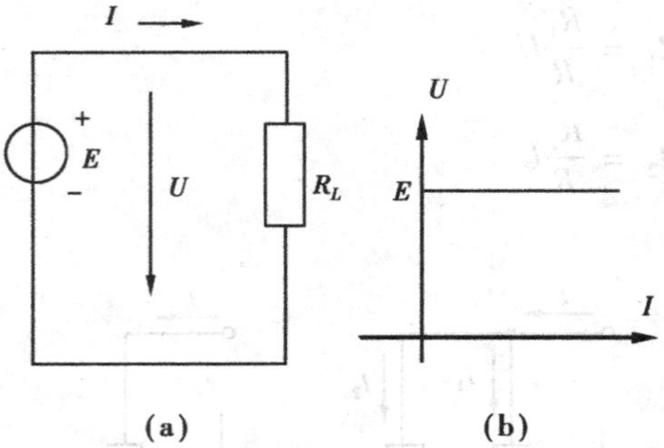

图 2.17　恒压源
(a)电路模型;(b)外特性

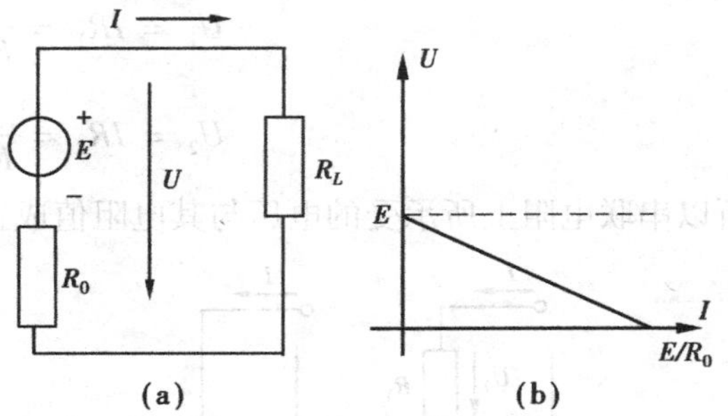

图 2.18　电压源
(a)电路模型;(b)外特性

短路时:　　　　　　$U=0$　　$I_S=E/R_0$

实际电压源的外特性如图 2.18(b),随着负载电流的增加,电压源输出的端电压 U 会有所降低,但如 R_0 越小则降低得越少,其外特性越接近恒压源,当 R_0 等于零时,该电压源就是一个恒压源。

在实际使用中的电压源是相当多的,各类动力电源大多是电压源,如干电池、稳压电源等。电压源的内阻一般都很小,通常可近似为恒压源进行分析计算。

(2)电流源

将电压源中 $U=E-IR_0$ 两边同除以 R_0,则得到:

$$\frac{U}{R_0}=\frac{E}{R_0}-I$$

即

$$I=I_S-\frac{U}{R_0}$$

将这样一个关系用电路模型表示出来就如图 2.19 所示,R_0 与 I_S 就是一个实际的电流源的电路模型,其中 R_0 为电流源的内阻。从其外特性可看出,R_0 越大,输出的电流越接近电流 I_S,当 R_0 无穷大时,电流 I 就恒等于 I_S,这时称这个电流源为理想电流源或恒流源。

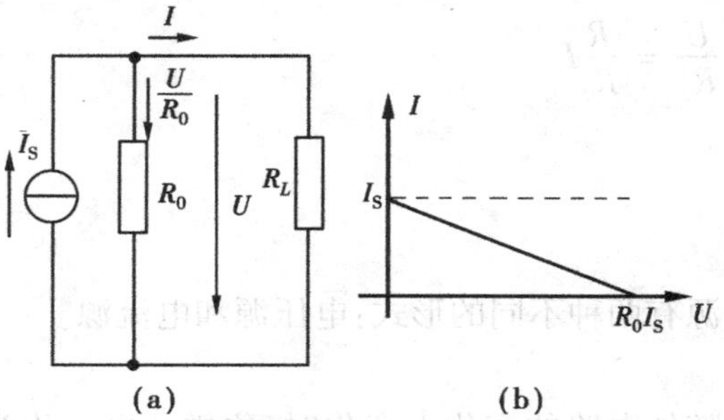

图 2.19　电流源
(a)电路模型;(b)外特性

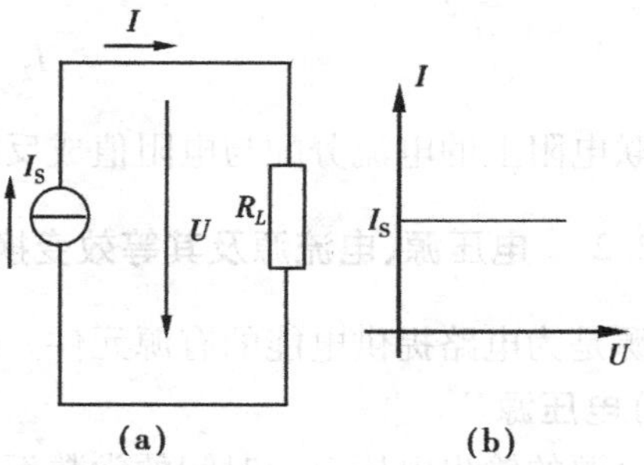

图 2.20　恒流源
(a)电路模型;(b)外特性

恒流源的电路模型和外特性如图 2.20 所示,它的重要特点是输出的电流为时间的常数,不会因外电路的改变而改变,但其输出的端电压则会因所连接的外电路不同而发生改变。

在动力电源中很少用到电流源,但在电子电路中,某些电子设备及电子元件的特性就属于电流源。

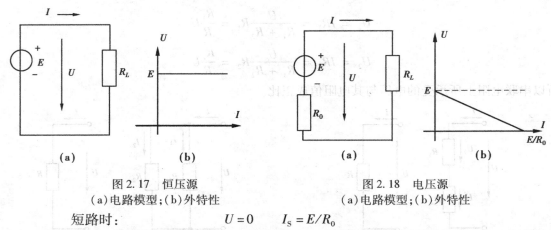

(3)**电压源与电流源的等效互换**

在分析电流源时,其电路模型的公式是由电压源的端电压公式推算出来的,在这两个公式中,输出的电压 U 与输出的电流 I 之间的关系完全一样,即它们所对应的电路中,只要外电路一样,则输出的电压、电流就相同,因此,这两个电路是等效的,它们进行的这种变换就称为等效变换。

在进行等效变换时,电压源中:　$E = R_0 I_S$

　　　　　　　　　电流源中:　$I_S = E/R_0$

内阻 R_0 不变,但在电压源中与恒压源串联,在电流源中与恒流源并联,但是,恒压源与恒流源之间不能进行等效变换,因为恒压源的内阻为零而恒流源的内阻无穷大。在变换过程中要特别注意方向,电流源中的电流方向要与电压源中的电动势方向一致,以保证对外电路输出同方向的电流或电压。

虽然电压源和电流源之间存在着等效变换,但这种等效只是针对外电路而言,在电源内部并不等效。

【例 2.5】　有一直流电源,$E = 24\text{V}$,$R_0 = 0.2\Omega$,当负载电阻 $R_L = 4\Omega$ 时:①画出该电源的电压源和电流源的电路模型;②分别计算在这两种形式的电源下的输出电压和电流,电源内部的功率损耗以及内阻上的电压降。

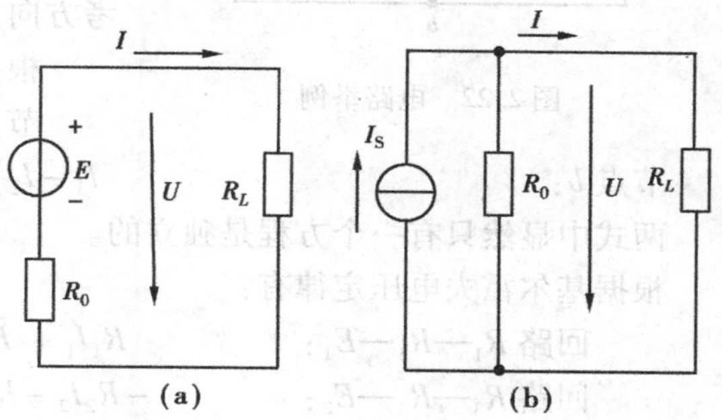

图 2.21　例 2.5 电路图

(a)电压源;(b)电流源

解　图 2.21 所示为该电源的电压源和电流源的电路模型。

在电压源中:

$$I = \frac{E}{R_0 + R_L} = \frac{24}{0.2 + 4}\text{A} = 5.7\text{A}$$

$$U = IR_L = 5.7 \times 4\text{V} = 22.8\text{V}$$

$$\Delta U_0 = IR_0 = 5.7 \times 0.2\text{V} = 1.14\text{V}$$

$$\Delta P_0 = I^2 R_0 = 5.7^2 \times 0.2\text{W} = 6.5\text{W}$$

在电流源中:

$$I_S = \frac{E}{R_0} = \frac{24}{0.2}\text{A} = 120\text{A}$$

$$I = \frac{R_0}{R_L + R_0} I_S = \frac{0.2}{4 + 0.2} \times 120\text{A} = 5.7\text{A}$$

$$U = IR_L = 5.7 \times 4\text{V} = 22.8\text{V}$$

$$\Delta U_0 = \left(\frac{U}{R_0}\right) R_0 = U = 22.8\text{V}$$

$$\Delta P_0 = \frac{\Delta U_0{}^2}{R_0} = \frac{22.8^2}{0.2}\text{W} = 2\,599.2\text{W}$$

由于电压源和电流源向外输出的电压和电流都是相等的,因此对外电路等效;但在电源内部,其内阻上的电压降及消耗的功率都不相等,因此在电源内部不等效。

2.2.3 支路电流法

虽然分析电路的方法很多，但为了能对电路作一般性的探讨，需要找出某些系统化的普遍方法，一方面能够对任何线性电路都适用，另一方面它有规律的计算步骤便于进行计算机辅助设计。这类方法也很多，其中支路电流法是最常用的方法之一。

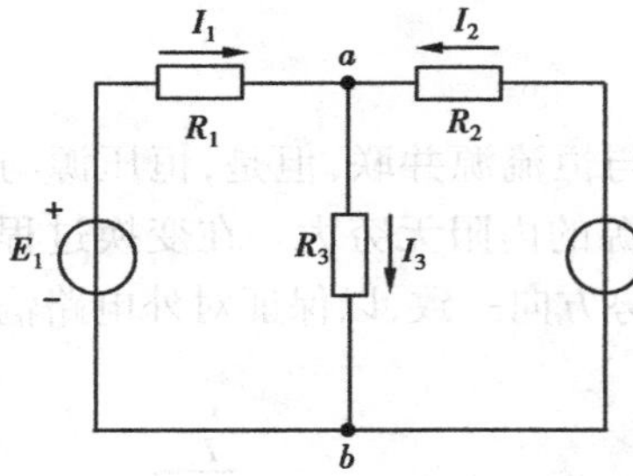

图 2.22 电路举例

支路电流法的大体步骤为：首先选择支路电流为电路变量，应用基尔霍夫电压定律和基尔霍夫电流定律，列出与支路电流数相等的独立方程，然后从方程中解出支路电流。

在图 2.22 中，共有三条支路、两个节点和三个回路，今取支路电流 I_1、I_2、I_3 为电路变量，确定各自的参考方向如图。

根据基尔霍夫电流定律有：

节点 a： $I_1+I_2-I_3=0$

节点 b： $I_3-I_2-I_1=0$

两式中显然只有一个方程是独立的。

根据基尔霍夫电压定律有：

回路 R_1—R_3—E_1： $R_1I_1+R_3I_3=E_1$

回路 R_3—R_2—E_2： $-R_2I_2-R_3I_3=-E_2$

回路 R_1—R_2—E_2—E_1： $R_1I_1-R_2I_2=E_1-E_2$

上面三个回路方程中，任何一个方程都可以从其他两个方程中推导出来，所以也只有两个方程是独立的。

这样根据基尔霍夫电流定律和基尔霍夫电压定律就可列出三个独立方程：

$$I_1+I_2-I_3=0$$
$$R_1I_1+R_3I_3=E_1$$
$$-R_2I_2-R_3I_3=-E_2$$

独立方程的数目恰好等于方程中未知量的数目，从而可得出支路电流 I_1、I_2、I_3 的惟一解。上述方程组便是该电路的支路电流方程。

支路电流法的关键在于列出与支路电流的数目相等的独立支路电流方程。一般来说，应用基尔霍夫电流定律时列出的独立节点方程数比节点数少一个，而用基尔霍夫电压定律列出的独立回路方程的数目就等于网孔数，列写方程时虽不一定必须列写网孔的回路方程，但网孔的回路方程通常比较简单，因此支路电流法很常用。

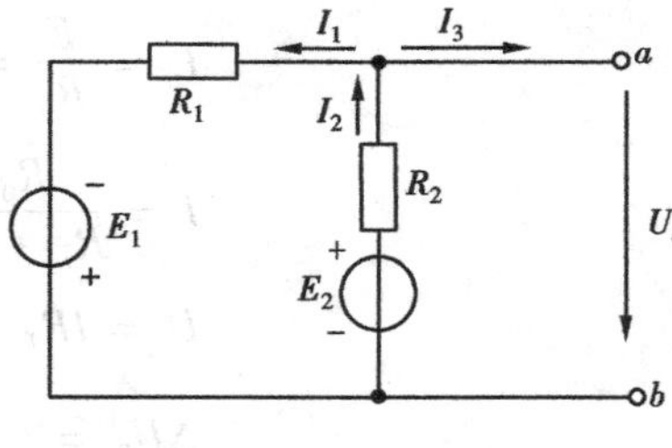

图 2.23 例 2.6 的电路

【例 2.6】 在图 2.23 所示电路中，$E_1=24\text{V}$，$E_2=8\text{V}$，$R_1=10\text{k}\Omega$，$R_2=5\text{k}\Omega$，$U_{ab}=-5\text{V}$，试求电流 I_1、I_2 及 I_3。

解 在 I_1、I_2、I_3 的参考方向下按支路电流法列写独立的电流方程：

$$I_1+I_3-I_2=0$$

$$U_{ab} + E_1 - R_1 I_1 = 0$$

$$U_{ab} - E_2 + R_2 I_2 = 0$$

所以

$$I_1 = \frac{U_{ab} + E_1}{R_1} = \frac{-5 + 24}{10}\text{mA} = 1.9\text{mA}$$

$$I_2 = \frac{E_2 - U_{ab}}{R_2} = \frac{8 - (-5)}{5}\text{mA} = 2.6\text{mA}$$

$$I_3 = I_2 - I_1 = (2.6 - 1.9)\text{mA} = 0.7\text{mA}$$

2.2.4　叠加原理

叠加原理是指在线性电路中，如果同时有几个电源作用时，任何一条支路上产生的电流（或电压）都可以看成是各个电源单独作用时，在该支路上产生的电流（或电压）的代数和。叠加原理是线性电路中的一个重要定理，当然它也只适用于线性电路。

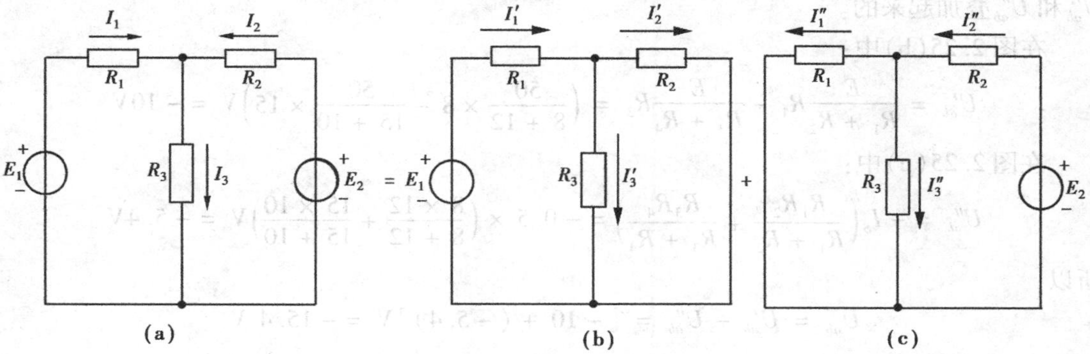

图2.24　叠加原理

图2.24(a)是前面分析过的电路，按照支路电流法求解 I_1 可得到：

$$I_1 = \frac{R_2 + R_3}{R_1R_2 + R_2R_3 + R_3R_1}E_1 - \frac{R_3}{R_1R_2 + R_2R_3 + R_3R_1}E_2$$

在图2.24(b)中：

$$I_1' = \frac{R_2 + R_3}{R_1R_2 + R_2R_3 + R_3R_1}E_1$$

在图2.24(c)中：

$$I_1'' = \frac{R_3}{R_1R_2 + R_2R_3 + R_3R_1}E_2$$

显然

$$I_1 = I_1' - I_1''$$

当 E_1、E_2 这两个电源共同作用时，它们在 R_1 所在支路上产生的电流 I_1 是这些电源单独作用时在该支路上产生的电流的代数和，在这里由于 I_1'' 的参考方向与 I_1 的参考方向相反，所以 I_1'' 为负，对其他支路上的电流也如此，它适用于电流、电压和电位，但不适用于功率。

当一个电源起作用而其他电源不起作用时，应假定那些不起作用的电压源的电动势为零，所以，电压源应被短接；而那些不起作用的电流源的输出电流应假定为零，所以，电流源应为开路。

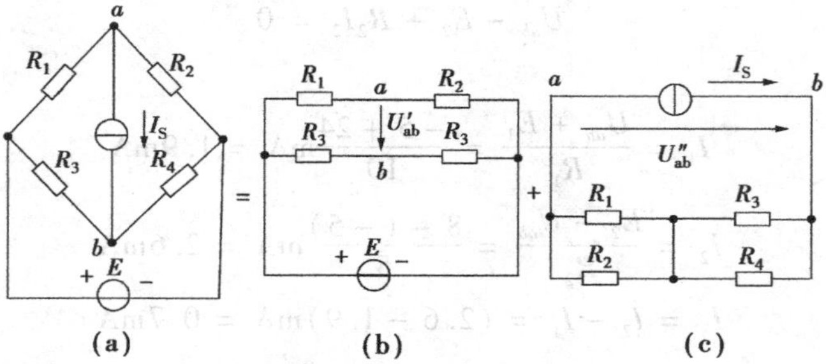

图 2.25　例 2.7

【例 2.7】　用叠加原理计算图 2.25(a)中电流源上的电压 U_{ab}。其中 $R_1=8\Omega, R_2=12\Omega, R_3=15\Omega, R_4=10\Omega, E=50V, I_S=0.5A$。

解　图 2.25(a)中的电压 U_{ab} 可以看成是由图 2.25(b)和图 2.25(c)两个电路中的电压 U'_{ab} 和 U''_{ab} 叠加起来的。

在图 2.25(b)中：

$$U'_{ab} = \frac{E}{R_1+R_2}R_1 - \frac{E}{R_3+R_4}R_3 = \left(\frac{50}{8+12}\times 8 - \frac{50}{15+10}\times 15\right)\text{V} = -10\text{V}$$

在图 2.25(c)中：

$$U''_{ab} = -I_S\left(\frac{R_1R_2}{R_1+R_2} + \frac{R_3R_4}{R_3+R_4}\right) = -0.5\times\left(\frac{8\times 12}{8+12} + \frac{15\times 10}{15+10}\right)\text{V} = -5.4\text{V}$$

所以

$$U_{ab} = U'_{ab} + U''_{ab} = [-10 + (-5.4)]\text{V} = -15.4\ \text{V}$$

2.3　正弦交流电路及基本分析方法

2.3.1　正弦交流电压与电流

与直流电不同，交流电的电压、电流的大小和方向都会随着时间的变化而变化，当这种变化规律为正弦曲线时，称为正弦交流电，如图 2.26 所示。正弦交流电压、电流由于其产生、传送和使用都很方便，因此得到了广泛的应用。

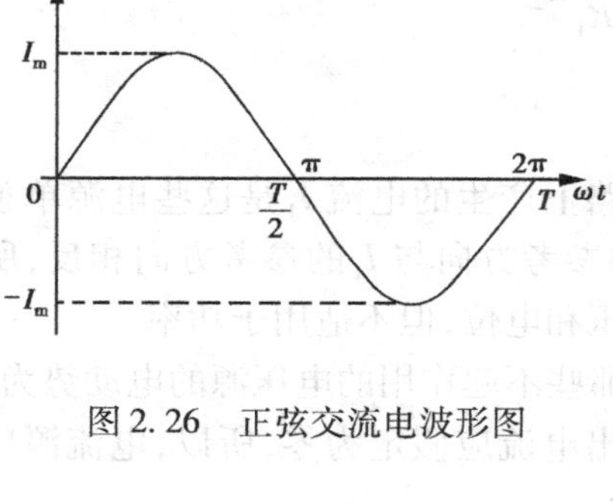

图 2.26　正弦交流电波形图

在所要分析的交流电路中，电压、电流、电动势(统称为正弦量)等都是同一频率的正弦量，如

$$i = I_m\sin(\omega t + \varphi_i)$$
$$u = U_m\sin(\omega t + \varphi_u)$$
$$e = E_m\sin(\omega t + \varphi_e)$$

而组成正弦量的频率、幅值和初相位就称为正弦量的三要素。

(1)频率与周期

周期 T 表示正弦量变化一周所需的时间,它的单位为秒(s)。周期越长,则正弦量变化得越慢,反之则快。频率 f 为周期的倒数,表示在一秒钟内正弦量交变的次数,它的单位是赫兹(Hz)。显然,频率越高,则正弦量变化得越快,反之则慢。

周期和频率都是在以不同的形式反映正弦量随时间的变化速度,其实反映正弦量变化速度的物理量还有一个,就是角频率 ω,它用每秒内相位的变化弧度来反映正弦量的变化速度。由于一周期是 2π,所以:

$$\omega = \frac{2\pi}{T}$$

它的单位是弧度/秒(rad/s)。角频率越大,则正弦量变化越快。

周期、频率和角频率都是衡量正弦量变化快慢的物理量,而且三者是统一的,可以相互转化。如我国规定的工业用电频率(工频)为 50Hz,则周期:

$$T = 1/f = 1/50\text{s} = 0.02\text{s}$$

角频率:

$$\omega = 2\pi f = 2 \times 3.14 \times 50\text{rad/s} = 314\text{rad/s}$$

(2)幅值与有效值

在交流电中反映正弦量大小的物理量有 3 个:瞬时值、最大值和有效值。

正弦量在任一时刻的实际值就是它的瞬时值,用小写字母表示,如 i、u 和 e 分别表示电流、电压和电动势的瞬时值。正弦量在变化过程中所出现的最大瞬时值就是这个正弦量的最大值,也称幅值,如 I_m、U_m 和 E_m 分别代表电流、电压和电动势的最大值。

在描述正弦量大小的物理量中,最常用的是有效值。有效值是从电流的热效应来规定的,将直流电 I 和交流电 i 分别通过同一个电阻 R,如果在相等的时间内产生的热能相等,则该交流电的有效值在数值上等于该直流电的值。

根据上述可得:

$$\int_0^T i^2 R\text{d}t = I^2 RT$$

则周期交流电的有效值为:

$$I = \sqrt{\frac{1}{T}\int_0^T i^2 \text{d}t}$$

如果交流电的电流为正弦交流电,$i = I_m \sin\omega t$,则:

$$I = \sqrt{\frac{1}{T}\int_0^T (I_m \sin\omega t)^2 \text{d}t} = \frac{1}{\sqrt{2}} I_m = 0.707 I_m$$

同理可得:

$$U = \frac{1}{\sqrt{2}} U_m$$

$$E = \frac{1}{\sqrt{2}} E_m$$

在交流电中,最大值是有效值的 $\sqrt{2}$ 倍。在实际使用中交流电的电流、电压参数都是有效值,如 220V 的电压、10A 的保险等都是指它的有效值,而交流电压表、电流表的读数也是有效值。

(3)相位及初相位

在正弦量的表达式中，$(\omega t+\varphi)$这一部分反映了正弦量随时间的变化进程，称为相位或相位角。相位不同则瞬时值也就不同，所以瞬时值是随着相位的变化而变化的。

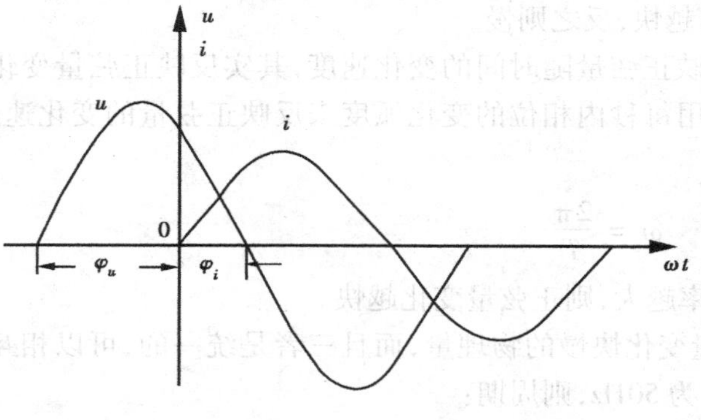

图2.27　u、i的初相位及相位差

初相位是正弦量在 $t=0$ 时的相位角 φ。初相位的大小及正负的确定与所选择的相位起点有关，通常取正弦量的瞬时值由负值变化到正值时经过的零点确定为正弦量的相位起点，由相位起点到计时起点($t=0$)之间所对应的电角度就是初相位。初相位的正负一般可这样确定：当正弦量的瞬时值在 $t=0$ 时为正时，φ 为正；当正弦量的瞬时值在 $t=0$ 时为负时，φ 为负，同时 $180°\geqslant\varphi\geqslant-180°$。在图2.27中，$\varphi_u$为电压 u 的初相位，值为正；φ_i为电流 i 的初相位，值为负。

两个同频率的正弦量的相位或初相位之差称为相位差，注意只有同频率的正弦量才能比较相位，如在图2.27中，电压与电流的角频率相同，其相位差 φ 为：

$$\varphi=(\omega t+\varphi_u)-(\omega t+\varphi_i)=\varphi_u-\varphi_i$$

当两个正弦量的相位差为零时称为同相，相位差为 ±180°时称为反相。如果 $\varphi_u-\varphi_i>0$，则电压 u 超前于电流 i，如果 $\varphi_u-\varphi_i<0$，则电压 u 滞后于电流 i。

【例2.8】　一正弦电压 $u=220\sqrt{2}\sin(314t+\frac{\pi}{4})$ V，问该电压的频率、角频率、周期、最大值、有效值和初相位各为多少？如电压 u' 与其大小相等，但却滞后$\frac{\pi}{2}$，试写出 u' 的瞬时值表达式，并分别计算在 $t=0$ 时各个电压的瞬时值。

解　根据所给出的电压 u 的瞬时值表达式可得到：

$$U_m=220\sqrt{2}\text{V}=311\text{V}$$

$$U=\frac{U_m}{\sqrt{2}}=\frac{220\sqrt{2}}{\sqrt{2}}\text{V}=220\text{V}$$

$$\omega=314\text{rad/s}$$

$$f=\frac{\omega}{2\pi}=\frac{314}{2\times3.14}\text{Hz}=50\text{Hz}$$

$$T=\frac{1}{f}=\frac{1}{50}\text{s}=0.02\text{s}$$

$$\varphi=\frac{\pi}{4}$$

$$\varphi'=\varphi-\frac{\pi}{2}=\frac{\pi}{4}-\frac{\pi}{2}=-\frac{\pi}{4}$$

$$u'=220\sqrt{2}\sin(\omega t-\frac{\pi}{4})\ \text{V}$$

$$u(0) = 220\sqrt{2}\sin\frac{\pi}{4}\text{V} = 220\text{V}$$

$$u'(0) = 220\sqrt{2}\sin(-\frac{\pi}{4})\text{V} = -220\text{V}$$

2.3.2　单相交流电路

在交流电路中所要分析的问题与直流电路是一样的，一个是电路中各元件上电压、电流的关系及在电路中的分配，另一个则是能量的转换。但在交流电路中，由于电路中不仅有电阻元件，还有性质不同的电感、电容元件，使电压、电流之间不仅存在着量值大小的关系，还存在着相位的关系，因此，交流电路的分析比直流电路复杂得多。

(1)电阻电路

如果交流电路中的负载仅仅只是电阻，该电路就是一个电阻电路，如图2.28(a)所示。

1)电压与电流的关系

如果流过电阻的电流为：

$$i = I_m\sin\omega t$$

由于线性电阻元件始终遵从欧姆定律，因此：

$$u = Ri = RI_m\sin\omega t = U_m\sin\omega t$$

则

$$U_m = RI_m$$

即

$$U = RI$$

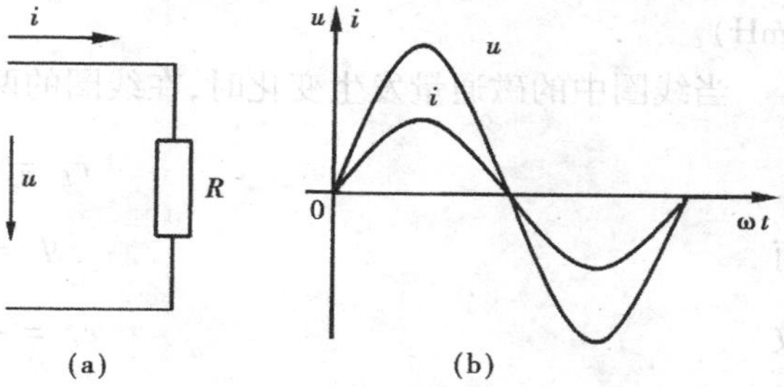

图2.28　电阻电路

(a)电阻电路；(b)u与i的波形图

而电压与电流的相位差：

$$\varphi = \varphi_u - \varphi_i = 0$$

在电阻电路中，电压与电流为同频率、同相位的正弦量，如图2.28(b)所示，而在量值大小上，电压的有效值(或最大值)与电流的有效值(或最大值)的比值为电阻R。

2)电路中的功率

瞬时功率是指在任一瞬间电路吸收或释放的功率，常用小写字母p表示。在电阻电路中：

$$p = ui = U_mI_m\sin^2\omega t = UI(1 - \cos2\omega t)$$

瞬时功率由两部分组成：一部分是常数UI，另一部分则是以UI为幅值、以2ω为角频率的余弦量，两者之差则为瞬时功率p。瞬时功率总为正，说明在任一瞬间，电阻元件总是从电源吸取功率，将电能转换为热能，而且，这是一个不可逆的能量转换过程。

瞬时功率在一个周期内的平均值就是平均功率，又称有功功率，用大写字母P表示。电阻电路中：

$$P = \frac{1}{T}\int_0^T p\text{d}t = \frac{1}{T}\int_0^T (UI - UI\cos2\omega t)\text{d}t = UI$$

由于瞬时功率说明功率随时间的变化关系，实际意义不大，实践中计算电路中功率的消耗都是用有功功率来计算的，如60W的电灯，1kW的电机等都是指有功功率。

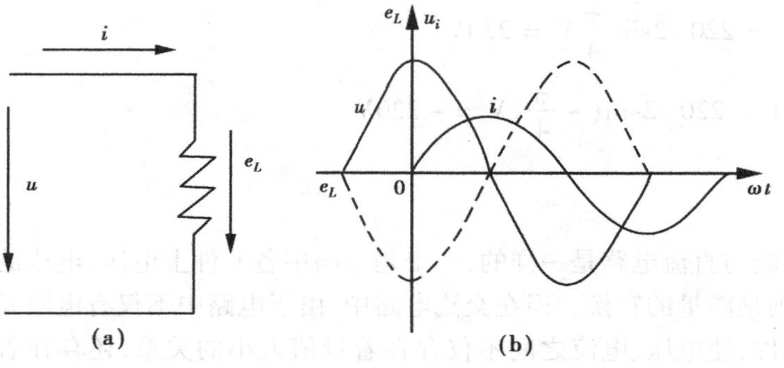

图 2.29　电感电路
(a)电感电路;(b)u 与 i 的波形图

(2)电感电路

理想的电感元件是忽略了电阻的空心线圈,它与交流电源组成的电路就是电感电路,如图2.29(a)所示。

1)电感元件

对电感元件来说,当 N 匝线圈中通入电流 i 时,线圈中产生的磁通为 Ψ,则:

$$L = \frac{\Psi}{i} = \frac{N\phi}{i}$$

ϕ 为单匝线圈中的磁通量,而比例系数 L 就称为线圈的电感,其单位是亨利(H)或更小的毫亨(mH)。

当线圈中的磁通量发生变化时,在线圈的两端就要产生一个感应电动势 e_L,所以:

$$e_L = -\frac{d\Psi}{dt}$$

而

$$\Psi = Li$$

故

$$e_L = -L\frac{di}{dt}$$

当电感线圈中通入交流电流 i 后,在线圈上就会产生感应电动势 e_L,而表达式中的负号表明 e_L的方向总是阻止电流的变化,如当电流 i 增大时,$\frac{di}{dt}>0$,则电动势 e_L为负,其方向与电流 i 的方向相反,所以将阻止电流的增加;而在电流 i 减小时,$\frac{di}{dt}<0$,则电动势 e_L为正,其方向与电流 i 的方向相同,所以将阻止电流的减小。

2)电压与电流的关系

在图2.29(a)中,当外加电压 u 的参考方向选定以后,电流 i 是电压 u 的关联参考方向,而电动势 e_L的参考方向与电流 i 的参考方向则应符合楞次定律,按照基尔霍夫电压定律则有:

$$u = -e_L = L\frac{di}{dt}$$

设 $i = I_m\sin\omega t$,则:

$$u = L\frac{di}{dt} = L\frac{d(I_m\sin\omega t)}{dt} = I_mL\omega\cos\omega t = U_m\sin(\omega t + 90°)$$

所以电压 u 与电流 i 是同频率的正弦量,在相位上,由于

$$\varphi_i = 0 \qquad \varphi_u = 90°$$

因此电压 u 与电流 i 的相位差是:

$$\varphi = \varphi_u - \varphi_i = 90° - 0 = 90°$$

所以,在电感电路中,电压的相位超前于电流 90°,而对自感电动势来说,由于 $u = -e_L$,即 u 与 e_L反相,因此自感电动势滞后电流 90°,其相位关系如图 2.29(b)中的波形图所示。

电压与电流在数量上的关系是:

$$U_m = I_m \omega L$$

同理：

$$U = I\omega L$$

当电压一定时，ωL 越大，则电路中的电流越小，因此，ωL 具有阻止电流通过的性质，称之为感抗，用 X_L 表示，其单位为欧姆(Ω)。所以：

$$X_L = \omega L = 2\pi f$$

由此可得：

$$U_m = I_m X_L \quad 或 \quad U = IX_L$$

这个式子在形式上和直流电路中的欧姆定律相同，但 X_L 和 R 却有着本质的不同。R 是一个与电流、电压的变化无关的常数，但 X_L 却和电流或电压的频率成正比，频率越高，感抗 X_L 越大，所以电感线圈可以阻止高频电流的通过，而对直流电来说，由于 $f=0$，则 $X_L=0$，因此，电感线圈接在直流电路中可视为短路，电感具有"通直流、阻交流"的作用。

3）电路中的功率

在电感电路中，电感线圈上的瞬时功率为：

$$p = ui = U_m \sin(\omega t + 90°)\, I_m \sin\omega t =$$
$$0.5 I_m U_m \sin 2\omega t = IU\sin 2\omega t$$

电感电路中的瞬时功率是一个幅值为 UI，以 2ω 为角频率的正弦量，而在一个周期内其平均功率：

$$P = \frac{1}{T}\int_0^T p\mathrm{d}t = \frac{1}{T}\int_0^T UI\sin 2\omega t\mathrm{d}t = 0$$

由此可知，电感电路中的有功功率为零。当线圈内阻被忽略时，在整个周期中电感线圈并不消耗能量，它仅仅与电源进行着能量的互换，而这种能量互换的规模则常用无功功率 Q 来表示，其单位为伏安(V·A)。因此，无功功率代表了电源与线圈之间能量交换的幅值，即瞬时功率的最大值，所以：

$$Q_L = UI = I^2 X_L = U^2 / X_L$$

(3) 电容电路

当电路中的负载仅为电容器时，该电路称为电容电路，如图2.30(a)所示。

1）电容元件

电容器的品种和规格都很多，但从其构成原理来说，它都是由两块金属板间隔以不同的介质组成，加上电压后，极板上分别聚集起等量异号的电荷，而电荷的多少是与外加电压成正比的：

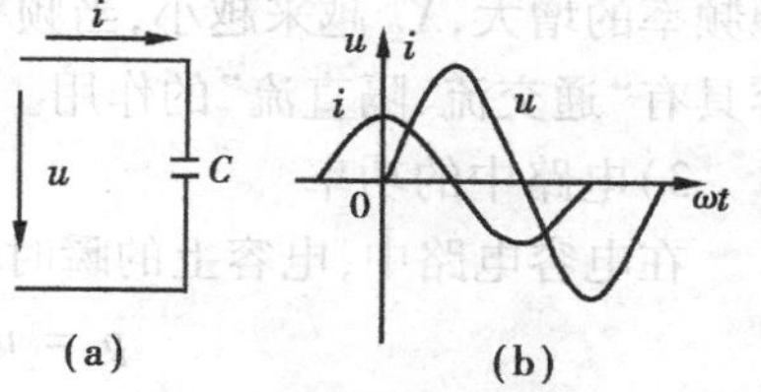

图2.30　电容电路
(a)电容电路；(b) u 与 i 的波形图

$$C = Q/U$$

而这个比例系数 C 就是电容。

电容的单位是法拉(F)，常用微法(μF)和皮法(pF)。

$$1\mu\mathrm{F} = 10^{-6}\mathrm{F}$$
$$1\mathrm{pF} = 10^{-12}\mathrm{F}$$

2）电压与电流的关系

当电容极板上的电压 u 变化时，极板上的电荷量也会发生改变，于是电容器电路中出现电流 i，而且：

$$i = \frac{dq}{dt} = C\frac{du}{dt}$$

在任何时刻电容元件中的电流与该时刻电压的变化率成正比。

设 $u = U_m \sin\omega t$，则：

$$i = C\frac{du}{dt} = C\frac{d(U_m \sin\omega t)}{dt} =$$

$$U_m C\omega \cos\omega t = I_m \sin(\omega t + 90°)$$

电压 u 与电流 i 是同频率的正弦量，在相位上，由于

$$\varphi_u = 0 \qquad \varphi_i = 90°$$

电压 u 与电流 i 的相位差是：

$$\varphi = \varphi_u - \varphi_i = 0 - 90° = -90°$$

因此，在电容电路中，电压的相位滞后于电流 90°，其相位关系如图 2.30(b) 中的波形图所示。

电压与电流在数量上的关系是：

$$I_m = \omega C U_m$$

取 $X_C = \frac{1}{\omega C} = \frac{1}{2\pi f C}$，则：

$$U_m = I_m X_C$$

同理：

$$U = IX_C$$

这样在电容电路中又可得到与直流电路中的欧姆定律具有相同形式的电压与电流的关系式，这里的 X_C 称为容抗，它的单位也是欧姆。因为 $X_C = \frac{1}{\omega C} = \frac{1}{2\pi f C}$，所以容抗的大小是和频率 f 与电容 C 的乘积成反比，当 $f = 0$ 时，即电源为直流电时，X_C 无限大，线路相当于开路；随着电源频率的增大，X_C 越来越小，当频率趋近于无穷大时，容抗近似于零，电容相当于短路，所以电容具有“通交流、隔直流”的作用。

3）电路中的功率

在电容电路中，电容上的瞬时功率为：

$$p = ui = U_m \sin\omega t I_m \sin(\omega t + 90°) =$$

$$0.5 I_m U_m \sin 2\omega t = IU \sin 2\omega t$$

电容电路中的瞬时功率是一个幅值为 UI、以 2ω 为角频率的正弦量，而在一个周期内其平均功率：

$$P = \frac{1}{T}\int_0^T p\,dt = \frac{1}{T}\int_0^T UI \sin 2\omega t\,dt = 0$$

由此可知，电容电路中的有功功率为零。所以，和电感电路一样，电容电路中也没有能量的消耗，但能量的交换仍然时刻存在。同样，也用无功功率来表示这个能量交换的最大幅值，但在电容电路中，无功功率的值为负：

$$Q_C = -UI = -I^2 X_C = -U^2/X_C$$

(4) RLC 串联电路

前面分析了仅含有单一元件的交流电路，而在实际电路中，往往是含有电阻、电感、电容的混合电路，而如图 2.31 所示的 RLC 串联电路则是这三种元件的一种最基本的连接方式。在这个电路中，当施加电压 u 时，电路中有电流 i 流过，由于串联电路的电流处处相等，所以，在 R、L、C 上流过同样的电流 i，但各个元件上的电压却各不相同，设定它们的参考方向如图所示。

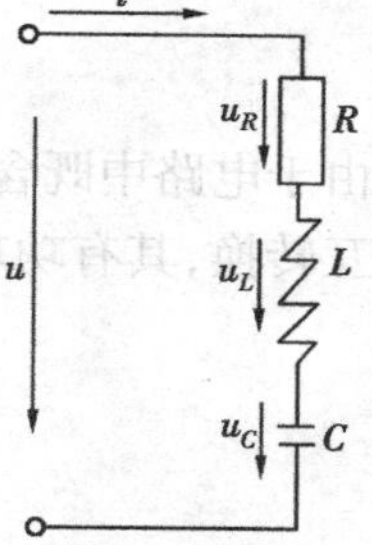

图 2.31　RLC 串联电路

1) 电压与电流的关系

设 $i = I_m \sin\omega t$，则在电阻上，由于电压与电流同相位，所以：

$$u_R = RI_m \sin\omega t$$

在电感上，由于电压超前于电流 90°，所以：

$$u_L = X_L I_m \sin(\omega t + 90°)$$

在电容上，由于电压滞后于电流 90°，所以：

$$u_C = X_C I_m \sin(\omega t - 90°)$$

根据基尔霍夫电压定律则可得到总电压：

$$u = u_R + u_L + u_C$$

将前面三个分电压式代入其中，经三角运算则可得到总电压，但很繁琐。一种较为简单的办法是将各电压的有效值与初相位在平面上用相量的形式表示出来，如图 2.32 所示，然后进行相量相加，就可得到总电压的有效值和初相位，从而得到总电压的瞬时值。

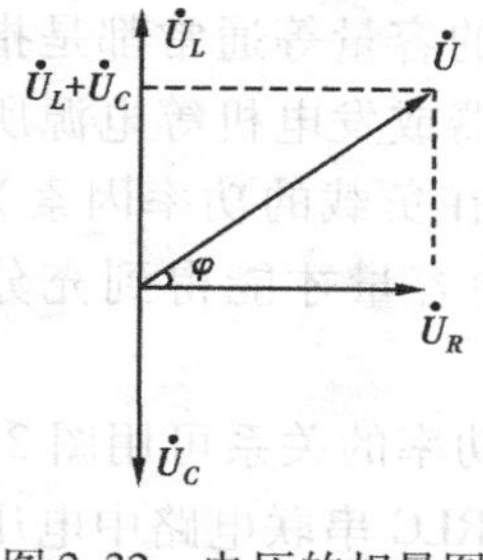

图 2.32　电压的相量图

从图 2.32 可得到总电压的有效值：

$$U = \sqrt{U_R^2 + (U_L - U_C)^2} = \sqrt{(IR)^2 + (IX_L - IX_C)^2} = I\sqrt{R^2 + (X_L - X_C)^2} = I|Z|$$

$$|Z| = \sqrt{R^2 + (X_L - X_C)^2} = \sqrt{R^2 + (\omega L - \frac{1}{\omega C})}$$

其中：$|Z|$——阻抗，其作用与欧姆定律中的电阻一样，所以单位也是欧姆。

因为电流与电阻上的电压同相位，所以图 2.32 中的 φ 角就是总电压与电流的相位差：

$$\varphi = \arctan\frac{U_L - U_C}{U_R} = \arctan\frac{X_L - X_C}{R} = \varphi_u - \varphi_i$$

在 RLC 串联电路中，电压与电流的相位差是由电源频率和电路参数决定的，由于 X_L 和 X_C 的作用不同，电路可能出现三种情况：当 $X_L > X_C$ 时，$\varphi > 0$，此时电压超前于电流，电路呈电感性；当 $X_L < X_C$ 时，$\varphi < 0$，此时电压滞后于电流，电路呈电容性；当 $X_L = X_C$ 时，$\varphi = 0$，电压与电流同相位，电路呈电阻性，常称串联谐振电路。

得到了总电压的有效值和初相位后，就可得到总电压的瞬时值：

当 $\varphi_i = 0$ 时，$\varphi_u = \varphi - \varphi_i = \varphi$，所以：

$$u = \sqrt{2}U\sin(\omega t + \varphi)$$

2) 电路中的功率

在 RLC 串联电路中,知道了电压 u 与电流 i 后,就可求出瞬时功率 p:

$$p = ui = U_m\sin(\omega t + \varphi) I_m\sin\omega t = UI\cos\varphi - UI\cos(2\omega t + \varphi)$$

由于电路中既含有耗能元件 R,又含有储能元件 L 和 C,因此,既有能量的消耗,又有能量的相互转换,其有功功率就是电阻 R 上消耗的功率:

$$P = I^2R = IU_R$$

因为 $$U_R = U\cos\varphi$$

所以 $$P = IU\cos\varphi$$

因此,负载上的有功功率不仅与电压、电流的有效值相关,还与负载上的电压与电流的相位差相关,与 $\cos\varphi$ 成正比,$\cos\varphi$ 就称为该负载功率因素。它决定了电路中有功功率与无功功率的分配。电路中的无功功率为电感与电容上的无功功率之和。

$$Q = Q_L + Q_C = IU_L - IU_C$$

因为 $$U_L - U_C = U\sin\varphi$$

所以 $$Q = IU\sin\varphi$$

在 RLC 串联电路中,电压与电流有效值的乘积称为视在功率,常用大写的 S 表示:

$$S = IU$$

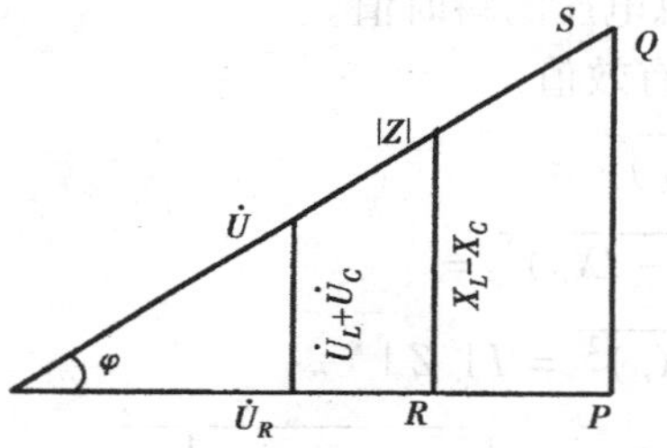

图 2.33 阻抗、电压、功率三角形

视在功率的单位为伏安(V·A)或千伏安(kV·A)。工程中变压器的容量、发电机组的容量等通常都是指视在功率,而这个视在功率为变压器或发电机等电源所能提供的最大有功功率,当然只有在负载的功率因素为 1 时才能达到这个值,这时电源的容量才能得到充分的利用。

视在功率与有功功率、无功功率的关系可用图 2.33 所示的功率三角形来表示,而在 RLC 串联电路中电压之间、阻抗之间也存在着同样的三角形,都表示在图 2.33 中。

【例2.9】 在图 2.31 所示的电路中,$u = 220\sqrt{2}\sin(314t + 30°)$,$R = 100\Omega$,$L = 250\text{mH}$,$C = 20\mu\text{F}$,求:

①感抗、容抗和阻抗;

②电流的有效值 I 和瞬时值 i 的表达式;

③电阻、电感和电容上的电压瞬时值 u_R、u_L、u_C 的表达式;

④电路中的有功功率、无功功率和视在功率。

解 ①$X_L = \omega L = 314 \times 250 \times 10^{-3}\Omega = 78.5\Omega$

$$X_C = \frac{1}{\omega C} = \frac{1}{314 \times 20 \times 10^{-6}}\Omega = 159.2\Omega$$

$$Z = \sqrt{R^2 + (X_L - X_C)^2} = \sqrt{100^2 + (78.5 - 159.2)^2}\Omega = 128.5\Omega$$

②电流的有效值:

$$I = \frac{U}{Z} = \frac{220}{128.5}\text{A} = 1.7\text{A}$$

电压与电流的相位差：

$$\varphi = \arctan\frac{X_L - X_C}{R} = \arctan\frac{78.5 - 159.2}{100} = -38.9°$$

由此可以看出，该电路呈电容性。

电流的初相位为：

$$\varphi_i = \varphi_u - \varphi = 30° - (-38.9°) = 68.9°$$

所以电流的瞬时值表达式为：

$$i = 1.7\sqrt{2}\sin(314t + 68.9°)\text{A}$$

③电路元件上的分电压：

电阻
- 有效值：$U_R = IR = 1.7 \times 100\text{V} = 170\text{V}$
- 瞬时值：$u_R = 170\sqrt{2}\sin(314t + 68.9°)\text{V}$

电感
- 有效值：$U_L = IX_L = 1.7 \times 78.5\text{V} = 133.45\text{V}$
- 瞬时值：$u_L = 133.45\sqrt{2}\sin(314t + 68.9° + 90°)\text{V} = 133.45\sqrt{2}\sin(314t + 158.9°)\text{V}$

电容
- 有效值：$U_C = IX_C = 1.7 \times 159.2\text{V} = 270.64\text{V}$
- 瞬时值：$u_C = 270.64\sqrt{2}\sin(314t + 68.9° - 90°)\text{V} = 270.64\sqrt{2}\sin(314t - 21.1°)\text{V}$

④有功功率：　$P = IU\cos\varphi = 1.7 \times 220 \times \cos 38.9°\text{W} = 291\text{W}$

无功功率：　$Q = IU\sin\varphi = 1.7 \times 220 \times \sin 38.9°\text{V} \cdot \text{A} = 235\text{V} \cdot \text{A}$

视在功率：　$S = IU = 1.7 \times 220\text{V} \cdot \text{A} = 374\text{V} \cdot \text{A}$

2.3.3　三相交流电路

目前，电力系统采用的供电方式都是三相制，由于三相交流电与单相交流电相比较，在发电、输电、配电和用电等方面都有很多突出的优点，因此，三相制在电力系统中得到了广泛的应用。

(1)三相交流电动势的产生

图 2.34 是一个三相交流发电机的原理图，它由定子和转子构成。定子又称电枢，是固定不动的部分，定子铁心的内表面冲有槽，槽中对称嵌放了三个同样的线圈 AX、BY、CZ，首端 A、B、C 之间彼此相隔 120°，末端 X、Y、Z 之间也彼此相隔 120°。

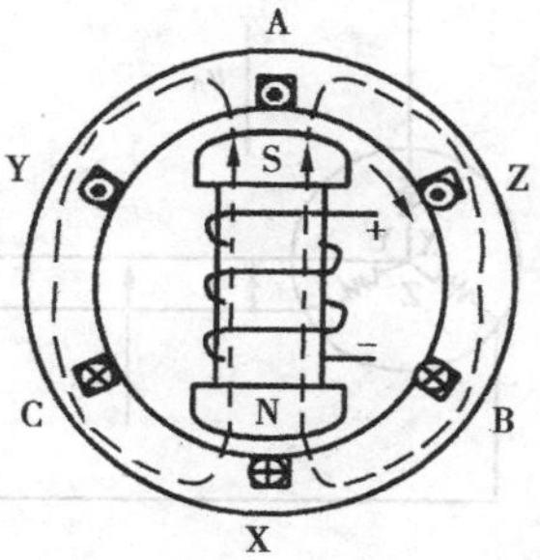

图 2.34　三相发电机原理图

三相交流发电机中间可以转动的这部分称为转子，转子铁心上绕有励磁绕组，绕组中通以直流电后就形成了一个磁极，按右手螺旋定则可确定磁极的方向，适当选择转子的极面形状，并设计好励磁绕组的分布，可以使定子、转子之间空隙中的磁感应强度按正弦规律分布。

转动磁极后，磁力线切割绕组产生出感应电动势，按发电机右手定则可确定感应电动势的方向。当磁极转到 A 相绕组时，A 相的电动势达到正的最大幅值，经 120°后到达 B 相时，B 相的电动势达到正的最大值，再经 120°又使 C 相的电动势达到最大值，因此，这三相上的电动势交替达到最大值，彼此相差 120°。

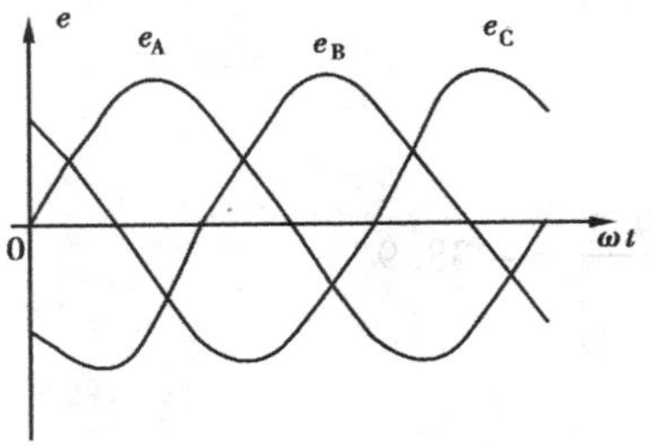

图 2.35　三相电动势

若　　$e_A = E_m \sin\omega t$

则　　$e_B = E_m \sin(\omega t - 120°)$

　　　$e_C = E_m \sin(\omega t + 120°)$

由于三相绕组结构相同，又受同一磁场的磁力线切割，因此产生的感应电动势的最大值是相等的；同时由于磁场是在匀速旋转，因此，磁力线切割每相绕组的速度都相同，角频率 ω 相等；当然，由于三相线圈彼此相隔 120°，因此，三相感应电动势之间的相位差相等，相与相之间都相差 120°。这种最大值相等，频率相同，彼此间的相位差也相等的三相电动势就称为对称三相电动势。

三相交流电依次出现正幅值的顺序称为相序，在这里 A 相超前于 B 相，B 相又超前于 C 相，C 相又超前于 A 相，其相序为 A—B—C，称为顺序；而相序 A—C—B 则与其反相，称为逆序。

(2) 三相电源的星形联接

三相电源的星形联接如图 2.36 所示，它是将产生三相电动势的三相绕组的三个末端(X、Y、Z)联接在一起，这个联接点称为中点或零点，用 N 表示，从中点引出的导线称为中线或零线，从三相绕组的三个首端(A、B、C)引出的导线称为相线或火线。

相线与中线之间的电压称为相电压，如图 2.36 中的 u_A、u_B、u_C 为相电压的瞬时值，由于三相电动势的最大值相等，因此三相电压的有效值相等，用 U_P 表示，所以有：

$$u_A = \sqrt{2}U_P \sin\omega t$$

$$u_B = \sqrt{2}U_P \sin(\omega t - 120°)$$

$$u_C = \sqrt{2}U_P \sin(\omega t + 120°)$$

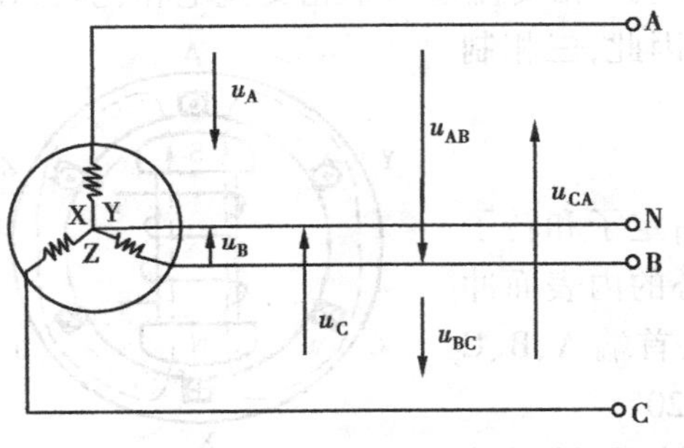

图 2.36　电源的星形联接

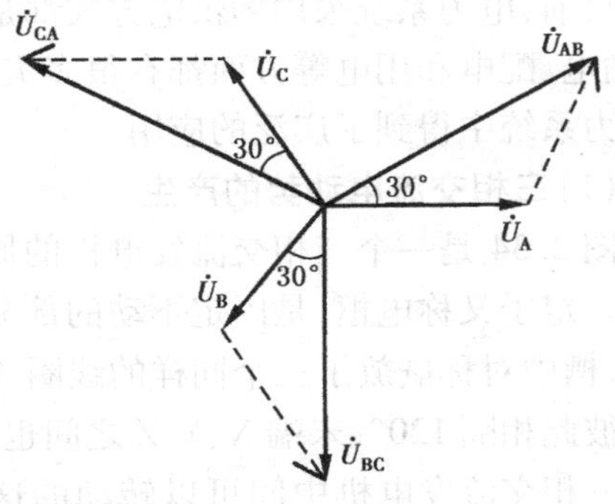

图 2.37　线电压与相电压的相量图

任意两相之间的电压为线电压，图中的 u_{AB}、u_{BC}、u_{CA} 为线电压的瞬时值，且：

$$u_{AB} = u_A - u_B$$

$$u_{BC} = u_B - u_C$$

$$u_{CA} = u_C - u_A$$

根据图 2.37 所示进行相量相加可得到：

$$U_{AB} = 2U_A \cos30° = \sqrt{3}U_A$$

$$U_{BC} = 2U_B\cos30° = \sqrt{3}U_B$$

$$U_{CA} = 2U_C\cos30° = \sqrt{3}U_C$$

由于线电压的有效值也是相等的,用 U_l 表示,因此有:

$$U_l = \sqrt{3}U_p$$

同时在相位上线电压超前相电压 30°,所以当 $u_A = \sqrt{3}U_P\sin\omega t$ 时:

$$u_{AB} = \sqrt{2}U_l\sin(\omega t + 30°)$$

$$u_{BC} = \sqrt{2}U_l\sin(\omega t - 90°)$$

$$u_{CA} = \sqrt{2}U_l\sin(\omega t + 150°)$$

在电力系统中一般采用三相四线制供电,即将三根相线和一根中线引出,这样可得到常用的两种电压:380V 的线电压和 220V 的相电压。

(3)负载星形联接的三相电路

与三相电源相连的三相负载有两种联接方式——星形联接和三角形联接。

图 2.38 所示为负载的星形联接方式,这时,流过每根相线的电流称为线电流 I_l,而每相负载中流过的电流称为相电流 I_P。显然,在负载星形联接的电路中,各线电流即是相应的相电流:

$$I_l = I_p$$

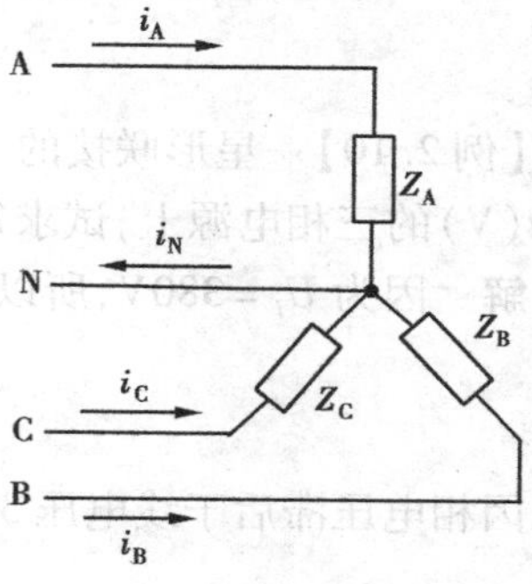

图 2.38　负载的星形联接

而每一相负载上电流的有效值为:

$$I_A = \frac{U_A}{|Z_A|}$$

$$I_B = \frac{U_B}{|Z_B|}$$

$$I_C = \frac{U_C}{|Z_C|}$$

各相负载上的电压与电流之间的相位差为:

$$\varphi_A = \arctan\frac{X_A}{R_A}$$

$$\varphi_B = \arctan\frac{X_B}{R_B}$$

$$\varphi_C = \arctan\frac{X_C}{R_C}$$

而对中线来说,则有:

$$i_N = i_A + i_B + i_C$$

如果三相负载的电阻相等($R_A = R_B = R_C = R$),同时电抗也相等($X_A = X_B = X_C = X$),并且性质也相同(即同为感抗或同为容抗),这样的三相负载就称为三相对称负载。在三相对称负载的电路中:

$$I_A = I_B = I_C = I_P = U_P / |Z|$$

$$\varphi_A = \varphi_B = \varphi_C = \arctan\frac{X}{R}$$

同时：$$i_N = i_A + i_B + i_C = 0$$

即三相负载对称时中线电流为零，这时中线可以省去，构成三相三线制电路。生产中常用的三相异步电动机就属于三相对称负载，多采用三相三线制的联接方式，如图2.39中的电机的联接。但是，如果负载不对称，中线就显得尤为重要了，如照明用电的额定电压通常为220V，因此应接在相线与中线之间，但不能集中接在一相上，而应当比较均匀地接在各相上，如图2.39中电灯的联接，但由于各相上的照明负荷不可能完全相等，因此，如果没有中线，则各相负载上所承受的相电压就会发生改变，负载因而无法正常工作，甚至可能被烧毁，所以这时中线不能省去。

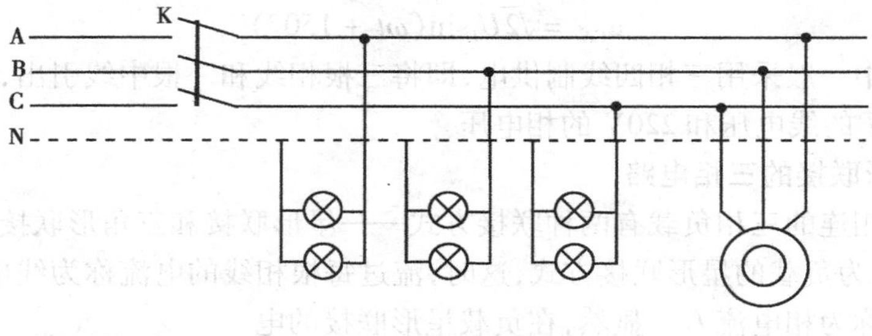

图2.39　照明与电动机的星形联接

【例2.10】　星形联接的三相对称负载，每相的 $R = 8\Omega$，$X_L = 6\Omega$，接在线电压 $u_{AB} = 380\sqrt{2}\sin\omega t$(V)的三相电源上，试求每相负载上相电流的瞬时值表达式。

解　因为 $U_l = 380$V，所以：

$$U_P = \frac{U_l}{\sqrt{3}} = \frac{380}{\sqrt{3}}\text{V} = 220\text{V}$$

因相电压滞后于线电压30°，所以：

$$u_A = 220\sqrt{2}\sin(\omega t - 30°)$$

而相电流：

$$I_P = \frac{U_P}{\sqrt{R^2 + X_l^2}} = \frac{220}{\sqrt{8^2 + 6^2}}\text{A} = 22\text{A}$$

每相上电压与电流的相位差为：

$$\varphi = \arctan\frac{X_L}{R} = \arctan\frac{6}{8} = 37°$$

因此，在每相负载上，电压都超前于电流37°，所以：

$$i_A = 22\sqrt{2}\sin(\omega t - 30° - 37°)\text{A} = 22\sqrt{2}\sin(\omega t - 67°)\text{A}$$

在对称三相负载的电路中，各相电流也是对称的，所以：

$$i_B = 22\sqrt{2}\sin(\omega t - 67° - 120°)\text{A} = 22\sqrt{2}\sin(\omega t - 187°)\text{A}$$

$$i_C = 22\sqrt{2}\sin(\omega t - 67° + 120°)\text{A} = 22\sqrt{2}\sin(\omega t + 53°)\text{A}$$

(4)负载三角形联接的三相电路

若负载本身联接成三角形，其三个相连点再与电源相联，这种联接方式就称为负载的三角形联接，如图2.40所示，这时每相负载上的相电压等于电源的线电压，即：

$$U_P = U_l$$

当然,这里的 U_P 是指负载上的相电压,而不是电源的相电压。这时每相负载上相电流的有效值为:

$$I_{AB} = \frac{U_l}{|Z_{AB}|}$$

$$I_{BC} = \frac{U_l}{|Z_{BC}|}$$

$$I_{CA} = \frac{U_l}{|Z_{CA}|}$$

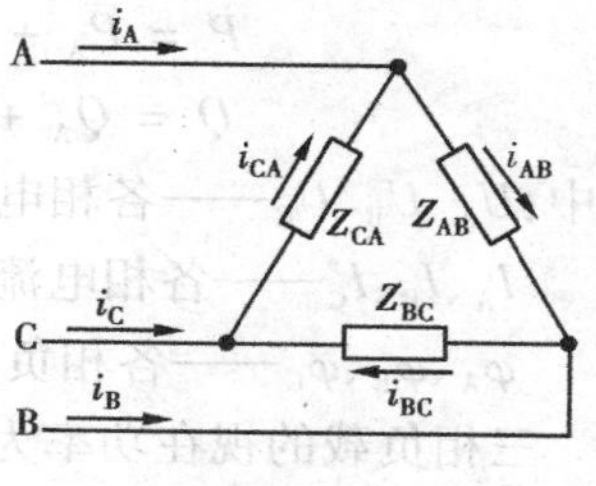

图2.40　负载的三角形联接

每相负载上电压与电流的相位差为:

$$\varphi_{AB} = \arctan\frac{X_{AB}}{R_{AB}}$$

$$\varphi_{BC} = \arctan\frac{X_{BC}}{R_{BC}}$$

$$\varphi_{CA} = \arctan\frac{X_{CA}}{R_{CA}}$$

而在三角形联接的三相电路中,线电流不再等于相电流,从图2.40可看出,按照基尔霍夫的电流定律有:

$$i_A = i_{AB} - i_{CA}$$

$$i_B = i_{BC} - i_{AB}$$

$$i_C = i_{CA} - i_{BC}$$

当三相负载对称时,则有:

$$I_{AB} = I_{BC} = I_{CA} = I_P = \frac{U_P}{|Z|}$$

$$\varphi_{AB} = \varphi_{BC} = \varphi_{CA} = \varphi = \arctan\frac{X}{R}$$

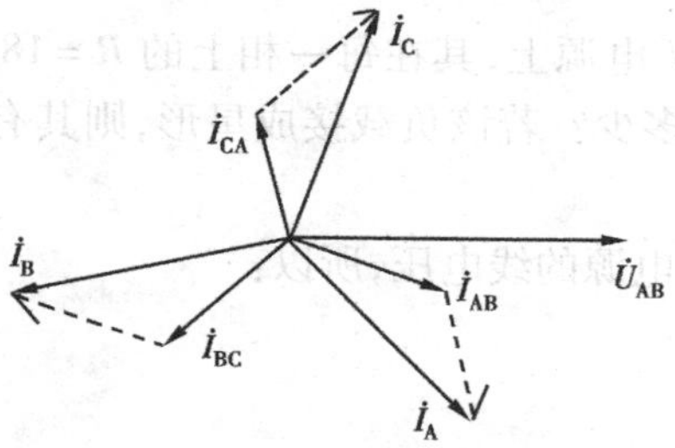

图2.41　相电流与线电流的相量图

三相负载对称时,各相电流也是对称的,可得到如图2.41所示的相量图,从该图中求取各相电流之间的相量图就可求出线电流,显然:

$$I_A = 2I_{AB}\cos30° = \sqrt{3}I_{AB}$$

$$I_B = 2I_{BC}\cos30° = \sqrt{3}I_{BC}$$

$$I_C = 2I_{CA}\cos30° = \sqrt{3}I_{CA}$$

所以

$$I_l = \sqrt{3}I_P$$

即在三角形联接的对称负载中,线电流是相电流的 $\sqrt{3}$ 倍,同时,各线电流滞后于相应的相电流30°。

负载的三角形联接方式在实际线路中也常常应用,如有些电机就要求接成三角形,在使用多个单相380V的负载时,为了保持电源三相的平衡,也要求尽量均匀分布,接成三角形。

(5)三相电路的功率

在三相电路中,无论负载采取何种联接方式,总的有功功率或无功功率分别等于各相有功

功率或无功功率之和,即:

$$P = P_A + P_B + P_C = U_A I_A \cos\varphi_A + U_B I_B \cos\varphi_B + U_C I_C \cos\varphi_C$$

$$Q = Q_A + Q_B + Q_C = U_A I_A \sin\varphi_A + U_B I_B \sin\varphi_B + U_C I_C \sin\varphi_C$$

式中:U_A、U_B、U_C——各相电压的有效值;

I_A、I_B、I_C——各相电流的有效值;

φ_A、φ_B、φ_C——各相负载上电压与电流的相位差。

三相负载的视在功率为:

$$S = \sqrt{P^2 + Q^2}$$

当负载对称时,每一相上的有功功率或无功功率都相等,所以:

$$P = 3U_P I_P \cos\varphi_P$$

$$Q = 3U_P I_P \sin\varphi_P$$

$$S = 3U_P I_P$$

式中:φ_P——每一相负载上电压与电流之间的相位差。

由于当负载接成星形时:

$$U_l = \sqrt{3}U_P$$

$$I_l = I_P$$

当负载接成三角形时:

$$U_l = U_P$$

$$I_l = \sqrt{3}I_P$$

因此,无论负载是接成星形还是接成三角形都可以得到:

$$P = \sqrt{3}U_l I_l \cos\varphi_P$$

$$Q = \sqrt{3}U_l I_l \sin\varphi_P$$

$$S = \sqrt{3}U_l I_l$$

【例2.11】 某三角形联接的负载接在线电压为380V电源上,其在每一相上的 $R = 18\Omega$, $X_L = 8\Omega$,则该负载的有功功率、无功功率及视在功率各为多少?若该负载接成星形,则其有功功率、无功功率及视在功率又各为多少?

解 由于在三角形联接的负载上,负载的相电压等于电源的线电压,所以:

$$U_P = U_l = 380\text{V}$$

而负载上的相电流:

$$I_P = \frac{U_P}{\sqrt{R^2 + X_L^2}} = \frac{380}{\sqrt{18^2 + 8^2}}\text{A} = 19.3\text{A}$$

负载上电压与电流的相位:

$$\varphi = \arctan\frac{X_L}{R} = \arctan\frac{8}{18} = 24°$$

所以

$$P = 3U_P I_P \cos\varphi_P = 3 \times 380 \times 19.3 \times \cos 24°\text{W} = 20\text{kW}$$

$$Q = 3U_P I_P \sin\varphi_P = 3 \times 380 \times 19.3 \times \sin 24°\text{V} \cdot \text{A} = 9\text{kV} \cdot \text{A}$$

$$S = 3U_PI_P = 3 \times 380 \times 19.3\text{V} \cdot \text{A} = 22\text{kV} \cdot \text{A}$$

当负载接成星形时：

$$U_P = \frac{U_l}{\sqrt{3}} = \frac{380}{\sqrt{3}}\text{V} = 220\text{V}$$

$$I_P = \frac{U_P}{\sqrt{R^2 + X_L^2}} = \frac{220}{\sqrt{18^2 + 8^2}}\text{A} = 11\text{A}$$

$$\varphi = \arctan\frac{X_L}{R} = \arctan\frac{8}{18} = 24°$$

$$P = 3\ U_PI_P\cos\varphi_P = 3 \times 220 \times 11 \times \cos 24°\text{W} = 6.6\text{kW}$$

$$Q = 3U_PI_P\sin\varphi_P = 3 \times 220 \times 11 \times \sin 24°\text{V} \cdot \text{A} = 3\text{kV} \cdot \text{A}$$

$$S = 3U_PI_P = 3 \times 220 \times 11\text{V} \cdot \text{A} = 7.26\text{kV} \cdot \text{A}$$

可以看出，对称三相负载接成星形时，其所消耗的功率为接成三角形时消耗的功率的1/3。

2.4 磁路、变压器和异步电动机

2.4.1 磁路的基本物理量及基本定律

磁路是电机、变压器以及其他许多电器设备与电工仪表的重要组成部分，它和电路常常是密切相关的，因此，在分析了电路以后还需要对磁路有一个基本的了解。

(1)磁路中的基本物理量

在磁路中，主要通过下面这些物理量来描述其性质。

1)磁感应强度

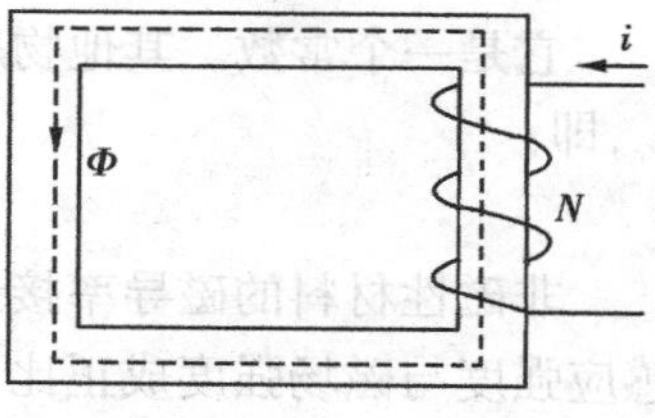

图2.42 磁路

将线圈绕在铁心上，如图2.42所示，因铁心的导磁性能相当好，则线圈通电以后所产生的磁场的磁力线就集中于这个铁心中，这个铁心就是线圈产生的磁场的磁路。而描述这个磁场内某一点的磁场的强弱和方向的物理量就是磁感应强度，它是一个向量，它与产生磁场的电流之间的方向关系可用右手螺旋定则确定，其大小可用磁感应强度 B 表示，单位是特斯拉(T)。

如果磁场内各点的磁感应强度大小相等，方向相同，这样的磁场称为均匀磁场。在未加说明时，通常所分析的磁场都是均匀磁场。

2)磁通

磁通 Φ 是磁感应强度 B 与垂直于磁场方向的面积 S 的乘积，即：

$$\Phi = BS$$

当然，磁感应强度也就是与磁场方向相垂直的单位面积上所通过的磁通，所以又称磁通密度。如果用磁力线来描述磁场，则磁通表示穿过截面积 S 上的磁力线的总数，而磁感应强度则反映了磁力线的密度。由于磁力线总是闭合的，穿入与穿出闭合面的磁通的绝对值相等，因此，磁通具有连续性，就像电流要形成闭合回路一样，磁通也是沿磁路闭合的。磁通的单位是韦伯(Wb)。

3)磁动势

磁动势 F 相当于电路中的电动势,它是产生磁通 Φ 的源泉,它的单位是安培(A)。在这个磁路中:

$$F = NI$$

4)磁场强度

磁场强度 H 是表示磁场中与介质无关的磁力的大小和方向,它也是向量,通过它可以确定磁场与电流之间的关系,根据安培环路定律可得到:

$$\oint \vec{H} \mathrm{d}\vec{l} = \sum I$$

在电流线圈匝数为 N,磁路平均长度为 l 的均匀磁场中:

$$Hl = NI$$

磁场强度的单位是安/米(A/m),在这里,Hl 又称为磁压降。

5)磁导率

磁导率 μ 是用来衡量磁场中介质的导磁能力的物理量,它与磁场强度 H 的乘积就等于磁感应强度 B:

$$B = \mu H$$

磁感应强度的大小是与介质的磁场性质相关的,相同的磁动势作用于磁导率 μ 不同的介质上,在同一点上磁场强度是相同的,但所产生的磁感应强度则不同。

磁导率的单位可经上式推导出来,是电感的单位亨利(H)。由实验测得的真空的磁导率为:

$$\mu_0 = 4\pi \times 10^{-7} \mathrm{H/m}$$

它是一个常数。其他物质的磁导率 μ 与真空磁导率 μ_0 的比值称为该物质的相对磁导率 μ_r,即:

$$\mu_r = \mu / \mu_0$$

非磁性材料的磁导率接近真空的磁导率,其相对磁导率为 1,由于磁导率为常数,所以磁感应强度与磁场强度成正比,而磁通 Φ 也会随着电流 I 的增大而增大。

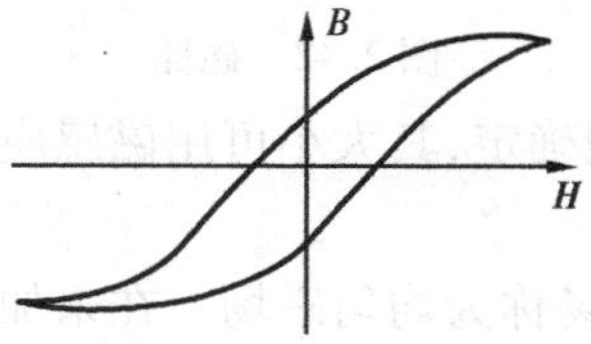

图 2.43　磁饱和及磁滞回线

磁性材料的磁导率则远远大于 1,所以磁性材料具有很高的磁导率,但磁性物质的磁化磁场不会随外磁场的增强而无限增强,当外磁场增大到一定值后,磁感应强度 B 就会达到饱和,如图 2.43 所示。在磁性材料中,磁感应强度 B 和磁场强度 H 的变化不成正比,而磁导率 μ 也就不是一个常数,它会随着磁场强度的变化而变化。磁性材料还有一个重要性质就是磁滞性,主要体现在如图 2.43 所示的磁滞回线上,当磁场强度 H 减小到零时,磁感应强度 B 并没有减小到零,这是由于磁性材料中会存在着剩磁,使磁感应强度滞后于磁场强度的变化,只有通过改变电流的方向,使磁场强度反方向增强,进行反向磁化,从而使磁感应强度 B 减小到零,这样就形成了磁滞回线。

6)磁阻

磁阻和电路中的电阻一样,磁路中也有磁阻 R_m,它对磁通起阻碍作用。磁阻与磁路的平均长度 l,磁路截面积 S 及磁路材料的磁导率 μ 有关,即:

$$R_m = \frac{l}{\mu S}$$

由于磁导率 μ 不是一个常数，对磁性材料来说，磁阻 R_m 也不是一个常数。可以看出，磁路中的许多物理量与电路中的物理量很相似，如表 2.1 所示。

表 2.1　磁路与电路对照

磁　路	电　路
磁动势 F	电动势 E
磁通 Φ	电流 I
磁感应强度 B	电流密度 J
磁导率 μ	导电率 ρ
磁阻 R_m	电阻 R
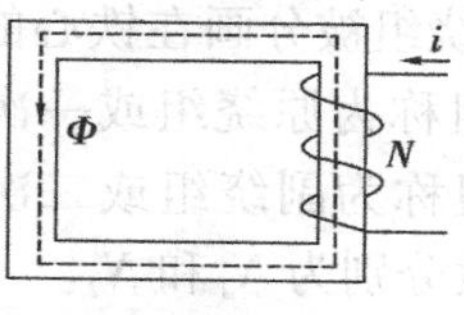	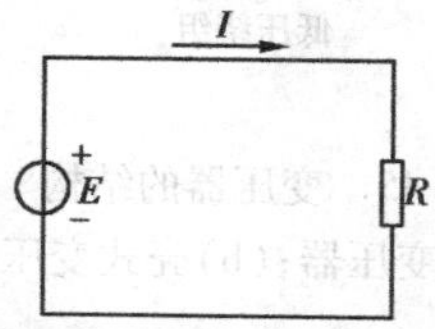

(2) 磁路定律

在磁路中，各个物理量的变化也遵循着一些基本的定律。

1) 磁路欧姆定律

由于

$$IN = Hl = \frac{B}{\mu}l = \frac{\Phi}{\mu S}l$$

所以

$$\Phi = \frac{IN}{\frac{l}{\mu S}} = \frac{F}{R_m}$$

这个表达式与欧姆定律的表达式 $I = U/R$ 很相似，所以称为磁路欧姆定律，但是由于磁阻 R_m 不是常数，当磁导率 μ 随着励磁电流 I 的变化而变化时，磁阻 R_m 也会改变，因此，磁路的欧姆定律只能用来对磁路进行定性的分析，不能直接用于计算。

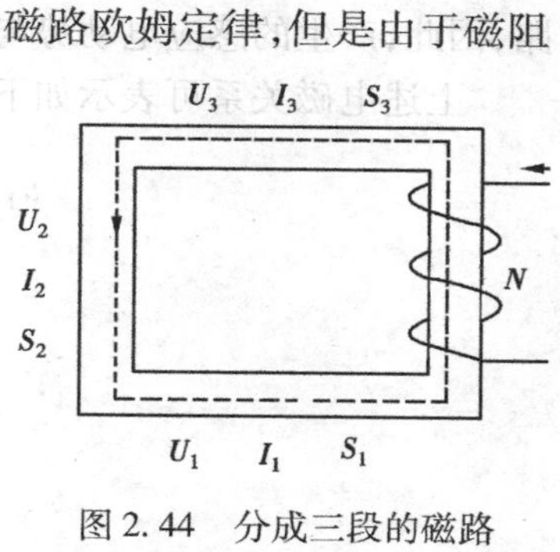

图 2.44　分成三段的磁路

2) 磁路的基本计算公式

对均匀磁路有：

$$IN = HI$$

如果磁路是由不同材料或不同长度和截面积（即磁阻不同）的几段组成，如图 2.44 所示，则：

$$IN = H_1I_1 + H_2I_2 + \cdots = \sum HI$$

在磁路中，电流所产生的磁动势等于各段磁路上的磁压降的代数和。当磁通已知时，由于 $B = \Phi/S$，因此，可以分别计算出各段的磁感应强度，再通过磁化曲线找出对应的磁场强度，然后计算出各段的磁压降，通过上式，则可求出磁动势。

2.4.2 变压器

变压器是通过电磁感应关系,从一个电路向另一个电路传递电能或传输信号的一种电气设备,它的种类很多,应用也很广泛。在电力系统中,可利用变压器对电能进行经济传输、灵活分配和安全使用,而在电子线路中则可利用变压器来提供不同电压等级的电源,并耦合电路、传递信号,以及实现阻抗匹配。尽管变压器的大小形状各异,用途也不尽相同,但其最基本的构造与工作原理则是相同的。

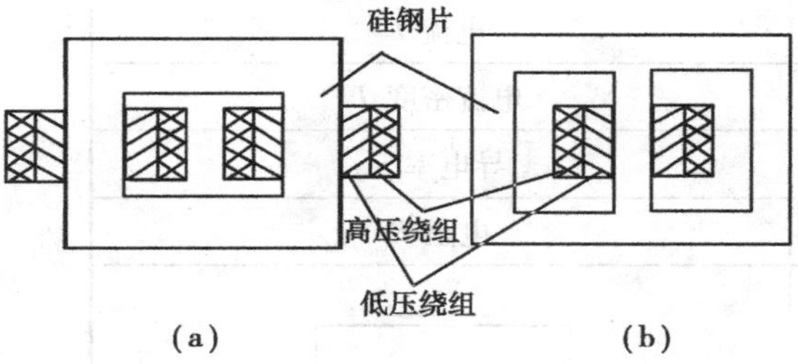

图 2.45 变压器的结构
(a)心式变压器;(b)壳式变压器

(1)变压器的工作原理

变压器的基本结构如图 2.45 所示,用硅钢片叠成的铁心形成闭合磁路,用绝缘导线绕制的低压绕组和高压绕组则套装在铁心上。

图 2.46 为变压器的原理图,为分析方便,两相绕组被分画在铁心的两端,与电源相联的绕组称为原绕组或一次绕组,与负载相联的绕组称为副绕组或二次绕组。原、副绕组的匝数分别为 N_1 和 N_2。

当原绕组接上交流电压 u_1 后,原绕组中便有电流 i_1 通过,磁动势 i_1N_1 则在闭合的铁心中产生交变的磁通 Φ,该磁通与原绕组相交链,产生感应电动势 e_1,与副绕组相交链产生感应电动势 e_2,如果副绕组接有负载,那么副绕组中就有电流 i_2 流过,这时,副绕组中的磁动势 i_2N_2 也会产生出沿铁心闭合的磁通,所以铁心中的磁通 Φ 是由原、副绕组的磁动势共同作用产生的,称为主磁通。

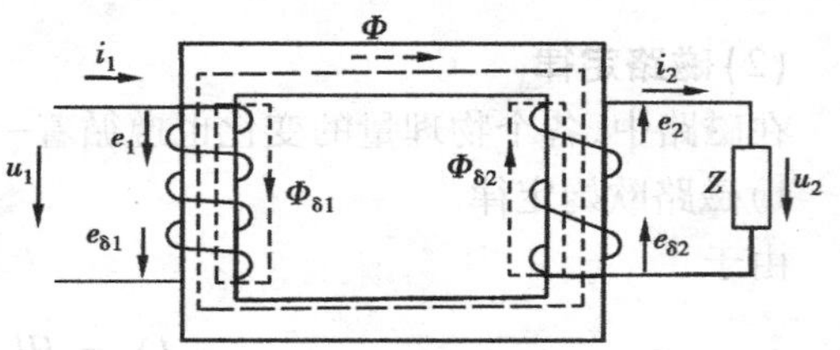

图 2.46 变压器的原理图

当然,原、副绕组中的磁动势也要产生少量的漏磁通 $\Phi_{\delta1}$ 和 $\Phi_{\delta2}$,$\Phi_{\delta1}$ 只与原绕组交链,产生漏磁电动势 $e_{\delta1}$,$\Phi_{\delta2}$ 只与原绕组交链,产生漏磁电动势 $e_{\delta2}$。漏磁通由于主要经空气形成闭合回路,因此,产生的感应电动势与前面分析的空心线圈产生的感应电动势相同。

上述电磁关系可表示如下:

$$u_1 \rightarrow i_1(i_1N_1) \rightarrow \Phi_{\delta1} \rightarrow e_{\delta1} = -L_{\delta1}\frac{\mathrm{d}i_1}{\mathrm{d}t}$$

$$\downarrow \nearrow e_1 = -N_1\frac{\mathrm{d}\Phi}{\mathrm{d}t}$$

$$\Phi$$

$$\uparrow \searrow e_2 = -N_2\frac{\mathrm{d}\Phi}{\mathrm{d}t}$$

$$\rightarrow i_2(i_2N_2) \rightarrow \Phi_{\delta2} \rightarrow e_{\delta2} = -L_{\delta2}\frac{\mathrm{d}i_2}{\mathrm{d}t}$$

(2)变压器的作用

1)电压变换

利用变压器进行电压变换是变压器的主要作用。

当主磁通 $\Phi=\Phi_m\sin\omega t$ 时：

$$e_1=-N_1\frac{d\Phi}{dt}=$$
$$-N_1\omega\Phi_m\cos\omega t=$$
$$2\pi fN_1\sin(\omega t-90°)=$$
$$E_{1m}\sin(\omega t-90°)$$

所以

$$E_1=\frac{E_{1m}}{\sqrt{2}}=4.44fN_1\Phi_m$$

同理：

$$E_2=4.44fN_2\Phi_m$$

在原绕组的电路中，根据基尔霍夫电压定律：

$$u_1=i_1R_1+(-e_{\delta1})+(-e_1)$$

R_1是原绕组线圈上的电阻，如果忽略由 R_1及漏磁通 $\Phi_{\delta1}$所引起的这部分相对较小的电压降，则：

$$u_1=-e_1$$

当然它们的有效值相等，所以：

$$U_1=E_1=4.44fN_1\Phi_m$$

在副绕组的电路上，同样有：

$$e_2=i_2R_2+(-e_{\delta2})+u_2$$

当变压器空载时：

$$U_{20}=E_2=4.44\,f\,N_2\Phi_m$$

此时，在副绕组上产生的空载电压 U_{20}与电源电压 U_1的频率相同，但由于原、副绕组的线圈匝数不同，因此，电压的大小并不相等。

$$\frac{U_1}{U_{20}}=\frac{E_1}{E_2}=\frac{4.44fN_1\Phi_m}{4.44fN_2\Phi_m}=\frac{N_1}{N_2}=K$$

K称为变压器的变比，即原、副绕组的匝数之比，当电源电压一定时，只要改变变比 K，就可得到不同等级的输出电压。

2)电流变换

在一次侧，不论二次侧有无负载，其电压 U_1和频率 f 是不变的，由于 $U_1=4.44fN_1\Phi_m$，因此铁心中的主磁通的最大值在一次侧电压不变时是不会改变的。空载时产生主磁通的磁动势是 $i_{10}N_1$，有负载时产生主磁通的磁动势是 $i_1N_1+i_2N_2$，由于不论空载或有载，铁心中的主磁通的最大值保持不变，因此产生主磁通的磁动势是相等的，即：

$$i_{10}N_1=i_1N_1+i_2N_2$$

由于变压器空载时空载电流 i_{10}很小，可以忽略，即 $i_{10}N_1=0$，因此：

$$i_1N_1=-i_2N_2$$

式中，负号表示原、副绕组的磁动势在相位上是反相的，即副绕组的磁动势对原绕组的磁动势有去磁作用，而原、副绕组的电流有效值的关系为：

$$\frac{I_1}{I_2}=\frac{N_2}{N_1}=\frac{1}{k}$$

原、副绕组的电流之比为变比的倒数,这是一个恒定值,当二次侧负载增多,电流增大时,一次侧的电流也会相应增大,这样就增加了原绕组的磁动势,以补偿副绕组磁动势的去磁作用,从而维持主磁通的最大值近于不变。

3)阻抗匹配

在信号源内阻较大而负载电阻较小时,为了使负载能获得最大功率,可利用变压器来改变阻抗,达到匹配的目的。当副绕组接入的负载阻抗的大小为 Z_L 时:

$$Z_L = U_2 / I_2$$

而在原绕组上,所带的负载大小为:

$$\frac{U_1}{I_1} = \frac{kU_2}{\frac{I_2}{k}} = \frac{k^2 U_2}{I_2} = k^2 Z_L$$

可以看出,Z_L 大小的负载阻抗反映到原边时其阻抗值为原来的 k^2 倍,通过调整变比,就可得到不同的等效阻抗。

【例2.12】 某信号源的电动势 E 为10V,内阻 R_0 为500Ω,负载电阻 R_L 为5Ω,当 R_L 折算到原边的等效电阻与 R_0 相等时,求变压器的变比以及负载得到的功率。如果将该负载直接与信号源联接时,负载得到的功率又为多少?

解 变压器的变比为:

$$k = \frac{N_1}{N_2} = \sqrt{\frac{R_0}{R_L}} = \sqrt{\frac{500}{5}} = 10$$

原边电流为: $I_1 = \frac{E}{R_0 + k^2 R_L} = \frac{10}{500 + 10^2 \times 5}\text{A} = 10\text{mA}$

副边电流为: $I_2 = kI_1 = 10 \times 10\text{mA} = 100\text{mA} = 0.1\text{A}$

进行阻抗匹配后负载得到的功率为:

$$P = I_2^2 R_L = 0.1^2 \times 5\text{W} = 0.05\text{W}$$

如果负载直接与信号源联接时得到的功率为:

$$P' = \left(\frac{E}{R_0 + R_L}\right)^2 R_L = \left(\frac{10}{500 + 5}\right)^2 \times 5\text{W} = 0.002\text{W}$$

可见,经阻抗匹配后,负载的功率得到了极大的增加。

(3)三相变压器

在进行三相电压变换时,可采用三相变压器原理结构如图2.47所示,它的铁心有三个芯柱,一个芯柱上套装一相原绕组及其对应的副绕组,其中高压绕组为A—X、B—Y、C—Z,低压绕组为a—x、b—y、c—z。

Y/Y_0 联接常用于供给动力和照明混合的负载,高压绕组的线电压不超过35kV,低压侧中线引出,这样可得到两种低压,即380V的动力用电和220V的照明用电。

Y/△联接方式既可用于升压,也可用于降压,高压不超过60kV而低压多为10kV。高压侧由于接成Y形,相电压只有线电压的 $1/\sqrt{3}$,可以降低每相绕组的绝缘要求;而低压侧联接成△形,则相电流只有线电流的 $1/\sqrt{3}$,可以减小每相绕组的导线截面。

(4)变压器的型号及参数

使用变压器时,必须遵循其铭牌上所规定的性能指标参数,才能保证变压器的安全、合理、

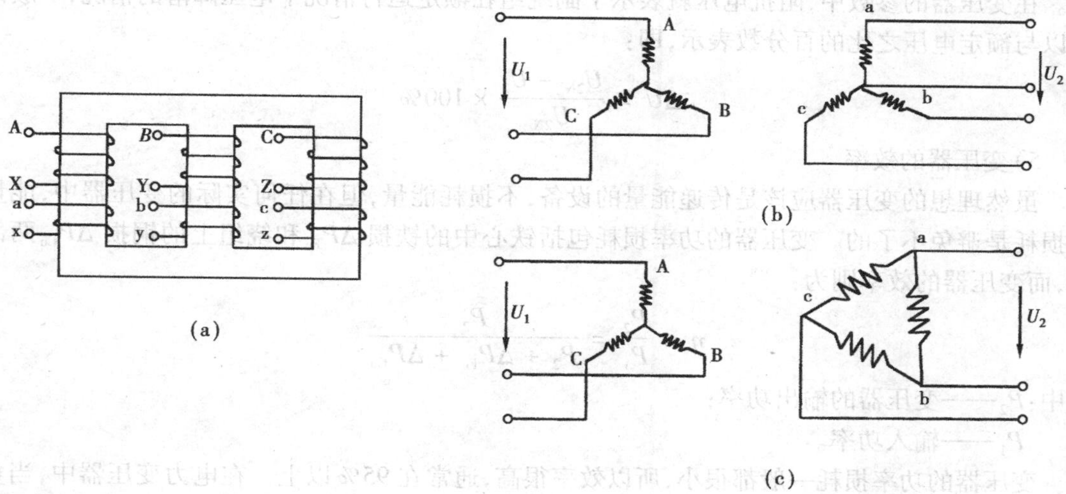

图 2.47　三相变压器及联接法举例

(a)三相变压器;(b)Y/Y_0 连接;(c)Y/△连接

高效地使用。

1)额定电压

额定电压是变压器在其绝缘强度和温度的规定值下端子间线电压的保证值。原边所规定的线电压值为原边额定电压,变压器空载时副边线电压的保证值称为副边额定电压。配电变压器较多采用 10/0.4(kV),即原边额定电压为 10kV,副边额定电压为 400V。

2)额定电流

指变压器原边和副边的线电流,即各绕组允许长期通过的最大工作电流。由于负载的增多会使变压器的原、副绕组中的电流同时增大,从而引起变压器有功功率的增加,使变压器发热,因此,变压器在使用时不能超过这个限额。

3)额定容量

在变压器中:

$$\frac{U_1}{U_2} = \frac{I_2}{I_1} = k$$

所以

$$S = U_1 I_1 = U_2 I_2$$

S 称为变压器的容量,即视在功率,单位是千伏安(kV·A)。理想的变压器即不能产生能量,也不会损耗能量,它仅仅进行能量的传递。

在额定工作状态下变压器的视在功率称为变压器的额定容量。

在单相变压器中:

$$S_N = U_{2N} I_{2N} \quad (\text{kV} \cdot \text{A})$$

在三相变压器中:

$$S_N = \sqrt{3} U_{2N} I_{2N} \quad (\text{kV} \cdot \text{A})$$

4)阻抗电压

实际的变压器中,由于原、副绕组中都存在着内阻抗,因此,当副绕组接上负载后,随着负载电流 I_2 的增加,原、副绕组内阻抗上的电压降便会增加,使副绕组的端电压 U_2 发生变化,对电阻性和电感性负载来说,电压 U_2 随着电流 I_2 的增加而下降,通常希望电压 U_2 的变化越小越

好。在变压器的参数中,阻抗电压就表示了副绕组在额定运行情况下电压降落的情况,一般都是以与额定电压之比的百分数表示,即:

$$\Delta U = \frac{U_{2N} - U_2}{U_{2N}} \times 100\%$$

5)变压器的效率

虽然理想的变压器应该是传递能量的设备,不损耗能量,但在任何实际的变压器中,能量的损耗是避免不了的。变压器的功率损耗包括铁心中的铁损 ΔP_{Fe} 和绕组上的铜损 ΔP_{Cu} 两部分,而变压器的效率则为:

$$\eta = \frac{P_2}{P_1} = \frac{P_2}{P_2 + \Delta P_{Fe} + \Delta P_{Cu}}$$

式中:P_2——变压器的输出功率;

P_1——输入功率。

变压器的功率损耗一般都很小,所以效率很高,通常在95%以上。在电力变压器中,当负载为额定负载的50% ~75%时,效率达到最大值。

6)变压器的型号

如 SL7—50/10 为一种电力变压器的型号,其中 S 代表三相,单相则用 D 表示,L 表示铝线绕组,铜绕组则不表示,7 为设计序号,50 表示该变压器的额定容量为 50kV · A,10 则表示变压器高压绕组的额定电压为 10kV。

另外,变压器的铭牌上还标注有变压器的绕组联接方式、运行方式、冷却方式以及运输安装的有关数据等。

2.4.3 三相异步电动机

三相异步电动机是交流电机中的一种,它结构简单,造价低廉,安装调试方便,而且运行可靠,其调速性能也由于变频技术的发展而得到极大的改善,因此,这种电机在各行各业中得到了越来越广泛的应用。

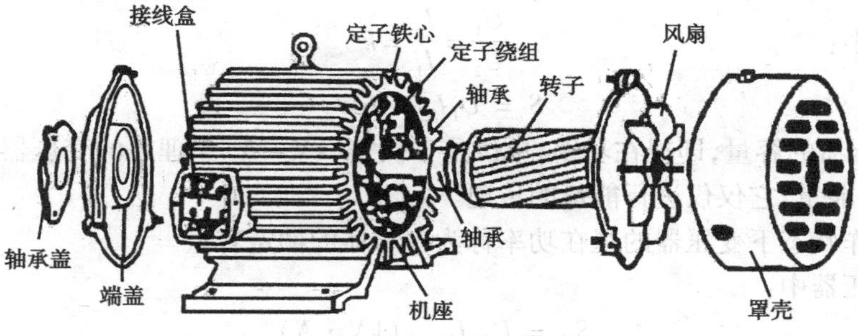

图 2.48 电动机的基本结构

(1)基本结构

三相异步电动机的结构如图 2.48 所示,它主要由固定不动的定子和可以旋转的转子两大部分组成。

电机中的固定部分主要包括定子铁心、定子绕组和机座。定子铁心常用 0.35 ~0.5mm 厚的硅钢片叠压而成,片间彼此绝缘,定子铁心的内侧冲有均匀分隔的槽口,用以嵌放定子绕组。

定子绕组由绝缘铜线或铝线绕成，三相绕组对称嵌放在定子槽内，三相绕组的三个始端 U_1、V_1、W_1 和三个末端 U_2、V_2、W_2 都分别引出，接到接线盒的六个端钮上。机座一般用铸铁制成，用以固定和支撑定子铁心。

电机中的转子由转子铁心和转子绕组两部分组成，由于转子绕组构造的不同，又可分为鼠笼式和绕线式两种。鼠笼式转子的铁心由外圆冲有槽口的 0.5mm 厚的硅钢片叠压而成，并固定在转轴上，将熔化了的铝浇铸在转子铁心的槽内就制成了转子绕组，由于这样形成的转子绕组形如鼠笼，因此叫鼠笼式转子。中、小型电动机一般都采用铸铝转子。绕线式转子的铁心与鼠笼式的相似，但转子槽内嵌放的是对称的三相绕组，通常把三相绕组联接成星形，即将三相绕组的末端联接在一起，三个始端则接到装在轴上的三个彼此绝缘的滑环上，并用固定的电刷与三个滑环接触，使转子绕组与外电路相联，用以对电机进行控制。

三相异步电动机除了这两大部分外还有一些附件，如接线盒、端盖、轴承盖以及风扇等。

(2)工作原理

当三相异步电动机的定子绕组与三相交流电源接通以后，转子就会转动起来，电动机就能开始工作了。那么，转子为什么能转动呢？它转动的速度、方向又由哪些因素确定呢？

1)旋转磁场的形成

电流的正弦波形如图 2.49 所示。现在分析三相交流电流入定子绕组后形成的合成磁场的情况。

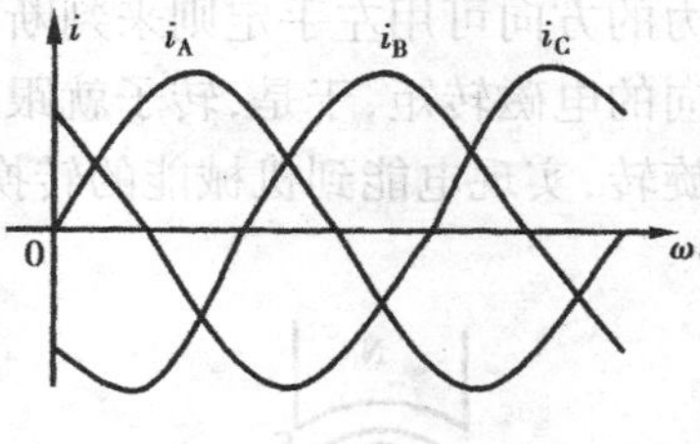

图 2.49　三相电流的正弦波形

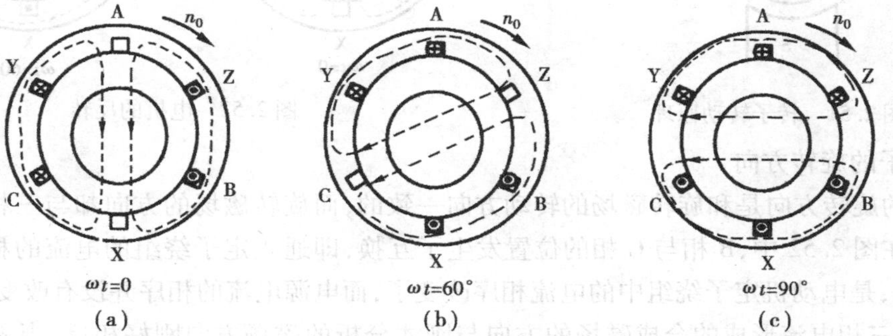

图 2.50　两极旋转磁场的产生($p=1$)

在图 2.50(a)中，三相定子绕组的每一相都仅由一组线圈组成，它们彼此互隔 120°分布在定子铁心的内侧的线槽中，构成对称三相绕组，接上对称的三相电源后，就有对称的三相电流流过，电流的参考方向定为 A—X、B—Y、C—Z，则各相电流的瞬时值表达式为：

$$i_A = I_m \sin\omega t$$

$$i_B = I_m \sin(\omega t - 120°)$$

$$i_C = I_m \sin(\omega t + 120°)$$

当 $\omega t = 0$ 时，定子绕组中各相电流方向如图 2.50(a)所示，这时 $i_A = 0$，A 相中没有电流；i_B 为负，在 B 相上电流从 Y 流向 B；i_C 为正，在 C 相上电流从 C 流向 Z。确定了电流的方向以后，通过右手螺旋定则就可确定出合成磁场的方向。从图中可看出，合成磁场的磁力线分布是以 A 边为中心，左右对称，从上到下，它和一对磁极产生的磁场一样。

图 2.50(b)所示为 $\omega t=60°$时定子绕组中各相电流的方向及其合成的磁场,可以看出合成磁场的方向在空中顺时针旋转了 60°。

同理,可分析出如图 2.50(c)所示的 $\omega t=90°$时三相电流所合成的磁场,这时,合成磁场的方向已在空间顺时针旋转了 90°。

依次分析各瞬间后,可以发现对称的三相电流通入对称的三相绕组后,所建立起来的合成磁场并不是静止的或交变的,而是如一对在旋转的磁极的磁场,只有在这样的旋转磁场的作用下转子才能转动。

2)转动原理

有了旋转磁场后,转子绕组切割磁力线产生出感应电势,其方向可用右手定则判断,如图 2.51所示。由于转子绕组已构成闭合回路,因此,绕组中就有电流流过,其瞬时方向就是电势的瞬时方向。根据电磁力定律,载流导体在与其垂直的磁场中会受到电磁力的作用,而这个电磁力的方向可用左手定则来判断。转子上所有绕组受到的电磁力就形成了一个与旋转磁场同方向的电磁转矩,于是,转子就跟着这个旋转磁场同方向地转动起来了,这时,电机就可带动负载旋转,实现电能到机械能的转换。

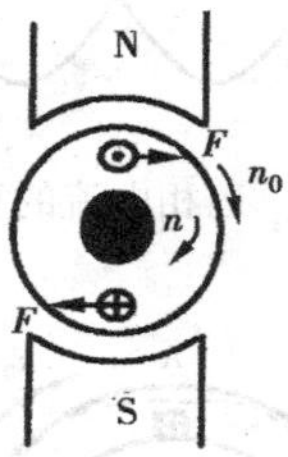

图 2.51　转子转动原理

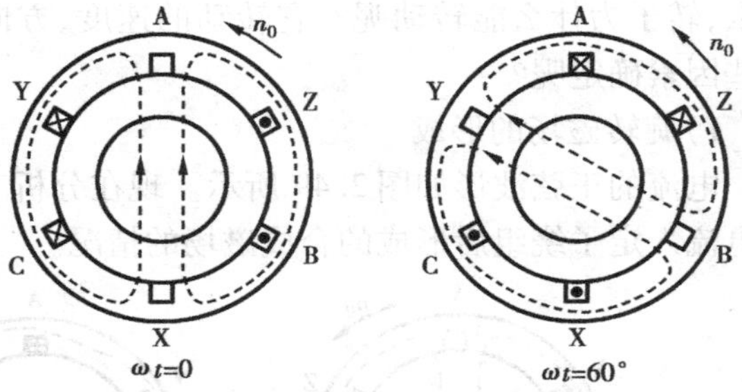

图 2.52　电机的反转

3)转子的旋转方向

转子的旋转方向是和旋转磁场的转动方向一致的,而旋转磁场的方向却与三相电流的相序相关。在图 2.52 中,B 相与 C 相的位置发生了互换,即通入定子绕组的电流的相序发生了变化(注意,是电动机定子绕组中的电流相序改变了,而电源电流的相序并没有改变)。

这时,三相电流形成的合成磁场的方向与刚才分析的磁场方向刚好相反,当 $\omega t=60°$时,磁场逆时针方向转动了 60°,其旋转方向也发生了改变。因此,当通入定子绕组中的电流相序发生变化时,旋转磁场的旋转方向也要随之改变,而转子的转动方向也就跟着改变。要想改变电动机的方向,只需改变通入定子绕组的三相电流的相序即可。

4)极对数与转速

三相异步电动机的极对数也就是旋转磁场的极对数,用 p 表示。上面所举的三相绕组,每相分别由一组线圈组成,通入三相交流电后建立起来的是一对磁极的旋转磁场,即 $p=1$,在这种情况下,电流交变一个周期即 360°时,磁场也刚好旋转一周 360°,电流每秒钟交变 f_1 次,即每分钟 $60f_1$,则旋转磁场转动 $60f_1$ 转,所以此时磁场的转速为:

$$n_0=60f_1$$

如果三相绕组的每一相由两个线圈组成,则每个线圈的跨距为 1/4 圆周,其线圈分布如图 2.53,用同样方法可分析出此时三相电流所建立的合成磁场仍然是一个旋转磁场,不过磁对极数变为 4 个，即具有两对磁极，而电流每交变一个周期，旋转磁场仅转过 1/2 转。

同理，如果将绕组按一定规则排列，可得到 3 对、4 对或任意的 p 对磁极，用同样的方法进行分析就可得到磁场转速 n_0 与极对数 p 的关系：具有 p 对磁极的旋转磁场，电流每交变一个周期，磁场转过 $1/p$ 转。交流电源每分钟交变 $60f_1$ 次，所以：

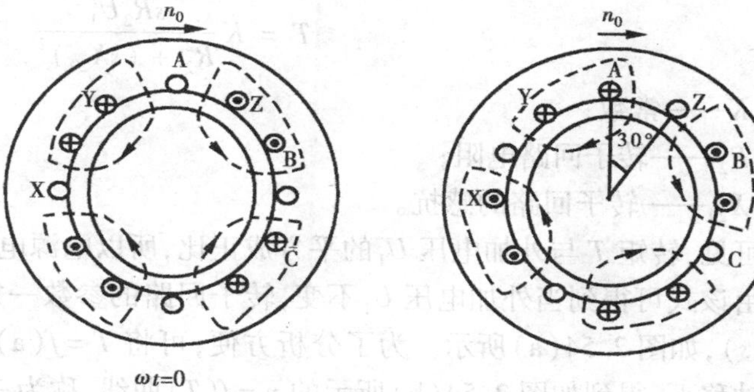

图 2.53　四极（$p=2$）旋转磁场的产生

$$n_0 = 60f_1/p$$

磁场的旋转速度 n_0 称为同步转速，我国三相电源的频率为 50Hz，所以对应于不同极对数 p 的电机的同步转速 n_0 见表 2.2。

表 2.2　极对数与转速表

p	1	2	3	4	5	6
$n_0/(\text{r}\cdot\text{min}^{-1})$	3 000	1 500	1 000	750	600	500

5）转差率

从前面的分析可以看出，在三相异步电动机中，转子的转速 n 是不可能达到同步转速 n_0 的。因为，如果 $n=n_0$，则转子绕组与旋转磁场之间就没有了相对运动，导条就无法切割磁力线，也就产生不了感应电势、转子电流以及电磁转矩，没有了电磁转矩的作用，转子当然也就无法再以 n_0 的转速运行了，所以 n 永远不会达到 n_0，而这类电机也因此称为异步电动机，即转子的转速 n 与同步转速 n_0 之间肯定是有差别的，而这种转速之间的相差程度就用转差率 s 来表示：

$$s = \frac{n_0 - n}{n_0}$$

由于三相异步电动机的额定转速与同步转速很接近，因此其转差率相当小，在额定转速下只有 1% ~9%，而电机在起动的瞬间 $n=0$，所以 $s=1$，此时转差率达到最大。

（3）三相异步电动机的机械特性

前面曾经分析过，转子是在电磁转矩的作用下旋转起来的，因此，电磁转矩是电机将电能转换为机械能时的重要物理量。电磁转矩是由旋转磁场的每极磁通 Φ 与转子电流 I_2 相互作用后产生的，而实际的转子电路是电感性的，转子电流 I_2 在相位上总是比感应电动势 E_2 滞后 φ_2 角，所以 $\cos\varphi_2$ 小于 1。由于电磁转矩是衡量电动机做功的量，因此只有转子电流中有功分量（$I_2\cos\varphi_2$）与旋转磁场作用产生的电磁转矩做有用功。因此，异步电动机的电磁转矩 T 为：

$$T = K_T \Phi I_2 \cos\varphi_2$$

式中，K_T 是与电动机结构有关的常数。将此式再经演变（此处略）可得电磁转矩的另一种表达式：

$$T = K\frac{sR_2U_1^2}{R_2^2 + (sX_{20})^2}$$

式中：K——常数；

R_2——转子回路电阻；

X_{20}——转子回路的感抗。

可见，转矩 T 与外加电压 U_1 的平方成正比，所以电源电压的变化对转矩的影响很大。

由该式可得到当外加电压 U_1 不变，转子回路的参数一定时，转矩 T 与转差率的关系曲线 $T=f(s)$，如图 2.54(a) 所示。为了分析方便，可将 $T=f(a)$ 顺时针方向转过 90°，再将表示 T 的横轴移下，得到如图 2.54(b) 所示的 $n=f(T)$ 曲线，称为三相异步电动机的机械特性。

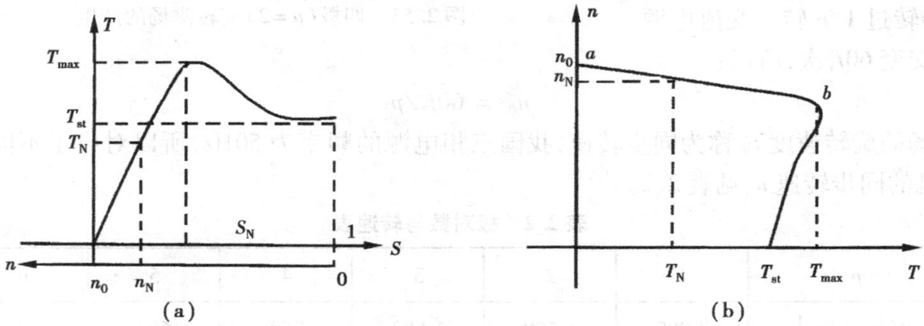

图 2.54　三相异步电动机的机械特性曲线

(a) $T=f(s)$ 曲线；(b) $n=f(T)$ 曲线

在三相异步电动机的机械特性曲线上，最大转矩 T_{max}、额定转矩 T_N 和起动转矩 T_{st} 是在实际应用中常常用到的三个参数。

1) 额定转矩 T_N

电机产生的电磁转矩 T 除了带动负载运行所需的机械负载转矩 T_2 外，还有一部分转矩是克服空载损耗所需的转矩 T_0：

$$T = T_2 + T_0$$

由于在额定转速下 T_0 很小，可以忽略，因此：

$$T \approx T_2 = \frac{P_2}{\Omega_0} = \frac{P_2}{\frac{2\pi n}{60}}$$

式中，P_2 是电动机的输出功率，单位是瓦特(W)，转矩的单位是牛顿·米(N·m)。功率 P_2 的单位如果用千瓦，则可得到：

$$T = 9\ 550\frac{P_2}{n}$$

额定转矩是电机在额定负载下运转时产生的转矩。根据电动机铭牌上所标注的额定功率和额定转速就可得到电动机的额定转矩 T_N。

当三相异步电动机工作在特性曲线的 ab 段时，如果负载增加，则负载转矩 T_2 增大，而由于电机的惯性，因此，在一瞬间电磁转矩 T 会小于负载转矩 T_2，引起转速 n 的下降。从特性曲线中可看出，随着转速的下降电动机的转矩 T 逐渐增加，当电磁转矩 T 与负载转矩 T_2 重新相等时，电动机就会在新的稳定状态下运行。这时，虽然电机的转速有所降低，但 ab 段较平坦，因此转速变化不大,电机仍然能正常运行,在这段曲线上,电机可以适应负载的变化,称为电动机的稳定运行区。

2)最大转矩 T_{max}

从特性曲线上可看出,如果负载转矩过大,当转速降低到一定程度后,转矩会达到一个最大值,这就是电机的最大转矩 T_{max}。电动机所带负载不能无限制增加,当负载转矩超过电机的最大转矩后,电机就不动了,产生堵转,使电机电流迅速增大,如果持续时间过长,就会引起电机过热烧毁。但如果过载时间较短,电机不会立即过热,电机也是能够承受的。因此,应使电动机的额定转矩 T_N 小于最大转矩 T_{max},以保证电动机具有一定的过载能力,过载能力的大小用过载系数 λ 来衡量:

$$\lambda = T_{max}/T_N$$

一般三相异步电动机的过载系数为 1.8 ~ 2.2。

3)起动转矩 T_{st}

电动机起动时产生的转矩叫起动转矩 T_{st},由于此时 $s = 1$,因此:

$$T_{st} = k\frac{R_2U_1^2}{R_2^2 + X_{20}^2}$$

起动转矩与外加电压 U_1 及转子电阻 R_2 有关。由于转矩与外加电压的平方成正比,所以电机的转矩对外加电压的波动很敏感,在转子电阻 R_2 不变时,电压变化时的特性曲线如图 2.55 所示,外加电压的降低将使起动转矩减小。

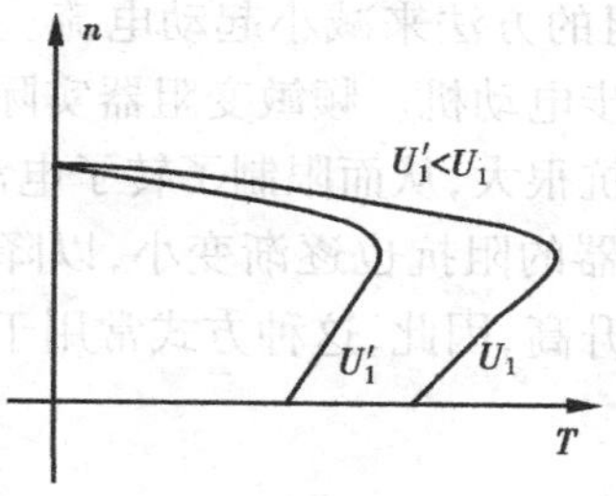

图 2.55　外加电压变化时的特性曲线

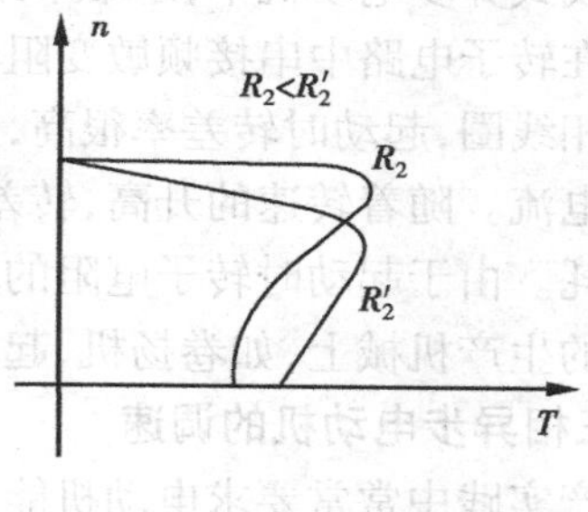

图 2.56　转子电阻改变时的特性曲线

鼠笼式异步电动机的转子电阻是不变的,但绕线式异步电动机则可以通过接入外加电阻来改变转子回路的电阻。在外加电压和电源频率一定时,转子电阻改变时的特性曲线如图 2.56所示,当转子电阻适当增大时起动转矩会增大,但在额定负载下如转矩不变,转子电阻的增大可以使转速下降。因此,需要调速的生产机械往往选用绕线式异步电动机来拖动。

(4)三相异步电动机的起动

电机起动时定子绕组上的线电流称为起动电流 I_{st}。由于它是额定电流 I_N 的 5 ~ 7 倍,因此它是电机起动性能中的一个重要参数,过大的起动电流将使线路电压下降,影响线路上的负载的正常运行。由于不同的负载对起动转矩的要求也不同,因此异步电动机的起动方法总是围绕着降低起动电流和保证一定的起动转矩来综合考虑,通常采用下面几种方法:

1)直接起动

直接起动就是将电机定子绕组的三相通过开关或接触器与电源直接联通的起动方式。这种方式虽然设备简单,操作简便,但起动电流无法控制,会产生很大的起动电流,所以直接起动只用在容量不大的电动机上。如果电动机起动频繁，则电动机的容量应小于变压器容量的20%才能直接起动，如果电动机不经常起动，则电动机的容量小于变压器容量的30%时能直接起动。

2）鼠笼式电动机的降压起动

如果电动机的容量相对来说较大而对起动转矩要求不高时，就应采用降压起动方式。即在起动时降低加在定子绕组上的电压，以减小起动电流，当起动过程结束后，再加全压运行，保证电动机工作在额定电压下。由于外加电压的降低会使起动转矩显著减小，因此，降压起动只能用于空载或轻载下的起动。降压起动主要有下面几种方式：

①星形—三角形（Y—△）换接起动

这种方式只适用于定子绕组在工作时为三角形联接的电机，在起动时把它接成星形，达到一定转速后再改接成三角形，使电动机在额定电压下运转。这样，在起动时定子绕组上的电压只有正常工作电压的$1/\sqrt{3}$，而起动电流则为直接起动的1/3，起动转矩也减小到直接起动的1/3。这种方式设备简单，无额外能耗，特别适用于△联接的中、小型电动机在轻载下起动。

②自耦变压器降压起动

在起动时利用三相自耦变压器降低加在定子绕组上的外加电压，当转速接近额定值时再切除自耦变压器，使电动机工作在额定电压下。自耦变压器备有多个抽头，可以得到不同的电压，以满足不同起动转矩的要求。

3）绕线式异步电动机的起动

在绕线式异步电动机中，通常采用增加转子回路电阻的方法来减小起动电流。现在常用的方式是在转子电路中串接频敏变阻器来起动绕线式异步电动机。频敏变阻器实际上是一种特殊的三相线圈，起动时转差率很高，使频敏变阻器的阻抗很大，从而限制了转子电流，也就降低了定子电流。随着转速的升高，转差率减小，频敏变阻器的阻抗也逐渐变小，以降低转子电路中的能耗。由于起动时转子电阻的增大会使起动转矩升高，因此，这种方式常用于要求起动转矩较大的生产机械上，如卷扬机、起重机等。

（5）三相异步电动机的调速

在生产实践中常常要求电动机能根据实际需要调节转速。根据转速公式：

$$n = (1-s)n_0 = (1-s)\frac{60f_1}{p}$$

改变电动机的转速有三种方式，即改变电源频率f_1、极对数p及转差率s。

1）改变电源频率调速

变频调速是一种很有效的调速方式。利用变频器不仅能实现电机的无级调速，而且可以改善电机的起动性能、实现对电机的各种保护，同时还节约能源。随着电子技术的飞速发展，变频调速技术也得到了极大的提高，新的变频器不断出现，而且其功能越来越强，应用也越来越广。

2）改变极对数调速

通过改变电动机定子绕组的接线方式，就可以改变极对数p，因而可以得到不同的转速。这种方式多用在特制的双速电动机上，也只能得到转速相差一倍的两种速度，在一些机床上用得较多。

3）改变转差率调速

这种方式只适用于绕线式电机，常用在起重设备上。在转子电路中接入调速变阻器，改变转子回路的电阻值，就可改变电机的转速。这种调速虽然设备简单、投资少，但调速范围不大，而且调速电阻上还要消耗较多的能量。

(6)三相异步电动机的铭牌数据

电动机的铭牌上标出了该电动机的主要技术数据，在使用电动机时，必须按照铭牌所标注的参数进行使用。表 2.3 为一台三相异步电动机的铭牌。

表 2.3　三相异步电动机的铭牌

三相异步电动机					
型号	Y160M—4	功率	11kW	频率	50Hz
电压	380V	电流	22.6A	接法	△
转速	1 460r/min	绝缘等级	B	工作方式	连续
		×××电机厂		年	月

此外，其他主要的技术数据还有：功率因素 0.84，效率 88%。

1)型号

电动机的型号表示为了适应不同的需要和不同的工作环境而制成的不同电机系列。在表 2.3 所示的电机型号中，“Y”为产品代号，表示异步电动机，此外，“YR”表示绕线式异步电动机，“YZ”表示起重用异步电动机等；型号中“160”表示电机中心高度为 160mm；“M”是机座长度代号，“S”——短机座，“M”——中机座，“L”——长机座；横线后的“4”表示电机的磁极数为 4，常称四极电机，其极对数为 2。

2)接法

电机定子的三相绕组有星形和三角形两种联接方式，如图 2.57 所示。如果电源线电压都是 380V，在星形联接的电机中，每相绕组所承受的电压为 220V，而在三角形联接的电机中，每相绕组所承受的电压为 380V，因此，在使用电机时必须严格按照铭牌上标注的接法进行联接。

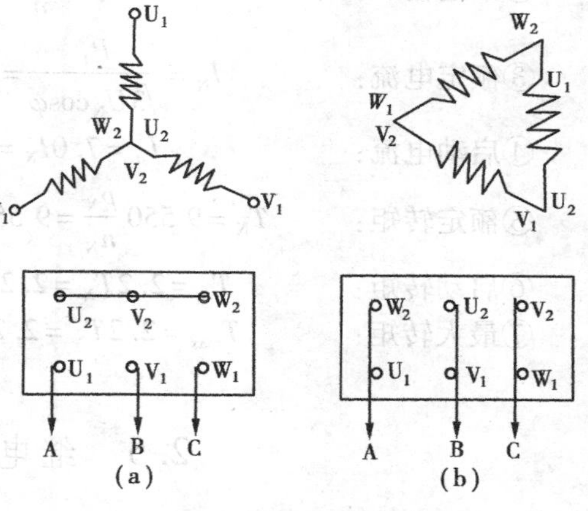

图 2.57　定子绕组的星形和三角形联接

(a)Y 形联接；(b)△形联接

3)电压

铭牌中所标注的电压为电动机的额定电压 U_N，即电动机在额定运行时定子绕组上应承受的线电压。电动机必须工作在额定电压下，低于或高于额定电压都将引起电机的损坏。

4)电流

铭牌中所标注的电流为电动机的额定电流 I_N，即电动机在额定运行时流过定子绕组的线电流。

5)功率与效率

铭牌中所标注的功率为电动机的额定功率 P_N，即电动机在额定运行时从轴上输出的机械功率，而电动机的输入功率为电动机从电源取用的电功率，它除了产生机械功率外，在其转换过程中还有铜耗、铁耗及机械损耗等，而效率 η 就是输出的机械功率与输入的电功率的比值。

6)功率因数

由于电动机是感性负载,定子相电流比相电压要滞后一个 φ 角,因此,电动机在额定负载下的 $\cos\varphi$ 就是电动机的功率因数。值得注意的是电动机的效率和功率因数是随着轴上输出功率的大小而变化的,在空载或半载时其效率和功率因数都很低,所以应尽量让电动机工作在满载状态。

7)转速

铭牌中的转速即额定转速 n_N,是指电动机满载时转子每分钟的转速。

8)绝缘等级

绝缘等级是按电动机所用绝缘材料的最高允许温升来分级的,常用的有 A、E、B、F、H 几种级别,其中 A 级的绝缘等级最低,极限温度为95℃,而 H 级最高,极限温度达 145℃。

【例 2.13】 三角形联接的三相异步电动机的技术数据如下:$P_N = 4\text{kW}, U_N = 380\text{V}, n_N = 1\ 440\text{r/min}, \cos\varphi = 0.82, \eta = 89\%, T_{st}/T_N = 2.2, I_{st}/I_N = 7.0, T_{max}/T_N = 2.2$。

试求:①额定转差率 s_N;②额定输入功率 P_1;③额定电流 I_N;④起动电流 I_{st};⑤额定转矩 T_N;⑥起动转矩 T_{st};⑦最大转矩 T_{max}。

解 ①由于电动机的额定转速应接近且略小于同步转速,而不同极对数的电机的同步转速是固定的,见表 2.2,因此对应于额定转速 1 440r/min,该电机的同步转速只能是 1 500r/min,所以:

额定转差率:$$s_N = \frac{n_0 - n_N}{n_0} \times 100\% = \frac{1\ 500 - 1\ 440}{1\ 550} \times 100\% \approx 4\%$$

②额定输入功率:$$P_1 = \frac{P_N}{\eta} = \frac{4}{89\%}\text{kW} = 4.5\text{kW}$$

③额定电流:$$I_N = \frac{P_1}{\sqrt{3}U_N\cos\varphi} = \frac{4.5 \times 1\ 000}{\sqrt{3} \times 380 \times 0.82}\text{A} = 8.3\text{A}$$

④启动电流:$$I_{st} = 7.0 I_N = 7.0 \times 8.3\text{A} = 58.1\text{A}$$

⑤额定转矩:$$T_N = 9\ 550\frac{p_N}{n_N} = 9\ 550 \times \frac{4}{1\ 440}\text{N} \cdot \text{m} = 26.5\text{N} \cdot \text{m}$$

⑥启动转矩:$$T_{st} = 2.2 T_N = 2.2 \times 26.5\text{N} \cdot \text{m} = 58.3\text{N} \cdot \text{m}$$

⑦最大转矩:$$T_{max} = 2.2 T_N = 2.2 \times 26.5\text{N} \cdot \text{m} = 58.3\text{N} \cdot \text{m}$$

2.5 继电接触器控制系统

用接触器、继电器和按钮等有触点电器组成的电气控制系统,称为继电接触器控制系统。利用继电接触器控制系统可控制电机的工作状态,如起动、停止、反转、调速、制动等,也可控制电热、照明等负载的通电、断电,并可通过对电磁阀的控制实现对气动、液压等设备的控制。利用继电接触器控制系统可实现生产过程的自动化和远距离操作,在提高生产效率和产品质量以及保障人身安全等方面都起到了重要的作用,因此,在生产中得到了广泛应用。

2.5.1 常用控制电器

控制电器的种类很多,这里主要介绍几种常用的低压电器。从结构上来看,电器一般都具有两个基本组成部分，即感受部分和执行部分。感受部分接受外界输入的信号，并通过转换、放大、判断，做出有规律的反应，使执行部分动作；执行部分多为触点，触点分为常开触点和常闭触点两类，常开点在无外界输入信号时断开，在受到感受部分的作用时闭合，而常闭点的状态则刚好相反，通过触点的通断就可实现对电路的通断控制。不同的控制电器根据需要还有一些其他组成部分，如中间转换部分、灭弧系统等。

(1)按钮

按钮是一种结构简单、操作方便的手动开关，常用来接通或断开额定电流较小的控制电路。在电路图中按钮常用SB来表示，同一控制系统中，不同的按钮用不同的编号进行区分，如SB_1、SB_2等。图2.58是按钮的结构示意图。在图中，通过按下按钮帽6，动触点5下移，使1和2组成的常闭点断开，同时3和4组成的常开点闭合；松手后，在复位弹簧7的作用下动触点5复位，常闭点重新闭合，常开点重新断开。不同的按钮其触点数会有所不同，可能只有一对触点，也可能有多对，使用时应根据需要进行选择。

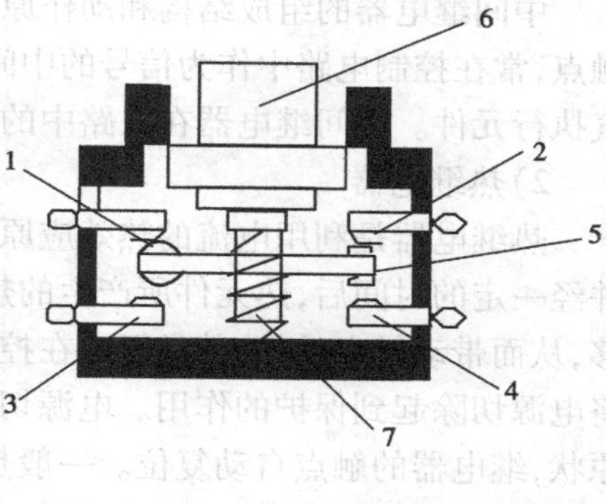

图2.58　按钮的结构示意图

1、2—常闭点；3、4—常开点；

5—动触点；6—按钮帽；7—复位弹簧

(2)行程开关

行程开关又称限位开关。它是利用运行机械上的某些部件的碰撞而使其动作的开关元件。在电路图中行程开关常用ST表示。从结构上看，行程开关由滚轮、传动杆和微动开关三个部分组成。当滚轮被撞块压下时，通过传动杆的转换使行程开关内微动开关的触点动作，电路得以接通或断开，以达到一定的控制要求。撞块移去后，在复位弹簧的作用下触点会自动复位。利用行程开关可实现电动机的自动循环、制动、变速以及终端保护等。为了适应不同的使用环境和要求，行程开关的种类很多，其感受部分的形状更是多种多样，在使用时应根据需要进行选择。

(3)交流接触器

交流接触器是用于远距离控制电压至380V、电流至600A的交流电路，以及频繁地起动和控制的交流电动机。接触器主要由电磁机构、触点系统和灭弧装置等几部分组成。它利用铁心线圈通电后电磁铁产生的吸引力使衔铁动作，从而带动触点动作。交流接触器的触点可分为主触点和辅助触点，主触点允许通过大电流，用以通断主电路；辅助触点允许通过较小的电流，用以通断控制回路。由于主电路的电流较大，在断开电路时，主触点断开处会出现电弧，烧坏触头，甚至引起相间短路，因此必须采取灭弧措施，一般在相间都有绝缘隔板，大容量的接触器在主触点上还装有专门的灭弧罩。

接触器在电路图中常用KM来表示，同样，不同的编号表示不同的接触器，但同一接触器上的线圈和常开点、常闭点在电路中的编号相同。

在选用接触器时，应注意它的额定电流、线圈电压和触点数量等，特别注意线圈电压一定要和电源电压相同，电压过高或过低都会给接触器的正常工作带来不利的影响，甚至会烧坏接触器。

(4)继电器

继电器是一种根据电量或非电量的变化通断控制电路，以实现自动控制或保护功能的电器。继电器的种类很多,按输入信号的性质可分为:电压继电器、电流继电器、功率继电器、速度继电器、压力继电器等;按工作原理可分为:电磁式继电器、感应式继电器、热继电器、电动式继电器和电子式继电器等;按功用又可分为中间继电器、时间继电器、信号继电器等,这里只介绍在低压控制系统中常用的几种继电器。

1)中间继电器

中间继电器的组成结构和动作原理与交流接触器基本相同,但电磁系统要小一些,没有主触点,常在控制电路中作为信号的中间转换元件,也可代替接触器控制小容量电动机或其他电气执行元件。中间继电器在电路中的符号是 KA,在选用时同样应特别注意线圈的额定电压。

2)热继电器

热继电器是利用电流的热效应原理工作的电器元件。与主回路串联的热元件在电流过大并经一定的时间后,热元件所产生的热量会使由不同热膨胀系数组成的双金属片弯曲产生位移,从而带动触点动作,其常闭点在控制回路中可分断接触器的线圈电源,从而使主回路断开,将电源切除起到保护的作用。电源切除以后,继电器开始冷却,过一段时间后,双金属片恢复原状,继电器的触点自动复位。一般热继电器也可采用手动复位的方式。

热继电器的动作特性非常适合电动机的过载保护。因为电动机的短时过载是允许的,而热继电器在这种情况下也不会动作,这就避免了电动机的不必要的停车;而长时间的过载就会使电机绕组的温升超过容许值,很可能造成电机的烧毁,因此,电动机在使用时一定要选用合适的热继电器进行过载保护。热继电器在电路图中的符号是 KH。

在选用热继电器时要注意它的整定电流值。整定电流是指热元件中通过的电流超过此值的 20% 时,热继电器会在 20min 内动作。在选择和调整时,热继电器的整定电流应和电动机的额定电流基本一致,这样才能对电动机进行有效的保护。

3)时间继电器

时间继电器在电路图中的符号是 KT。时间继电器的种类很多,有电磁式、电动式、电子式和空气式等。在交流电路中常采用空气式时间继电器。空气式时间继电器的动作原理与接触器基本相似,但在其延时触点的动作结构中存在一个空气室,通过控制这个空气室中空气的进出,就可使触点的动作得到相应的延迟。

空气式时间继电器可做成线圈通电延迟型,也可做成线圈断电延迟型。在通电延迟继电器中,除了具有一般的瞬时触点外,还有两个延时触点:一个是延时断开的常闭点,另一个是延时闭合的常开点。它们在线圈通电后不会像瞬时触点那样立刻动作,而是要经过一段时间的延时后,常闭点才会断开,常开点才会闭合,而在线圈断电时,它们会和瞬时触点一样立刻复位。在断电延迟继电器中也有两个延时触点:一个是延时闭合的常闭点,另一个是延时断开的常开点。它们在线圈通电时会立刻动作,但当线圈断电时,延时触点要经过一定时间的延迟才会复位。

(5)自动开关

自动开关又称自动空气断路器。自动开关一般都具有专门的灭弧装置,在正常情况下可用来不频繁地接通和断开电路以及控制电机,同时在电路发生严重的过载、短路以及失压等故障时,能够自动切除故障电路,有效地保护电源和串接在它后面的电气设备。

图 2.59 是自动开关的工作原理图。开关的主触头在正常情况下可进行手动的合闸、分闸操作;在故障情况下,自由脱扣机构在有关脱扣器的操作下动作,使钩子脱开。于是,主触头在

释放弹簧的作用下迅速分断。脱扣器有过电流脱扣器、热脱扣器、失压脱扣器和分励脱扣器等，有的自动开关各类脱扣器都有，有的就只有电流脱扣器或热脱扣器，使用时应根据需要进行选择。在选择自动开关时还应特别注意脱扣器的额定电流，即脱扣器不动作时长期允许通过的最大电流，一般应按电路的工作电流进行选择。

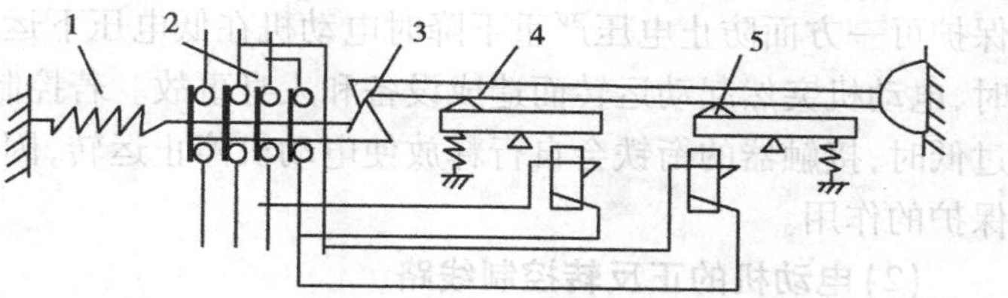

图 2.59　自动开关的工作原理图

1—释放弹簧；2—主触头；3—脱扣机构；4—过电流脱扣器；5—失压脱扣器

2.5.2　常用电动机控制系统

对于小容量电动机，如果不需要进行频繁的起、停操作，可直接采用自动开关进行控制。但当电动机容量较大，起动、停止频繁或要采取各类降压起动方式，以及需要进行各种控制时，就需要通过专门的控制回路对电动机进行控制。因此，电动机的控制系统中包含了两个部分：主回路和控制回路。主回路是电动机线圈的电源电路，主要有接通电源的自动开关，控制电机的接触器主触点和进行过载保护的热继电器；控制回路是对接触器线圈进行操作控制，应根据需要进行设计，为了保障操作者的安全，可使用低电压电源。下面介绍几种常用的电动机控制系统。

(1) 电动机单向运行控制线路

图 2.60 是三相笼型异步电动机单向运行控制线路，它是一种最简单、最常用的控制线路。它由自动开关 QK_1、接触器 KM 的常开触点、热继电器 KH 的热元件与电动机 M 构成主回路；由停止按钮 SB_1、起动按钮 SB_2、接触器 KM 的线圈和常开辅助触点、热继电器的常闭触点和控制回路的电源开关 QK_2 组成控制回路。

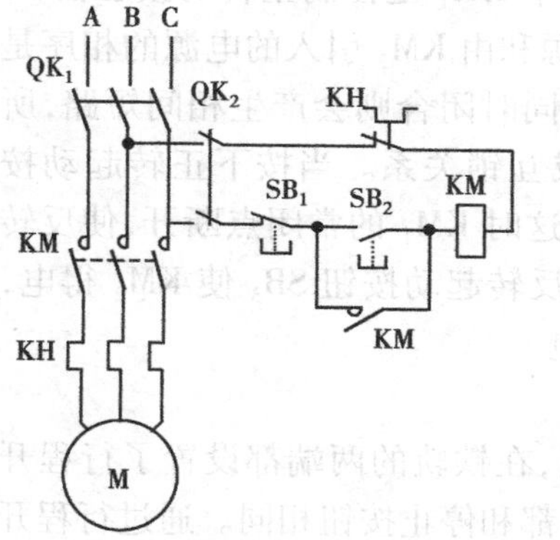

图 2.60　电动机单向运行控制线

起动时，合上开关 QK_1 引入三相电源，再合开关 QK_2 接通控制回路电源，这时按下起动按钮 SB_2，接触器 KM 的线圈得电动作，其主触点闭合，电动机接通电源后起动运转。同时，与 SB_2 并联的 KM 的常开点闭合，当手松开使 SB_2 复位时，KM 的线圈仍可通过其闭合的常开点得电，从而保持电机的连续运行。这种依靠接触器自身触点而使线圈保持通电的现象就称为自锁，起自锁作用的触点称为自锁触点。

要使电动机停下来，只需按下停止按钮 SB_1，这时控制回路断开，接触器 KM 断电，其常开主触点将三相电源切断，电动机 M 停止运转。当手松开后，虽然 SB_1 又会复位闭合，但由于 KM 的线圈已失电，其闭合的自锁触点也随着接触器的释放而断开，因此，KM 不会再重新得电。

在该控制系统中热继电器 KH 具有过载保护的作用，若电动机长期过载，则主回路中过大的电流会使热继电器动作，使热继电器 KH 在控制回路中的常闭点断开，从而使 KM 失电释放，电动机停止运转，实现电动机的过载保护。自动开关 QK_1 也可进行过载保护，并同时能起短路保护的作用，若采用有欠压脱扣器的自动开关还可进行欠压保护和失压保护。进行欠压保护可一方面防止电压严重下降时电动机在低电压下运行,另一方面也可防止电源电压恢复时,电动机突然起动运转而造成设备和人身事故。若控制回路与主回路是同一个电源,当电压过低时,接触器的衔铁会自行释放使电动机停止运转,因此,接触器也可起到欠压保护和失压保护的作用。

(2)电动机的正反转控制线路

在许多生产机械中,往往要求电动机能够实现可逆运行,如升降机、吊车等。为了实现三相异步电动机的正、反转,只需将其三相电源中的任意两根线对调,电动机的旋转方向便随之改变。因此,需要用两只交流接触器组成正、反转两个方向的单向运行电路,并分别进行控制。

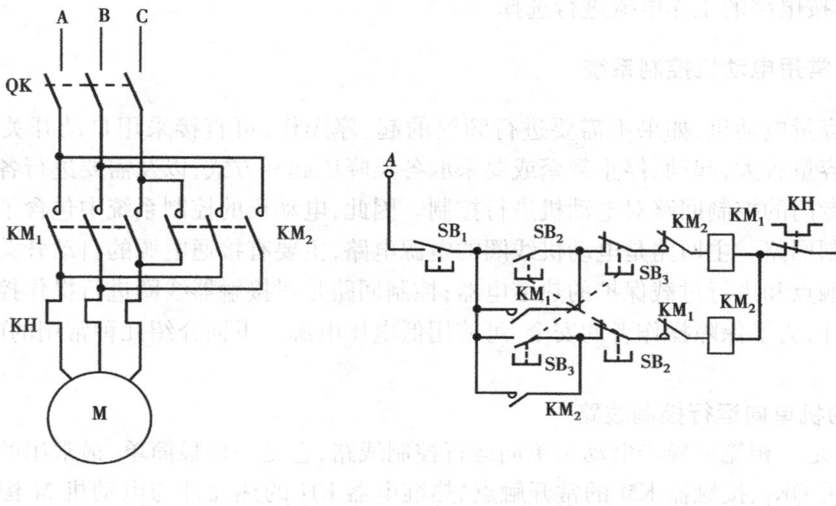

图 2.61　电动机正、反转运行控制线路

图 2.61 是用按钮控制的电动机正、反转控制电路。其中 KM_1 是控制正转的接触器,KM_2 是控制反转的接触器,对电动机 M 来说,由 KM_1 引入的电源和由 KM_2 引入的电源的相序是不同的,因此,电动机的旋转方向不同。但是若 KM_1 和 KM_2 同时闭合则会产生相间短路,所以应在各自的控制电路中串接另一只接触器的常闭点,构成互锁关系。当按下正转起动按钮 SB_2 时,接触器 KM_1 得电并由其常开点自锁,电动机正转,这时 KM_1 的常闭点断开,使反转接触器 KM_2 无法得电,只有当 KM_1 失电释放之后,才可按下反转起动按钮 SB_3 使 KM_2 得电,电动机反向运转,同时,KM_2 的常闭点断开也使 KM_1 无法得电。

(3)电动机的自动往返控制线路

为了防止建筑工地上的塔式起重机在行走时跑出轨道,在铁轨的两端都设置了行程开关进行极限保护,在此,行程开关在控制回路中的设置与作用都和停止按钮相同。通过行程开关的作用还可以实现电动机的自动往返控制。图 2.62 就是这种控制方式的控制回路。首先按下 SB_2 使 KM_1 得电并自锁,电动机正转起动后带动设备运行,当随设备运行的撞块压下行程开关 ST_1 后,ST_1 的常闭点断开,KM_1 断电释放,电动机正转停止,同时,ST_1 的常开点闭合,使 KM_2 得电并自锁,电动机反向起动后使设备向反方向运行,同样在使行程开关 ST_2 动作后,又会使反转停止,正转起动。这样,电动机就可实现自动往返的运行,一直到按下停止按钮 SB_1 才会使电动机停止运转。

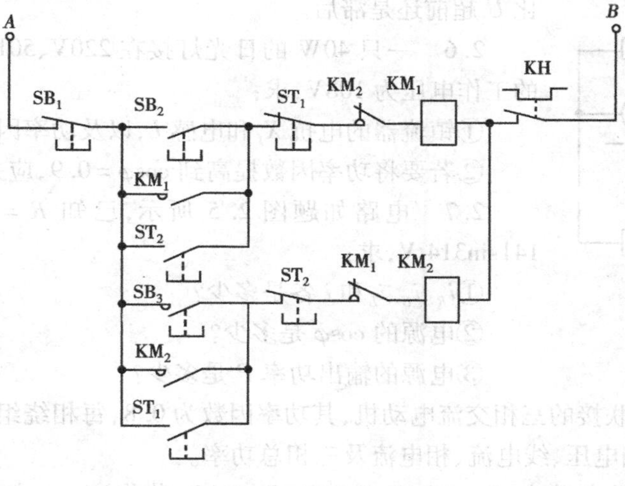

图 2.62　电动机自动往返控制回路

习　题

2.1　在题图 2.1 所示的电路中，$E_1 = E_2 = 12V$，$R_1 = 3k\Omega$，$R_2 = 4k\Omega$，$R_3 = 17k\Omega$，求：

①S 断开时 A 点的电位 V_A；

②S 闭合时 A 点的电位 V_A。

2.2　在题图 2.2 中，$U = 10V$，$E_1 = 4V$，$E_2 = 2V$，$R_1 = 4\Omega$，$R_2 = 2\Omega$，$R_3 = 5\Omega$，A、B 两点间开路，求电压 U_{AB}。

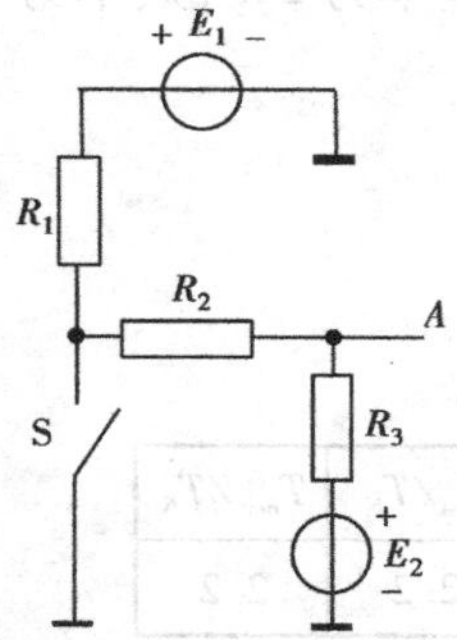

题图 2.1

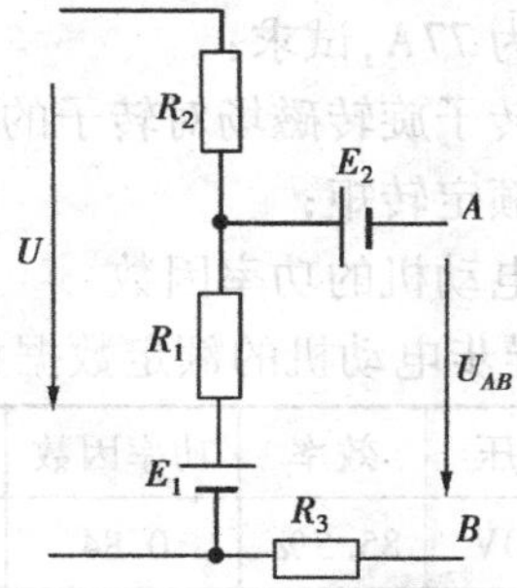

题图 2.2

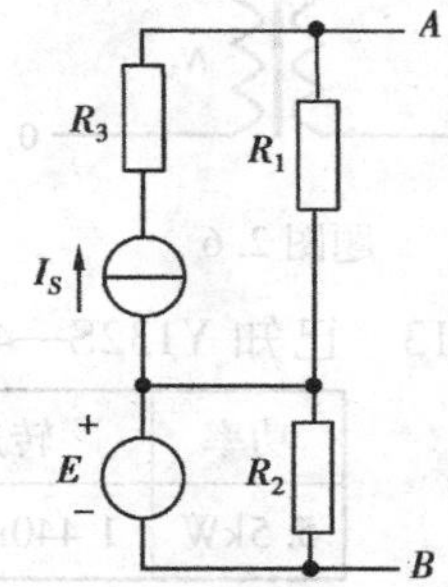

题图 2.3

2.3　电路如题图 2.3 所示，其中 $E = 10V$，$I_S = 2A$，$R_1 = 2.5\Omega$，$R_2 = 12\Omega$，$R_3 = 2\Omega$。求：

①A、B 两点间的电压 U_{AB}。

②网络内部消耗的功率为多少？

2.4　在题图 2.4 中，已知 $R_1 = R_2 = R_3 = R_4$，在 $E = 12V$ 时 $U_{AB} = 10V$，若将理想电压源 E 除去后（即 $E = 0$），试求此时的 U_{AB}。

2.5　有一 RC 串联电路，电源电压为 U，电阻和电容上的电压分别是 U_R 和 U_C，已知电路阻抗为 2kΩ，频率为 1kHz，并设 U 与 U_C 之间的相位差为 30°，试求 R 和 C，并说明在相位上 u_C

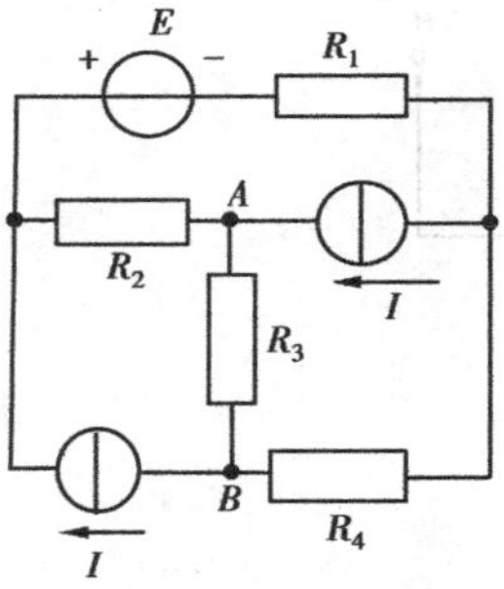

题图 2.4

比 U 超前还是滞后。

2.6　一只 40W 的日光灯接在 220V、50Hz 的电源上，灯管上的工作电压为 108V，求：

①镇流器的电抗 X_L 和电感 L，以及功率因数 $\cos\varphi$；

②若要将功率因数提高到 $\cos\varphi = 0.9$，应并联多大的电容器？

2.7　电路如题图 2.5 所示，已知 $R = X_L = X_C = 20\Omega$，$u = 141\sin 314t$ V，求：

①i_R、i_C、i_L 和 i 各是多少？

②电源的 $\cos\varphi$ 是多少？

③电源的输出功率 P 是多少？

2.8　一台星形联接的三相交流电动机，其功率因数为 0.8，每相绕组的阻抗为 20Ω，电源线电压为 380V，求相电压、线电流、相电流及三相总功率。

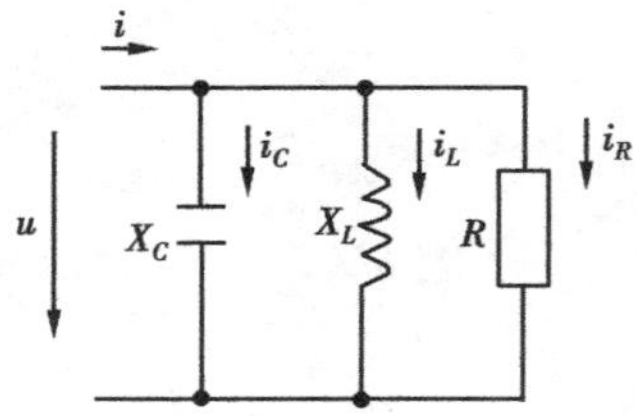

题图 2.5

2.9　在三相对称负载中，$R = 8\Omega$，$X_L = 10\Omega$，$X_C = 4\Omega$，若将该负载按三角形联接后接在相电压为 220V 的三相四线制的电源上，试求该负载的线电流、相电流以及电压与电流的相位差。

2.10　某单相变压器，其原边额定电压为 220V，副边有两个绕组，其额定电压分别为 110V 和 44V，若原边匝数为 440 匝，求副边两个绕组的匝数。若在额定电压为 110V 的副绕组上接入 110V、100W 的电灯 11 盏，求此时原、副边的电流。

2.11　在题图 2.6 中，输出变压器的副绕组有中间抽头，接入 8Ω（或 3.5Ω）的扬声器都能达到阻抗匹配。试求副绕组两部分匝数之比 N_2/N_3。

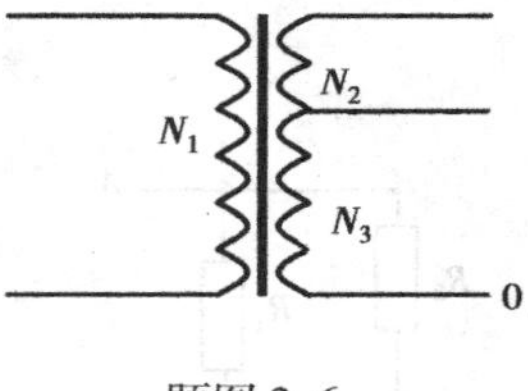

题图 2.6

2.12　某六极电机的额定功率为 40kW，额定电压为 380V，△连接，电源频率 50Hz，额定负载下的转差率为 2%，效率为 90%，线电流为 77A，试求：

①转子旋转磁场对转子的转速；

②额定转矩；

③电动机的功率因数。

2.13　已知 Y132S—4 型三相异步电动机的额定数据如下：

功率	转速	电压	效率	功率因数	I_{st}/I_N	T_{st}/T_N	T_{max}/T_N
5.5kW	1 440r/min	380V	85.5%	0.84	7	2.2	2.2

2.14　电源频率为 50Hz。试求额定状态下的转差率 s_N、电流 I_N 和转矩 T_N，以及起动电流 I_{st}、起动转矩 T_{st}、最大转矩 T_{max}。

2.15　对于 M_1 和 M_2 两台三相异步电动机，根据下列要求，试分别设计出控制电路：

①M_1 起动后 M_2 才能起动，M_2 停车后 M_1 才能停车；

②M_1 起动后 M_2 才能起动，M_2 能点动。

③M_1 起动后，M_2 经过一段时间延时后能自动起动；

④M_1 起动后，M_2 经过一段时间延时后能自动起动，M_2 起动后 M_1 立即停车。

第3章 建筑电气的电子技术基础

随着电子技术的飞速发展,通信系统、报警系统以及各种控制系统被越来越多地应用到各类建筑中,而且逐渐与建筑融为一体,因此,从事建筑工程的技术人员应对电子技术有一个基本的了解。本章首先介绍一些常用的半导体器件,并对其基本电路进行了分析计算,然后简单介绍一些基本的逻辑电路。

3.1 半导体二极管及其应用

3.1.1 半导体的导电特性

自然界的物质中按其导电性能的不同,有导体、半导体和绝缘体三类,而半导体属于导电性能介于导体和绝缘体之间的这类物质,如锗、硅、硒以及一些硫化物和氧化物。除了导电能力方面半导体和导体及绝缘体不同外,半导体还具有不同于导体与绝缘体的一些特殊性能,主要体现在不同条件下其导电性能有很大差别:

①光电效应　有些半导体受光照后其导电能力大幅增强,还可产生电动势。利用这种光电效应可制成各种光电元件,如光电池、光电二极管、光电三极管等。

②热敏效应　温度的变化可以明显地改变半导体的导电性能,利用这种热敏效应可制成各种热元件。

③掺杂效应　在纯净的半导体中掺入微量的某种杂质,则半导体的导电能力就会显著增强,这是半导体最突出的性质,利用这个特性就可制造出各种不同的半导体器件,如常用的二极管、三极管以及可控硅、场效应管等。

半导体为什么会具有这些特性呢?这是由半导体材料内部的原子结构决定的。

(1)本征半导体

本征半导体就是由单一的四价元素(硅、锗)组成的纯净的具有晶体结构的半导体。由于是四价元素,因此本征半导体的外层价电子都是四个,而这四个价电子受原子核的束缚最小,很容易受相邻的原子的影响,与相邻原子的价电子结合,构成共价键的结构,如图3.1所示的硅原子的共价键结构。这种共价键的结构使晶体中的原子结合成了一个整体。

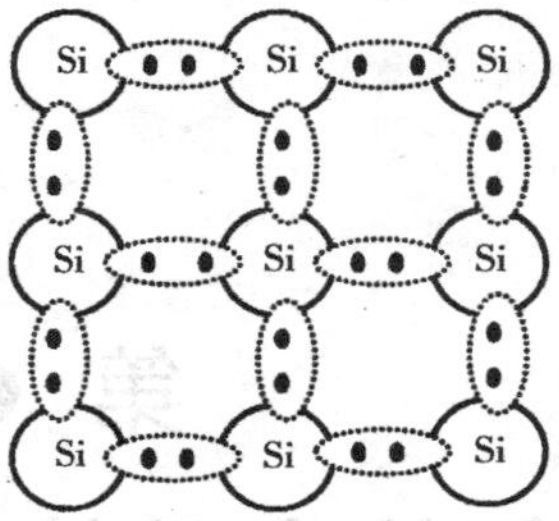

图 3.1

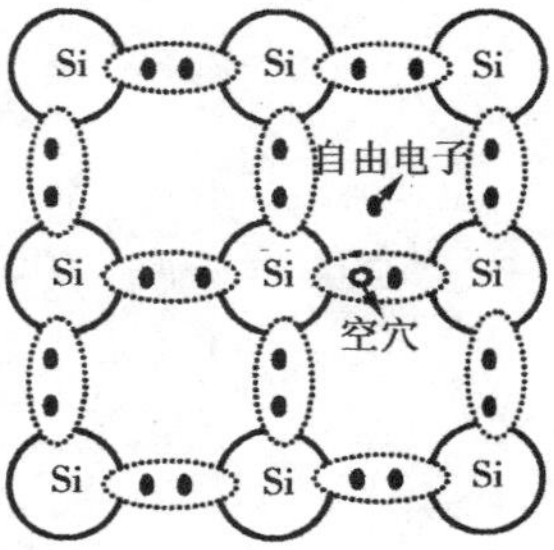

图 3.2　电子空穴对的形成

如果价电子仅是在共价键中运动,这时半导体还不能导电,但是当温度升高或受到光照之后,价电子就会获得一定的能量,从而挣脱原子核的束缚成为自由电子,这时共价键中就留下一个空位,称为空穴。半导体中就出现了电子空穴对,如图 3.2 所示,这个过程称为本征激发。

本征半导体受到激发后,如果有外电场的存在,在外电场的作用下,被激发的自由电子就会向高电位方向运动形成电流,在这个电流中自由电子是载流子。对有空穴的原子来说,也可以吸引相邻原子中处于低电位的价电子来填补这个空穴,如此继续下去,也就相当于空穴在向低电位的方向运动,而这个运动方向刚好和自由电子的运动方向相反,相当于正电荷的运动,为了分析方便就认为这些空穴带正电,空穴的运动在半导体中就形成了另一个电流,因此空穴也是一种载流子。在半导体中存在着两种载流子:自由电子和空穴。加上外电压后,半导体中会出现两部分电流:一是自由电子作定向运动形成的电子电流,另一是价电子递补空穴形成的空穴电流,虽然两种载流子的运动方向相反,但由于自由电子带负电,而空穴带正电,所以它们形成的电流方向相同,使半导体导电。

温度越高或受到光照时,价电子越容易获得能量,被激发的自由电子也就越多,而在本征半导体中自由电子与空穴总是成对出现的,所以被激发的自由电子所留下的空穴也越多,因此载流子是在成倍地增加,这时半导体的导电能力也就得到了极大的增强。

(2)N 型半导体和 P 型半导体

虽然在本征半导体中存在着自由电子和空穴两种载流子,但这两种载流子的数量都很少,因此,本征半导体的导电能力是非常低的。但是,如果在本征半导体中掺入微量的其他元素后又会是怎样一种情况呢?

如果在本征半导体中掺入微量的五价元素如磷,由于磷原子有五个价电子,其中四个可以与硅原子的价电子构成共价键结构,而多余的这个价电子就很容易挣脱原子核的束缚成为自由电子,如图 3.3 所示,这样半导体中自由电子的浓度将大量增加,其导电能力也得到极大的增强,这种以自由电子导电的半导体称为电子半导体或 N 型半导体。在 N 型半导体中自由电子的数量很多,称为多数载流子,简称多子。而空穴的数量相对来说就少得多了,因此,空穴是少数载流子,简称少子。

P 型半导体是在本征半导体中掺入微量的三价元素如硼,在构成共价键结构时将因缺少一个电子而形成空穴,如图 3.4 所示。这样半导体中形成了大量的空穴,而空穴也是一种载流子,所以随着空穴的增加半导体的导电能力也会增强,这类主要靠空穴导电的半导体就称为空穴半导体或 P 型半导体。显然,在 P 型半导体中,空穴是多子而自由电子是少子。

当然,不论是 N 型半导体还是 P 型半导体,虽然都有一种带正电或带负电的载流子占多

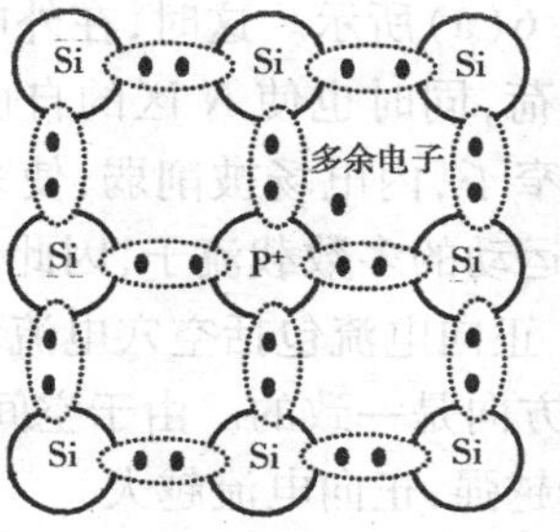

图3.3 硅晶体中掺入杂质磷

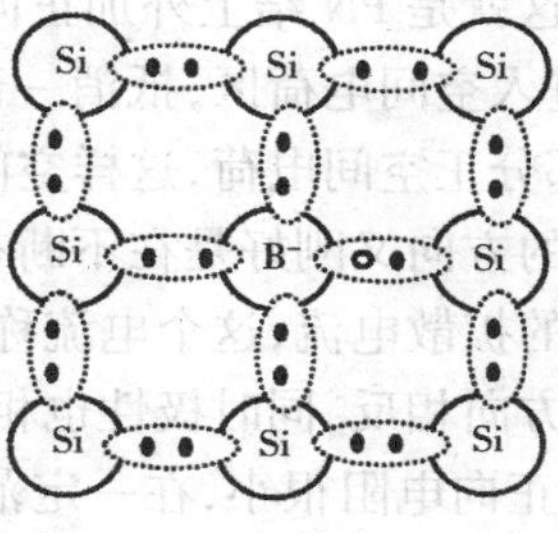

图3.4 硅晶体中掺入杂质硼

数,但由于失去或得到电子的原子也会成为带电离子,因此整个晶体是不带电的。

(3)PN结的形成及其单向导电性

单纯的P型或N型半导体仅仅是导电能力增强了,还不能直接用于制造半导体器件。如果在一块本征半导体上一边掺入五价元素成为N型半导体,另一边则掺入三价元素成为P型半导体,它们的交界面就形成一个PN结。PN结是构成各种半导体的基础。

当P型半导体和N型半导体结合在一起时,在P区空穴的浓度很高而自由电子的浓度则很低,在N区则是自由电子浓度高而空穴的浓度低,因此P区的空穴会向N区扩散,而N区的自由电子则会向P区扩散,于是就在交界面附近产生了多子的扩散运动。随着扩散运动的进行,进入N区的空穴将和N区的多子自由电子复合,而进入P区的自由电子则会和P区的多子空穴复合,这样在交界面空穴和自由电子都消失了,而在各自区域内留下不能移动的正负离子,这个区域称为空间电荷区,如图3.5所示。由于空间电荷区内自由电子和空穴都相互复合了,因此区域内载流子的数量很少,从而使其电阻率相当高,有时又称为耗尽层,即载流子已经消耗尽了。

在空间电荷区内,N区的离子带正电,P区的离子带负电,因此就形成了一个由N区指向P区的电场,称为内电场。内电场的方向是阻止多子的扩散,使扩散运动不会无休止地进行下去,因此空间电荷区又称阻挡层,它会阻挡扩散运动的进行。但同时这个内电场对少数载流子(P区的自由电子和N区的空穴)来说又是一种加速电场,它将P区的少子自由电子被拉向N区,同时将N区的少子空穴拉向P区,少数载流子在内电场的作用下的定向运动就称为漂移运动。

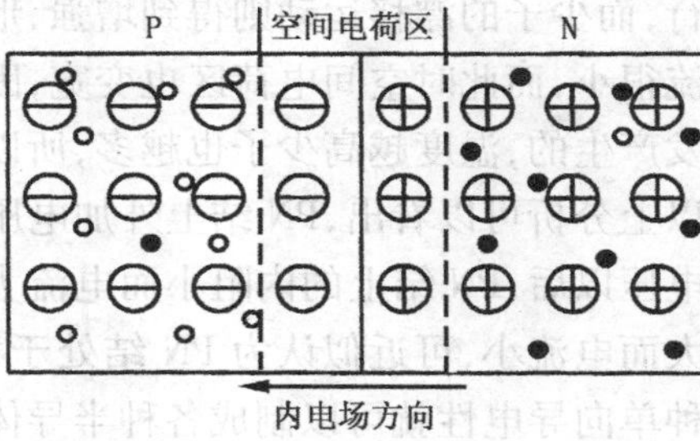

图3.5 *PN*结的形成

漂移运动和扩散运动是相互对立的。在开始形成空间电荷区时扩散运动优势,使空间电荷区逐渐加宽,随着内电场逐步增强,在使扩散运动逐渐减弱的同时促使了漂移运动的增强。在漂移运动的作用下自由电子回到N区,空穴回到P区,这样就使空间电荷区又逐渐变窄。最后漂移运动和扩散运动达到一种动态平衡,空间电荷区的宽度也就基本稳定下来,这时PN结就处于相对稳定的状态了。

但是,如果在PN结的两侧外加电压时,这种相对稳定的状态就会被打破。当PN结上的P区接外电源正极,N区接外电源负极时,外加电源作用在PN结上的电场方向与PN结的内电场刚好相反,这就是 PN 结上外加正向电压,如图 3.6(a)所示。这时,在外电场的作用下,P 区的空穴就会进入空间电荷区,抵消一部分负空间电荷,同时也使 N 区的自由电子进入空间电荷区抵消一部分正空间电荷,这样空间电荷区就变窄了,内电场被削弱,使多子的扩散运动增强,而外电源的方向又刚好是在不断补充进行扩散运动的多数载流子,因此使扩散运动得以持续,形成较大的扩散电流,这个电流称为正向电流。正向电流包括空穴电流和电子电流两部分,它们的运动方向相反,同时极性也相反,因此电流方向是一致的。由于空间电荷区变窄,所以这时 PN 结的正向电阻很小,在一定范围内,外电场越强,正向电流越大。

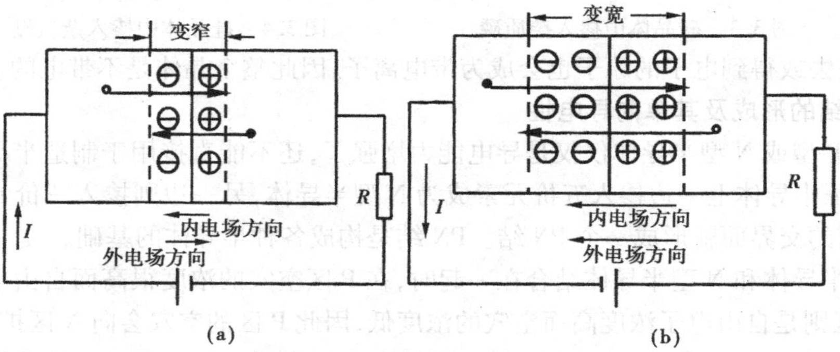

图 3.6　PN 结的单向导电性

(a)PN 结加正向电压;(b)PN 结加反向电压

若 PN 结上外加电压的方向相反,如图 3.6(b)所示,将 P 区与外电源负极相连而 N 区与外电源正极相连,则外电源加在 PN 结上的外电场方向与 PN 结的内电场方向相同,这时 PN 结上外加反向电压。在外电场的作用下,空间电荷区两侧的多数载流子被移走,P 区的多子空穴被移走,而 N 区的多子电子也被移走,因此空间电荷区变宽,内电场增强,使多子的扩散运动难以进行,而少子的漂移运动则得到增强,形成反向电流。由于少数载流子的数量很少,所以反向电流很小,而此时空间电荷区也变宽,因此反向电阻会很大。由于少子是由价电子得到能量后激发产生的,温度越高少子也越多,所以温度对反向电流的影响很大。

从以上分析可以看出,PN 结上外加电压的方向不同,形成的电流大小有很大的差别。加上正向电压以后,PN 结上的内阻小而电流大,PN 结处于导通状态;而加上反向电压后,PN 结上内阻大而电流小,可近似认为 PN 结处于截止状态。因此,PN 结具有单向导电性,利用 PN 结的这种单向导电性就可以制成各种半导体元件。

3.1.2　半导体二极管

(1)基本结构

将 PN 结的两端加上相应的电极引线和管壳就成为一个半导体二极管,它在电路中的表示符号如图 3.7(a)所示,P 区引出的电极为阳极(或正极),N 区引出的电极为阴极(或负极)。

二极管按结构工艺的不同有两种类型:一种是点接触型,如图 3.7(b)所示,另一种是面接触型,如图 3.7(c)所示。点接触型二极管的 PN 结面积小,结电容小,但不能通过大电流,适用于高频电路。面接触型二极管的 PN 结面积大,能通过很大的电流,但结电容也大,因此只能用于低频电路。

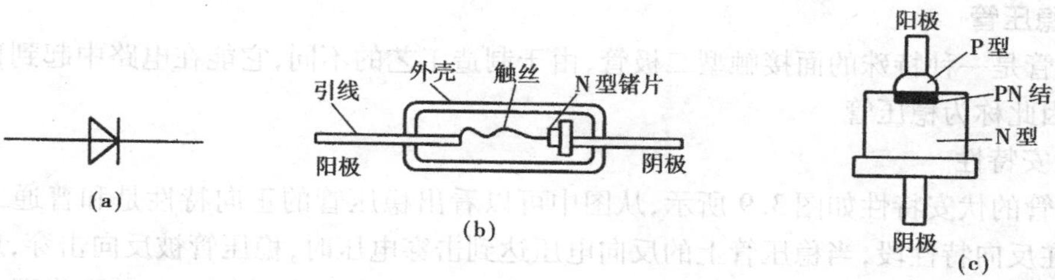

图3.7　半导体二极管

(a)电路符号;(b)点接触型;(c)面接触型

(2)伏安特性

二极管的伏安特性是指二极管上所加电压与流过电流之间的关系曲线,如图3.8所示。它是用逐点测量的方法绘制的,能直观、形象地体现二极管的单向导电特性。从图中可以看出,当二极管上所加的正向电压还很低时,正向电流几乎为零,这是由于这时的外电场还很弱,还不足以克服PN结内电场对多子的扩散运动的阻碍,只有当正向电压超过一定数值后,内电场被极大地削弱,这时电流就增长很快了。外电压突破的这个电压值就是二极管的死区电压,它的大小与材料和环境温度有关,一般硅管为0.5V,锗管为0.2V。当外加电压超过死区电压后,二极管就处于正向导通状态了,此时管子的正向压降仍很小,硅管约0.6~0.7V,锗管约0.2~0.3V。

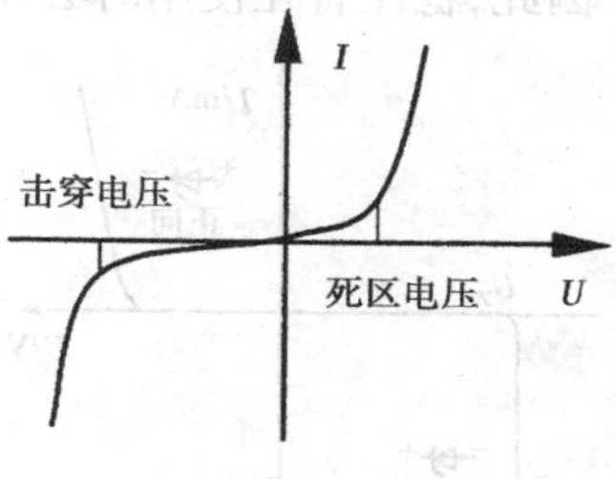

图3.8　二极管的伏安特性

当二极管外加反向电压时,PN结截止,因此反向电流极小,二极管基本不导通,这时的反向电流一方面随温度的变化很大,另一方面在反向电压不超过一定数值时基本保持恒定,常称为反向饱和电流。当反向电压增加到一定数值时,反向电流会突然剧增,二极管将失去单向导电性而被反向击穿,这时二极管上所加的电压称为反向击穿电压,这种情况在二极管正常工作时是不允许出现的。

(3)二极管的主要参数

二极管的参数规定了二极管的适用范围,它是合理选择和使用二极管的依据,通常考虑以下三个参数。

1)最大整流电流 I_{OM}

这是指二极管长期工作时允许流过二极管的最大正向平均电流。当电流过大时,将由于PN结过热而使管子损坏,因此,二极管的工作电流不允许超过它的最大整流电流 I_{OM}。

2)最高反向工作电压 U_{RM}

它是为保证二极管不被反向击穿而给出的反向峰值电压,通常是反向击穿电压的一半或三分之二。在选用二极管时,加在二极管上的反向电压峰值不允许超过它的最高反向工作电压 U_{RM},以保证二极管能正常工作。

3)反向峰值电流 I_{RM}

它指二极管加上最高反向工作电压 U_{RM} 时的反向电流值。反向峰值电流受温度影响很大,这个值越大说明二极管的单向导电性越差。

(4)稳压管

稳压管是一种特殊的面接触型二极管,由于制造工艺的不同,它能在电路中起到稳定电压的作用,因此称为稳压管。

1)伏安特性

稳压管的伏安特性如图3.9所示,从图中可以看出稳压管的正向特性是和普通二极管一样的,但在反向特性段,当稳压管上的反向电压达到击穿电压时,稳压管被反向击穿,反向电流开始急剧增加,此后,只要反向电压略有增加,反向电流就有很大增加。在这段范围内电流的变化很大而稳压管两端的电压的变化却很小,利用这一特性,就可使稳压管起到稳压的作用。与一般二极管不同的是,稳压管的反向击穿是可逆的,当去掉反向电压后,稳压管又可恢复正常。当然,如果反向电流过大,或管子的功率损耗过大,稳压管就会发生不可逆的热击穿而损坏。因此,稳压管在使用时必须串联一个适当的限流电阻。

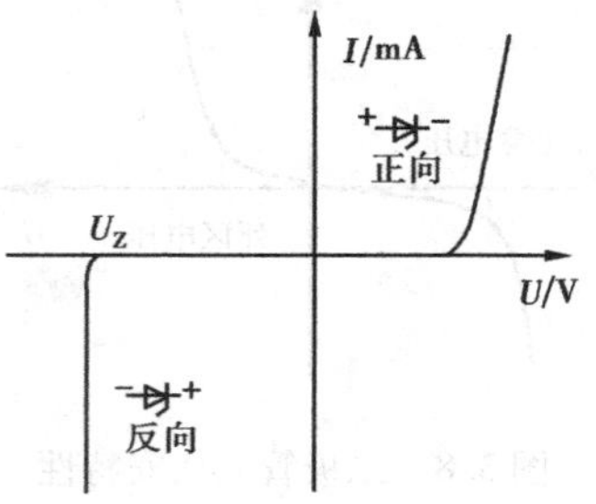

图3.9 稳压管的伏安特性

2)稳压管的主要参数

①稳定电压 U_Z

这是稳压管在正常工作时两端的电压,即稳压管的击穿电压。不同型号的管子有不同的稳定电压范围,即使同一类型的管子,由于工艺质量等原因,稳压值也有一定的分散性。因此,每种型号的稳压管的稳定电压都不是一个绝对值,而是一个稳压范围。

②稳定电流 I_Z

稳定电流是保证稳压管进入稳压区的最小电流,如果稳压管中的电流小于这个电流,稳压管也不能起到稳压的作用。

③最大稳定电流 $I_{Z_{max}}$

这是稳压管所允许通过的最大反向电流,超过这个电流值,稳压管就会被热击穿而损坏。

④动态电阻 r_Z

动态电阻是指在稳压范围内,管子两端的变化量与电流变化量的比值,即:

$$r_Z = \frac{\Delta U_Z}{\Delta I_Z}$$

显然,动态电阻越小,反向伏安特性越陡,电压变化越小,稳压性能越好。

⑤最大允许耗散功率 P_{Zm}

稳压管不致产生热击穿的最大功率损耗,所以

$$P_{Zm} = U_Z I_{Z_{max}}$$

3.1.3 直流稳压电源

交流电由于其产生、传送和使用过程中的便利、节能、高效得到了广泛应用。但在有些情况下,如电子电路、一些控制电路以及电解、电镀、充电等都需要直流供电,除了采用直流发电机和电池外,广泛采用的还是半导体直流稳压电源。图3.10所示的直流稳压电源原理图中,表示了交流电转换成所需要的稳定的直流电的转换过程,它主要包含了四个环节。

①变压　一般是将常用的交流电降压,使最后输出的电压幅值满足需要。

②整流　利用二极管的单向导电性将交流电变换成脉动的直流电。

③滤波 将整流后电压中的交流成分滤除，从而得到比较平稳的直流电。

④稳压 经整流、滤波后的直流电，由于受电网波动、负载变化以及温度变化等因素的影响，所以电压值还不够稳定，在电压等级要求较高时还需要经稳压处理，保持输出直流电压的稳定。

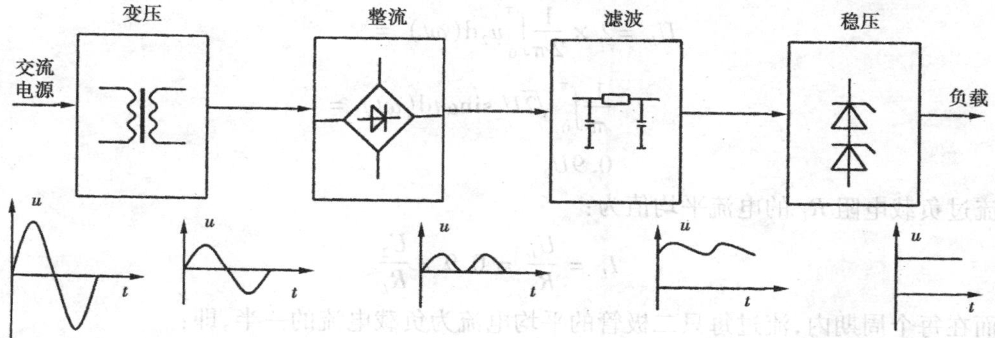

图3.10 直流稳压电源原理

(1)整流电路

将交流电变换成直流电的过程就称为整流。整流有单相整流和三相整流两大类，单相整流电路是对单相交流电整流，而三相整流电路则是对三相交流电整流。整流方式有半波、全波和桥式等多种形式，这里只对二极管组成的单相桥式整流电路进行分析。

1)单相桥式整流

单相桥式整流电路如图3.11(a)所示，图(b)为其简便画法。整流桥由四只二极管组成，应当特别注意四只二极管之间的连接方式以及它们与电源变压器和负载电阻间的关系。下面分析其工作原理。

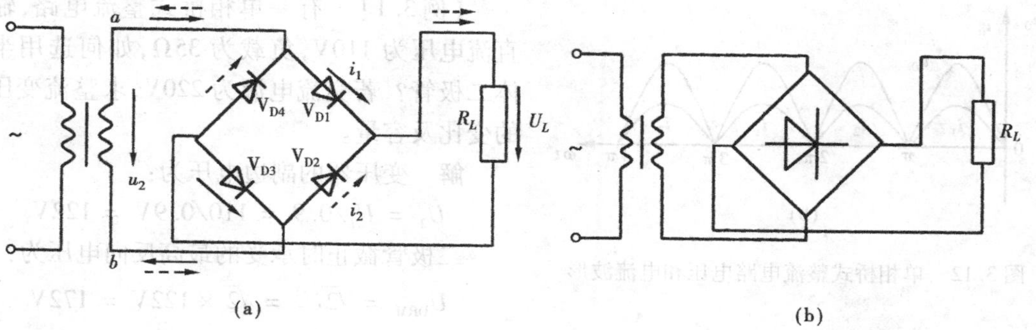

图3.11 单相桥式整流电路

设电源变压器的副边电压 $u_2=\sqrt{2}U_2\sin\omega t$，电压波形如图3.12(a)。当 $0\leqslant\omega t\leqslant\pi$ 时，由图3.11(a)可见，a 点电位高于 b 点，二极管 V_{D1} 和 V_{D3} 导通，V_{D2} 和 V_{D4} 截止，电流通路为 $a\rightarrow V_{D1}\rightarrow R_L\rightarrow V_{D3}\rightarrow b$，这时负载电阻 R_L 上得到的是正半波电压，如图3.12(b)中 $0\sim\pi$ 段。当 $\pi\leqslant\omega t\leqslant 2\pi$ 时，由图3.11(a)可见，b 点电位高于 a 点，二极管 V_{D2} 和 V_{D4} 导通，V_{D1} 和 V_{D3} 截止，电流通路为 $b\rightarrow V_{D2}\rightarrow R_L\rightarrow V_{D4}\rightarrow a$，这时负载电阻 R_L 上得到的仍是正半波电压，如图3.12(b)中 $\pi\sim 2\pi$ 段。此后这样一个过程被不断地重复，因此，在交流电压 u_2 的整个周期内，流过负载电阻 R_L 的总是单一方向的电流，而其两端也为单方向的脉动电压。这样就将单相交流电整流为单向脉

动的直流电。

2)整流参数

从上面的分析可知,负载电阻 R_L 上的电压在一个周期内的平均值 U_L 为:

$$U_L=2\times\frac{1}{2\pi}\int_0^{\pi}u_2\mathrm{d}(\omega t)=$$
$$\frac{1}{\pi}\int_0^{\pi}\sqrt{2}U_2\sin\omega t\mathrm{d}(\omega t)=$$
$$0.9U_2$$

流过负载电阻 R_L 的电流平均值为:

$$I_L=\frac{U_L}{R_L}=0.9\times\frac{U_2}{R_L}$$

而在每个周期内,流过每只二极管的平均电流为负载电流的一半,即:

$$I_D=\frac{1}{2}I_L=0.45\frac{U_2}{R_L}$$

二极管截止时所承受的最高反向电压为电源变压器副边电压的最大值,即:

$$U_{\mathrm{DRM}}=\sqrt{2}U_2$$

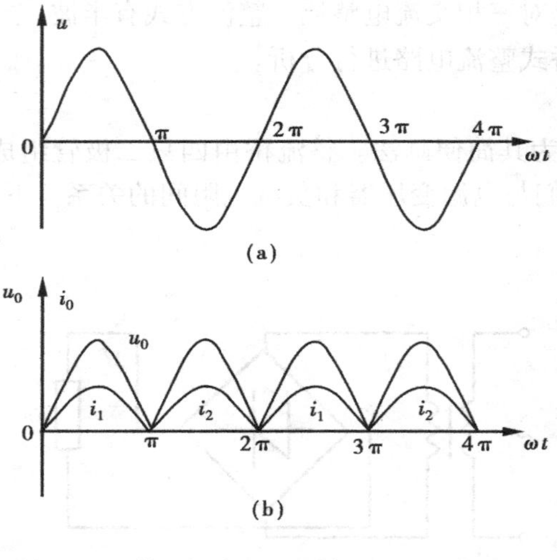

图 3.12 单相桥式整流电路电压和电流波形

由于单相桥式整流电路对电源变压器的利用率高,而且输出的整流电压脉动程度小,因此,广泛应用于小功率的整流电源中。当要求功率很大,或要求进一步降低整流电压的脉动程度时,可采用三相整流电路,读者可参阅其他有关资料。

【例 3.1】 有一单相桥式整流电路,输出直流电压为 110V,负载为 35Ω,如何选用半导体二极管?若交流电源为 220V,求整流变压器的变比及容量。

解 变压器的副边电压为:

$$U_2=U_L/0.9=110/0.9\text{V}=122\text{V}$$

二极管截止时承受的最高反向电压为:

$$U_{\mathrm{DRM}}=\sqrt{2}U_2=\sqrt{2}\times122\text{V}=172\text{V}$$

负载电流为:

$$I_L=U_L/R_L=110/35\text{A}=3\text{A}$$

每个二极管流过的平均电流为:

$$I_D=I_L/2=3/2\text{A}=1.5\text{A}$$

所以,可选用 2CZ12B,其最大整流电流为 3A,最高反向工作电压为 200V。

变压器的变比为:

$$k=U_1/U_2=220/122=1.8$$

变压器副边电流的有效值为:

$$I_2=I_L/0.9=3/0.9\text{A}=3.3\text{A}$$

变压器的容量为：

$$S = U_2 I_2 = 122 \times 3.3 \text{V} \cdot \text{A} = 403 \text{V} \cdot \text{A}$$

(2)滤波电路

经整流后输出的电压，方向虽然没有改变，但大小却在不断地波动，即含有较大的交流成分，所以利用滤波电路，使脉动电压中的交流分量减小，才能得到较为理想的直流电。滤波电路一般由电抗元件组成，即利用电容、电感的储能作用，通过不断地储能、放能维持电路中电压、电流的恒定，使脉动电压变得较为平坦。滤波电路的形式很多，常用的主要有电容滤波、电感滤波和 π 型滤波。

1)电容滤波

将电容器并联在负载两端就可以进行电容滤波了。图 3.13 为单相桥式整流的电容滤波电路。通过图 3.14 所示的电容滤波波形图来分析电容滤波的工作原理，在整流输入电压 u_2 的正半周开始时，在给负载电阻 R_L 提供电流的同时，对电容 C 也进行充电，达到最大值 $\sqrt{2}U_2$ 后 u_2 开始下降，这时 $u_C > u_2$，于是二极管 V_{D1}、V_{D3} 截止，电容开始对 R_L 放电。一直到电源负半周到来时，当上升到 $u_2 > u_C$ 之后，二极管 V_{D2}、V_{D4} 才能导通，这时又由 u_2 给负载电阻 R_L 供电，同时对电容 C 重新充电。这个充放电的过程不断地重复下去，使输出电压的脉动量减小。

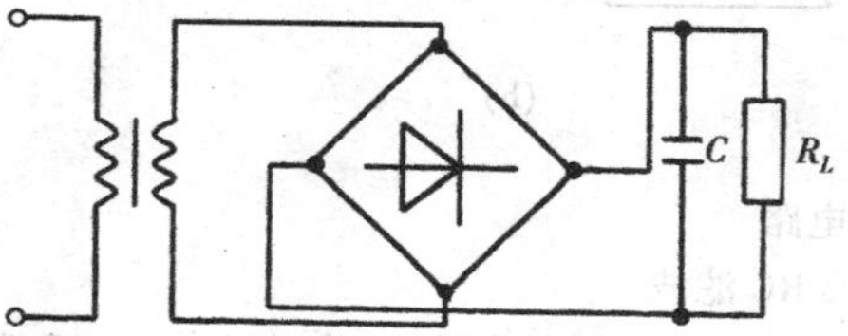

图 3.13　单相桥式整流电容滤波

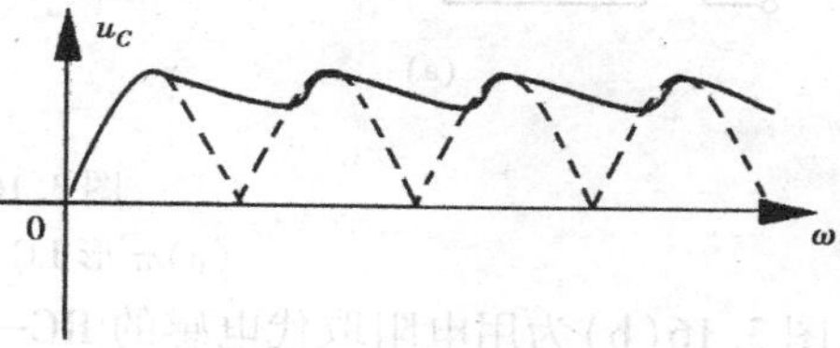

图 3.14　电容滤波的输出波形

滤波效果的好坏是与电容器的充放电时间密切相关的。若二极管的内阻为 R_D，则充电时间：

$$\tau_1 = R_D C$$

因为二极管正向导通时 R_D 很小，所以充电时间常数 τ_1 很小，电容器很快充电达到输入电压 u_2。因此，在忽略二极管正向压降时，充电电压 u_C 与上升的正弦电压 u_2 一致。

放电时间为：

$$\tau_2 = R_L C$$

因此，放电时间受负载影响很大，R_L 越大，放电时间越长，滤波效果越好，当 R_L 变小时，放电时间减小，放电加快，U_L 就会很快降低。这时更应恰当选择好电容量，使电容具有足够长的放电时间，以保证输出电压的平滑性，通常取：

$$R_L C \geqslant (3 \sim 5)\frac{T}{2}$$

式中，T 为交流电频率 f 的倒数。滤波输出电压的平均值 U_C 通常取：

$$U_C = U_2 \qquad \text{（半波整流）}$$

$$U_C = 1.2U_2 \qquad \text{（全波整流）}$$

由于电容滤波的输出电压随负载波动较大，所以仅适用于负载电阻较高，负载波动不大的场合。

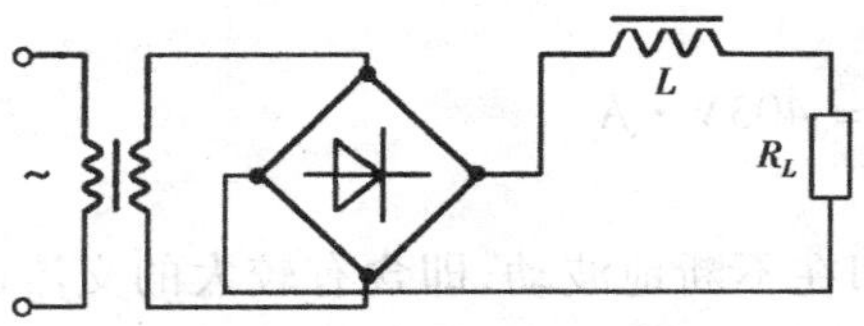

图 3.15　电感滤波电路

2）电感滤波

图 3.15 为串联了一个电感线圈的电感滤波电路。由于电感具有阻碍电流变化的特性，在二极管导通和截止时，流经电感的电流无法跃变，只能缓慢变化，因此，减小了输出电流和电压的变化。显然频率越高，电感量越大，滤波效果越好。电感滤波受负载变化的影响小，但线圈铁芯体积大、笨重，易引起电磁干扰，适用于大电流、高频率且负载变动较大，而对电压脉动程度要求不高的场合。

3）复式滤波电路

将电容滤波和电感滤波电路组合之后，就可得到如图 3.16 所示的复式滤波电路，经过对交流分量的多次过滤，得到的输出电压就更为平坦了，通常适合要求电压脉动量小的场合。

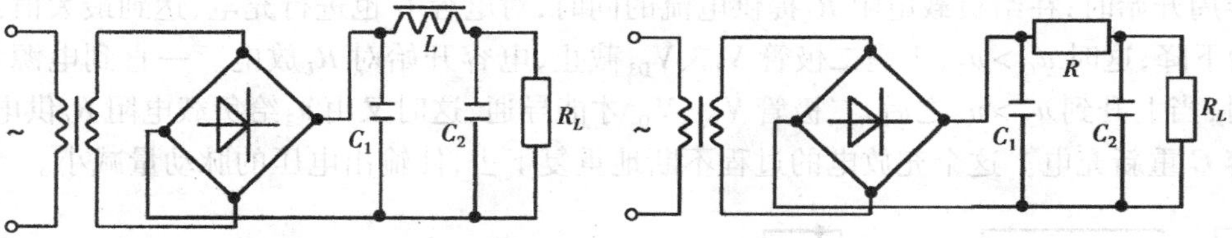

图 3.16　复式滤波电路

（a）π 形 LC 滤波；（b）π 形 RC 滤波

图 3.16（b）为用电阻取代电感的 RC—π 型滤波，这是一种较为常用的滤波方式。经整流后的脉动电压经电容 C_1、C_2 滤波后加到负载的两端，由于 C_2 对交流分量的容抗很小，使脉动电压的交流分量较多地降落在电阻 R 上，较少地加到负载两端，从而起到滤波的作用。但作为滤波用的电阻 R 对直流也会有同样的降压作用，所以 R 不能太大，这种滤波电路主要适用于负载电流较小而又要求输出电压脉动小的场合。

（3）稳压管稳压电路

经整流、滤波处理后的电压在电源电压波动或负载电阻变动时，也会随之产生波动。为使负载获得稳定的电压，常在滤波电路和负载之间接入稳压电路。最简单的稳压电路就是稳压管稳压电路。在图 3.17 所示的稳压电路中，稳压管 V_{DZ} 与负载并联，R 为限流电阻，一方面保护稳压管，同时吸收波动电压，V_{DZ} 与 R 相互配合就可起到稳压的作用。

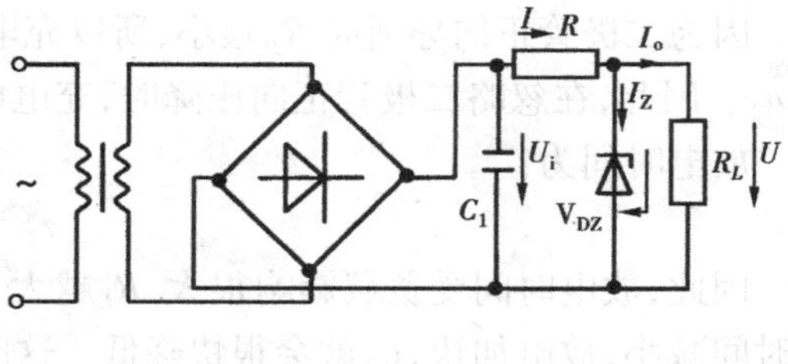

图 3.17　稳压管稳压电路

当电网电压波动引起整流滤波后的电压 U_i 增加后，负载的端电压 U_L 也随着增加，当然稳压管两端的电压也增加了，而对稳压管来说端电压的增加会使其电流 I_Z 显著增加，因此，电流 I 将随之增加，使电阻 R 上的压降上升，而负载两端的端电压 $U_o = U_i - IR$，这样就使负载电压 U_o 降低到原来的值，保证了输出电压的稳定。

同样，当电源电压不变，而由负载电流变化引起输出电压改变时，稳压管仍能起到稳压的作用。例如，当负载电流增大时，电阻 R 上的压降增大，输出电压 U_o 降低，这样降低了稳压管两端的电压，使电流I_Z减小。因此，流过R的电流I下降，电阻R上的压降减小，负载的端电压U_o回升，使输出电压仍保持基本恒定。

选择稳压管时，通常取：

$$U_i = (2 \sim 3) U_o$$

$$U_Z = U_o$$

$$I_{Z_{max}} = (1.5 \sim 3) I_{o_{max}}$$

3.2　半导体三极管及其基本放大电路

3.2.1　半导体三极管

半导体三极管又称晶体管。如果在一块本征半导体上制作了两个靠得很近的PN结，再引出电极加以封装，就形成了一个三极管。晶体管是一种很重要的半导体元件，它的放大作用和开关作用促使了电子技术的飞速发展。

(1)基本结构

晶体管的种类很多，但在内部结构上都分成NPN或PNP三层，因此，晶体管就有NPN型和PNP型两种。其结构示意图和表示符号如图3.18所示。国内生产的锗管多为PNP型，硅管多为NPN型。

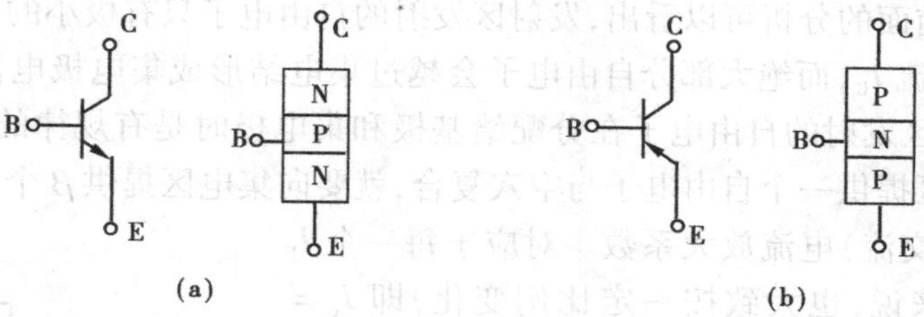

图3.18　晶体管的结构示意图和表示符号

(a)NPN型晶体管；(b)PNP型晶体管

两种晶体管都由三个不同的导电区域组成，中间是掺杂少而薄的基区，在它的两侧，一边是掺杂多、体积小的发射区，一边是掺杂少、面积大的集电区，三个区域的掺杂浓度和体积大小的不同决定着它们在电路中起着不同的作用。在集电区和基区交界处的PN结叫集电结J_c，发射区和基区交界处的PN结叫发射结J_e。对应的三个导电区引出的三个电极分别为发射极e，基极b和集电极c。

(2)电流的分配与放大

在放大电路中，晶体管与电源之间有多种联接方式，但不论是PNP型还是NPN型的晶体管，要使它能进行电流的放大，都必须满足一个基本条件：晶体管的发射结正向偏置，集电结反向偏置。PNP型和NPN型晶体管的工作原理相似，仅在使用时电源的极性不同。下面以图3.19所示的NPN型晶体管电路示意图为例进行分析。

1)发射区向基区发射电子

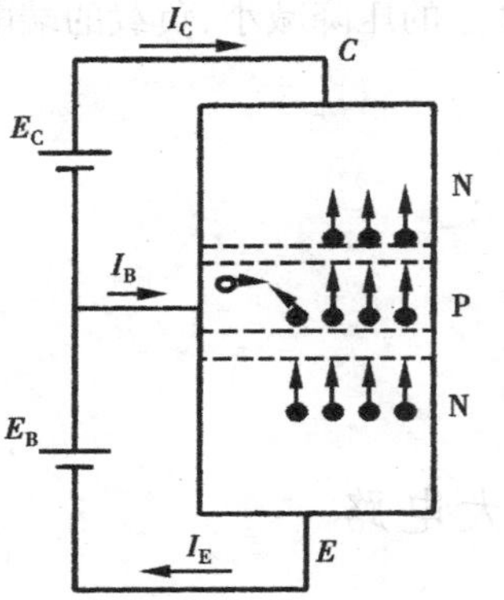

图 3.19　晶体管中载流子的运动

在图中，发射结承受正向电压，发射区的多子自由电子在外电场的作用下不断越过发射结扩散到基区，形成发射极电流 I_E，其方向与电子流动方向相反。

2）电子在基区的扩散与复合

越过发射区的自由电子由于数量很大、浓度高，所以就继续扩散进入基区。扩散到基区的自由电子，一方面要与基区的空穴复合，而基极就要不断地拉走自由电子，补充空穴，因此形成了基极电流 I_B，其方向为空穴运动的方向。另一方面由于基区掺杂浓度小，空穴少，因此基极电流很小，与空穴复合的那部分由发射区扩散过来的自由电子的数目很小，而绝大多数自由电子会继续向集电结扩散。

3）集电区收集扩散过来的电子

在集电结上由于加上的是反向电压，它使 P 区的空穴和 N 区的自由电子的扩散运动难以进行，但对扩散到集电结边缘的自由电子来说却是一个加速电场，使自由电子越过集电结进入集电区，形成集电极电流 I_C，其方向与自由电子运动方向相反。

这就是在满足放大电路基本条件下，多数载流子的运动规律。当然，此时三极管内部也存在着少数载流子的运动，由于它们的数量很少，因此，形成的电流很小，但对放大电路具有干扰的作用。

按照克希荷夫电流定律，$I_E = I_B + I_C$，所以基极和集电极的电流都是由发射区发射出的自由电子形成的，从前面的分析可以看出，发射区发射的自由电子只有极小的一部分与基区的空穴复合形成基极电流 I_B，而绝大部分自由电子会越过集电结形成集电极电流 I_C，因此 $I_C \gg I_B$，当然 $I_E \gg I_B$。发射区发射的自由电子在分配给基极和集电极时是有规律的，在进行正常放大时，发射区每向基区提供一个自由电子与空穴复合，就要向集电区提供 β 个自由电子，即 $\Delta I_C = \beta \Delta I_B$，$\beta$ 称为动态（交流）电流放大系数。对应于每一个 I_E 值下的 I_B 和 I_C 值来说，也大致按一定比例变化，即 $I_C = \bar{\beta} I_B$，$\bar{\beta}$ 称为静态（直流）电流放大系数。由于 I_C 是 I_B 的 $\bar{\beta}$ 倍，所以晶体管具有电流放大作用。

（3）特性曲线

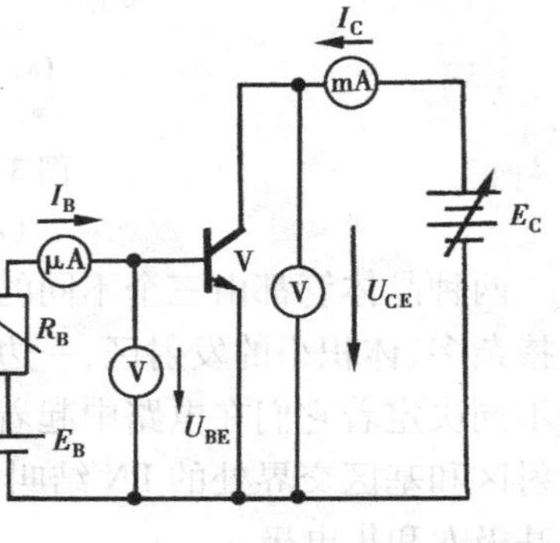

图 3.20　共射极放大电路特性曲线的测试

任何晶体管放大电路都可等效成输入回路和输出回路两部分，如在图 3.20 的共射极放大电路中，基极与发射极之间构成输入回路，集电极与发射极之间构成输出回路。输入回路中电压与电流的关系称为晶特性，输出回路中电压与电流的关系称为输出特性。由于晶体管是非线性元件，因此晶体管的输入特性和输出特性是分析放大电路的重要依据。对应于晶体管的不同连接方式都会有不同的输入、输出回路，也就有不同的输入、输出特性，下面以最常用的共射极放大电路来分析这种方式下晶体管的输入、输出特性。

1）输入特性

在图 3.20 中，当 U_{CE} 恒定时，调节 R_B，就可得到 U_{BE} 与 I_B 之间的变化关系，$I_B = f(U_{BE})$，这个电流 I_B 与电压 U_{BE} 之间的关系就是晶体管的输入特性。

当 U_{CE} 为零时，发射结和集电结都正向偏置，这时的输入特性曲线相当于一个二极管的正向特性曲线。如图3.21中靠近纵轴的那条曲线。在 U_{CE} 从0V增加到1V的过程中，集电结上的反向电压逐渐增强，I_C 增大，I_B 则减小，所以曲线向右移。但 $U_{CE}>1V$ 后，从发射区发射的电子的绝大部分已被拉入集电区，所以 I_C 趋于恒定，I_B 也就变化不大了，因此曲线基本重合。

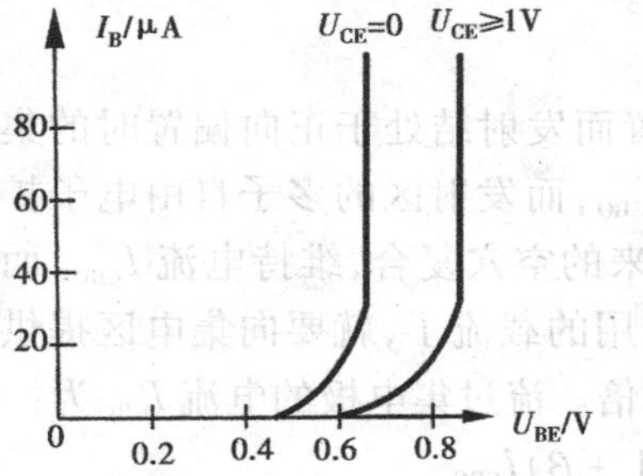

图3.21　输入特性曲线

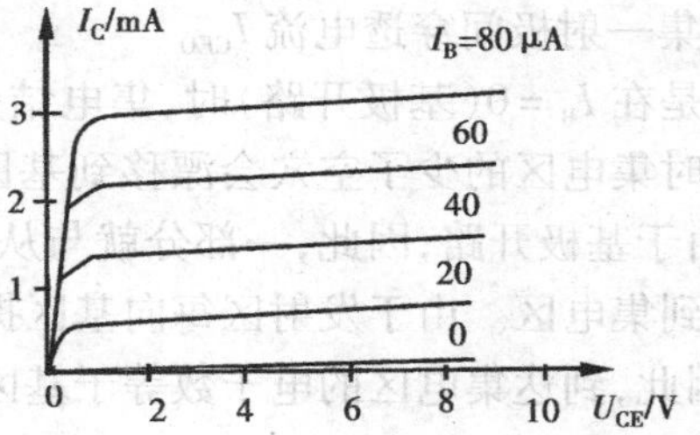

图3.22　输出特性曲线

2）输出特性

通过调节 E_C 可以测量出任一 I_B 值下 I_C 与 U_{CE} 的值，从而得到输出特性曲线。在这种连接方式下的输出特性就是电流 I_C 与电压 U_{CE} 之间的变化关系，即 $I_C=f(U_{CE})$，特性曲线如图3.22所示。通常把晶体管的输出特性曲线分成三个工作区。

①饱和区　在曲线的起始部分很陡，U_{CE} 略有增加时，I_C 增加很快，因为这时的 U_{CE} 很小，使集电结处于正向偏置或反向电压很小，无法吸引到达基区的电子越过集电结，这时 I_B 的变化对 I_C 的影响也很小，且不成比例，晶体管工作在饱和状态。但这时 I_C 受 U_{CE} 的影响很大，随着反向电压 U_{CE} 的增强，从基区到集电区的电子也增加很快，所以 I_C 随着 U_{CE} 的增加而快速增长。

②放大区　当 U_{CE} 超过某一数值（约1V）以后，曲线变得较为平坦，I_C 基本不随 U_{CE} 改变，而是与 I_B 按一定比例变化，这时晶体管工作在放大区。这是由于 U_{CE} 大于1V后，集电结上的反向电压已足够强，能使从发射区扩散到基区的电子的绝大部分到达集电区，所以 U_{CE} 再增加，I_C 也增加不多了。

③截止区　$I_B=0$ 以下的区域就称为截止区。这时，由于发射结反向偏置或 U_{BE} 太小，使发射区的电子不能扩散到基区，因此，流过管子的电流为零，相当于晶体管的三个极都处于关断状态，此时晶体管断开不导通。

（4）主要参数

晶体管的参数是用数据来描述晶体管特性，这些参数表征了管子性能的优劣及其适应范围，是设计电路、选用晶体管的依据。

1）电流放大系数

前面介绍了晶体管的电流放大系数有两个，直流放大系数 $\bar{\beta}$ 反映的是静态时 I_C 与 I_B 的比值，即输出曲线上任一对应的 I_C/I_B。所以：

$$\bar{\beta}=I_C/I_B$$

交流放大系数反映的是动态电流的放大特性，是 I_C 和 I_B 的增量之比，所以：

$$\beta=\Delta I_C/\Delta I_B$$

由于晶体管特性曲线的非线性，$\bar{\beta}$ 和 β 值也不是恒定不变的。在管子线性程度好，输出曲线间距均匀时,可近似认为$\bar{\beta}=\beta$。

2)集—基极反向截止电流I_{CBO}

它是在发射极开路,集电结承受反向电压时,集电区和基区之间少数载流子形成的漂移电流,因此,I_{CBO}的大小决定于少数载流子的浓度,在一定温度下为一常数且很小,小功率的锗管约为10μA,硅管约为1μA。但I_{CEO}受温度的影响很大。

3)集—射极间穿透电流I_{CEO}

它是在$I_B=0$(基极开路)时,集电结处于反向偏置而发射结处于正向偏置时的集电极电流。这时集电区的少子空穴会漂移到基区形成电流I_{CBO},而发射区的多子自由电子扩散到基区后,由于基极开路,因此,一部分就与从集电区漂移来的空穴复合,维持电流I_{CBO},而大部分则漂移到集电区。由于发射区每向基区提供一个复合用的载流子,就要向集电区提供β个载流子,因此,到达集电区的电子数等于基区复合数的β倍。流过集电极的电流I_{CBO}为:

$$I_{CEO}=I_{CBO}+\beta I_{CBO}=(1+\beta)I_{CBO}$$

I_{CBO}和I_{CEO}都是衡量晶体管质量的重要参数,它们受温度影响很大,会造成晶体管性能的不稳定。因此,这两个电流参数越小,管子的稳定性越好。

4)集电极最大允许电流I_{CM}

集电极电流过大时,晶体管的β值要下降,使管子的性能显著下降,甚至可能烧坏管子,因此,规定当β值下降到正常值的三分之二时,集电极电流为集电极最大允许电流,在选择使用晶体管时,其集电极电流应尽量不超过I_{CM}。

5)集—射极间反向击穿电压U_{CEO}

在常温(25℃)下基极开路时,加在集电极和发射极之间的最大允许电压称为集—射极间反向击穿电压U_{CEO}。如果使用时$U_{CE}>U_{CEO}$,晶体管就会被击穿而损坏。高温下U_{CEO}值将要降低,使用时应特别注意。

6)集电结最大允许耗散功率P_{CM}

由于集电结反向偏置,空间电荷区宽,内阻高,其上的热量损耗也就大,它允许损耗功率的最大值就是集电结最大允许耗散功率P_{CM}。管子的$P_{CM}=I_C U_{CE}$。P_{CM}主要受结温的限制,通常锗管允许结温为70~90℃,硅管结温约为150℃。

I_{CM}、U_{CEO}和P_{CM}都是极限参数,它们共同决定了管子的使用范围。

3.2.2 基本放大电路

放大电路就是要把一个微弱信号放大到可以利用或测量的程度,但又要保持它的变化规律。利用晶体管的电流放大作用,可以组成各种类型的放大电路。下面以共射放大电路为例,对交流放大电路的组成及工作原理进行分析。

(1)基本放大电路的组成

图3.23(a)为共射极联接的交流放大电路。输入端接交流输入电压u_i,输出端接负载R_L,交流输出电压u_o从R_L两端取出。电路中各元件的作用如下:

①晶体管V　它是电路中起核心作用的放大元件。晶体管的放大作用是利用晶体管的基极对集电极的控制作用来实现的,即在输入端加一个能量较小的信号,通过晶体管的基极电流去控制流过集电极电路的电流,从而将直流电源E_C的能量转化为所需要的形式供给负载。因此,在这个过程中放大作用的实质是控制作用,放大器进行的是能量的控制。

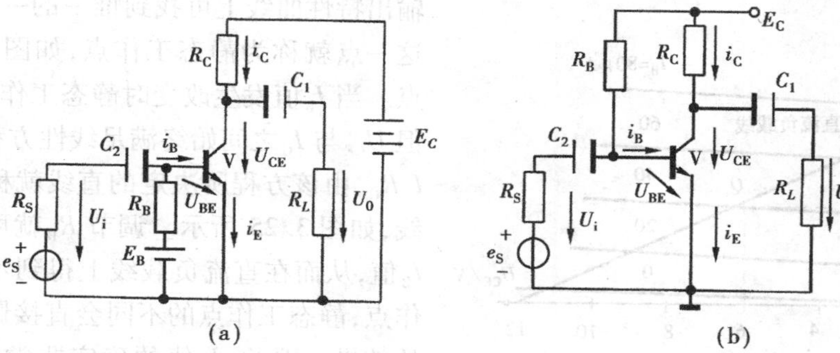

图3.23　共射极放大电路

②基极电源 E_B 和基极电阻 R_B　其作用是使发射结正向偏置,并提供合适的基极电流 I_B。

③集电极电源 E_C　它一方面使集电结处于反向偏置,同时为输出信号提供能量。

④集电极电阻 R_C　它的作用是把放大了的集电极电流转化为电压的变化,以实现电压放大。

⑤耦合电容 C_1、C_2　它们一方面起隔直作用,C_1 隔断放大电路与信号源之间的直流通路,C_2 隔断放大电路与负载之间的直流通路;另一方面起交流耦合作用,C_1、C_2 的值很大,容抗很小,因此交流压降很小,即对交流信号可视为短路,保证了交流信号的畅通。

在图3.23(a)中用了两个电源,E_C 和 E_B。其实只要将 R_B 改一下,就可通过 E_C 经 R_B 到基极这个通路产生 I_B,这时,E_B 就可省去,电路可简化如图3.23(b)所示。

(2)放大电路的静态分析

当放大电路上没有施加交流输入信号时,电路中各处的电压、电流都是由直流电源产生的不变的直流,因此称为直流工作状态或静态。进行静态分析就是要确定放大电路的静态值 I_B、U_{BE} 和 I_C、U_{CE},只有确定了这些直流参数,才能保证晶体管的工作状态。

既然静态值是直流,因此,对如图3.23(b)所示的放大电路的静态值可用如图3.24所示的交流放大电路的直流通路来分析计算。

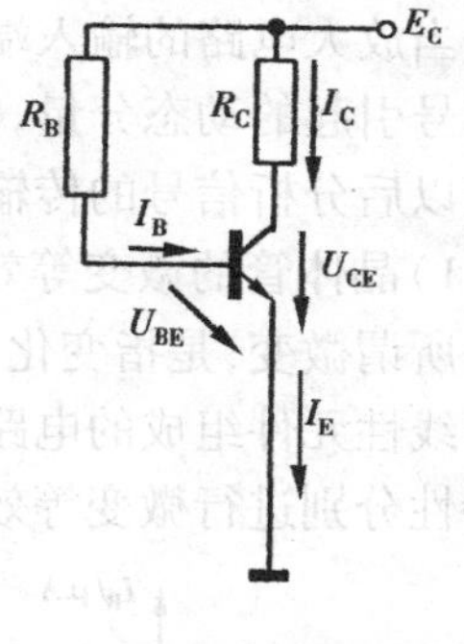

图3.24　放大电路的直流通路

在输入回路有:

$$E_C - I_B R_B - U_{BE} = 0$$

因为

$$U_{BE} \ll E_C$$

所以

$$I_B = \frac{E_C - U_{BE}}{R_B} \approx \frac{E_C}{R_B}$$

对输出回路有:

$$E_C - I_C R_C - U_{CE} = 0$$

所以

$$U_{CE} = E_C - I_C R_C$$

对晶体管V有:

$$I_C = \beta I_B$$

晶体管的 U_{BE} 即是发射结上的正向压降,如前所述硅管在0.6~0.7V之间,锗管在0.2~0.3V之间,因此,通过以上运算就可得到静态参数 I_B、U_{CE} 和 I_C。这三个静态参数在晶体管的

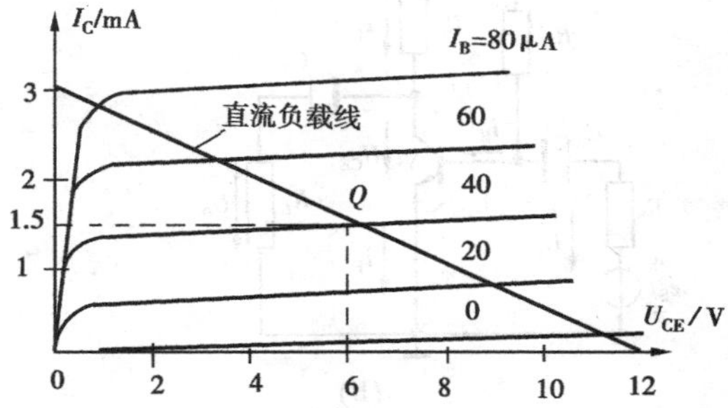

图 3.25　放大电路的静态工作点

输出特性曲线上可找到惟一的一点与其对应，这一点就称为静态工作点，如图 3.25 中的 Q 点。当 I_B 值发生改变时静态工作点就会改变，但 U_{CE} 与 I_C 之间始终满足线性方程 $U_{CE}=E_C-I_CR_C$，由该方程所决定的直线就称为直流负载线，如图 3.25 所示。调节 R_B 就可得到不同的 I_B 值，从而在直流负载线上得到不同的静态工作点，静态工作点的不同会直接影响动态放大的效果。因此，I_B 值的确定非常重要，通常称为偏置电流，而影响 I_B 的 R_B 则称为偏置电阻。

【例 3.2】　在图 3.23(b)的交流放大电路中，$E_C=12\text{V}$，$R_C=4\text{k}\Omega$，$R_B=300\text{k}\Omega$，$\beta=37.5$，求放大电路的静态值。

解　根据图 3.24 所示的直流通路可得：

$$I_B=\frac{E_C-U_{BE}}{R_B}\approx\frac{E_C}{R_B}=\frac{12}{300}\text{mA}=0.04\text{mA}$$

$$I_C=\beta I_B=37.5\times0.04\text{mA}=1.5\text{mA}$$

$$U_{CE}=E_C-I_CR_C=(12-1.5\times4)\text{V}=6\text{V}$$

(3)放大电路的动态分析

当放大电路的输入端输入交流信号后，电路中就不仅存在着直流分量，还包含了由交流输入信号引起的动态分量，电路处于动态工作状态。进行放大电路的动态分析主要是在静态值确定以后分析信号的传输情况，常用的方法是微变等效电路法。

1)晶体管的微变等效电路

所谓微变，是指变化量很微小，微变等效电路法是在变化量很微小的前提下，将晶体管这个非线性元件组成的电路等效成线性电路来分析。在放大电路中利用晶体管的输入特性和输出特性分别进行微变等效变换，就可得到晶体管的微变等效电路。

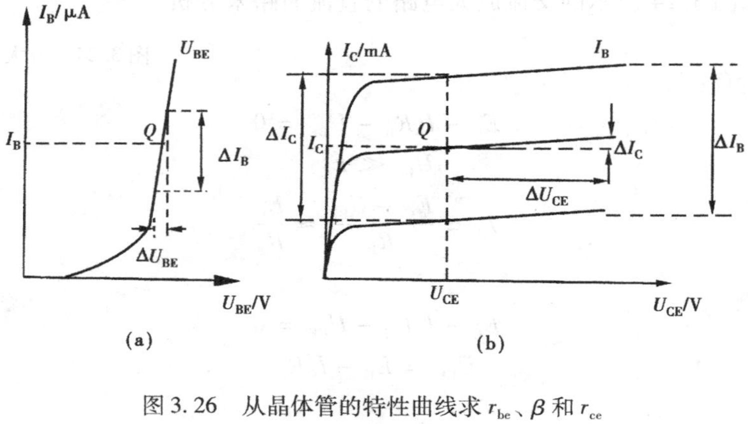

图 3.26　从晶体管的特性曲线求 r_{be}、β 和 r_{ce}

①输入特性等效电路

从图 3.26(a)的输入特性曲线可看出，在静态工作点 Q 附近的一个小范围内，输入特性曲线可近似于一直线，该直线上电压与电流的变化量之比称为晶体管的输入电阻 r_{be}，所以：

$$r_{be} = \frac{\Delta U_{BE}}{\Delta I_B}$$

电压与电流的变化量是由交流信号的输入引起的，所以：

$$r_{be} = \frac{u_{be}}{i_b}$$

因此，输入电路可近似等效为一电阻 r_{be}，如图 3.26(b) 中的 r_{be}。

r_{be}表示晶体管的输入特性。在小信号下 r_{be}是一个常数：

$$r_{be} = 300 + (\beta + 1)\frac{26\text{mV}}{I_E \text{mA}}$$

②输出特性的等效电路

对于特定 I_B值的输出曲线上，在放大区 I_C基本不随 U_{CE}改变，所以集—射极间具有恒流特性，而且该电流受偏置电流 i_B控制，在输出特性上，晶体管可等效为一个电流为 $i_C = \beta i_B$恒流源。

当然输出曲线也不是完全与横轴平行，即随着 U_{CE}的增加，I_C也会略有增加，这个变化量的比值就称为晶体管的输出电阻 r_{ce}。

$$r_{ce} = \frac{\Delta U_{CE}}{\Delta I_C} = \frac{u_{ce}}{i_c}$$

r_{ce}在微变等效电路中相当于是这个受控电流源的内阻，所以与恒流源并联。但 r_{ce}的阻值很高，常常可以忽略。

③晶体管的微变等效电路

对工作在放大区的晶体管，综合其输入特性和输出特性，可得到一个简化的微变等效电路如图 3.27(b) 所示。

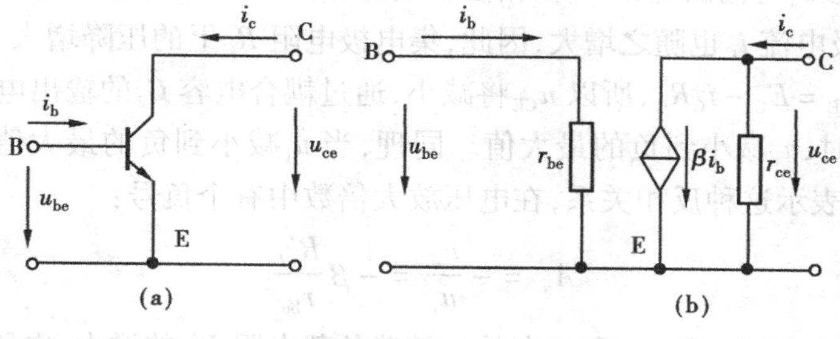

图 3.27　晶体管及其微变等效电路

2）放大电路的微变等效电路

由于进行动态分析时只对交流输入引起的动态量的变化进行分析，所以可按照叠加原理将电压源视为短路，同时耦合电容 C_1、C_2也可视为短路，这样就可得到如图 3.28(a) 所示的交流放大电路的交流通路。再将晶体管的微变等效电路代入，就可得到如图 3.28(b) 所示的放大电路的微变等效电路。

3）输入电阻、输出电阻和电压放大倍数

放大器输入端口电压 U_i与输入端口电流 I_i之比就是放大器的输入电阻 r_i。当信号源电压加到放大器输入端时，输入电阻就相当于信号源的一个负载电阻，所以：

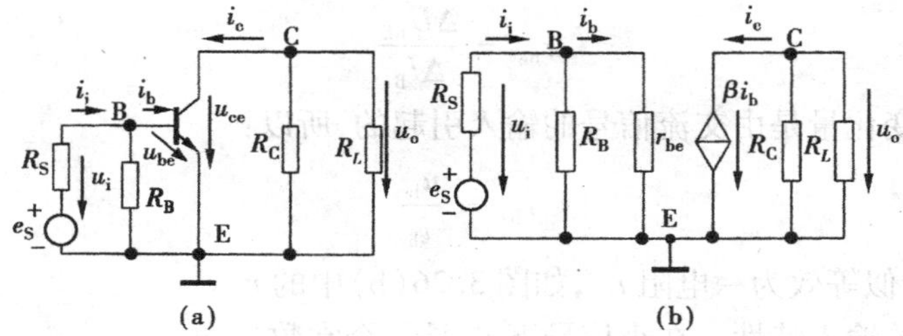

图 3.28　放大电路的交流通路(a)及其微变等效电路(b)

$$r_i = \frac{U_i}{I_i}$$

从 3.28(b)的微变等效电路可看出,当 $r_{be} \ll R_B$ 时:

$$r_i = R_B \,//\, r_{be} \approx r_{be}$$

在共射极放大电路中,输入电阻近似于 r_{be}。

对输出负载 R_L 来说,整个放大电路相当于一个内阻为 r_o,电动势为 U_o 的电压源,这个内阻 r_o 就是放大器的输出电阻。对 3.28(b)所示的微变等效电路,在信号源短路、输出端开路时,可求出共射极放大电路的输出电阻为:

$$r_o \approx R_C$$

电压放大倍数 A_u 是对放大器的信号放大能力的描述,它是输出电压变化量与输入电压变化量之比,在图 3.28(b)所示的电路中:

输入电压:　$u_i = i_b r_{be}$

输出电压:　$u_o = i_C R_L' = \beta i_b R_L' \qquad (R_L' = R_C // R_L)$

同时,输入电压 U_i 与输出电压 U_o 在相位上刚好相反。因为当输入电压 u_i 增大时,基极电流 i_B 增大,而集电极电流 i_C 也随之增大,因此,集电极电阻 R_C 上的压降增大。由于集电极与发射极之间的电压 $u_{CE} = E_C - i_C R_C$,所以 u_{CE} 将减小,通过耦合电容 C_2 的输出电压 u_o 也将减小,当 u_i 达到正的最大值时,u_o 减小到负的最大值。同理,当 u_i 减小到负的最大值时,u_o 则会增加到正的最大值。为了表示这种反相关系,在电压放大倍数中有个负号:

$$A_u = -\frac{u_o}{u_i} = -\beta \frac{R'_L}{r_{be}}$$

电压放大倍数 A_u 与 R_C、R_L、r_{be} 和 β 有关。随着负载电阻 R_L 的增大,电压放大倍数会增加,提高 β 也会使电压放大倍数有所增加,但 β 增加的同时,r_{be} 也随之增加,这就限制了电压放大倍数的提高。

【例 3.3】　在例 3.2 中,若放大器带上 $R_L = 3\text{k}\Omega$ 的负载,则放大器的电压放大倍数是多少?放大器的输入电阻、输出电阻又各是多少?

解　因为 $I_C = 2\text{mA}$,所以:

$$r_{be} = \left[300 + (1 + 50) \times \frac{26}{2}\right]\Omega = 963\Omega = 0.963\text{k}\Omega$$

因为

$$R'_L = R_C \,//\, R_L = 1.5\text{k}\Omega$$

所以

$$A_u = -\beta \frac{R'_L}{r_{be}} = -50 \times \frac{1.5}{0.963} = -78$$

输入电阻：　$r_i \approx r_{be} = 0.963\text{k}\Omega$

输出电阻：　$r_o \approx R_C = 1.5\text{k}\Omega$

3.2.3　非线性失真及静态工作点的稳定

(1)非线形失真

在图3.29中，(a)为输入电压u_i的波形，(b)和(c)是正常情况下的晶体管输出电压u_{CE}和放大器输出电压u_o的波形，(d)、(e)和(f)是在不同情况下的晶体管输出电压u_{CE}波形，这时输出电压就不能正确反映输入电压的变化，这种现象就称为失真，这时放大器没有工作在线性范围内，因此称为非线性失真。

图3.29(d)称为截止失真，这是由于偏置电阻R_B增大时静态I_B值太小，造成晶体管截止引起的。反映在特性曲线上就是静态工作点下移，在输入信号u_i的负半周，由于输入信号的负值太大，使u_{BE}趋近于零，这时晶体管关断，$i_B=0$，同时$i_C=0$，由于$u_{CE}=E_C-i_CR_C$，所以此时$u_{CE}\approx E_C$，即此时的输出没有跟随输入信号的变化，而是等于电源电压。

当基极电阻R_B减小时，静态I_B值就要增大，反映在特性曲线上就是静态工作点上移。在输入信号u_i的正半周，由于u_i的正值过高，使$u_{BE}>u_{CE}$，此时集电结处于正向偏置，晶体管各种在饱和区，i_C不再随i_B值的增大而增大了，因此，u_{CE}减小到一定程度后就不再继续减小了，称为饱和失真，如图3.29(e)所示。

从上面的分析可以看出，选择合适的静态工作点是非常重要的，静态工作点的上移、下移都会引起输出信号的失真。但是，在选择好合适的静态工作点后，如果输入信号过大，在信号的正半周，会使晶体管工作在饱和区，在信号的负半周又使晶体管工作在截止区。

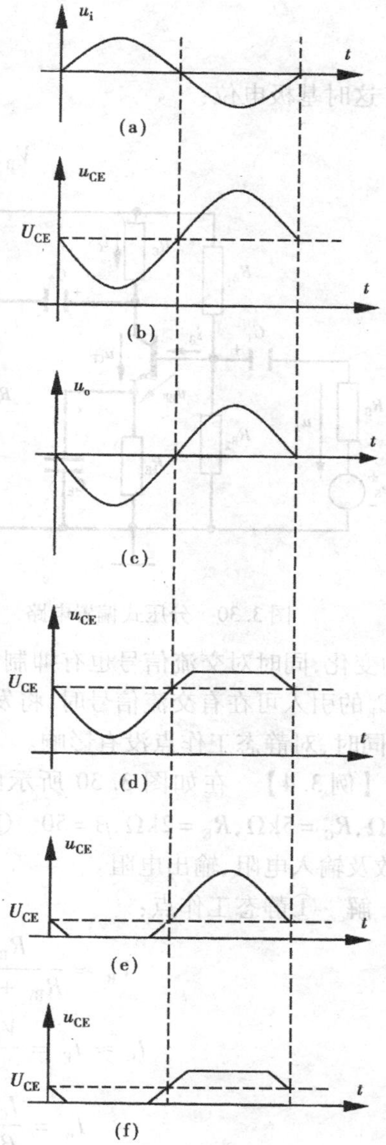

图3.29　放大电路的输出波形及波形的失真

(2)静态工作点的稳定

在图3.23(b)所示的电路中，R_C和E_C确定以后，调整偏置电阻R_B就可得到不同的偏置电流I_B，从而可使晶体管工作在不同的状态。R_B一经确定后，静态工作点也就相应确定下来，所以这种电路称为固定偏置放大电路。虽然这种放大电路既简单又容易调整，但是性能很不稳定。例如，当环境温度升高时，晶体管的穿透电流I_{CEO}将随之增大，由于I_{CEO}是集电极静态电流I_C的一部分，所以I_C也会增大，这样就会使静态工作点上移，造成输出信号的饱和失真。同时，温度对β、U_{BE}等参数的影响也会使I_C增大，使静态工作点发生变动。

为了消除温度对静态工作点的影响，可采用如图3.30所示的分压式偏置放大电路，使静态工作点保持基本稳定。图中R_{B_1}和R_{B_2}构成偏置电路固定基极电位，由于I_B很小，所以：

$$I_1 \approx I_2 \approx \frac{E_C}{R_{B_1} + R_{B_2}}$$

这时基极电位：

$$V_B = I_2 R_{B_2} \approx \frac{R_{B_2}}{R_{B_1} + R_{B_2}} E_C$$

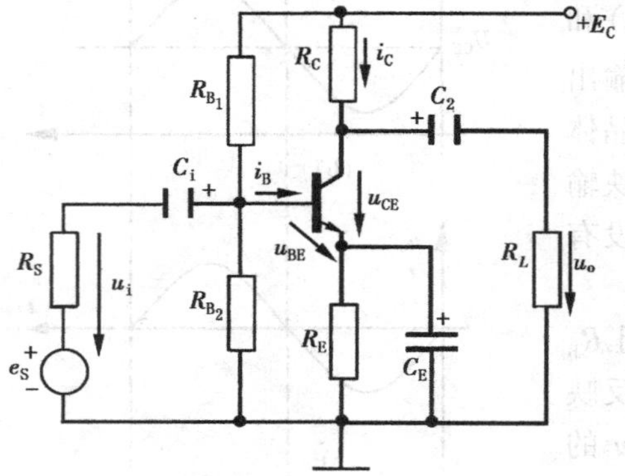

图 3.30 分压式偏置电路

因此，基极电位 V_B 由 R_{B_1} 和 R_{B_2} 分压后确定，不再受温度的影响。

引入发射极电阻 R_E 可达到稳定静态工作点的目的：当 I_C 随温度的升高而变大时，I_E 也会增大，使 R_E 上的压降 $I_E R_E$ 增大，由于 V_B 基本固定，而 $U_{BE} = V_B - I_E R_E$，所以 U_{BE} 会随着 I_E 的增大而减小，而 U_{BE} 的减小又使基极电流 I_B 减小，于是 $I_C = \beta I_B$ 也就减小了。这样就使 I_C 的增大得到了抑制，消除了 I_{CEO} 的影响，使静态工作点稳定在原来的位置。

发射极电阻 R_E 的接入，一方面能抑制静态 I_C 的变化，同时对交流信号也有抑制作用，这将使放大电路的电压放大倍数下降，交流旁路电容 C_E 的引入可在有交流信号时，将发射极电阻 R_E 短路，消除交流分量流过 R_E 时产生的交流压降，同时，对静态工作点没有影响。

【例 3.4】 在如图 3.30 所示的分压式偏置放大电路中，$E_C = 12V$，$R_{B_1} = 40k\Omega$，$R_{B_2} = 10k\Omega$，$R_C = 5k\Omega$，$R_E = 2k\Omega$，$\beta = 50$。①求静态工作点；②若带上 $R_L = 50k\Omega$ 的负载，求电压放大倍数及输入电阻、输出电阻。

解 ①静态工作点：

$$V_B \approx \frac{R_{B_2}}{R_{B_1} + R_{B_2}} E_C = \frac{10}{40 + 10} \times 12V = 2.4V$$

$$I_C \approx I_E = \frac{V_B - U_{BE}}{R_E} = \frac{2.4 - 0.6}{2} mA = 0.9mA$$

$$I_B = \frac{I_C}{\beta} = \frac{0.9}{50} = 0.018mA = 18\mu A$$

$$U_{CE} = E_C - I_C(R_C + R_E) = [12 - 0.9 \times (5 + 2)]V = 5.7V$$

②该放大电路的微变等效电路如图 3.31。

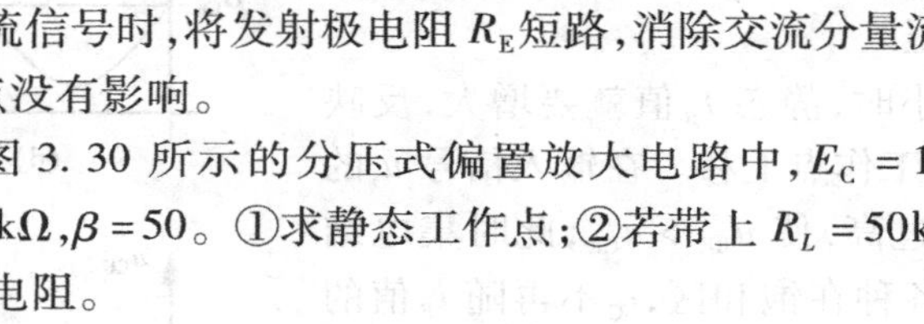

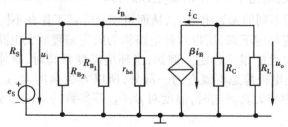

图 3.31 图 3.30 的微变等效电路

图中：

$$r_{be} = [300 + (1+50) \times \frac{26}{0.9}]\text{k}\Omega = 1.773\text{k}\Omega$$

输入电阻为：

$$r_i = R_{B_1} /\!/ R_{B_2} /\!/ r_{be} = 40 /\!/ 10 /\!/ 1.773 = 1.45\text{k}\Omega$$

输出电阻：

$$r_o = R_C = 5\text{k}\Omega$$

同时：$R_L{}' = R_C /\!/ R_L = 5 /\!/ 50\text{k}\Omega = 4.5\text{k}\Omega$

电压放大倍数：

$$A_u = -\beta \frac{R'_L}{r_{be}} = -50 \times \frac{4.5}{1.773} = -128$$

3.2.4　多极放大电路

由一只晶体管组成的基本放大电路，虽然可以达到一定的信号放大的目的，但在许多实际应用中，往往是远远不能满足需要的。因为每一个管子的放大倍数毕竟有限，所以为了能将输入端微弱的信号放大到足以带动负载工作，常常需要把若干个基本放大区串联起来，组成多极放大电路。多极放大电路的每一个单元电路称为多极放大电路的“级”，级与级之间的联接方式称为“耦合”，耦合的方式有三种：阻容耦合、直接耦合和变压器耦合。不管采用哪种耦合方式，都必须保证在级与级之间联接起来后，各级都能在合适的静态工作点上工作，同时，前级输出的信号要能顺利地传送到后级，而且传输过程中的损耗和失真应尽量小。

(1)阻容耦合

图3.32为两级阻容耦合放大电路，第一级放大电路和第二级放大电路通过电容C_2连接在一起。这种耦合方式在分立元件电路中应用很广，因为进行阻容耦合时各个静态工作点相互独立，不受影响，因此，可对每一级的静态工作点单独进行调整和计算。

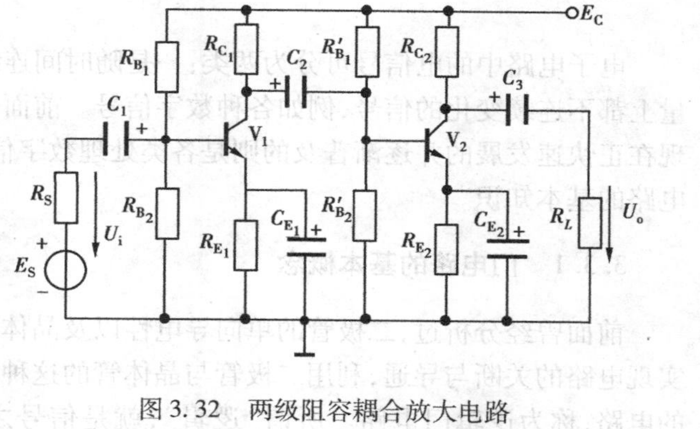

图3.32　两级阻容耦合放大电路

在多极放大电路中，总的电压放大倍数为各级电压放大倍数之积：

$$A_u = A_{u_1} \cdot A_{u_2} \cdot \cdots \cdot A_{u_n}$$

总的输入电阻为第一级放大电路的输入电阻：

$$r_i = r_{i1}$$

总的输出电阻为最后一级放大电路的输出电阻：

$$r_o = r_{on}$$

虽然阻容耦合方式在静态工作点的调整和计算时都很简单，但在信号传递过程中为了减小信号的能量损失，往往要求电容容量要足够大，而且信号频率越低要求电容量越大，而在集成电路中又很难制造大容量的电容，因此常常采用的是直接耦合的方式。

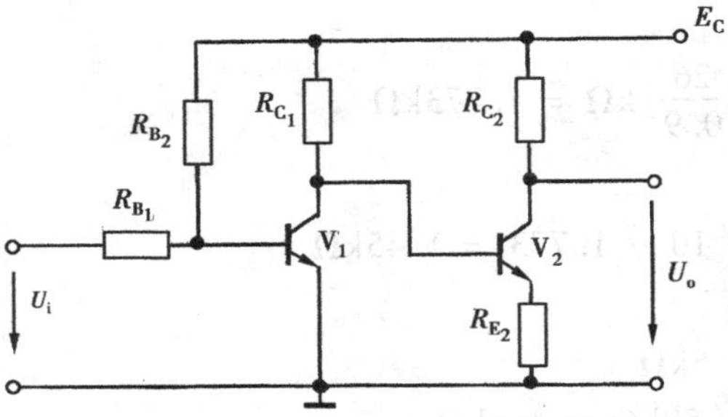

图 3.33 两级直接耦合方式

(2)直接耦合

图3.33所采用的直接耦合方式看上去更为简单，前一级的输出直接成为后一级的输入，所以信号在传递的过程中没有任何能量的损失，不论是高频、低频还是直流信号都可以传送，因此，在直流放大器和集成电路中得到了广泛的应用。但是另一方面，由于直流信号能从上一级传送到下一级，放大电路中各级静态工作点就会相互影响。如在图3.33中，V_1的集电极电位就受V_2的基极电位的影响，使其电位下降，导致V_1管工作在饱和状态而不能进行正常的放大。所以在进行直接耦合的放大电路的设计时，应在各级之间综合考虑。在这个电路中，V_2发射极串入的电阻R_{E_2}，这样可使V_2发射极的电位升高，相应的V_2基极的电位也被升高，使V_1集电极能有一个合适的电位以保证V_1管工作在放大区内。

(3)变压器耦合

由于变压器也可以在传输交流的同时隔断直流，因此在采用变压器耦合时，各级静态工作点相互独立，彼此不受影响。但是变压器的体积和质量都较大，使用起来很不方便，因此一般很少用。

3.3 门电路与组合逻辑电路

电子电路中的电信号可分为两类：一是随时间连续变化的模拟信号，另一类是在时间和数量上都不连续变化的信号，例如各种数字信号。前面分析的都是处理模拟信号的模拟电路，而现在正快速发展的并逐渐普及的则是各类处理数字信号的数字电路。在这里只介绍一些数字电路的基本知识。

3.3.1 门电路的基本概念

前面曾经分析过，二极管的单向导电性以及晶体管的饱和与截止两种不同的状态都可以实现电路的关断与导通，利用二极管与晶体管的这种开关作用，就可以组成实现各种逻辑功能的电路，称为逻辑门电路。所谓"逻辑"，就是信号之间的"与"、"或"、"非"的逻辑关系；而"门"则是指信号在引入时，要受这些开关元件的控制，只有满足条件的信号才能通过。

在逻辑电路中只有两种相反的工作状态，通常用熟知的数学符号"0"和"1"来表示，如高电平为1，低电平为0；开关接通为1，断开为0；三极管截止为1，饱和为0；电灯亮为1，灭为0等，所以这里的1和0并不是通常数学概念中表示数量的大小，而只是作为一种符号表示两种对立的逻辑状态，称为逻辑1和逻辑0。按照前面所设定的状态与逻辑1和逻辑0的对应关系称为"正逻辑"，如果设定相反则为"负逻辑"。在这里都采用正逻辑的设定。

由于逻辑关系有与、或、非三种，对应于这三种基本逻辑关系就有三种基本逻辑门电路："与"门、"或"门、"非"门，这三种基本逻辑门电路又可组合成多种多样的门电路，其中最常用的有"与非"门、"或非"门和"异或"门，下面就简单介绍一下这几种门电路。

(1)"与"门电路

在如图3.34所示的电路中，开关A和开关B相串联，只有当A"与"B同时闭合时电灯F才会亮，因此，在这个电路中，A、B是"与"的逻辑关系，逻辑关系式可表示为：

$$F = A \cdot B$$

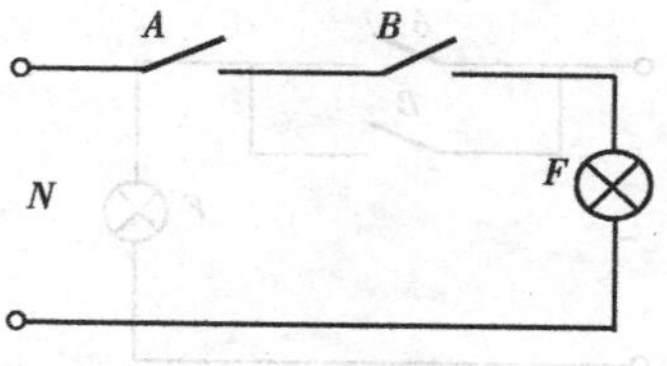

图3.34　两个串联开关电路

如按正逻辑的设定，开关断开为0，闭合为1，电灯亮为1，灭为0，则按该逻辑关系式，A、B这两个条件中只要有一个为0，结果就是0，只有当两个条件都为1时，输出才会是1，这就是"与"逻辑的基本含义。当然，条件可以不止一个，多个条件之间如果都满足这样一个关系，那么它们之间就是"与"的逻辑关系。

图3.35(a)是由二极管组成的与门电路，A、B、C为输入端，输入电压为0V或3V，F为输出端。当A、B、C都为高电平3V时，二极管都导通，输出F为高电平3V；当A为低电平0V，B、C为高电平3V时，首先D_A导通，使输出F为0V，这时D_B、D_C都无法再导通了，所以输出F就保持了低电平0V；同理可分析出A、B、C中只要有一个或多个处于低电平的0V，则输出就是低电平的0V，只有当A、B、C全为高电平时输出才会是高电平，所以A、B、C之间是"与"的逻辑关系，即：

$$F = A \cdot B \cdot C$$

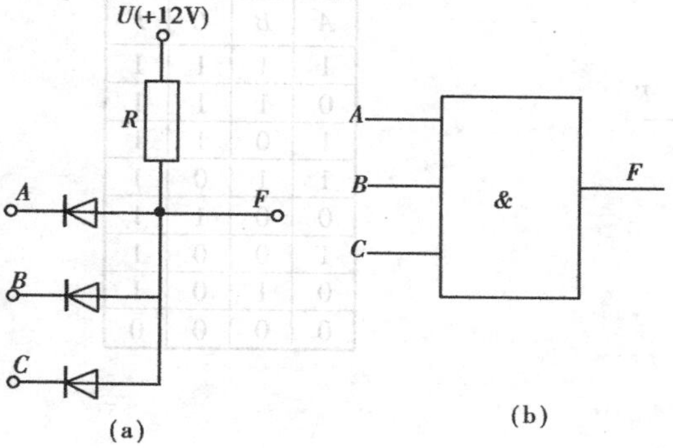

图3.35　二极管"与"门电路及其图形符号

表3.1　"与"门真值

A	B	C	F
0	0	0	0
0	0	1	0
0	1	0	0
0	1	1	0
1	0	0	0
1	0	1	0
1	1	0	0
1	1	1	1

图3.35中的(b)是"与"门在电路中的图形符号。如果将输入、输出信号全用1和0来表示，并将输入的所有组合与输出的关系列写出来就可得到该逻辑关系的真值表，表3.1就是有三个条件的"与"门真值表。

(2)"或"门电路

在图3.36中开关A、B是并联联接的，A、B中只要有一个开关闭合，电灯F就会亮，A、B之间就是"或"的逻辑关系，其逻辑关系表达式为：

$$F = A + B$$

因此，"或"逻辑就是在多个条件中，只要有一个条件为1，输出就是1，只有当全部的条件都为0时，输出才会是0。

在图3.37(a)所示的二极管电路中，当A、B、C都输入低电平的0V时二极管全部导通，输出F为低电平的0V；当A为高电平3V，B、C为低电平0V时，D_A首先导通，输出F为3V，使D_B、D_C截止，所以输出会保持高电平3V；当A、B、C中有一个或多个为高电平的3V时，输出F

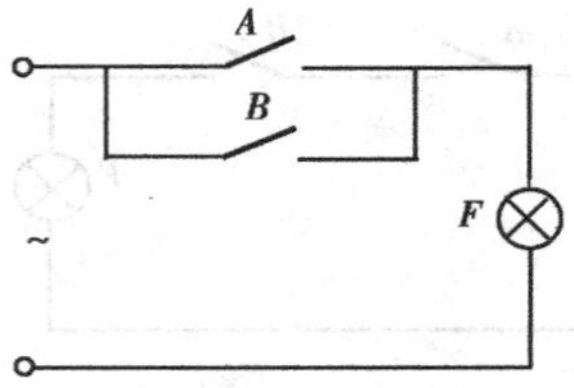

图 3.36　两个并联开关电路

都会是高电平，只有当 A、B、C 全为低电平的 0V 时，输出 F 才是低电平。所以，A、B、C 之间是“或”的逻辑关系，其逻辑关系式为：

$$F = A + B + C$$

图 3.37(b)是“或”门在电路中的图形符号，表 3.2 则列出了有三个条件的“或”门真值表。

(3)“非”门电路

逻辑信号的两个状态之间就是一个“非”的关系，高电平是低电平的“非”，开关断开的“非”就是开关闭合，常用表示方法是 A 的“非”$\overline{A}$，B 的“非”$\overline{B}$。所以有：

$$\overline{1} = 0 \qquad \overline{0} = 1$$

图 3.38(a)是由晶体管组成的“非”门电路。在逻辑门电路中，晶体管的工作状态不同于放大电路，此时，管子的工作状态只有饱和导通和截止断开两种状态。所以在这个电路中，当输入 A 为高电平时晶体管 T 饱和导通，由于此时晶体管的内阻很小，所以输出 $V_F \approx 0\text{V}$，处于低电平；当输入 A 为低电平时，晶体管截止，输出 $V_F \approx E_C$，处于高电平。由于输入与输出的状态刚好相反，因此构成了一个“非”门电路，其逻辑关系式是：

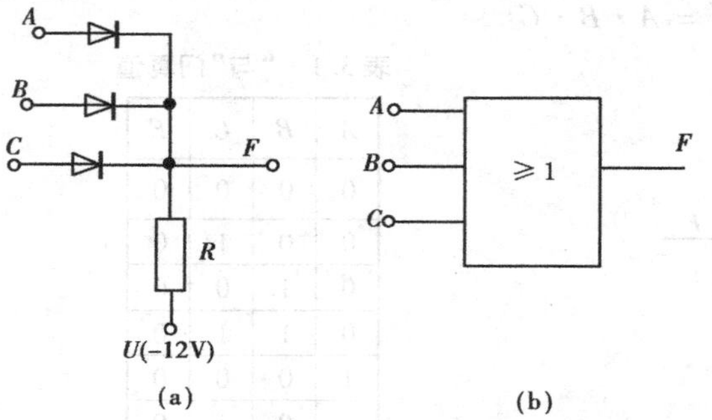

图 3.37　二极管“或”门电路及其图形符号

表 3.2　“或”门真值表

A	B	C	F
1	1	1	1
0	1	1	1
1	0	1	1
1	1	0	1
0	0	1	1
1	0	0	1
0	1	0	1
0	0	0	0

$$F = \overline{A}$$

“非”门在电路中的图形符号如图 3.38(b)，表 3.3 是“非”门的真值表。

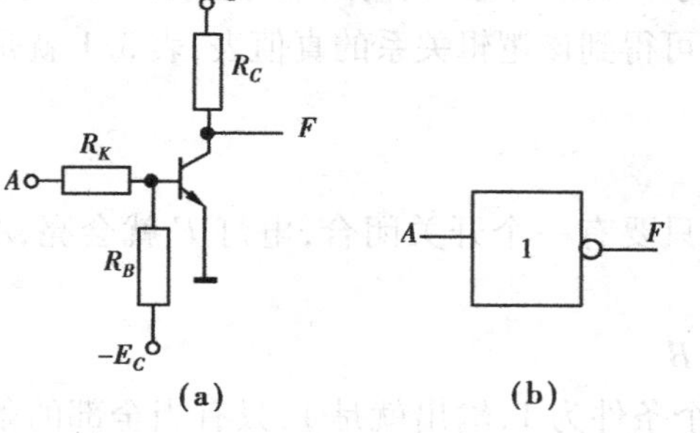

图 3.38　晶体管非门电路及其图形符号

表 3.3　“非”门真值表

A	F
0	1
1	0

(4)复合门

“与”门、“或”门和“非”门是三种基本的逻辑门电路，在使用时常常会根据需要将基本逻辑门进行组合，成为复合门，其中最常用的就是“与非”门。

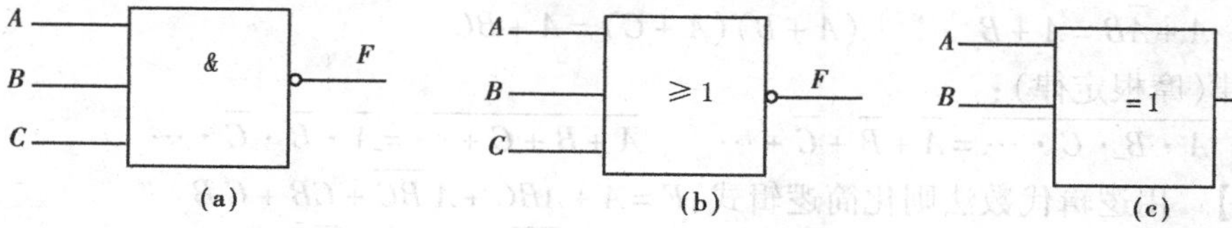

图3.39　三个常用复合门的图形符号

(a)与非门；(b)或非门；(c)异或门

将“与”门的输出再进行“非”逻辑运算就构成一个“与非”门，其在电路中的符号如图3.39(a)，对应于该“与非”门有逻辑关系式：

$$F = \overline{A \cdot B \cdot C}$$

同理，将“或”门的输出进行“非”逻辑运算就可得到“或非”门，图3.39(b)所示的“或非”门逻辑电路中“或非”门的逻辑关系式为：

$$F = \overline{A + B + C}$$

还有一种常用的逻辑门电路就是“异或”门，其逻辑关系式为：

$$F = \overline{A}B + A\overline{B} = A \oplus B$$

“异或”门代表的意义是：A 和 B 的状态不同，F 才为1，否则 F 为0。“异或”门可用其他门电路构成，其逻辑符号如图3.39(c)所示。

3.3.2　逻辑代数的运算法则

利用前面所介绍的基本门和复合门可以组合成复杂的逻辑电路，以实现所要求的逻辑功能。实现同一逻辑功能的电路可以有多种不同的组合，所以有必要认识逻辑电路的规律，采用合理的方案，以达到既能实现预定的逻辑功能，又能使所用器件和连线最少。利用逻辑代数对电路进行分析和综合是一种最基本的方法。

逻辑代数又称布尔代数，是研究逻辑电路的数学工具，即对仅有“0”和“1”两种状态的变量进行“与”、“或”、“非”的逻辑运算。逻辑代数可以按照下面这些规则进行变换和处理，以得到所需要的形式。

①基本运算法则：

与	或	非
$A \cdot 0 = 0$	$A + 0 = 0$	$\overline{\overline{A}} = A$
$A + 1 = 1$	$A \cdot 1 = A$	
$A + A = A$	$A \cdot A = A$	
$A + \overline{A} = 1$	$A \cdot \overline{A} = 0$	

②结合律：

$$(A+B)+C=A+(B+C) \qquad (AB)C=A(BC)$$

③交换律：

$$A+B=B+A \qquad AB=BA$$

④分配律：

$$A(B+C)=AB+BC \qquad A+BC=(A+B)(A+C)$$

⑤吸收律：

$$A + AB = A \qquad A(A+B) = A$$

$$A + \overline{A}B = A + B \qquad (A+B)(A+C) = A + BC$$

⑥反演律(摩根定律):

$$\overline{A \cdot B \cdot C \cdot \cdots} = \overline{A} + \overline{B} + \overline{C} + \cdots \qquad \overline{A + B + C + \cdots} = \overline{A} \cdot \overline{B} \cdot \overline{C} \cdot \cdots$$

【例 3.5】 用逻辑代数法则化简逻辑式:$F = A + ABC + A\,\overline{BC} + CB + C\,\overline{B}$

解 $F = A + ABC + A\,\overline{BC} + CB + C\,\overline{B} = A + A(BC + \overline{BC}) + C(B + \overline{B}) =$

$A + A + C = A + C$

3.3.3 加法器

加法器就是利用各种门电路来实现数与数之间的加法运算,由于门电路只有“0”、“1”两种状态,因此,只能进行二进制的加法运算,而二进制的加法器则是计算机数字系统中的基本部件之一。

(1)二进制

数字电路中常常要遇到计数问题。人们平常习惯于十进制,在数字系统中还常用到八进制、十六进制等,而用得最多的则是二进制。二进制是“逢二进一”的计数体制,二进制的符号中只有“0”和“1”,刚好与逻辑运算中的符号相对应,也就可以利用半导体元件实现这些信号的传递和运算,因此在数字系统中被广泛采用。当然,逻辑数表示状态,而二进制数则表示数量的多少,不可等同。

表 3.4

十进制数	二进制数
0	0000
1	0001
2	0010
3	0011
4	0100
5	0101
6	0110
7	0111
8	1000
9	1001
10	1010

二进制数与十进制数是一一对应的,其对应关系如表 3.4 所示,同一个数既可以表示成十进制,也可以表示成二进制,而二进制数与十进制数之间是可以相互转化的。

如将二进制数 10011 转化为十进制数:

$$(10011)_2 = 1 \times 2^4 + 0 \times 2^3 + 0 \times 2^2 + 1 \times 2^1 + 1 \times 2^0 = (19)_{10}$$

反过来,也可将十进制数转化为二进制数:

2 | 19 …… 余 1
2 | 9 …… 余 1
2 | 4 …… 余 0
2 | 2 …… 余 0
2 | 1 …… 余 1
0

因此,可以用十进制数不断地去除以 2,直至出现商等于零为止,每次所得到的余数(0 或 1)就是二进制数从低位到高位的各位数字。

表3.5　半加器真值表

A	B	C	S
0	0	0	0
0	1	0	1
1	0	0	1
1	1	1	0

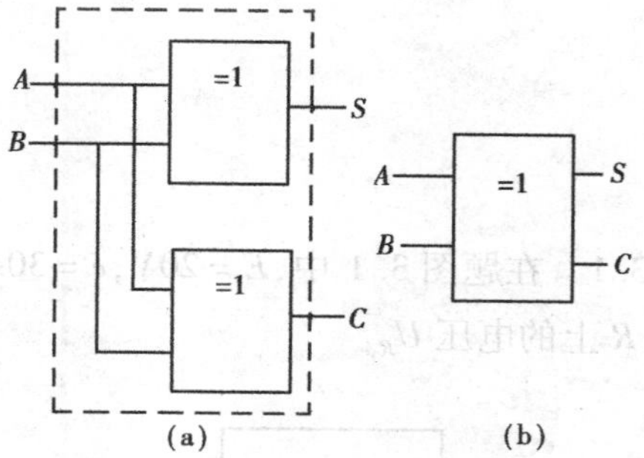

图3.40　半加器逻辑图与图形符号

(2)半加器

半加器是指只能实现本位数相加而不考虑低位的进位数的加法器。按照半加器的这个特点,可得到表3.5所示的真值表。在进行半加的过程中,虽然可不考虑低位的进位,但本位相加后的进位则必须表示出来,所以,在这个真值表中,除了用S表示本位先加的结果外,还有C表示本位相加后的进位。

按照这个真值表可得出和数S和进位数C的逻辑关系式:

$$S = \bar{A}B + A\bar{B} = A \oplus B$$

$$C = AB = \overline{\overline{AB}}$$

显然,和数为一个异或门,而进位数则是一个与门。按照这个关系可画出如图3.40(a)所示的逻辑图,图3.40(b)则是半加器的图形符号。

(3)全加器

利用半加器可以对无进位的最低位求和,但其余各位在相加时不仅要将本位数相加,还应将低位来的进位一起相加,才能得到正确的结果。因此,在进行二进制加法运算时,最低位可用半加器,而其余各位则必须采用全加器。

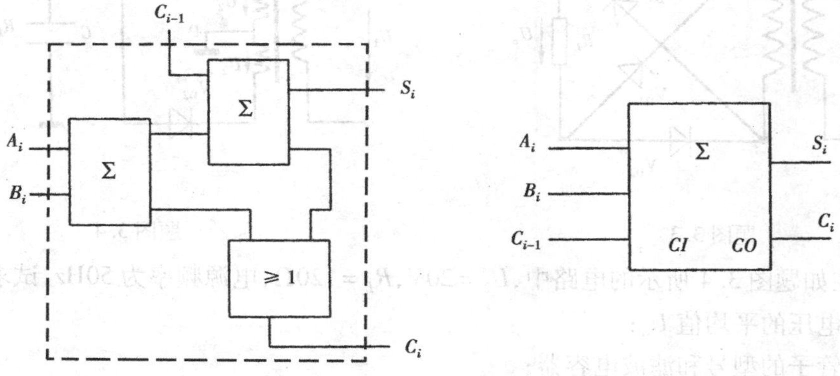

图3.41　全加器逻辑图及其图形符号

在全加器中,只要将两个加数的和数与低位来的进位数再进行一次相加就可得到这一位的和数,其最后的和数可由两个半加器组成,而在两个加数相加时或者在与进位数相加时,这样有一次产生了本位的进位,那么本位的进位就是1,所以本位的进位由一个或门组成。组成全加器的逻辑电路如图3.41(a)所示,图3.41(b)是全加器的图形符号。

习　题

3.1　在题图 3.1 中，$E=20\text{V}$，$e=30\sin\omega t\text{V}$。试用波形图来表示二极管上的电压 u_D 以及电阻 R 上的电压 U_R。

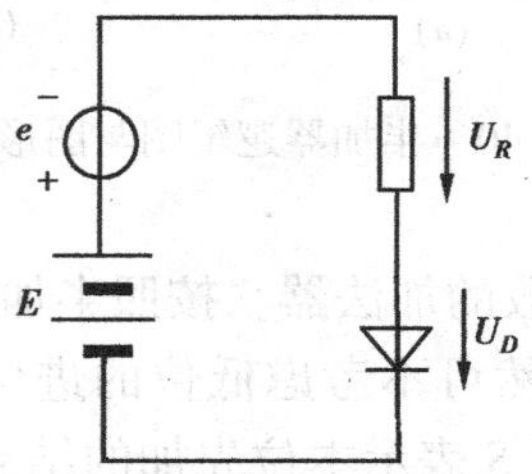

题图 3.1

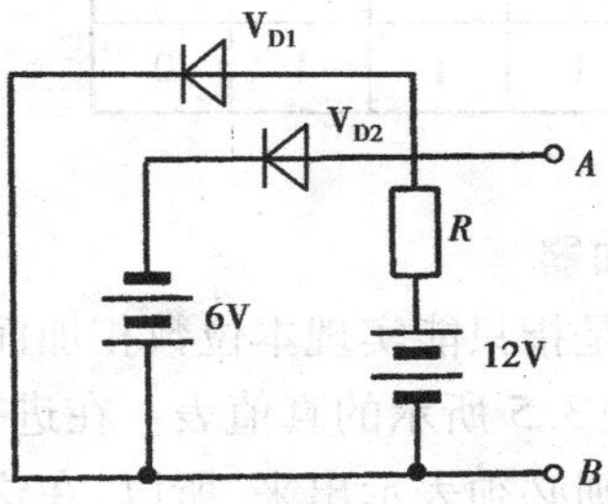

题图 3.2

3.2　电子电路如题图 3.2 所示，电阻 $R=3\text{k}\Omega$，试求电压降 U_{AB}。

3.3　电子电路如题图 3.3 所示，输入电压为 220V，变压器变比为 22∶1，负载电阻 $R_L=10\Omega$，二极管与变压器都为理想元件，试求：

①输出电压的平均值 U_0；

②负载电流的平均值 I_0；

③若 V_{D1} 接反其后果如何。

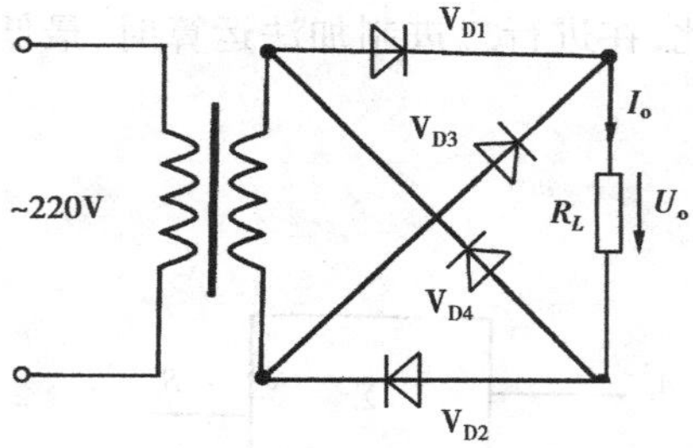

题图 3.3

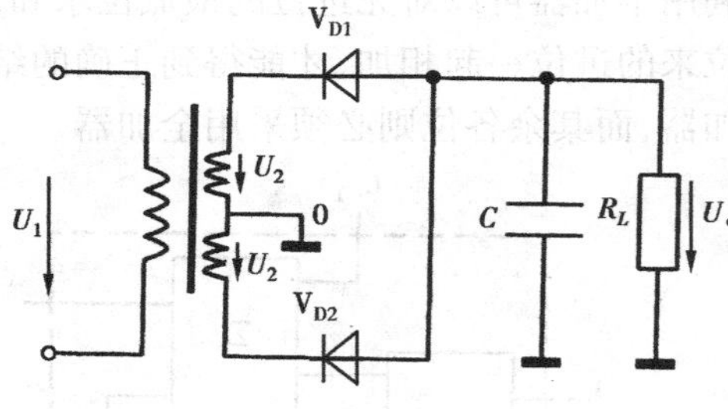

题图 3.4

3.4　在如题图 3.4 所示的电路中，$U_2=20\text{V}$，$R_L=120\Omega$，电源频率为 50Hz，试求：

①输出电压的平均值 U_o；

②选用管子的型号和滤波电容器；

③如果二极管 V_{D1} 断路，则 U_o 为多少？

④如果电容 C 断路，则 U_o 又是多少？

⑤如果变压器副边绕组的中心点 O 未接地，则 U_o 又该是多少？

3.5　有一个晶体管接在放大电路中，测得其三个管脚的电位分别为 −9V，−6V 和 −6.2V，试判别该管的三个电极，并判断它为何种类型的晶体管。

3.6　在图 3.23(b)所示的电路中，已知 $E_C=12\text{V}$，$R_C=3\text{k}\Omega$，$R_B=240\text{k}\Omega$，晶体管的 $\beta=$

40，$e_s = 15\sin\omega t\text{mV}$，内阻 $R_s = 0.6\text{k}\Omega$。试求：

①静态工作点；

②电压放大倍数；

③输出电阻和输入电阻；

④电源电压放大倍数；

⑤输出电压的有效值。

3.7　在题图 3.5 中，$R_B = 10\text{k}\Omega$，$R_W = 500\text{k}\Omega$，$R_C = 2\text{k}\Omega$，若流入基极的信号电流 $i_b = 20\sin\omega t\mu\text{A}$。

①当 R_W 调到何值时，输出电压波形开始出现饱和失真，画出对应于 u_i 的 u_o 的波形；

②当 R_W 调到何值时，输出电压波形开始出现截止失真，画出对应于 u_i 的 u_o 的波形；

③调节 R_W 使 $U_{CE} = 5\text{V}$ 时，问 i_b 增大到何值时产生大信号失真。

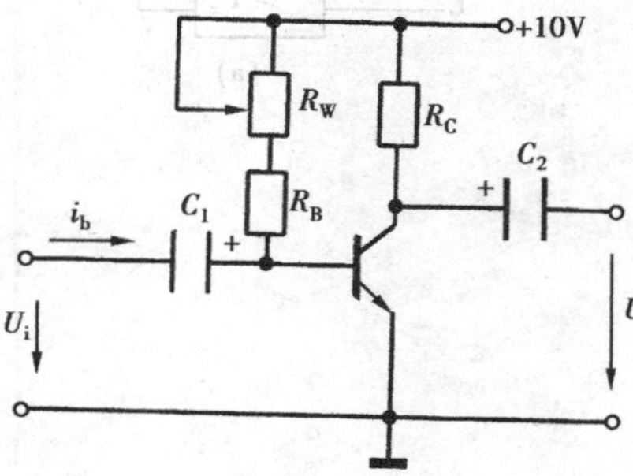

题图 3.5

3.8　在题图 3.6 中，晶体管工作在什么状态？

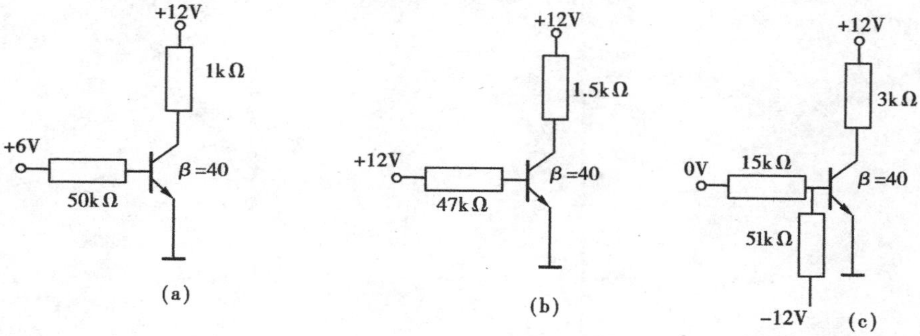

题图 3.6

3.9　在如图 3.30 所示的分压式偏置电路中，$R_{B_1} = 60\text{k}\Omega$，$R_{B_2} = 30\text{k}\Omega$，$R_C = 2\text{k}\Omega$，$R_E = 2\text{k}\Omega$，$E_C = 12\text{V}$。

①求静态工作点；

②画微变等效电路；

③求输出端开路时的电压放大倍数；

④当 $R_L = 2\text{k}\Omega$ 时，电压放大倍数又是多少？

3.10　设输入信号如题图 3.7 所示，分别画出“与”门、“或”门、“与非”门和“异或”门的输出波形。

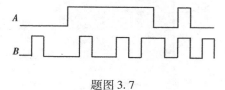

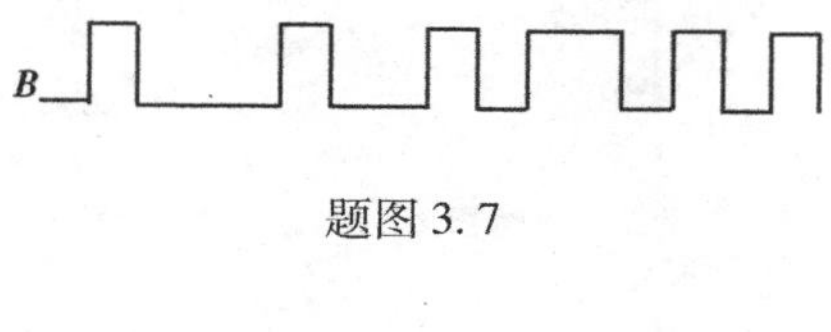

题图 3.7

3.11　写出题图 3.8 逻辑电路的逻辑式并化简。

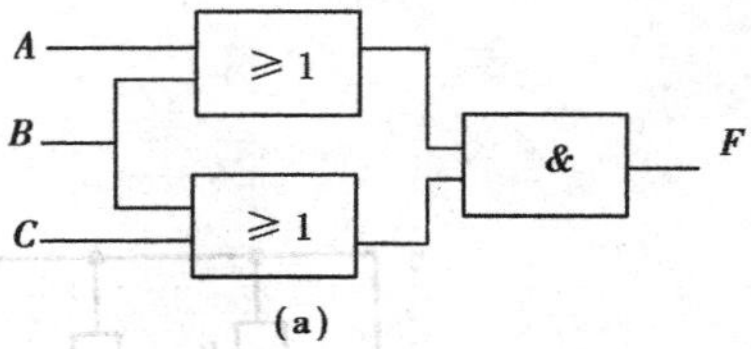

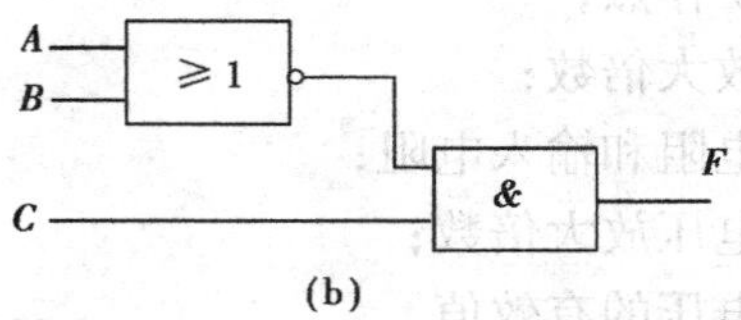

题图 3.8

第4章 电力系统

电能是能量的一种表现形式，在国民经济中占有十分重要的地位，不论是工农业生产中各种机械设备的运输、控制，还是日常生活中家用电器的使用和照明等都离不开电能。可以说，电力的发展与人们的生活密不可分，它直接影响着国民经济各部门的发展，影响着整个人类社会的进步。电能是如此的重要，它是如何产生并传输给用户的呢？众所周知，发电厂是把各种天然能源如煤炭、水能、核能、风力、太阳能、潮汐、地热等转化为电能的工厂，它分为火力发电厂、水力发电厂、核电厂及其他方式发电厂。变电所可将发电厂生产的电能进行变换并通过输电线路分配给用户使用，这一从电能的生产并将电能安全、可靠、优质地输送给用户的系统，称为电力系统。图 4. 1 为电力系统原理接线图。

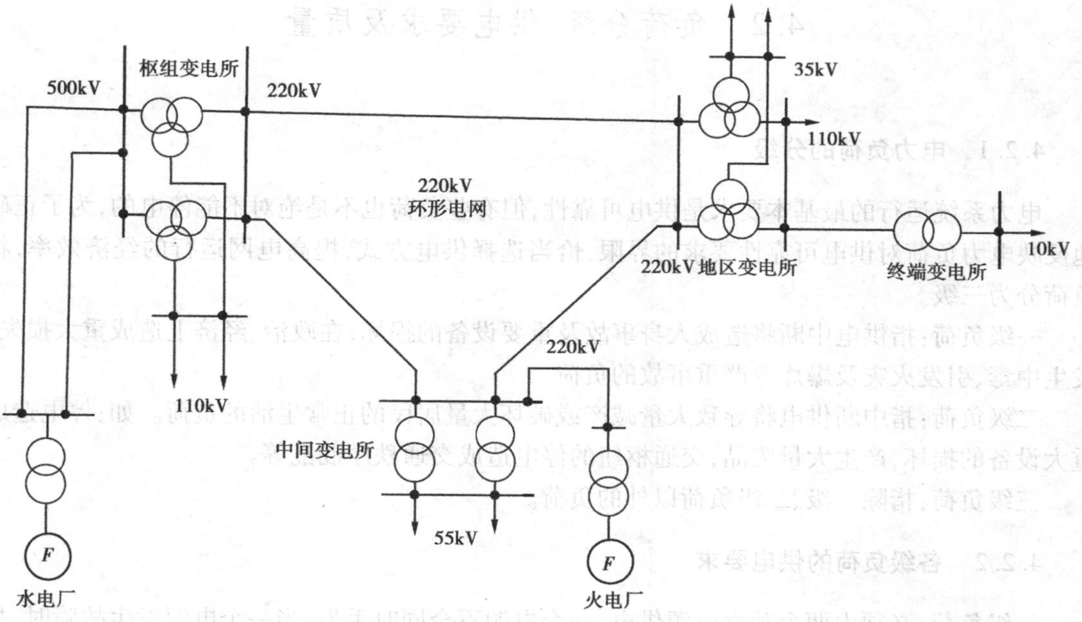

图 4. 1　电力系统原理接线图

本章就电力系统的组成及其主要电器设备、变电所的建设、电力系统的一次接线和二次接线进行具体的阐述。

4.1 电力系统的组成

电力系统就是将生产电能的发电机、输送电能的电力线路、分配电能的变压器以及消耗电能的各种负荷紧密联系起来的系统。电力系统在运行中必须具备必要的保护、控制、监视、通信等设施,以保证系统安全、可靠经济的运行。另外,由于电能难以大量贮存,为了保证电力系统优质可靠的供电应尽可能地使电力系统输出功率与负荷消耗功率达到平衡。电力系统的组成框图如图4.2所示。

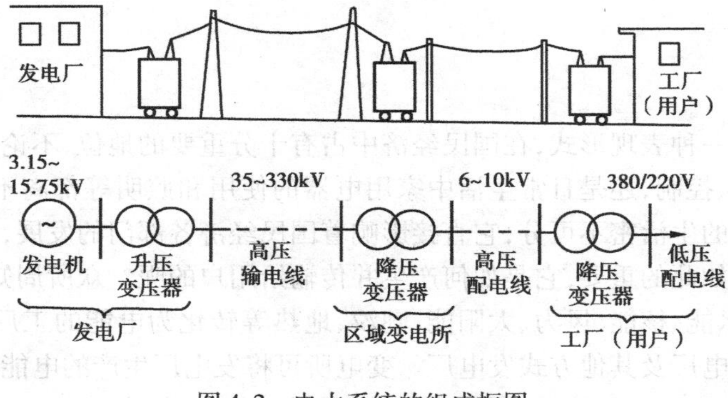

图4.2 电力系统的组成框图

4.2 负荷分级、供电要求及质量

4.2.1 电力负荷的分级

电力系统运行的最基本要求是供电可靠性,但有些负荷也不是绝对不能停电的,为了正确地反映电力负荷对供电可靠性要求的界限,恰当选择供电方式,提高电网运行的经济效率,将负荷分为三级。

一级负荷:指供电中断将造成人身事故及重要设备的损坏,在政治、经济上造成重大损失,发生中毒、引发火灾及爆炸等严重事故的负荷。

二级负荷:指中断供电将导致大量减产或破坏大量居民的正常生活的负荷。如:停电造成重大设备的损坏,产生大量废品,交通枢纽的停电造成交通秩序混乱等。

三级负荷:指除一级、二级负荷以外的负荷。

4.2.2 各级负荷的供电要求

一级负荷:必须由两个独立电源供电,两个电源不会同时丢失,当一个电源发生故障时,另一个电源会在允许时间内自动投入。对于在一级负荷中特别重要的负荷,还应增设应急电源。

二级负荷:应由两个独立电源供电,当一个电源失去时,另一个电源由操作人员投入运行。当只有一个独立电源时,采用两回供电线路。

三级负荷:对供电电源无特殊要求,可仅有一回供电线路。

4.2.3　电能质量

电能质量是指用电点的电压、频率与规范标准的偏离程度。电能质量的不合格将导致用电设备不能正常工作,并严重影响其寿命甚至危及运行的安全。

(1)电网电压偏移值

我国规定电网电压偏移值

$$\delta U = \frac{U - U_e}{U_e} \times 100\% < 5\%$$

式中,U 为电压有效值,U_e 为电压额定值。

(2)频率偏离值

电力系统频率的变动对用户、发电厂及电力系统本身都会产生不利影响。如:若系统频率上下波动,则电动机的转速也随之波动,这将直接影响电动机加工产品的质量,出现残次品。我国规定工频为50Hz,所以必须保证频率在额定值50Hz上下变动,且频率偏移 $\Delta f = f - f_N$(f 为频率值,f_N 为频率额定值),不超过 ±0.4Hz。

4.3　变电所的建设

发电厂生产出的电能,须由变电所升压,经高压输电线送出,再由变电所降压后才能供给用户。由此看出,变电所是联系发电厂与负荷的中间环节,它起着变换与分配电能的作用。

4.3.1　变电所的分类及功能

根据变电所在电力系统中的地位,可分为发电厂变电所、枢纽变电所、中间变电所、地区变电所和终端变电所。

发电厂变电所主要是将电厂生产的电能进行升压后送入电网。

枢纽变电所的作用是联系本电力系统的各大电厂与大区域或大容量用户,并能与远方其他电力系统联络。它位于电力系统的枢纽,是电力系统最上层的变电站,其电压等级为330～500kV。全所停电后,将引起系统解列。

中间变电所主要作用是对一个大的区域供电,起系统交换功率的作用,它是电力系统的中层变电所,电压等级为220～330kV全所停电后,将引起区域网络解列。

地区变电所主要作用是针对一个地区或城市供电,其高压侧电压一般为110～220kV,全所停电后仅使该地区中断供电。

终端变电所主要功能是直接向用户供电,它位于输电线路的终端。以上各变电所在电力系统中的分布如图4.1所示。

4.3.2　变电所址的选择

①要接近负荷中心,这样可降低电能损耗,节约输电线用量。

②接近电源侧。

③考虑设备运输方便,特别是高低压开关柜和变压器的运输。

④进出线方便。

⑤变电所不宜建在剧烈振动、多尘、潮湿、有腐蚀气体等场所。

4.3.3 变电所的总体布置要求

①变电所内需建值班室方便值班人员对设备进行维护,保证变电所的安全运行。

②变电所的建设应有发展余地,以便负荷增加时能更换大一级容量变压器,增加高、低压开关柜等。

③在满足变电所功能要求情况下,设计的变电所应尽量节约土地,节省投资。

4.4 电力系统的主要电气设备

电力系统的主要电气设备有变压器、开关电器、限流电器、互感器及导体与绝缘子等。下面就以上各主要电气设备作一简要介绍。

4.4.1 变压器

发电厂生产的电能经升压后送入各级枢纽电站或区域性变电站,经下级变电所层层降压输送给用户使用。可见,在电力系统中,变压器使用的数量大,应用相当广泛。因此,在电力系统中变压器数量、容量及形式的选择相当重要。变压器的种类很多,主要形式有:单相变压器、三相变压器、双绕组变压器、三绕组变压器、自耦变压器、分裂绕组变压器等,不论哪种形式的变压器,它们的工作原理和基本构造是相同的。根据系统运行要求、各变压器特点和运输条件来选择变压器类型,合理配置容量及台数。比如:①电力系统中变压器大多采用三相式(A、B、C三相),一台三相变压器与三台单相变压器组成的变压器组相比,它占地面积小,运行电能损耗小,在容量相同情况下,单相变压器比三相变压器所消耗的金属材料多,因此,在可能情况下,一般选择三相变压器。但当运输条件受限制,或需容量很大的变压器时,应选择单相变压器。②在满足电力系统正常运行情况下,尽量减少变压器台数,提高单台容量,以便降低投资成本,减少配电设备。③发电机—变压器单元接线中的主变压器容量应与该单元中发电机的容量匹配,另外,对联络变压器的选择,应按高、中压电网正常与检修状态下可能出现的最大功率交换确定容量。

变压器的参数有额定容量、频率、电压、电流、短路电压百分比 $u_d\%$、空载电流百分比 $i_o\%$、短路损耗 Δp_d、空载损耗 Δp_o 等。

变压器短路电压百分值 $u_d\%$ 非常重要:①它表示变压器满载运行下电压损失百分值,从保证正常供电电压质量考虑,希望 u_d 愈小愈好;②正比于短路电抗标准值(以变压器自身额定电压和容量为基准)。当两台变压器电压及容量相同时,$u_d\%$ 愈大,其有名电抗愈大,对限制短路电流有利。当电压相同,容量不同时,容量愈大有名电抗愈小,对限制短路电流不利。因此,变压器制造规范规定 10 ~ 35kV 小容量变压器的短路电压百分值为 4.5 ~ 5.5,对于 220 ~ 500kV 大容量变压器的短路电压百分值为 12 ~ 14。即随变压器容量的增加,其短路电压百分值也增加。

变压器空载电流百分值代表变压器的励磁无功损耗,随变压器电压和容量的提高而减小。

变压器的有功损耗包括铜耗和铁耗。铜耗正比于电流的平方,铁耗的大小取决于电压。电力系统中变压器安装容量很大,其铁耗与负荷大小无关,变压器的能量损耗是电力系统电能损耗的主要部分,它占发电能量的7%左右。

4.4.2 开关电器

开关电器承担电网运行的正常操作,出现事故时自动切断电路和电气设备,检修时隔离电源等。其投资占配电设备的60%以上。因此,开关电器在电力系统中占有非常重要的地位。随着电力系统容量的增加,短路电流也加大,因此,要求开关电器切断短路电流(熄灭电弧)的能力要强。开关电器按其电压等级可分为高压开关电器和低压开关电器。

(1)高压开关电器

高压开关电器按其在电力系统中的作用,分为高压断路器、隔离开关、负荷开关和熔断器等。

1)高压断路器

断路器在电路中的表示符号为QF,按其灭弧介质与绝缘器方式分为油断路器、六氟化硫断路器、压缩空气断路器和真空断路器。

①油断路器

油断路器是以绝缘油作为绝缘介质,分为少油断路器和多油断路器。

A. 少油断路器

结构特点为:

a. 开关触头在绝缘油中闭合和断开。

b. 油只作灭弧介质用,油量少。

c. 结构简单,重量轻,体积小。

d. 外壳带电,必须与大地绝缘,人体不许触及。

少油断路器广泛应用于不需频繁操作及不要求高速开断的场合,型号有SN、SW型系列。

B. 多油断路器

结构特点:

a. 开关触头在绝缘油中闭合和断开。

b. 油兼有灭弧和绝缘功能,油量多。

c. 结构简单,体积大,耗用钢材多。

d. 外壳接地,人体接触无触电危险,但易燃易爆。

多油断路器现已趋于淘汰,型号有DN、DW型系列。

②六氟化硫断路器

结构特点:

a. 开关触头在SF_6气体中闭合和断开。

b. SF_6气体兼有灭弧和绝缘功能。

c. 灭弧能力强,亦属高速断路器。

d. SF_6在电弧的高温作用下,会产生氟化氢等剧毒物,检修时应注意防毒。

e. 结构简单。

f. 无燃烧爆炸危险。

适应于频繁操作和要求高速开断场合，但不适于高寒地区，型号有 LN、LW 型。

③压缩空气断路器

结构特点：

a. 利用压缩空气吹动电弧，并使电弧熄灭。

b. 灭弧能力强，分断时间短，断流能力强。

c. 结构复杂。

主要用于超高压电网中及不适于采用 SF_6 断路器的高寒地区，型号有 QW 型。

④真空断路器

结构特点：

a. 开关触头在高真空的容器内闭合和断开。

b. 灭弧能力强，燃弧时间短，属高速断路器。

c. 触头不受外介有害气体侵蚀，电磨损小，寿命长。

d. 结构简单，体积小，重量轻。

e. 无燃爆危险。

适用于频繁操作和要求高速开断的场合，型号有 ZN、ZW 型。

2）高压隔离开关

高压隔离开关在电路中的符号为 QS，具有明显可见的断口，用于设备检修时的隔离电流，切断与接通电压互感器和避雷器。其额定电流只表示开关处于闭合位置时可以长期通过的电流，而不能切断负荷电流。

高压隔离开关分为户内式（GN 型）和户外式（GN 型）两种。

结构特点：

①没有专门的灭弧装置，因此不能带负荷操作，但允许通断一定的变压器空载电流、无载线路的电容电流以及电压互感器、避雷器。

②断开后，有明显可见的断开间隙，因此可用来隔离高压电源，保证安全检修。

户内式隔离开关用于 35kV 及以下的户内装置。户外式隔离开关用于 35kV 及以下的户外装置，其结构形式有单柱式、双柱式、三柱式。

3）高压负荷开关

高压负荷开关在电路中的表示符号为 QL。负荷开关与隔离开关的主要不同之处是负荷开关有灭弧栅，专门用来接通或断开正常运行的负荷电流，不允许开断短路电流。负荷开关与高压熔断器串联使用时，可由熔断器切断过载及短路电流，负荷开关则接通与断开负荷电流。因灭弧方式的不同，负荷开关分为固体产气式负荷开关（FN1、FW5 等型）、压气式负荷开关（FN2、FN3 型）、六氟化硫（SF_6）负荷开关和油浸式负荷开关，它们都用于 35kV 及以下电网。另外，还有用于 220kV 及以下电网中，价格昂贵的真空式负荷开关以及用于 66kV 及以下电网中的压缩空气式负荷开关。

4）高压熔断器

熔断器是用来保护电气设备免受过载和短路电流的损害，它有限流式熔断器和跌落式熔断器。

①限流式熔断器

限流式熔断器在电路中的表示符号为FU。短路电流未达到其最大值之前就被熔断,大大减轻了电气设备的受害程度。

②跌落式熔断器

跌落式熔断器在电路中的表示符号为FD。跌落式熔断器切断电路时,不会截流,过电压较低,可用于户外315kVA及以下容量变压器的高压侧电流开关,广泛应用于工矿企业及农电系统中。

(2)低压开关电器

低压开关电器系用于交、直电压为1 200V及以下的电路中起通断、保护、控制或调节作用的电器。

1)自动空气开关

自动空气开关在电路中的表示符号为QA。自动空气开关是对配电电路、电动机或其他用电设备实行通断操作并起保护作用的电器。当电路内出现过载、短路或欠电压等情况时,能在开关自身所带保护元件作用下(或外部保护设备接通跳闸电路)自动开断主电路,它是低压配电系统中的主要开关。

2)刀开关

刀开关在电路中的表示符号为QK。低压刀开关用于隔离电源检修设备之用。当装设有灭弧罩并用杠杆操作时,能切断或接通额定电流。

3)熔断器

低压熔断器是当流过的电流超过规定值一定时间后,以本身产生的热量使熔体熔化而分断电路的电器。

4)接触器

4.4.3 限流电抗器

在发电厂和变电所的接线设计中,常采用限流电抗器增加电路的短路阻抗,限制短路电流,以便采用价格较便宜的轻型电器及截面较小的导线。

限流电抗器有普通限流电抗器和分裂电抗器两种,电抗器在电路中的表示符号为L。

4.4.4 互感器及作用

互感器是指用以传递信息,供给测量仪器、仪表,保护或控制装置的变压器,它是电力系统中一次接线与二次接线间的联络元件。

互感器分为电压互感和电流互感器,它们在电路中的表示符号分别为TV和TA。互感器的作用为:

①将一次回路的高电压和大电流变为二次回路标准的低电压和小电流,使测量仪表和保护装置标准化,小型化,便于屏内安装。

②使二次设备与高电压部分隔离,且互感器二次侧均接地,从而保证了设备和人身的安全。

4.4.5 载流导体与绝缘子

载流导体的作用就是连接电力系统中的电气设备。

绝缘子是用来支持导电体并使它与装置(电杆、构架等)相绝缘的部件。

表4.1列出了主要电气设备文字与图形符号表。

表4.1　主要电气设备文字与图形符号表

电气设备名称	文字符号	图形符号	电气设备名称	文字符号	图形符号
电力变压器	T	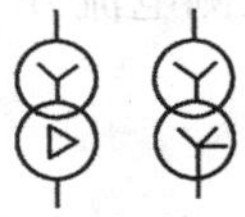	母线及母线引出线	B	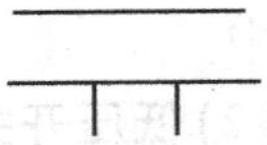
断路器	QF		电流互感器(单次级)	TA	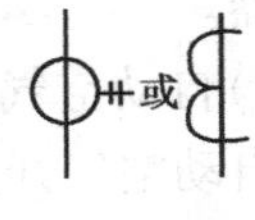
负荷开关	QL		电流互感器(双次级)	TA	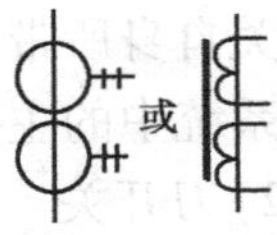
隔离开关	QS		电压互感器(单相式)	TV	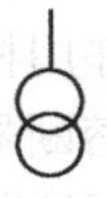
限流式熔断器	FU	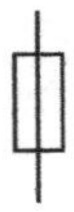	电压互感器(三线圈)	TV	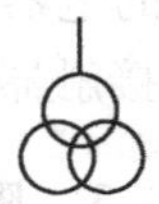
跌落式熔断器	FD		避雷器	F	
自动空气断路器(低压空气开关)	QA		电抗器	L	
刀开关	QK	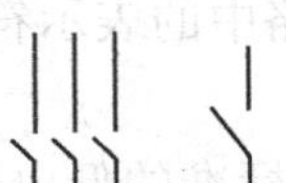 (三相)　(单相)	电容器	C	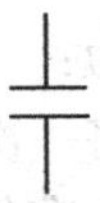
刀熔开关	QU		电缆及其终端头		套管式终端 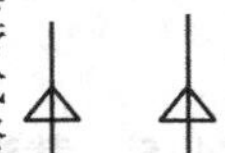 密封终端

4.5　电力系统的一次接线

4.5.1　电力系统一次接线的概念

电力系统的一次接线也叫主接线，它由高压电器设备（如发电机、变压器、断路器等）通过连接导线所组成的输送和分配电能的电路。用规定的图形和文字符号将一次接线中的设备按一定要求和顺序连接起来的接线图称为主接线图。它标明了各主要电气设备的规格、数量和各回路间的关系，对系统的继电保护、配电装置的设置以及控制方式的选择起着决定性的作用。

4.5.2　电力系统的一次接线的基本要求

1）保证必要的供电可靠性和电能质量

安全可靠、优质地供电是电力生产的首要任务，这也是接线的基本要求。停电不仅是发电厂的损失，而且对国民经济各部门带来的损失将更严重，甚至于导致人身伤亡，设备损坏，产品报废，城市经济混乱。

2）具有运行灵活性，维护方便性

"灵活性"指主接线应能适应各种运行状态并按调度要求灵活地转换运行方式。"方便性"指操作简便，易于实现且不易发生误操作。

3）具有经济性

主接线应在满足供电质量可靠的情况下尽量节约投资。

4）具有发展和扩建的可能

随着我国经济的迅速发展，电能的需求也在不断增加，往往要对一些已投产的发电厂和变电所进行扩建，这就要求在设计主接线时应使电厂装机容量、出线回数、变电所变压器台数和出线数留有扩展余地。

4.5.3　电气主接线的形式

电气主接线以电源和出线为主体，在设计时应使接线简单清晰，运行方便灵活，供电可靠，有利于安装，满足扩建的需要。根据电力系统中发电厂和变电所的具体条件，电气主接线可分为单母线接线、双母线接线、一个半断路器双母线接线、桥形接线和单元接线等。下面就以上不同形式的主接线进行简要介绍：

（1）单母线接线

图4.3为单母线主接线。图中有4回出线，两个电源（供电电源在发电厂是发电机或变压器）。在布置出线和电源位置时，应尽可能使负荷均匀分配在母线上，以减小母线中的功率传输。每条支路中都装有断路器和隔离开关。断路器用来接通或切断电路，隔离开关的作用是在检修一次设备时形成明显断口，保证与带电部分隔离。当电压在110kV及以上时，对断路器两侧的隔离开关和线路隔离开关的线路侧均应配置接地开关如QS_4，检修电路时闭合QS_4，以取代安全接地线的作用。QS_4与QS_3相互闭锁，只有对方断开时方能合上。隔离开关在配

置上应遵循：

①若出线的用户侧没有电源时，则可不装线路侧隔离开关 QS_3。

②若出线两端都有电源时，为了检修断路器，其两侧都必须装设隔离开关 QS_3 和 QS_2。

③若电源是发电机，则 QF_1 与发电机间可不装设隔离开关。因为 QF_1 的检修必须在停机状态下才能进行，但有时为了发电机的试验方便也可装设。

另外，隔离开关和断路器在运行操作时，必须依照操作规程，保证隔离开关"先通后断"或在等电位状态下进行操作，如：出线 L_1 送电时，首先确定 QF_2 处于断开位置，再合母线侧 QS_2，然后合线路侧隔离开关 QS_3，最后合断路器 QF_2。出线 L_1 停电时，须先断开 QF_2，然后断开 QS_3，最后断开 QS_2。

单母线接线具有结构简单清晰，操作方便，设备少，占地小，节省投资，易于扩建的优点。其缺点是当母线或母线隔离开关发生故障或检修时，必须断开全部电源，造成该母线段全部停电。因此，单母线接线只适用于容量小的发电厂和变电所。为了弥补单母线接线的不足，可采取以下接线方式：

1）单母线分段接线

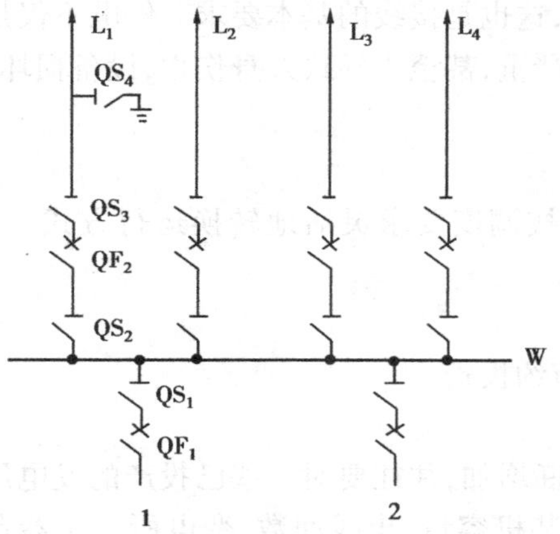

图 4.3　单母线接线

QF—断路器；QS—隔离开关；W—母线；L—线路

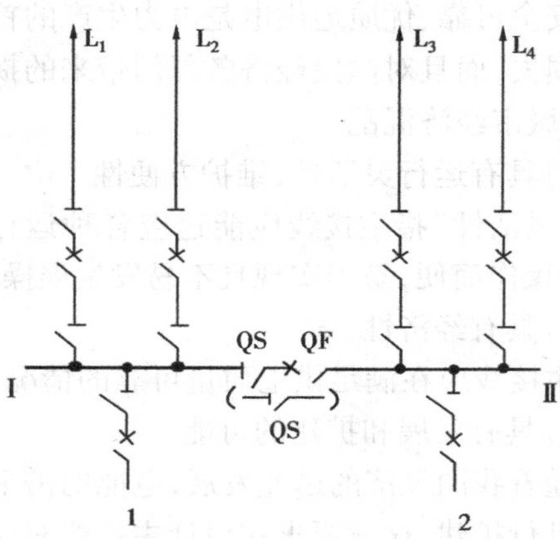

图 4.4　单母线分段接线

如图 4.4 为单母线分段接线图。单母线用断路器或隔离开关（可靠性要求不高时采用隔离开关 QS）进行分段，当一段母线发生故障时，自动装置将分段断路器 QF 跳开，以保证非故障母线的不间断供电。两段母线同时故障的几率很小，可不考虑。母线的分段数目应根据电源数量及容量进行，母线分段数越多，则停电范围越小，但所需电气设备越多，一般以 2 ~ 3 段为宜。根据经验，单母线分段用于 6 ~ 10kV 时，每段容量不宜超过 25MW，用于 35 ~ 60kV 时，出线回路数为 4 ~ 8 回，用于 110 ~ 220kV 时，出线数不超过 4 回为宜。

单母线分段虽然对重要用户可从不同分段上引接，保证其供电可靠性，一段母线故障或检修时，另一非故障母线仍可继续对该段母线上的用户供电，但故障或检修母线段上的电源和出线全部停电，且任一回路的断路器检修时，该回路必须停止工作。为了检修出线断路器不致中断该回路供电，可增设旁路母线 W_2 和旁路断路器 QF_1，如图 4.5 所示。

2）加设旁路母线与旁路断路器

如图 4.5 为带旁路母线的单母线分段接线图。正常运行时，QF_1 和 QS_3（旁路隔离开关）

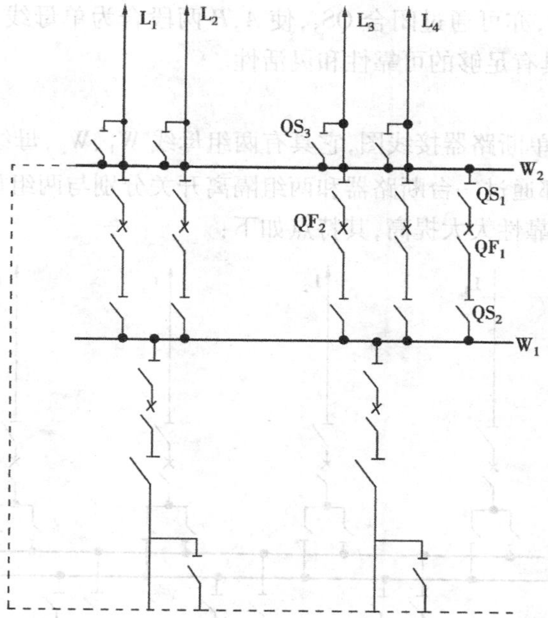

图 4.5 带旁路母线的单母线接线

W_1—母线；W_2—旁路母线；QF_1—旁路断路器；QS_3——旁路隔离开关

断开。当检修出线 L_3 断路器 QF_2 时，先闭合 QF_1 两侧的隔离开关 QS_1 和 QS_2，再合 QF_1，向旁路母线 W_2 充电，W_2 完好后，再接通 QS_3，然后断开 QF_2 及其两侧隔离开关，这样 QF_2 退出工作，由 QF_1 代替 QF_2 进行工作，出线 L_3 不会中断供电。当检修电源回路断路器期间不允许断开电源时，旁路母线还可与电源回路连接，此时需在电源回路中加装旁路隔离开关，如图 4.5 虚线所示。

旁路母线普遍应用在 35kV 及以上的电气主接线中。因电压越高，断路器检修需要的时间越多，停电损失越大，带旁路断路器的母线，就可弥补此缺点，但投资又会加大。一般在电压为 35kV 而出线 5 回以上。110kV 出线 6 回以上，220kV 出线 4 回及以上的户外配电装置才考虑加装旁路母线。当采用可靠性较高的 SF_6 断路器和 6～20kV 屋内配电装置时，一般不装设旁路母线。

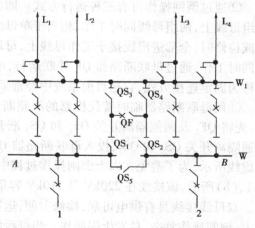

图 4.6 单母线分段带旁路断路器接线

为了节省投资应少用断路器，可采用分段断路器兼作旁路断路器的单母线分段带旁路母线的接线。如图 4.6 所示。两段母线 A，B 都可带旁路母线。正常时旁路母线 W_1 不带电，分段断路器 QF 和隔离开关 QS_1，QS_2 闭合，QS_3，QS_4，QS_5 全断开，以单母线分段方式运行。当 QF 作为旁路断路器运行时，QS_1，QS_4 和 QF 闭合（此时 QS_2，QS_3 断开），旁路母线 W_1 至 A 段，当闭合 QS_2，QS_3，QF 时（此时 QS_1，QS_4 断开），则旁路母线 W_1 至 B 段母线，这时，A，B 两段分别按单母线方式运行,亦可通过闭合 QS_5,使 A,B 两段合为单母线方式运行。这种接线方式,对于进出线不多时具有足够的可靠性和灵活性。

(2)双母线接线

如图 4.7 为双母线单断路器接线图,它具有两组母线 W_1、W_2,母线间通过母联断路器 QF 相连,每一电源和出线都通过一台断路器和两组隔离开关分别与两组母线相连。双母线接线,可使运行的灵活性和可靠性大大提高,其特点如下:

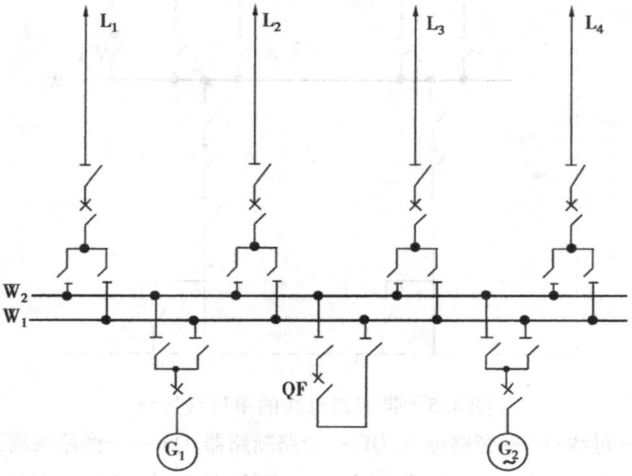

图 4.7 双母线单断路器接线

①检修任一母线时,不会中断对用户的供电。如检修母线 W_1 时,先合母联断路器 QF 两侧隔离开关,再合 QF,向母线 W_2 充电,当 W_1、W_2 两母线等电位时,再合上母线 W_2 上的隔离开关,断开 W_1 母线上的隔离开关,最后断开 QF 和其两侧隔离开关,即可对母线 W_1 检修。

②通过倒闸操作可有三种运行方式。即(1)当母联断路器 QF 闭合,电源与出线分别接在两组母线上,两组母线同时工作,相当于单母线分段运行;(2)当一组母线工作,另一组母线备用或检修时,全部进出线接于工作母线上,母联 QF 断开,相当于单母线运行方式;(3)两组母线同时工作,通过母联断路器 QF 并联运行,电源与负荷平均分配在两组母线上,这种运行方式称为固定连接方式,它是目前系统中经常采用的运行方式。

③用母联断路器临时替代检修的线路断路器,如图 4.8 所示。如:检修出线 L_2 上的 QF_2 时,先将 QF_2 及两侧隔离开关 QS_1 和 QS_3 断开,退出 QF_2,然后用"跨条"跨接在 QF_2 两侧,再接通隔离开关 QS_2 和 QS_3,投入母联断路器 QF,于是 L_2 重新投入运行。此时,电流路径为图中虚线所示,为了避免在以上倒闸操作过程中造成 L_2 的短时停电,可装设旁路母线,如图 4.9(a)、(b)所示,该接线在 220kV 及 110kV 容量较大的发电厂和变电站中应用广。

双母线接线具有供电可靠,检修方便,运行灵活,便于扩建的优点;但配电装置复杂,投资较大,倒闸操作复杂,易发生误操作。当母线故障时,须短时切除较多的电源和线路,为了缩小母线停运的影响,可采用双母线分段,接线如图 4.10 所示。用分段断路器 QF_3 把工作母线 W_1 分段(Ⅱ,Ⅲ),每段用母联断路器 QF_1 和 QF_2 与母线 W_2 相连,这种接线具有单母线分段和双母线两者的特点。此外,在分段处加装电抗器,以限制短路电流。

(3)一个半断路器接线

一个半断路器的双母线接线又称 3/2 断路器的双母线联接,如图 4.11 所示。每一回路经

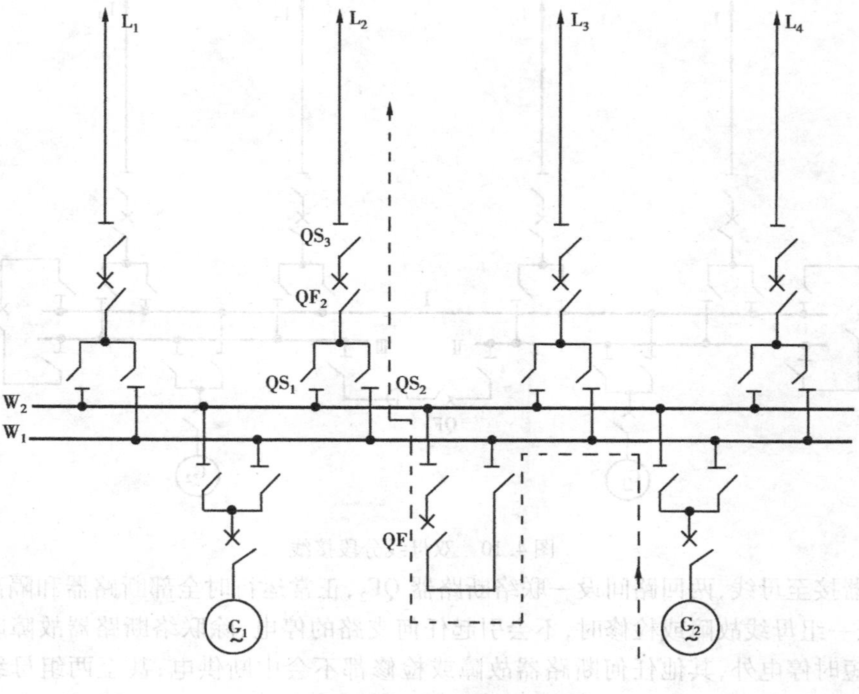

图4.8 检修出线断路器临时措施

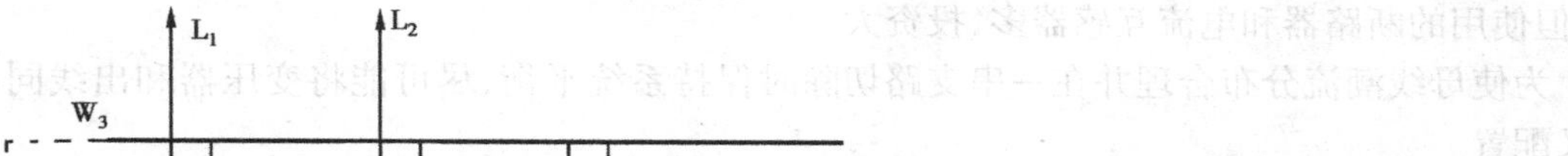

图4.9 旁母线接线

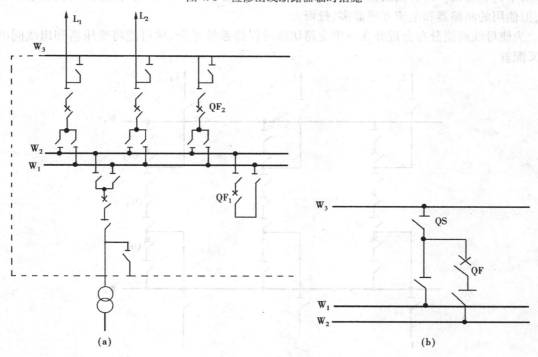

(a)具有专用旁路断路器的双母线带旁路母线;(b)以母联断路器兼作旁路断路器

QF_1—母联断路器;QF_2—旁路断路器

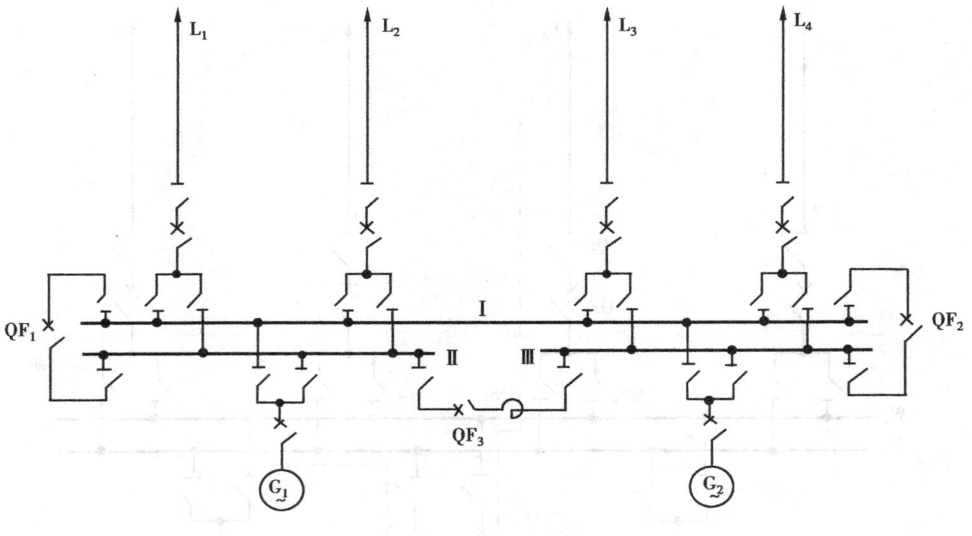

图 4.10　双母线分段接线

一台断路器接至母线，两回路间设一联络断路器 QF_2，正常运行时全部断路器和隔离开关都投入工作，任一组母线故障或检修时，不会引起任何支路的停电，除联络断路器故障时与其相连的两回线短时停电外，其他任何断路器故障或检修都不会中断供电，甚至两组母线同时故障时，功率仍能输出。这种接线运行方便，操作简单，适用于 220kV 以上的超高压、大容量系统中，但使用的断路器和电流互感器多，投资大。

为使母线潮流分布合理并在一串支路切除时保持系统平衡，尽可能将变压器和出线同串交叉配置。

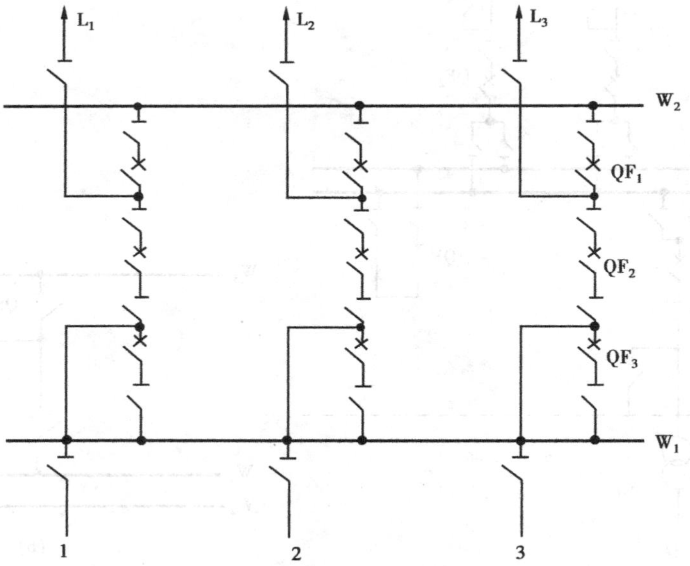

图 4.11　一个半断路器接线

(4) **桥形接线**

当只有两台变压器和两条输电线时，采用桥形接线。桥形接线所用断路器数最少，因此，投资少,较经济,在35～220kV配电装置中广泛采用。如图4.12所示,桥形接线分为内桥接线(图(a)和外桥接线图(b))。内桥接线采用两路电源进线和两台主变压器,适用于电源线路较长及主变压器不需要经常切换的情况。外桥接线采用两路电源进线和两台主变压器,适用于电源线路较短及主变压器需要经常切换的情况。内桥接线中,当变压器故障时,需停相应的线路;外桥接线中,当线路故障时,需停相应的变压器。而且,隔离开关又作为操作电器,所以可靠性较差。

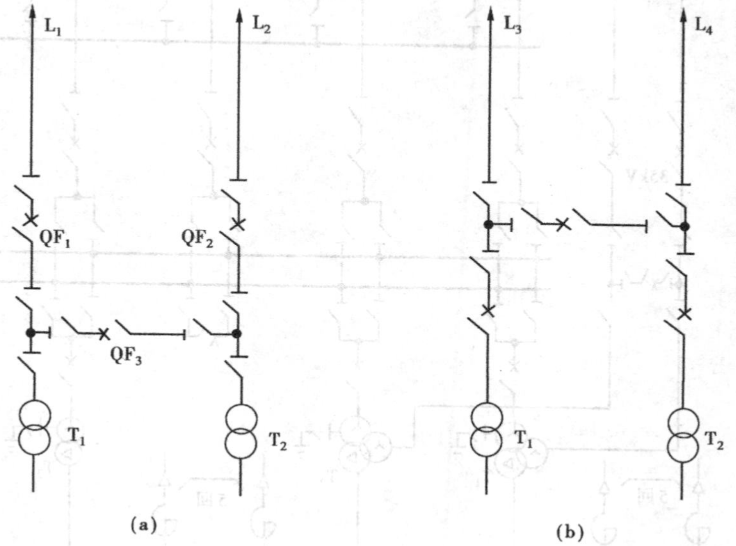

图4.12 桥形接线
(a)内桥接线;(b)外桥接线

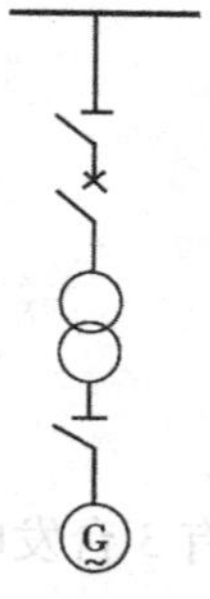

图4.13 发电机—变压器单元接线

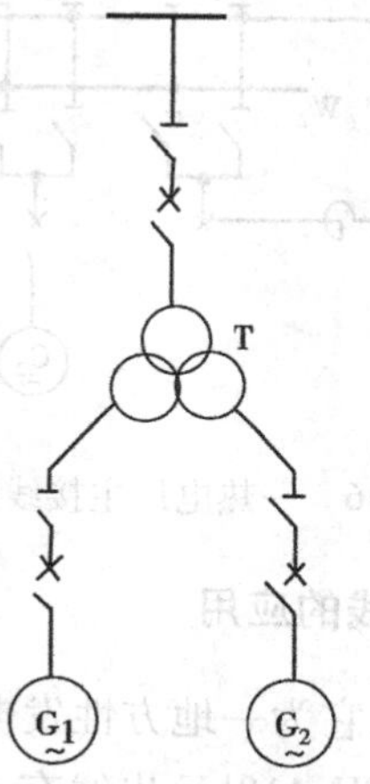

图4.14 发电机—变压器扩大单元接线

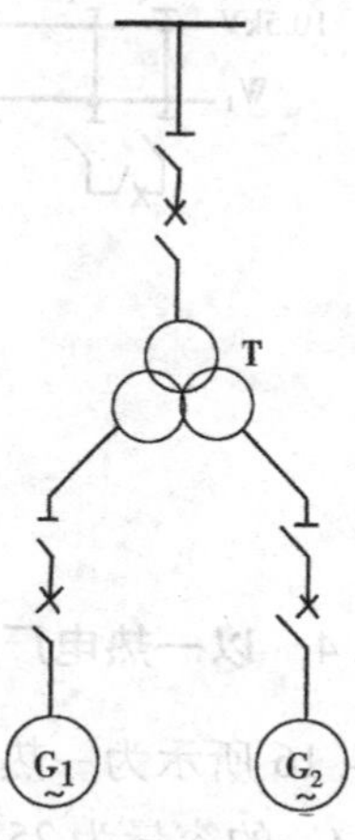

图4.15 发电机—分裂绕组变压器扩大单元接线

(5)单元接线

1)发电机—变压器单元接线

发电机与变压器直接连成一个单元,组成发电机—变压器组称为单元接线。它结构简单,开关设备少,操作方便,但不适合长线路采用,其接线形式如图 4.13 所示。

2)扩大单元接线

为了减少变压器台数和高压侧断路器数目,节省配电装置以及节约投资与占地面积,可将两台发电机与一台变压器相连接,组成扩大单元接线,如图 4.14 和 4.15 所示。

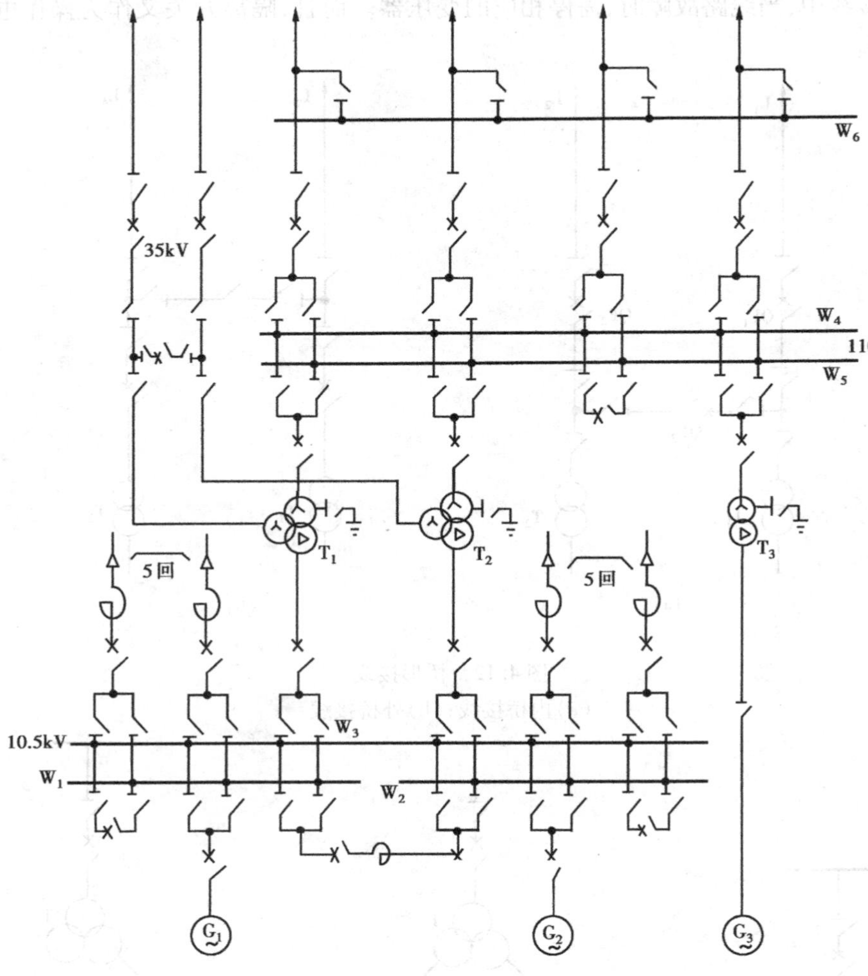

图 4.16 一热电厂主接线图

4.5.4 以一热电厂为例说明主接线的应用

图 4.16 所示为一热电厂主接线图,它为一地方性发电厂的主接线图,有 3 台发电机组,其中 G_1 和 G_2 的容量为 25MW,G_3 为 50MW,110kV 出线有 4 回,35kV 出线有 2 回,10kV 机端负荷有 10 回。根据规程规定,当发电机容量大于 25MW 以上时,采用双母线分段接线,并在分段母线之间和电缆馈线(出线)上安装电抗器以限制短路电流,使 10kV 出线能选用轻型断路器,考虑 10kV 出线回路较多,因此,10kV 母线用分段断路器和母线联络断路器相互联系,以保证供电的可靠性和灵活性。

G_1 和 G_2 在满足 10kV 地区负荷供电的前提下,将剩余功率通过三绕组变压器 T_1 和 T_2 升压送至高压侧。升高电压有35kV和110kV两种电压等级，故T_1与T_2将10kV三种电压的母线相互联接起来，当一侧故障或检修时，其余两级电压之间仍可保持，供电可靠性。35kV侧因出线只有2回故采用内桥接线。机组G_3采用双绕组变压器单元接线直接接入110kV，因110kV侧出线较多且负荷重要，故采用带旁母的双母线接线，并设专用旁路断路器，为了实现不停电检修出线断路器，将旁路母线只与各出线相连接。

4.6 电力系统的二次接线

为保证一次接线安全、可靠、优质、经济地运行，对一次接线中的设备进行测量，信号控制，调节的电路称为二次接线，即二次设备构成的回路。用规定符号和文字将监视、控制、测量的设备互相连接的电气接线图称为二次接线图。

根据表达对象和用途的不同，二次接线图分为单元接线图，互连接线图，端子接线图和电缆配置图。

(1)单元接线图

表示成套装置或设备中一种结构单元内连接关系的接线图。它的绘制方式分为：归总式和展开式。

1)归总式

归总式也叫集中表示式，它是指图中各元件用整块形式与一次接线有关部分画在一起，其直观易读，但当元件较多时，接线相互交叉，显得零乱。目前，归总式接线图已很少采用。

2)展开式

如图4.17所示，它为10kV移开式高压开关柜单元接线图。断路器既可在主控制室内，由分、合闸按钮S_5 ON和S_6 OFF进行远方控制，也可在开关柜上，由分、合闸按钮S_1 ON和S_2 OFF实现就地控制，故在开关柜上设有转换开关S_3。当开关S_3手柄转到“就地”位置时，触点1—2和触点3—4接通，图中用黑点“●”表示该位置时触点是接通的。当转换开关手柄转到“远方”位置时，则黑点所示的触点5—6和7—8便接通。

现就手动合闸、手动跳闸的操作过程及其信号分述如下：

①手动合闸　因合闸之前，断路器为跳闸状态，断路器操作机构中由机械联动的辅助触点S_4均处于跳闸相应的位置，即常开触点断开，常闭触点闭合。此时，绿灯回路接通，绿灯发亮，表示断路器现为跳闸状态。

在开关柜上进行就地合闸时，首先将转换开关S_3转到“就地”位置，再按合闸按钮S_1 ON。立即使合闸接触器K_1通电。于是，在合闸线圈Y_1 ON回路中，当触点K_1闭合后，便接通合闸Y_1 ON回路，经操作机构进行合闸操作。合闸完毕后，断路器的辅助触点S_4也相应切换位置，致使红灯回路变为接通，红灯RD_1发亮，表示断路为合闸状态。同时，绿灯回路断开，绿灯GN_1也就熄灭。

如果在主控制室控制屏上进行远方合闸时，须将切换开关S_3转到“远方”位置，再按控制屏上的合闸按钮S_5 ON，以后回路动作情况，安全与就地手动合闸相同。

②手动跳闸　跳闸之前，断路器原为合闸状态，故断路器的辅助触点S_4，均已切换到合闸相应位置，即常开触点变为闭合，常闭触点变为断开。

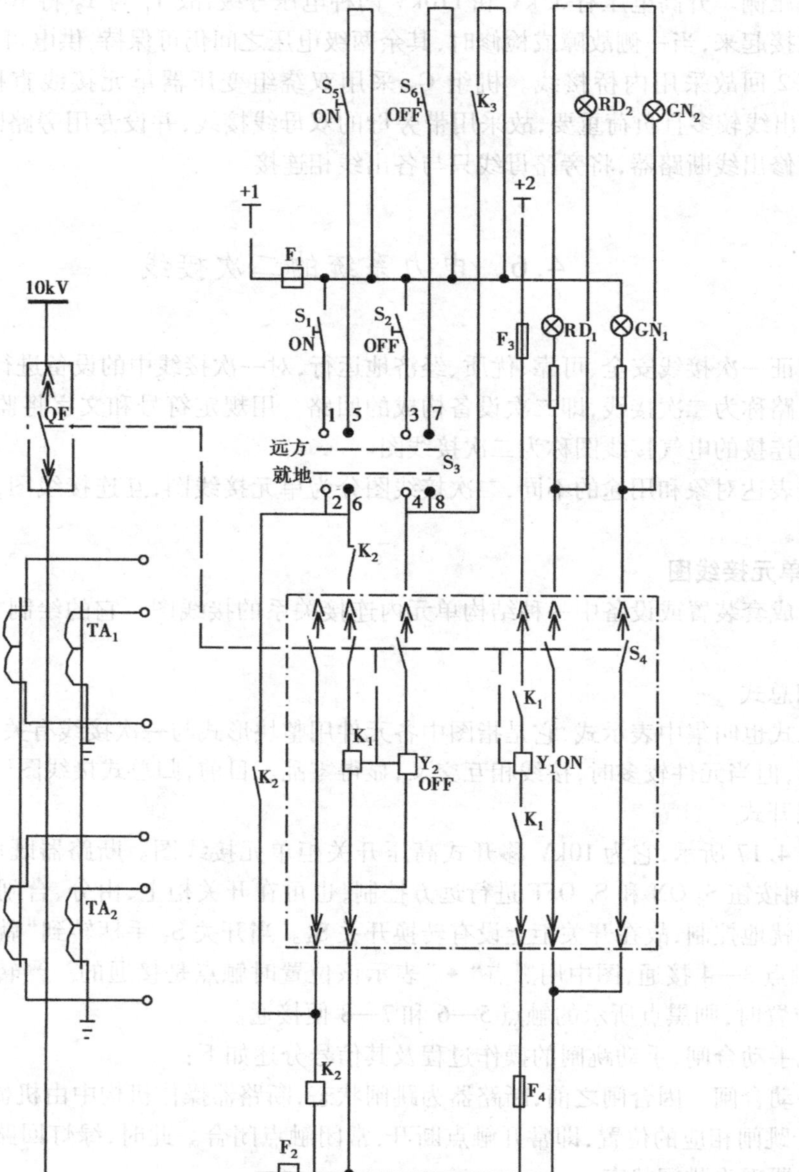

图 4.17　10kV 高压开关柜单元接线图

QF—断路器；S_1 ON、S_5 ON—合闸按钮；S_2 OFF、S_6 OFF—跳闸按钮；S_3—转换开关；S_4—断路器辅助触点；RD_1、RD_2—合闸信号灯（红灯）；GN_1、GN_2—跳闸信号灯（绿灯）；Y_1ON—合闸线圈；Y_2OFF—跳闸线圈；K_1—合闸接触器；K_2—中间继电器；K_3—保护出口继电器；F_1、F_2、F_3、F_4—熔断器

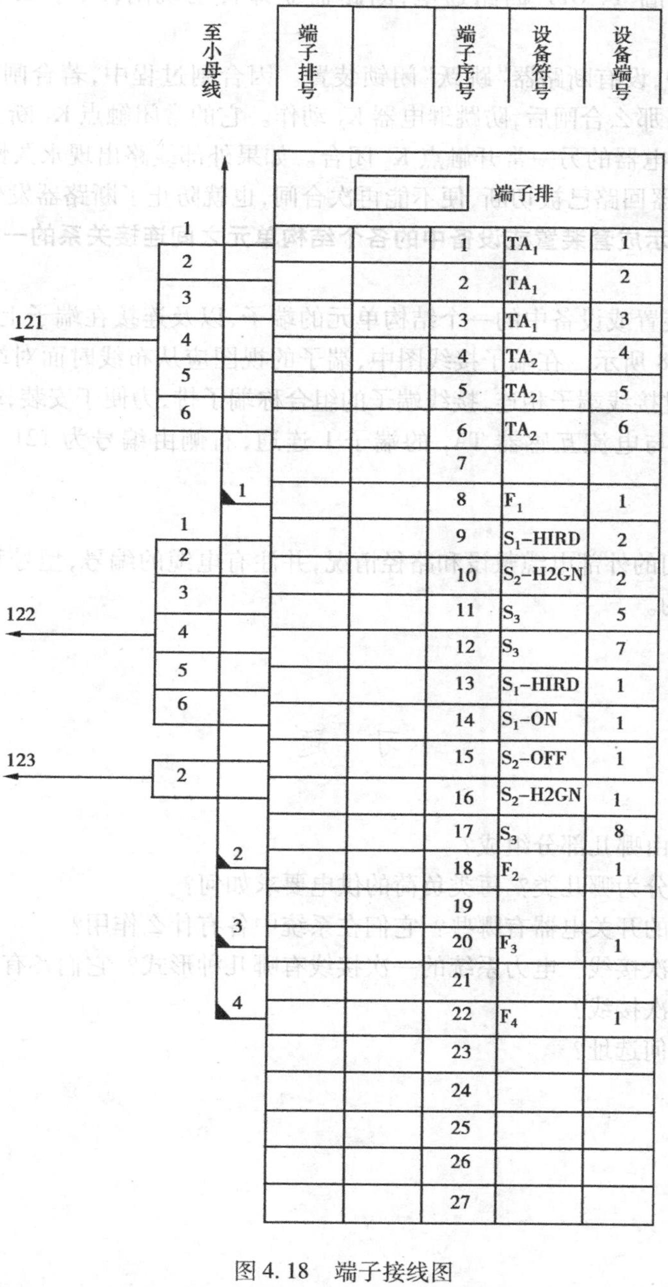
至小母线
端子排号
端子序号
设备符号
设备端号
端子排
121
122
123
1 TA1 1
2 TA1 2
3 TA1 3
4 TA2 4
5 TA2 5
6 TA2 6
7
8 F1 1
9 S1-HIRD 2
10 S2-H2GN 2
11 S3 5
12 S3 7
13 S1-HIRD 1
14 S1-ON 1
15 S2-OFF 1
16 S2-H2GN 1
17 S3 8
18 F2 1
19
20 F3 1
21
22 F4 1
23
24
25
26
27

图 4.18 端子接线图

进行就地跳闸操作时，切换开关 S_3 应转到"就地"位置，按下跳闸按钮 S_2 OFF 后，电流便通过跳闸线圈 Y_2 OFF 回路，使断路器跳闸。随后，断路器的辅助触点立即切换，其常闭触点由断开变成闭合，接通绿灯回路后，绿灯 GN_1 发亮，表示断路器已为跳闸状态。

在主控制室进行远方跳闸操作时，应将切换开关 S_3 转换到"远方"位置，并按下控制屏上的跳闸按钮 S_6 OFF，同样能将断路器跳闸，跳闸后，主控制屏上的绿灯 GN_2 变亮。

③自动跳闸　如果外部线路发生短路故障，引起继电保护动作，保护出口继电器的触点

K_3 闭合后,使跳闸线圈 Y_2 OFF 回路通电,断路器立即自动跳闸,绿灯 GN_1 与 GN_2 变同时变亮。

在单线接线图中,设有断路器“跳跃”闭锁装置。因合闸过程中,若合闸按钮接触时间过长,或其触点被卡住,那么合闸后,防跳继电器 K_2 动作。它的常闭触点 K_2 断开,将合闸接触器 K_1 回路切断,防跳继电器的另一常开触点 K_2 闭合。如果外部线路出现永久性故障,断路器跳闸后,由于合闸接触器回路已被切断,便不能再次合闸,也就防止了断路器发生“跳跃”现象。

(2)互连接线表示成套装置或设备中的各个结构单元之间连接关系的一种接线图

(3)端子接线图

用来表示成套装置或设备中的一个结构单元的端子,以及连接在端子上的外部接线的一种接线图。如图4.18所示。在端子接线图中,端子的视图应从布线时面对端子的方向,屏内设备与屏外设备通过接线端子相连,接线端子的组合称端子排,为便于安装,端子排上应编号。比如:1号端子右侧与电流互感器 TA_1 的端子1连通,右侧由编号为121的电缆连接至保护屏。

(4)电缆配置图

表示各个单元间的外部电缆敷设和路径情况,并注有电缆的编号,型号和连接点,是进行电缆敷设不可缺少的。

习　题

4.1　电力系统由哪几部分组成?

4.2　电力负荷分为哪几类?每类负荷的供电要求如何?

4.3　电力系统的开关电器有哪些?它们在系统中各有什么作用?

4.4　什么是一次接线?电力系统的一次接线有哪几种形式?它们各有何特点?

4.5　什么是二次接线?

4.6　变电所如何选址?

第5章 建筑施工工地供配电线路

建筑施工工地的电力供应主要是解决施工现场的用电问题。由于施工现场负荷变化大，环境条件差，而用电设施多属临时设施且移动频繁，因此，建筑施工的电力供应具有一定的特殊性。为了保证施工的安全和工程的质量，同时节约电能、降低工程造价，应对建筑施工工地的供配电进行合理的设计和组织。

5.1 施工工地供配电的特点

在进行施工工地的供配电设计之前，首先应熟悉施工图纸，明确设计的内容，明确电气工程和主体工程以及其他安装工程的交叉配合，并且了解施工工地的环境、条件，所需用电设备及其合适的安装位置，如混凝土搅拌机、沙浆搅拌机等应靠近其用料，振捣器和电焊机的配电盘应布置在使用地点附近等，然后针对施工现场的特点进行设计施工。

5.1.1 低压供电线的敷设

按规定施工现场内一般不许架设高压电线，必要时应使高压电线和它所经过的建筑物或者工作地点保持安全距离，并应适当加大电线的安全系数，或者在它的下边增设电线保护网。

施工现场的低压配电线路，绝大多数为三相四线制的低压供电方式，它可提供380V、220V两种电源，供不同负荷选用，也便于变压器中性点的工作接地、用电设备的保护接零和重复接地，以利于安全用电。施工工地的配电线路一般采用架空线，个别情况因架空有困难时也可考虑采用电缆敷设。架空线的优点是安装与维护方便，费用低，便于撤换，但在敷设中应当注意以下一些问题。

①应综合考虑运行、施工、交通条件和路径长度等因素，要求路径最短、转角最少，并尽可能减小转角的度数，尽量使线路取直线并保持线路水平。

②为了不妨碍工地的作用和交通，工地线路应尽可能地架设在道路一侧，临时电源线穿过人行道或公路时，绝不可摆在地面上任行人、车辆踩压，必须穿管地埋敷设。

③施工现场内一般不得架设裸导线，如所利用的原有的架空线为裸导线时，应根据施工情

况采取防护措施。各种绝缘导线均不得成束架空敷设,不同电压等级的导线间应有0.3~1m的间距。

④各种配电线路应尽量减少与其他设施的交叉和跨越建筑物,并严禁跨越工地上堆积易燃、易爆物品的地方。如果不得已必须跨越时,应保证足够的安全高度。

⑤架空线路与施工建筑物的水平距离一般不得小于10m,与地面的垂直距离不得小于6m,跨越建筑物时与其顶部的垂直距离不得小于2.5m。塔式起重机附近的架空线路应在臂杆回转半径及被吊物1.5m以外。

⑥施工用电设备的配电箱应设置在便于操作的地方,并做到单机单闸,以便在发生事故时,能快速有效地拉闸切断电源。同时,露天配电箱应有防雨措施。

⑦供电线路电杆的间距和杆高应作合理的选择,电杆的间距一般为25~60m,电杆应有足够的机械强度,不得有倾斜、下沉及杆基积水等现象。杆基与各种管道与水沟边的距离不应小于1m,与贮水池的距离不应小于2m,必要时应采取有效的加固措施。

⑧暂时停用的线路应及时切断电源。工程竣工以后,临时配电线路及供配电设备应随时拆除。

5.1.2 施工工地的电源

为了保证施工现场合理用电,既安全可靠,又节约电能,首先应按施工工地的用电量以及当地电源状况选择好临时电源。

①较大工程的建设单位均将建立自己的供电设施,包括送电线路、变电所和配电室等,因此,可以在施工组织设计中先期安排这些永久性配电室的施工,这样就可利用建设单位的配电室引接施工临时用电。

②当施工现场的用电量较小,而附近又有较大容量的供电设施时,施工现场可完全借用附近的供电设施供电,但这些供电设施应有足够的余量满足施工临时用电的要求,并且不得影响原供电设备的运行。

③若施工现场用电量大,而附近的供电设施又无力承担时,就要利用附近的高压电力网,向供电部门申请安装临时变压器。

④对于取得电源较困难的施工现场,如道路、桥梁、管道等市政工程以及一些边远地区,应根据需要建立柴油发电站、水力或火力发电站等临时电站。

总之,当低压供电能满足要求时,尽量不再另设供电变压器,而且可根据施工进度合理调配用电,尽量减少申报的需用电源容量。

5.2 建筑工地负荷的计算

施工现场用电负荷的大小是选择电源容量的重要依据,同时,对合理选择导线并布置供电线路,以及正确选择各种电器设备,制定施工方案,安排施工进度等都是非常重要的。负荷计算得过大,将会造成国家投资和设备器材的浪费;而过小则会使设备承受不了负荷电流而造成事故。因此,必须通过准确的负荷计算,使设计工作建立在可靠的基础资料之上,从而得出经济合理的设计方案。

5.2.1　计算负荷

一个工地用电负荷的大小,并不是简单地等于施工现场电气设备的额定容量之和,因为所安装的设备在实际施工过程中并非都同时运行,即使运行着的设备也不是随时都达到其额定容量,而要进行严格的计算,既麻烦也没有必要。所以可以通过科学的估算得到一个"计算负荷",按这个假象的"计算负荷"持续运行所产生的热效应与按实际变动负荷长期运行所产生达到最大热效应相等,因此,可以按照这个计算负荷在满足电气设备发热条件的基础上来进行供配电的设计。

确定计算负荷的方法较多,有需要系数法、二项式法、利用系数法、单位产品耗电法等。在实际供配电设计中,广泛采用需要系数法。这种方法计算简便,适用于计算没有特别大容量用电场所的计算负荷。

在应用需要系数法时需要确定需要系数 K_d,该需要系数的确定主要考虑了同组用电设备中不是所有用电设备都在同时工作,以及同时工作的用电设备不可能全在满载状态下运行,同时,需要系数还与线路的功率损耗、工艺设计、工人操作水平、工具质量等因素有关,因此,需要系数 K_d必须要由多年运行经验积累而得。表5.1给出了部分用电设备的需要系数和功率因数。

5.2.2　三相用电设备的计算负荷

(1)分别求各类用电设备的计算负荷

各类用电设备的有功计算负荷 P_c与该类用电设备总的有功功率 P_a之间的关系是:

$$P_c = K_d P_a (\text{kW})$$

K_d是同类设备的需要系数,可从表5.1中得到,但表中所列的需要系数值是用电设备台数较多时的数据。若用电设备台数较少时,该需要系数值可适当大一点。如果仅有1~2台用电设备,则需要系数可取为1。

在建筑施工的供电系统中,由于存在着大量的感性负载,其无功功率将会增加电源的视在功率,因此,必须对无功功率进行计算。在已知同类用电设备的平均功率因数 $\cos\varphi$ 后,根据功率三角形就可得到该类用电设备的无功计算负荷 Q_c:

$$Q_c = P_c \tan\varphi (\text{kV} \cdot \text{A})$$

计算负荷的最终表示量就是以视在功率或电流表示的,而该类用电设备的视在计算负荷 S_c就是:

$$S_c = \sqrt{P_c^2 + Q_c^2} (\text{kV} \cdot \text{A})$$

或

$$S_c = \frac{\text{P}_c}{\cos\varphi} = K_d \frac{P_a}{\cos\varphi}$$

在用电设备台数较少时,功率因数 $\cos\varphi$ 也可适当取小一点。

(2)总计算负荷

因为总的计算负荷是由不同类型的多组用电设备组成,而各组用电设备的最大负荷往往不会同时出现,所以在确定总的计算负荷时,应乘以同时系数 K_Σ,同时系数的数值也是根据统计规律确定的。

对于工地变电所的低压母线: $K_\Sigma = 0.8 \sim 0.9$

对于工地变电所的低压干线：$K_{\Sigma} = 0.9 \sim 1.0$

表 5.1　部分用电设备的需要系数和功率因数

序号	用电设备名称	需要系数	$\cos\varphi$	$\tan\varphi$
1	通风机、水泵	0.75～0.85	0.8	0.75
2	运输机、传送带	0.52～0.60	0.75	0.88
3	混凝土及砂浆搅拌机	0.65～0.70	0.65	1.17
3	破碎机、卷扬机、砾石洗涤机	0.70	0.70	1.02
4	起重机、掘土机、升降机	0.70	0.70	1.02
5	电焊变压器	0.25	0.70	1.98
6	住宅、办公室室内照明	0.50～0.70	1.00	0
7	建筑室内照明	0.80	1.00	0
8	室外照明(无投光灯)	1	1.00	0
9	室外照明(有投光灯)	0.85	1.00	0
10	配电所、变电所	0.6	1.00	0

因此，总的计算负荷为：

$$P_{\Sigma c} = K_{\Sigma} \sum P_c$$

$$Q_{\Sigma c} = K_{\Sigma} \sum Q_c$$

$$S_{\Sigma c} = \sqrt{P_{\Sigma c}^2 + Q_{\Sigma c}^2}$$

式中，$\sum P_c$ 和 $\sum Q_c$ 分别是各组用电设备的有功和无功计算负荷之和。

应当注意的是，由于不同类型的用电设备的功率因数 $\cos\varphi$ 不一定相同，因此，在求总的视在计算负荷时不能用公式 $S_c = \dfrac{P_c}{\cos\varphi} = K_d \dfrac{P_a}{\cos\varphi}$ 进行计算；同时，由于各组用电设备之间有同时系数问题，所以也不能用各组视在计算负荷之和计算总的视在计算负荷。

5.2.3　单相用电设备的计算负荷

在建筑施工用电设备中，除了有大量的三相负荷外，还有一些单相负荷，如电焊机、电炉、电灯等。单相设备应尽量均匀地分配在三相线路上，以保持三相负荷尽可能平衡。若无法做到负荷在三相上的均匀分配，则应按负荷最大的一相进行计算。

(1)接在三相线路相电压上的单相用电设备

即额定电压为 220V 的单相用电设备。对于均匀分配的该类单相用电设备组，其设备容量 P_a(三相额定等效功率)等于全部单相用电设备容量的总和。对于非均匀分配的单相用电设备组，其设备容量 P_a(三相额定等效功率)等于最大负荷的一相上的单相用电设备容量的三倍。

(2)接在三相线路线电压上的单相用电设备

即额定电压为 380V 的单相用电设备。当该类用电设备为一台时，其设备容量 P_a(三相额定等效功率）等于$\sqrt{3}$倍该单相用电设备的容量。当有多台该类用电设备，且接在不同的线电压上时，其设备容量P_a（三相额定等效功率）等于两相间最大用电设备容量的三倍。

（3）三相线路的相电压和线电压上均接有单相用电设备

若各单相用电设备不能均匀地分配在三相上，则首先应当计算出各单相上所承受的负荷。各单相上的总负荷等于该相（相—零）的单相负荷加上接于线电压（但要折算到相电压上）的单相负荷，而总的设备容量P_a（三相额定等效功率）等于最大负荷相上的用电设备容量的三倍。

【例5.1】　某建筑工地的用电设备如下表所示，试确定工地变压器低压母线上的总计算负荷。

序号	用电设备	功率/kW	台　数	效率/%	备　注
1	混凝土搅拌机	10	4	81	
2	卷扬机	7.5	3	81	
3	升降机	4.5	3	85	
4	传送带	7	5	85	
5	起重机	30	1	81	
6	电焊机	32	3	78	单相380V
7	照明	25		1	

解　①求各组用电设备的计算负荷

在该表所列的用电设备中，前五类都是三相用电设备，电焊机虽然是接于线电压上的单相用电设备，但该类设备有三台，可以均匀分布在三相上，照明是接在相电压上的单相用电设备，但也可以在三相上均匀分布，所以其设备容量就等于它们各自单相用电设备容量的总和。

混凝土搅拌机组：

$$P_{c1} = K_{d1}P_{a1}/\eta = 0.7 \times 4 \times 10/0.81 = 34.6\text{kW}$$

$$Q_{c1} = P_{c1}\tan\varphi_1 = 34.6 \times 1.17\text{kV} \cdot \text{A} = 40.4\text{kV} \cdot \text{A}$$

卷扬机组：

$$P_{c2} = K_{d2}P_{a2}/\eta = 0.7 \times 3 \times 7.5/0.81\text{kW} = 19.4\text{kW}$$

$$Q_{c2} = P_{c2}\tan\varphi_2 = 19.4 \times 1.02\text{kV} \cdot \text{A} = 19.8\text{kV} \cdot \text{A}$$

升降机组：

$$P_{c3} = K_{d3}P_{a3}/\eta = 0.25 \times 3 \times 4.5/0.85\text{kW} = 4.0\text{kW}$$

$$Q_{c3} = P_{c3}\tan\varphi_3 = 4.0 \times 1.02\text{kV} \cdot \text{A} = 4.1\text{kV} \cdot \text{A}$$

传送带组：

$$P_{c4} = K_{d4}P_{a4}/\eta = 0.6 \times 5 \times 7/0.85\text{kW} = 24.7\text{kW}$$

$$Q_{c4} = P_{c4}\tan\varphi_4 = 24.7 \times 0.88\text{kV} \cdot \text{A} = 21.7\text{kV} \cdot \text{A}$$

起重机（因仅有一台，需要系数取1）：

$$P_{c5} = K_{d5}P_{a5}/\eta = 1 \times 1 \times 30/0.81\text{kW} = 37\text{kW}$$

$$Q_{c5} = P_{c5}\tan\varphi_5 = 37 \times 1.02\text{kV} \cdot \text{A} = 37.8\text{kV} \cdot \text{A}$$

电焊机组：

$$P_{c6}=K_{d6}P_{a6}/\eta=0.45\times3\times32/0.78\text{kW}=55.4\text{kW}$$

$$Q_{c6}=P_{c6}\tan\varphi_6=55.4\times1.98\text{kV}\cdot\text{A}=109.7\text{kV}\cdot\text{A}$$

照明(施工工地主要为室外照明):

$$P_{c7}=K_{d7}P_{a7}=1\times25\text{kW}=25\text{kW}$$

$$Q_{c7}=0$$

②求总计算负荷

取同时系数 $K_{\Sigma}=0.9$,则

$$\begin{aligned}P_{\Sigma c}=&K_{\Sigma}\sum P_c=\\&K_{\Sigma}(P_{c1}+P_{c2}+P_{c3}+P_{c4}+P_{c5}+P_{c6}+P_{c7})=\\&0.9\times(34.6+19.4+4.0+24.7+37+55.4+25)\text{kW}=\\&0.9\times200.1\text{kW}=\\&180.09\text{kW}\end{aligned}$$

$$\begin{aligned}Q_{\Sigma c}=&K_{\Sigma}\sum Q_c=\\&K_{\Sigma}(Q_{c1}+Q_{c2}+Q_{c3}+Q_{c4}+Q_{c5}+Q_{c6}+Q_{c7})=\\&0.9\times(40.4+19.8+4.1+21.7+37.8+109.7+0)\text{kV}\cdot\text{A}=\\&0.9\times233.5\text{kV}\cdot\text{A}=\\&210.15\text{kV}\cdot\text{A}\end{aligned}$$

$$S_c=\sqrt{P_{\Sigma c}^2+Q_{\Sigma c}^2}=\sqrt{180.09^2+210.15^2}\text{kV}\cdot\text{A}=277\text{kV}\cdot\text{A}$$

5.3 建筑工地配电变压器的选择及安装

由于建筑工地的用电具有一定的特殊性,其中主要是临时性强,负荷波动性大,因此,在选用临时配电变压器时应根据工地的实际情况,作出合理的选择,使其即能满足工地供配电要求,又不会造成设备的浪费。

5.3.1 变压器电压等级的选择

变压器原、副边电压的选择与用电量的多少、用电设备的额定电压以及与高压电力网距离的远近等因素都有关系。总的来说,高压绕组的电压等级应尽量与当地的高压电力网的电压一致,而低压侧的电压等级应根据用电设备的额定电压而定,当用电量较小(350kV·A 以下)、供电半径较小(不超过800m)时,多选用0.4kV 的电压等级。当用电量和供电半径都较大时,则要由较高等级的电源供电,这时应考虑:①注意与永久性供电装置的电压等级一致;②照顾到大型施工机械所需电源的电压等级;③利于接用当地供电部门的现成线路。

5.3.2 变压器容量的选择

施工现场完全由临时变压器供电时,可按施工现场所有用电设备总的视在计算负荷选择变压器的容量,然后再依据原、副边的电压等级,就可从变压器的目录中选择出合适型号的配电变压器。在估算变压器容量时,也可将所有电器设备铭牌上提供的额定功率(kW)折算成

视在功率(kV · A),各打上折扣后相加,就可得到工地动力设备所需的总容量 S_c,即:

$$S_c = K_d \frac{\sum P_n}{\eta\cos\varphi}(\text{kV} \cdot \text{A})$$

式中:P_n——电动机铭牌上的额定功率,kW;

$\sum P_n$——各台电动机额定功率的总和;

η——各台电动机的平均效率,电动机的效率一般在 0.75~0.92 之间;

$\cos\varphi$——各台电动机的平均功率因数,电动机的功率因数一般在 0.75~0.93 之间;

K_d——需要系数,应参考表 5.1 中各设备的需要系数并视具体情况而定。

施工现场的照明用电量所占的比重较动力用电量少得多,所以在估算总容量时只要在动力用电量之外,再加上 10% 作为照明用电量即可。这样,估算出施工用电的总容量为:

$$S = 1.10 \times S_c(\text{kV} \cdot \text{A})$$

表 5.2 给出了常用的 SL7 系列 6、10 千伏级电力变压器的部分技术数据。

表 5.2　常用的 SL7 系列 6、10 千伏级电力变压器的部分技术数据

型　号	额定容量/kV · A	额定电压/kV		损　耗/W		阻抗电压/%	空载电流/%	联结组
		高压	低压	空载	负载			
SL_7-30/10	30			150	800	4	3.5	
SL_7-50/10	50			190	1 150	4	2.8	
SL_7-63/10	63			220	1 400	4	2.8	
SL_7-80/10	80			270	1 650	4	2.7	
SL_7-100/10	100			320	2 000	4	2.6	
SL_7-125/10	125			370	2 450	4	2.5	
SL_7-160/10	160			460	2 850	4	2.4	
SL_7-200/10	200	6;6.3 10	0.4	540	3 400	4	2.4	Y/Y_0-12
SL_7-250/10	250			640	4 000	4	2.3	
SL_7-315/10	315			760	4 800	4	2.3	
SL_7-400/10	400			920	5 800	4	2.1	
SL_7-500/10	500			1 080	6 900	4	2.1	
SL_7-630/10	630			1 300	8 100	4.5	2.0	
SL_7-800/10	800			1 540	9 900	4.5	1.7	
SL_7-1 000/10	1 000			1 800	11 600	4.5	1.4	

5.3.3　变压器台数的选择

鉴于建筑工地用电的临时性,且用电量不大,负载的重要性也不高,往往只选用一台变压器由 6~10kV 的电网电压降至 400V 供电。但若集中负荷较大,或昼夜、季节性负荷波动较大时,则宜安装两台及以上变压器。

【例 5.2】　为例 5.1 的施工现场选用变压器。

解 可直接根据施工现场的视在计算负荷进行选择：即 $S_N \geqslant S_c = 277\ kV \cdot A$，按表5.2可选 $S_N = 315\ kV \cdot A$，一般情况下，高压侧多为10kV，低压侧为0.4kV，所以选中 SL_7—315/10型变压器一台供施工现场用。

5.3.4 变压器的安装

基于建筑工地用电的临时性，工地变压器一般采用露天放置，同时还应综合考虑下列要求，以确定最佳安装位置。

①应使通风良好，进出线方便，尽量靠近高压电源。

②工地变压器应尽量靠近负荷中心或接近大容量用电设备，低压配电室也应尽量靠近变压器。

③工地变压器一方面应远离交通要道，远离人畜活动中心，同时又应当运输方便，易于安装。

④工地变压器应远离剧烈震动、多尘或有腐蚀性气体的场所，并且应符合爆炸和火灾危险场所电力装置的有关规定。

5.3.5 变压器的安全管理及维护

变压器容量在180 kV · A以下时，变压器可安装在双电杆上，称为柱上变台；当容量较大时，则要安装在混凝土台墩上，称为台墩式变压器台(地上变台)。由于建筑工地环境复杂，因此，应特别加强变压器的安全管理。

①柱上变台宜装设围栏，室外地上变台必须装设围栏。围栏要严密，并应在明显部位悬挂“高压危险”警示牌。

②变台围栏外4m之内不得码放材料、堆积杂物，变台近旁不得堆积土方，变台围栏内不得种植任何植物。

③位于行道树间的变台，在最大风偏时，其带电部位与树梢的最小距离应不小于2m。

④室外变台应设总配电箱，配电箱安装高度为其底口距地面一般为1.4m，其引出线应穿管敷设，并做防水弯头。配电箱应保持完好，并应具有良好的防雨性能，箱门必须加锁。

⑤变压器在运行时应做好日常的巡视检查，并且每年都应进行一到两次的停电检修和清扫。在特殊环境中运行的变压器，应酌情增加清扫和检查的次数。

5.4 导线的选择

建筑工地配电导线的合理选择对于实现对施工现场安全、经济供电、保证供电质量，有着十分重要的意义，同时，直接影响到有色金属的消耗量与线路的投资。

常用的导线有电线、电缆两大类。选择电线和电缆主要包括型号和截面两方面。型号的选择主要和导线自身性质及使用环境、敷设方式等有关；截面选择时应满足：有足够的机械强度；长期通过负荷电流时，导线不应过热；线路上电压损失不应过大等。

5.4.1　常用电线、电缆的型号和规格及其选用

(1)电线

电线分裸电线和绝缘线两大类;按绝缘材料不同,电线可分为塑料绝缘和橡胶绝缘线;按芯线材料不同,可分为铜芯线和铝芯线;按芯线构造不同,可分为单芯、多芯线和软线等。

1)裸电线

裸电线是没有绝缘层的导线,多用铝、铜、钢制成,按其构造形式分为单线和绞线两种。单线裸电线有圆形的,也有扁形的,多根圆单线常常绞合在一起成为绞线,这种绞线具有一定的机械强度,所以架空电力线、电缆芯线都用绞合线;扁形的裸导线又称为母排,用于电器、配电设备的母线安装以及接地、接零的配线。

2)绝缘电线

①塑料绝缘电线

常用的有聚氯乙烯绝缘电线,它是在线芯外包上聚氯乙烯绝缘层。铜芯电线的型号为BV,铝芯电线的型号为BLV。型号含义如下:

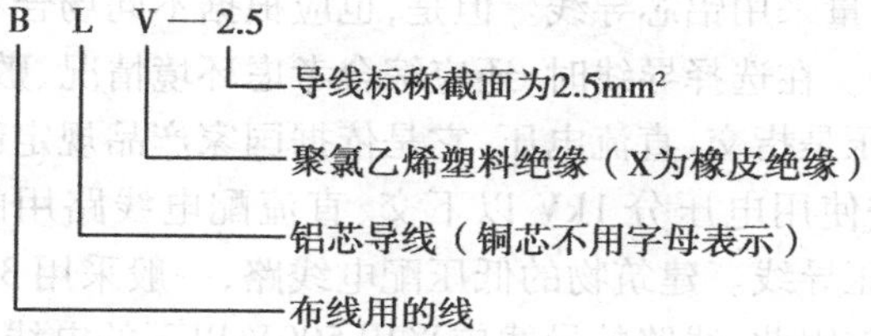

电线外型为圆形。截面在$10mm^2$以下时,还可制成两芯扁形电线。广泛应用于室内布线工程中。其特点是绝缘性能良好,价格低,但对温度适应性较差,易变脆或易老化。

除此以外,在民用建筑中还常用另一种塑料绝缘线,叫做聚氯乙烯绝缘和护套电线,它是在聚氯乙烯绝缘外层上再加上一层聚氯乙烯护套构成的,线芯分为单芯、双芯和三芯。电线的型号为BVV(铜芯)和BLVV(铝芯)。这种电线可以直接安装在建筑物表面,它具有防潮性能和一定的机械强度,广泛用于交流500V及以下的电气设备和照明线路的明敷设或暗敷设。

目前正广泛使用一种叫丁腈聚氯乙烯复合物绝缘软线,它是塑料绝缘电线的新品种,型号为RFS(双绞复合物软线)和RFB(平型复合物软线)。这种电线具有良好的绝缘性能,并具有耐热、耐寒、耐油、耐腐蚀、耐燃、不易老化等性能,在低温下仍然柔软,使用寿命长,远比其他型号的绝缘软线性能优良。

②橡皮绝缘电线

常用的型号有BX(BLX)和BBX(BBLX)。BX(BLX)为铜(铝)芯棉纱编织橡皮绝缘线,BBX(BBLX)为铜(铝)芯玻璃丝编织橡皮绝缘线。这两种电线是目前仍在应用的旧品种,它们的基本结构是在芯线外面包一层橡胶,然后用编织机编织一层棉纱或玻璃丝纤维,最后在编织层上涂蜡而成。由于这两种电线生产工艺复杂,成本较高,正逐渐被塑料绝缘线所取代。

氯丁橡皮绝缘线是新产品,型号为BLXF和BXF。它是在天然橡胶和丁苯胶中加入氯丁胶,经过多道硫化工艺制成,外层不再加编织物。这种电线绝缘性能良好,且耐光照,耐老化,耐油,不易发霉,在室外使用的寿命比棉纱编织橡皮线高三倍左右,适宜在室外敷设。

(2)电缆

电缆线的种类很多,按其用途可分为电力电缆和控制电缆两大类;按其绝缘材料的不同,可分为油浸纸绝缘电缆、橡皮绝缘电缆和塑料绝缘电缆三大类。一般都由线芯,绝缘层和保护层三个主要部分组成。线芯分为单芯、双芯、三芯及多芯。

塑料绝缘电缆的主要型号有 VLV 和 VV 等。VLV(VV)为铜芯聚氯乙烯绝缘和聚氯乙烯外护套电力电缆,可用于 1 ~ 10kV 以下的线路中,最小截面为 $4mm^2$,可在室内明敷或在沟道内架设。

橡皮绝缘电缆的主要型号有 XLV 和 XV 等。XLV(XV)为铜芯橡皮绝缘和聚氯乙烯外护套电力电缆,可用于 0.5 ~6kV 以下的线路中,最小截面为 $4mm^2$,可在室内明敷或放在沟中。

油浸纸绝缘电力电缆分为油浸纸绝缘铅包(铝包)电力电缆、油浸纸干绝缘电力电缆、不滴漏电力电缆。主要型号有 ZQ(铜芯铅包)、ZLQ(铝芯铅包)、ZL(铜芯铝包)、ZLL(铝芯铝包)、ZQP(铜芯铅包)、ZLQD(铝芯铅包不滴漏)等系列。ZQ、ZLQ 等系列已开始限制使用,ZQP 等系列逐渐被淘汰。

(3)常用电线和电缆类型的选择

在导体材料选择上尽量采用铝芯导线。但是,也应根据不同场合和特殊情况,以及不希望用铝线的场合而采用铜线。在选择导线时,还应综合考虑环境情况、敷设方式等因素。

电线、电缆的额定电压是指交、直流电压,它是依据国家产品规定制造的,与用电设备的额定电压不同。配电导线按使用电压分 1kV 以下交、直流配电线路用的低压导线和 1kV 以上交、直流配电线路用的高压导线。建筑物的低压配电线路,一般采用 380/220V、中性点直接接地的三相四线制配电系统,因此,线路的导线应采用 500V 以下的电线或电缆。

5.4.2 导线截面的选择

导线、电缆截面选择应满足发热条件、电压损失、机械强度等要求,以保证电气系统安全、可靠、经济、合理地运行。选择导线截面时,一般可按下列步骤进行:

①对于距离 $L\leqslant 200$m 且负荷电流较大的供电线路,一般先按发热条件的计算方法选择导线截面,然后按电压损失条件和机械强度条件进行校验。

②对于距离 $L>200$m 且电压水平要求较高的供电线路,应先按允许电压损失的计算方法选择截面,然后用发热条件和机械强度条件进行校验。

③对于高压线路,一般先按经济电流密度选择导线截面,然后用发热条件和电压损失条件进行校验。对于高压架空线路,还必须校验其机械强度。电工手册中给出了不同挡距导线截面的最小值。若按经济电流密度选出的导线截面小于最小值,就应按规定的最小值选择截面。

(1)按经济电流密度选择

电线、电缆截面的大小,直接关系到线路投资和电能损耗的大小。截面小一些可节约线路的投资,但却会增加线路上能量的损耗;而截面选择得大虽然可以减少线路上的能量损耗,但投资则会相应增加。因此,在选择导线截面时要综合考虑线路的投资效益和经济运行,可以用一个最经济的电流密度来确定电线和电缆的截面。经济电流密度是从经济角度出发,综合考虑输电线路的电能损耗和投资效益等指标,来确定导线的单位面积内流过的电流值。其计算方法如下:

$$I = SJ$$

式中:I——线路上流过的电流;

S——导线的横截面积;

J——经济电流密度。

我国现行的导线经济电流密度值见表5.3。

表5.3　我国现行的导线经济电流密度值/($A \cdot m^{-2}$)

导线种类	年最大负荷利用		
	3 000h以下	3 000~5 000h	5 000h以上
裸铝,钢芯铝绞线	1.65	1.15	0.90
裸铜导线	3.00	2.25	1.75
铝芯电缆	1.92	1.73	1.54
铜芯电缆	2.50	2.25	2.00

(2)按机械强度选择

导线在敷设时和敷设后所受的拉力与线路的敷设方式和使用环境有关。导线本身的质量,以及风雨冰雪等的外加压力,会使导线承受一定的应力,如果导线过细就容易折断,将引起停电等事故。因此,为了保障供电安全,还应根据机械强度来选择导线的截面。在各种不同敷设方式下导线按机械强度要求的最小允许截面列于表5.4。

表5.4　按机械强度确定的绝缘导线最小允许截面积

用　　途		线芯的最小截面/mm^2		
		铜芯软线	铜线	铝线
穿管敷设的绝缘导线		1.0	1.0	1.0
架设在绝缘支持件上的绝缘导线,其支点间距为:	1m以下,室内		1.0	1.5
	室外		1.5	2.5
	2m以下,室内		1.0	2.5
	室外		1.5	2.5
	6m以下		2.5	4.0
	12m以下		2.5	6.0
	12~25m		4.0	10
照明灯头线	民用建筑室内	0.4	0.5	1.5
	工业建筑室内	0.5	0.8	2.5
	室外	1.0	1.0	2.5
移动式用电设备导线		1.0		
架空裸导线			10	16

(3)按发热条件选择

每一种导线通过电流时,由于导线本身的电阻及电流的热效应都会使导线发热,温度升高。如果导线温度超过一定限度,导线绝缘就要加速老化,甚至损坏或造成短路失火等事故。为使导线能长期通过负荷电流而不过热,对一定截面的不同材料的导线就有一个规定的容许电流值,称为允许载流量。这个数值是根据导线绝缘材料的种类、允许温升、表面散热情况及散热面积的大小等条件来确定的。按发热条件选择导线截面,就是要求根据计算负荷求出的总计算电流 $I_{\Sigma C}$不可超过这个允许载流量 I_N。即:

$$I_N \geqslant I_{\Sigma C}$$

若视在计算负荷为 $S_{\Sigma C}$,电网额定线电压为 U_N,则有

$$I_{\Sigma C} = \frac{S_{\Sigma C}}{\sqrt{3}U_N}$$

表 5.5 和 5.6 给出了常用铜芯线和铝芯线在 25℃的环境温度、不同敷设条件下的长期连续负荷允许载流量。由于允许载流量与环境温度有关,所以选择导线截面时要注意导线安装地点的环境温度。

(4)按允许电压损失选择

当有电流流过导线时,由于线路中存在电阻、电感等因素,必将引起电压降落。如果电源端的输出电压为 U_1,而负载端得到的电压为 U_2,那么线路上电压损失的绝对值为:

$$\Delta U = U_1 - U_2$$

由于用电设备的端电压偏移有一定的允许范围,所以一切线路的电压损失也有一定的允许值。如果线路上的电压损失超过了允许值,就将影响用电设备的正常运行。为了保证电压损失在允许值的范围内,就必须保证导线有足够的截面积。

对于不同等级的电压,电压损失的绝对值 ΔU 并不能确切地表达电压损失的程度,所以工程上常用 ΔU 与额定电压 U_N的百分比来表示相对电压损失,即:

$$\Delta U\% = \frac{U_1 - U_2}{U_N} \times 100\%$$

表 5.5　500V 铜芯绝缘导线长期连续负荷允许载流量/A(环境温度 25℃)

导线截面/mm²	导线明敷		橡皮绝缘导线穿在同一塑料管内			塑料绝缘导线穿在同一塑料管内		
	橡皮	塑料	2 根	3 根	4 根	2 根	3 根	4 根
1.0	21	19	13	12	11	12	11	10
1.5	27	24	17	16	14	16	15	13
2.5	35	32	25	22	20	24	21	19
4	50	42	33	30	26	31	28	25
6	58	55	43	38	34	41	36	32
10	85	75	59	52	46	56	49	44
16	110	105	76	68	64	72	65	57
25	145	138	100	90	80	95	85	75
35	180	170	125	110	98	120	105	93
50	230	215	160	140	123	150	132	117
70	285	265	195	175	155	185	167	148
95	345	325	240	215	195	230	205	185
120	400	—	278	250	227	—	—	—
150	470	—	320	290	265	—	—	—

表5.6　500V铝芯绝缘导线长期连续负荷允许载流量/A(环境温度25℃)

导线截面/mm^2	导线明敷		橡皮绝缘导线穿在同一塑料管内			塑料绝缘导线穿在同一塑料管内		
	橡皮	塑料	2根	3根	4根	2根	3根	4根
2.5	27	25	19	17	15	18	16	12
4	35	32	25	23	20	24	22	19
6	45	42	33	29	26	31	27	25
10	65	59	44	40	35	42	38	33
16	85	80	58	52	46	55	49	44
25	110	105	77	68	60	73	65	57
35	138	130	95	84	74	90	80	70
50	175	165	120	108	95	114	102	90
70	220	205	153	135	120	145	130	115
95	265	250	184	165	150	175	158	140
120	310		210	190	170	—	—	—
150	360	—	250	227	205	—	—	—

按供电规则中规定:对35kV及以上供电的电压质量有特殊要求的用户,电压变动幅度不应超过额定电压的±5%;10kV及以下高压供电的和低压电力用户,电压变动幅度不应超过额定电压的±7%;对低压照明用户,电压变动幅度不应超过额定电压的±5~10%。

线路电压损失的大小是与导线的材料、截面的大小、线路的长短和电流的大小密切相关的,线路越长、负荷越大,线路电压损失也将越大。在工程计算中,可采用计算相对电压损失的一种简化公式:

$$\Delta U\% = \frac{Pl}{CS}\%$$

在给定允许电压损失$\Delta U\%$之后,便可计算出相应的导线截面:

$$S = \frac{Pl}{C\Delta U\%}\%$$

式中:Pl——称为负荷矩,kW·m;

P——线路输送的电功率,kW;

l——线路长度(指单程距离),m;

$\Delta U\%$——允许电压损失;

S——导线截面积,mm^2;

C——电压损失计算常数,由电压的相数、额定电压及材料的电阻率等决定的常数,见表5.7。

(5)零线截面的选择方法

三相四线制中的零线截面,根据运行经验,可选为相线的1/2左右。但必须注意不得小于按机械强度要求的最小允许截面。

在单相制中,由于零线与相线中流过的是同一负荷的电流,所以零线截面要与相线相同。

表 5.7 电压损失计算常数 C 值

线路系统及电流种类	线路额定电压/V	系数 C 值	
		铜线	铝线
三相四线制	380/220	77	46.3
单相交流或直流	220	12.8	7.75
	110	3.2	1.9

在选择导线截面时,除了考虑主要因素外,为了同时满足前述几个方面的要求,必须以计算所得的几个截面中的最大者为准,最后从电线产品目录中选用稍大于所求得的线芯截面即可。一般说来,对于高压线路,一般先按经济电流密度来选择导线截面,然后用发热条件和电压损失条件进行效验;对于距离较远的户外配电干线和电压水平要求较高的低压照明线路,导线截面的选择一般是根据电压损失来计算,而以发热条件来效验;对于配电距离较短(小于200m)线路和负荷电流较大的低压电力线路,一般先按发热条件来选择导线截面,而以电压损失来效验。但无论是根据何种方式计算出的导线截面,最终都必须满足导线对机械强度的要求。

【例 5.3】 某建筑工地在距离配电变压器 500m 处有一台混凝土搅拌机,采用 380/220V 的三相四线制供电,电动机的功率 $P_N = 10\text{kW}$,效率为 $\eta = 0.81$,功率因数 $\cos\varphi = 0.83$,允许电压损失 $\Delta U\% = 5\%$,需要系数 $K = 1$。如采用 BLX 型铝芯橡皮绝缘导线供电,导线截面应选多大?

解 由于线路较长,且允许电压损失较小,因此:

①先按允许电压损失来选择导线截面

电动机取自电源的功率为:

$$P = \frac{P_{\text{N}}}{\eta} = \frac{10}{0.81}\text{kW} = 12.3\text{kW}$$

由表 5.7 可得,当采用 380/220V 三相四线制供电时,铝线的 C 值为 46.3,因此,导线的截面为:

$$S = \frac{Pl}{C\Delta U\%}\% = \frac{12.3 \times 500}{46.3 \times 5\%}\%\,\text{mm}^2 = 27\text{mm}^2$$

查表 5.6,选用截面为 35mm^2 的铝芯橡皮绝缘导线。

②按发热条件选择导线截面

设备的视在计算负荷为:

$$S_{\Sigma\text{C}} = K_{\text{d}}\frac{\sum P_{\text{a}}}{\eta\cos\varphi} = 1 \times \frac{10}{0.81 \times 0.83}\text{kV}\cdot\text{A} = 15\text{kV}\cdot\text{A}$$

计算负荷电流为:

$$I_{\Sigma\text{C}} = \frac{S_{\Sigma\text{C}} \times 10^3}{\sqrt{3}U_N} = \frac{15 \times 10^3}{\sqrt{3} \times 380}\text{A} = 22.8\text{A}$$

由于 35mm^2 的铝芯橡皮绝缘导线长期连续负荷允许载流量为 138A,因此,采用该导线能满足导线发热条件的要求。

③按机械强度条件校验

根据表5.4可知，绝缘导线在户外架空敷设时，铝线的最小截面是$10mm^2$，因此，选用$35mm^2$的BLX铝芯橡皮绝缘导线完全满足要求。

【例5.4】　配电箱引出的长100m的干线上，树干式分布着15kW的电动机10台，采用铝芯塑料线明敷。设各台电动机的需要系数$K_d=0.6$，电动机的平均效率$\eta=0.8$，平均功率因数$\cos\varphi=0.7$，试选择该干线的截面。

解　由于线路不长，且负荷属低压电力用电，负荷量大，因此，可先按发热条件来选择干线的截面。

视在计算负荷为：

$$S_{\Sigma C}=K_d\frac{\sum P_a}{\eta\cos\varphi}=0.6\times\frac{15\times 10}{0.8\times 0.7}\text{kV}\cdot\text{A}=160.7\text{kV}\cdot\text{A}$$

干线上的计算负荷电流为：

$$I_{\Sigma C}=\frac{S_{\Sigma C}\times 10^3}{\sqrt{3}U_N}=\frac{160.7\times 10^3}{\sqrt{3}\times 380}\text{A}=244\text{A}$$

查表5.6，选择$95mm^2$的铝芯塑料线，其允许载流量为250A>244A，满足要求。

按电压损失校验，有功计算负荷为：

$$P=K_d\frac{\sum P_N}{\eta}=0.6\times\frac{15\times 10}{0.8}\text{kW}=112.5\text{kW}$$

采用铝芯线时，$C=46.3$，所以：

$$\Delta U\%=\frac{Pl}{CS}\%=\frac{112.5\times 100}{46.3\times 95}\%=2.56\%$$

因此，所选导线也能满足电压损失的要求；根据表5.4规定，机械强度的要求也是完全能够满足的。

5.5　建筑工地的配电箱和开关箱

配电箱是动力系统和照明系统的配电和供电中心。在建筑施工现场，凡是用电的场所，不论负荷的大小，都应按用电的情况安装适宜的配电箱。建筑工地的低压配电箱分电力配电箱和照明配电箱两类，原则上应分别设置，当动力负荷容量较小、数量较少时，也可以和照明设备公用同一配电箱，对于容量较大的设备以及特殊用途的设备，如消防、警卫等设备，则应单独设置配电箱。

建筑施工用电一般采取分级配电，配电箱分三级设置：总配电箱、分配电箱和开关箱。配电箱和开关箱都是配电系统中使用频繁的设备，也是经常出现故障的地方，应进行正确的安装和使用，以保障安全，减少电气伤害事故的发生。

5.5.1　配电箱的组成

配电箱分为标准式和非标准式两种。标准配电箱是按一定的配电系统方案，根据国家有关标准和规范进行统一设计，由开关厂或电器厂生产的全国通用定型产品，其型号、规格可参考各厂家的产品目录；而非标准配电箱则是根据用户的实际使用需要进行非标准设计生产的。由于施工用电的临时性强，因此，配电箱一般较为简单，可根据使用要求、用电负荷的大小以及分支回路数等选用标准的配电箱，也可现场就地制作，但应当满足以下条件：

①盘面设计要整齐、安全、美观和维修方便，配线时须线路清楚，排列整齐，横平竖直，绑扎成束，并用卡钉固定在盘板上。在动力设备与照明设备共用的配电箱内，动力线路与照明线路必须分开。

②配电箱内应设总控制电器和分路控制电器，如刀开关、组合开关以及保护电器，如熔断器等，也可以使用兼有控制和保护作用的自动空气开关。总开关电器的额定值、动作整定值应与分路开关电器的额定值、动作整定值相适应。配电箱可以不装设测量仪表。为安全起见，可装设漏电保安器。

③手动开关电器只许用于直接控制照明电路，容量大于5.5kW的电器设备的控制应有控制电路，而且各种开关电器的额定值应与其所控制的电器设备的额定值相适应。

④配电箱内的控制设备不可一闸多用，严禁一个开关电器直接控制两台或两台以上的用电设备。

⑤垂直装设的刀开关、熔断器等设备，上端接电源，下端接负荷。横装者左侧接电源，右侧接负荷。

⑥箱内的配电导线应采用工作电压不低于500V的绝缘导线，导线必须妥善连接，不得有接触不良甚至错接的现象。进入配电盘的控制线须经过端子板连接，盘内各电器之间的连接可用导线直接连接，但导线本身不应有接头。

⑦引入和引出配电箱的电缆应根据图纸标注电缆号，各导线在接线处也应标注线号，同一根电缆或电线的标号应当相同。

⑧配电箱内带电体之间的电气间隙不应小于10mm，漏电距离不应小于15mm。导线穿过木板时应套以瓷管；穿过铁板时需装橡皮护圈。

⑨尽量采用铁制低压配电箱。配电箱的金属构架、铁皮、铁制盘面和箱体及电器的金属外壳均应做接零或接地保护；较大型的接零系统的配电箱还要重复接地。

5.5.2 配电箱的安装

配电箱的安装方式有明装、暗装和落地式安装三种。由于施工现场的条件复杂，配电箱的安装一定要保障安全，要求如下：

①总配电箱应设置在用电负荷的中心，分配电箱应设置在用电设备或负荷相对集中的地方，分配电箱与开关箱的距离不超过30m，开关箱与其控制的电气设备不得超过3m。

②配电箱应安放于干燥，明亮，不易受损，不易受震，无尘埃，无腐蚀气体，以及便于维护与操作的地方。配电箱外壁与地面、墙面接触部分均应涂防腐漆。

③配电箱可挂在墙上、柱上，也可直接放在地上，但安装要端正、牢固，落地式安装的配电箱要埋设地脚螺栓以固定配电箱。

④配电箱暗装时底面距离地面1.4m，明装时底面距离地面1.2m。

⑤配电箱应坚固、完整、严密，要有防雨、防水等功能，使用中的配电箱内严禁放杂物，配电箱旁也不得堆放材料或杂物。

⑥箱体应有接地线，箱外应喷涂红色或用红色“电”字做标记；重要的配电箱，如塔式起重机的专用配电箱要加锁。

5.6　建筑施工供电设计

建筑施工供电设计是根据工程的需要，对进行建筑施工所需的电源、导线以及各类用电设备的容量大小、规格型号和位置走向等进行综合设计和选择，并绘制出施工现场的配电线路平面布置图。平面布置图的主要内容是要标注出变压器位置、配电线路的走向、配电箱的位置和主要电气设备的位置。建筑工程现场施工的供电设计，对保障用电的安全可靠以及指导现场进行有组织、有计划的施工都具有重要意义。下面通过一个实例来具体地分析介绍施工供电设计的方法与步骤。

【例 5.5】　为某建筑工程的施工组织计划作出供电设计。

①由基建单位提供的施工平面图，如图 5.1 所示。

②施工用电设备（见下表）。

③有 10kV 高压架空线经过工地附近北侧。

④环境温度为 25℃。

序号	用电设备	功　率	台　数	备　注
1	混凝土搅拌机	10kW	1	电动机额定电压 380V 平均效率 80%
2	卷扬机	7.5kW	1	
3	滤灰机	2.8kW	1	
4	振捣器	2.8kW	4	
5	起重机			
	起重电动机	22kW	1	
	行走电动机	7.5kW	2	
	回转电动机	3.5kW	1	
6	打夯机	1kW	3	
7	照明	10kW		单相用电，三相均匀分布

解　设计步骤

①确定施工用电的视在计算负荷

应根据所提供的各类设备的容量，先求出各组设备的计算负荷，然后求出总计算负荷。

混凝土搅拌机组：

因仅有一台电动机，需要系数取 1

$$P_{C1} = K_{d1}P_{a1} = 1 \times 10\text{kW} = 10\text{kW}$$

$$Q_{C1} = P_{C1}\tan\varphi_1 = 10 \times 1.17\text{kV}\cdot\text{A} = 11.7\text{kV}\cdot\text{A}$$

卷扬机组：

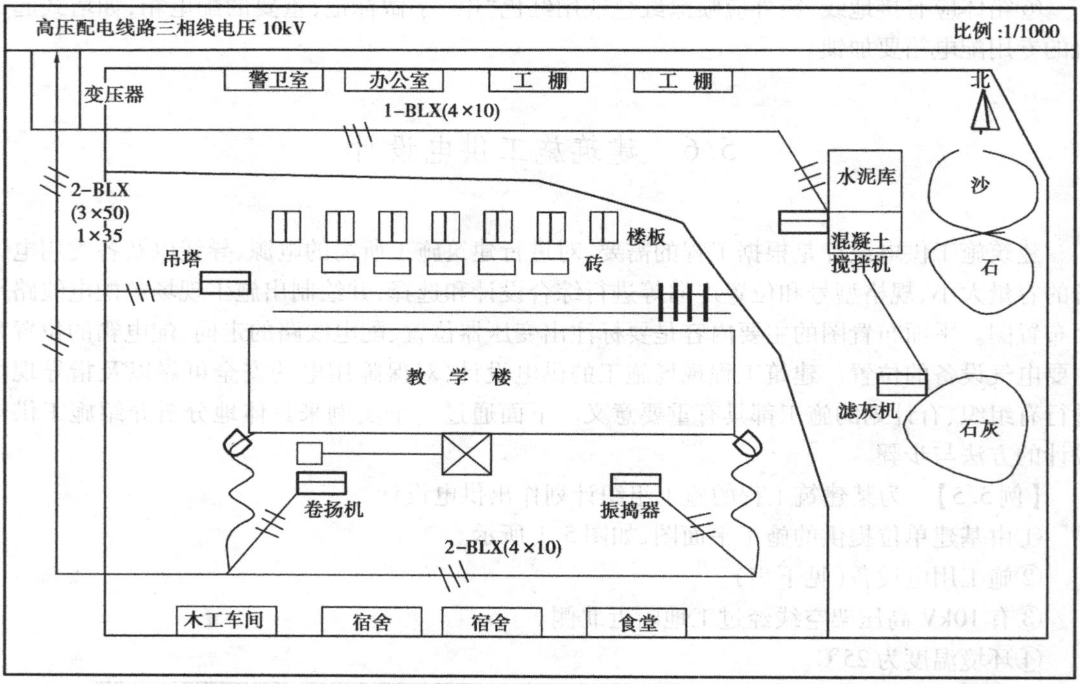

图 5.1 某教学楼施工现场供电平面图

因仅有一台电动机,需要系数取 1

$$P_{C2} = K_{d2}P_{a2} = 1 \times 7.5\text{kW} = 7.5\text{kW}$$

$$Q_{C2} = P_{C2}\tan\varphi_2 = 7.5 \times 1.02\text{kV} \cdot \text{A} = 7.65\text{kV} \cdot \text{A}$$

滤灰机组:

因仅有一台电动机,需要系数取 1

$$P_{C3} = K_{d3}P_{a3} = 1 \times 2.8\text{kW} = 2.8\text{kW}$$

$$Q_{C3} = P_{C3}\tan\varphi_3 = 2.8 \times 1.02\text{kV} \cdot \text{A} = 2.856\text{kV} \cdot \text{A}$$

振捣器组:

需要系数取 0.7

$$P_{C4} = K_{d4}P_{a4} = 0.7 \times 4 \times 2.8\text{kW} = 7.84\text{kW}$$

$$Q_{C4} = P_{C4}\tan\varphi_4 = 7.84 \times 1.02\text{kV} \cdot \text{A} = 8\text{kV} \cdot \text{A}$$

起重机组:

需要系数可取为 0.7

$$P_{C5} = K_{d5}P_{a5} = 0.7 \times (2 \times 7.5 + 22 + 3.5)\text{kW} = 28.35\text{kW}$$

$$Q_{C5} = P_{C5}\tan\varphi_5 = 28.35 \times 1.02\text{kV} \cdot \text{A} = 28.92\text{kV} \cdot \text{A}$$

电动打夯机组:

需要系数取 0.8

$$P_{C6} = K_{d6}P_{a6} = 0.8 \times 3 \times 1\text{kW} = 2.4\text{kW}$$

$$Q_{C6} = P_{C6}\tan\varphi_6 = 55.4 \times 1.02\text{kV} \cdot \text{A} = 2.5\text{kV} \cdot \text{A}$$

施工工地主要为室外照明,需要系数取为 1,并使照明负荷均匀分布在三相上:

$$P_{C7} = K_{d7}P_{a7} = 1 \times 10\text{kW} = 10\text{kW}$$

$$Q_{C7} = 0$$

求总计算负荷：

取同时系数 $K_\Sigma = 0.9$，则

$$\begin{aligned}P_{\Sigma C} &= K_\Sigma \sum P_C = \\ &K_\Sigma(P_{C1} + P_{C2} + P_{C3} + P_{C4} + P_{C5} + P_{C6} + P_{C7}) = \\ &0.9 \times (10 + 7.5 + 2.8 + 7.84 + 28.35 + 2.4 + 10)\text{kW} = \\ &0.9 \times 68.39\text{kW} = \\ &62\ \text{kW}\end{aligned}$$

$$\begin{aligned}Q_{\Sigma C} &= K_\Sigma \sum Q_C = \\ &K_\Sigma(Q_{C1} + Q_{C2} + Q_{C3} + Q_{C4} + Q_{C5} + Q_{C6} + Q_{C7}) = \\ &0.9 \times (11.7 + 7.65 + 2.856 + 8 + 28.92 + 2.5 + 0)\text{kV} \cdot \text{A} = \\ &0.9 \times 61.626\text{kV} \cdot \text{A} = \\ &55.5\text{kV} \cdot \text{A}\end{aligned}$$

$$S_C = \frac{\sqrt{P_{\Sigma C}^2 + Q_{\Sigma C}^2}}{\eta} = \frac{\sqrt{62^2 + 55.5^2}}{0.8}\text{kV} \cdot \text{A} \approx 104\text{kV} \cdot \text{A}$$

②选择变压器容量，确定变压器位置

按总的视在计算负荷 104kV · A，根据表 5.2，可选用 SL_7—125/10 型三相电力变压器，其额定容量为 125kV · A，额定电压为 10/0.4kV，用一台变压器就可满足需要。

根据现场高压电源线路情况，以及变压器安装地点应注意的一些原则，将变压器的位置设在西北角，如图 5.1 所示。

③施工现场低压布线

综合考虑施工现场的环境以及用电的安全与方便，根据现场暂设建筑物和路灯照明等的需要，配电线路可设置两路进行供电。

第一路干线（北路干线）：线路上的负荷有混凝土搅拌机、滤灰机以及路灯、建筑物室内照明等。

第二路干线（西路干线）：线路上的负荷有起重机、卷扬机、振捣器、打夯机以及投光灯、路灯、建筑物室内照明等。

这两路在总配电盘上（位置在变压器旁）分别由自动空气开关进行控制，一旦一条支路发生故障或维修时，另一支路则不会受到影响。

④低压配电线路导线的选择

施工临时用电，为了安全以采用橡皮绝缘导线为宜，为了节省铜材而采用铝线，因此，选择 BLX 型铝芯橡皮绝缘导线。对于两路干线，应分别进行计算，选择其导线截面。

第一路（北路）导线截面的选择：

有功计算负荷为：

$$\begin{aligned}P_{\Sigma C1} &= K_\Sigma \sum P_C = K_\Sigma(P_{C1} + P_{C3} + P_{C7}/2) = \\ &0.9 \times (10 + 2.8 + 10/2)\text{kW} =\end{aligned}$$

16kW

无功计算负荷为：

$$\begin{aligned}Q_{\Sigma C1} &= K_{\Sigma}\sum Q_C = \\ &K_{\Sigma}(Q_{C1}+Q_{C3}+Q_{C7}/2) = \\ &0.9\times(11.7+2.856+0)\text{kV}\cdot\text{A} = \\ &13\text{kV}\cdot\text{A}\end{aligned}$$

视在计算负荷为：

$$S_{\Sigma C1} = \frac{\sqrt{P_{\Sigma C1}^2+Q_{\Sigma C1}^2}}{\eta} = \frac{\sqrt{16^2+13^2}}{0.8}\text{kV}\cdot\text{A} = 25.8\text{kV}\cdot\text{A}$$

A. 按发热条件选择导线截面

$$I_{\Sigma C1} = \frac{S_{\Sigma C1}\times10^3}{\sqrt{3}U_N} = \frac{25.8\times10^3}{\sqrt{3}\times380}\text{A} = 39\text{A}$$

由表5.6查得，应选用6mm^2的铝芯橡皮绝缘导线。

B. 按允许电压损失选择导线截面

为了简化计算，可把全部负荷集中在线路的末端来考虑。从变压器总配电盘到滤灰池的线路长度约为160m，允许电压损失 $\Delta U\%$ 为7%，当采用380/220V 三相四线制供电时，C 为46.3，因此，按允许电压损失选择的导线截面为：

$$S_1 = \frac{P_{\Sigma C1}l}{C\Delta U\%}\% = \frac{16\times160}{46.3\times7\%}\%\,\text{mm}^2 = 8\text{mm}^2$$

所以应当选用10mm^2的铝芯橡皮绝缘导线。

C. 按机械强度校验

对施工临时架空线，电杆的档距取20～30m为宜。由表5.4可知，铝芯橡皮绝缘导线架空敷设时，其截面不得小于10mm^2。

为了满足上述三个条件，该路导线应选择10mm^2的铝芯橡皮绝缘导线，而中线为了满足机械强度的要求，也只能选用同样截面大小的铝芯橡皮绝缘导线。

第二路（西路）导线截面的选择：

此路中的塔式起重机负荷较大，而且距变压器较近，因此，在选择导线截面时可分两段来考虑，即自变压器总配电盘至起重机分支的电杆为西段，该段长30m，应考虑第二路上的全部负荷；自起重机分支电杆到最后一根电杆为另一段南段，该段全长140m，此段只考虑卷扬机、振捣器、电焊机以及部分照明用电。

A. 西段导线截面的选择

由于该段线路较短，负荷较大，因此可通过发热条件选择导线截面，再用允许电压损失条件进行校验即可。

$$\begin{aligned}P_{\Sigma C2} &= K_{\Sigma}\sum P_C = \\ &K_{\Sigma}(P_{C2}+P_{C4}+P_{C5}+P_{C6}+P_{C7}/2) = \\ &0.9\times(7.5+7.84+28.35+2.4+10/2)\text{kW} = \\ &46\text{kW}\end{aligned}$$

$$Q_{\Sigma C2} = K_{\Sigma}\sum Q_C =$$

$$K_{\Sigma}(Q_{C2}+Q_{C4}+Q_{C5}+Q_{C6}+Q_{C7}/2)=$$
$$0.9\times(7.65+8+28.92+2.5+0)\text{kV}\cdot\text{A}=$$
$$42.4\text{kV}\cdot\text{A}$$

$$S_{\Sigma C2}=\frac{\sqrt{P_{\Sigma C2}^2+Q_{\Sigma C2}^2}}{\eta}=\frac{\sqrt{46^2+42.4^2}}{0.8}\text{kV}\cdot\text{A}=78.2\text{kV}\cdot\text{A}$$

$$I_{\Sigma C2}=\frac{S_{\Sigma C2}\times10^3}{\sqrt{3}U_N}=\frac{78.2\times10^3}{\sqrt{3}\times380}\text{A}\approx120\text{A}$$

查表5.6，可选择50mm^2的铝芯橡皮绝缘导线。

校验电压损失：

$$\Delta U\%=\frac{P_{\Sigma C2}l}{CS}\%=\frac{46\times30}{46.3\times50}\%=0.6\%$$

可见电压损失相当小，因此，50mm^2的铝芯橡皮绝缘导线完全能满足要求，而中线截面则可选择为35mm^2。

B. 南段导线截面的选择

该段也可将全部负荷集中在最末端进行计算：

$$P_{\Sigma C3}=K_{\Sigma}\sum P_C=$$
$$K_{\Sigma}(P_{C2}+P_{C4}+P_{C6}+P_{C7}/2)=$$
$$0.9\times(7.5+7.84+2.4+10/2)\text{kW}=$$
$$20.5\text{kW}$$

$$Q_{\Sigma C3}=K_{\Sigma}\sum Q_C=$$
$$K_{\Sigma}(Q_{C2}+Q_{C4}+Q_{C6}+Q_{C7}/2)=$$
$$0.9\times(7.65+8+2.5+0)\text{kV}\cdot\text{A}=$$
$$16.3\text{kV}\cdot\text{A}$$

$$S_{\Sigma C3}=\frac{\sqrt{P_{\Sigma C3}^2+Q_{\Sigma C3}^2}}{\eta}=\frac{\sqrt{20.5^2+16.3^2}}{0.8}\text{kV}\cdot\text{A}=32.7\text{kV}\cdot\text{A}$$

因此，该段线路上的容量不大，参照第一路导线截面的选择可看出，可以按照机械强度的要求，相线和中线都可选择10mm^2的铝芯橡皮绝缘导线。

⑤绘制施工现场电力供应平面布置图

在施工现场的电力供应平面布置图上，应按实际位置画出供电系统的平面布置图，包括：

a. 变压器的位置，高压电源线的进线方向；

b. 低压配电线路的走向和电杆的位置；

c. 在低压配电线路上标出线路编号、导线型号和规格；

d. 标明主要负荷点的位置。

图5.1即为该施工现场电力供应的平面布置图。

习　题

5.1　某工地的施工现场用电设备为：5.5kW 混凝土搅拌机 4 台，7kW 的卷扬机 2 台，48kW 的塔式起重机 1 台，1kW 的振捣器 8 台，23.4kW 的单相 380V 电焊机 1 台，照明用电 15kW，当地电源为一万伏的三相高压电，试为该工地选配一台配电变压器供施工用。

5.2　某大楼采用三相四线制 380/220V 供电，楼内的单相用电设备有：加热器 5 台各 2kW，干燥器 4 台各 3kW，照明用电 2kW。试将各类单相用电设备合理地分配在三相四线制线路上，并确定大楼的计算负荷。

5.3　某工地采用三相四线制供电，有一临时支路上需带 30kW 的电动机 2 台，8kW 的电动机 15 台，电动机的平均效率为 83%，平均功率因数为 0.8，需要系数为 0.62，总配电盘至该临时用电的配电盘的距离为 250m，若允许电压损失 $\Delta U\%$ 为 7%，试问应选用多大截面的铝芯橡皮绝缘导线供电？

第6章 室内供配电线路

6.1 低压配电系统的配电要求及配电方式

室内配电系统是指从建筑配电箱或配电室至各层分配电箱或各层用户单元开关之间的供电线路系统。一般属于低压配电系统。

6.1.1 低压配电系统的配电要求

(1)可靠性要求

低压配电线路首先应当满足民用建筑所必须的供电可靠性要求。所谓可靠性,是指根据民用建筑用电负荷的性质和由于事故停电给政治上、经济上造成的损失,对用电设备提出的不中断供电的要求。由于不同的民用建筑对供电的可靠性要求不同,可将用电负荷分为三级。为了确定某民用建筑的用电负荷等级,必须向建设单位调查研究,然后慎重确定。即使在同一民用建筑中,不同的用电设备和不同的部位,其用电负荷级别也不是都相同的。不同级别的负荷对供电电源和供电方式的要求也是不同的。供电的可靠性是由供电电源、供电方式和供电线路共同决定的。

(2)用电质量要求

低压配电线路应当满足民用建筑用电质量的要求。电能质量主要是指电压和频率两个指标。电压质量是看加在用电设备端的网络实际电压与该设备的额定电压之间的差值,差值越大,说明电压质量越差,对用电设备的危害也越大。电压质量除了与电源有关以外,还与动力、照明线路的合理设计关系很大,在设计线路时,必须考虑线路的电压损失。一般情况下,低压供电半径不宜超过250m。电能质量的频率指标我国规定工频为50Hz,是由电力系统保证的,它与照明、动力线路本身无关,但超过了规定值,将会影响用电设备的正常工作。

(3)考虑发展

从工程角度看,低压配电线路应当力求接线简单,操作方便、安全,具有一定的灵活性,并能适应用电负荷发展的需要。例如,居住区远期用电负荷密度(单位面积的耗电量),前些年规定,多层住宅每平方米为6~10W,高层住宅每平方米为10~15W。近年来由于家用电器的发展非常迅速，因此，在设计时应该进行调查研究，参照当时当地的有关规定，适当考虑发展的要求。

(4)其他要求

民用建筑低压配电系统还应满足：

①配电系统的电压等级一般不宜超过两级；

②为便于维修，多层建筑宜分层设置配电箱，每套房间宜有独立的电源开关；

③单相用电设备应适当配置，力求达到三相负荷平衡；

④由建筑物外引来的配电线路，应在屋内靠近进线处便于操作维护的地方装设开关设备；

⑤应节省有色金属的消耗，减少电能的消耗，降低运行费用等。

民用建筑低压配电一般采用380/220V 中性点直接接地系统。一般民用建筑的照明和动力设备由同一台变压器供电。

6.1.2 低压配电系统的基本配电方式

民用建筑低压配电线路的设计主要包括：供电线路的形式、配电方式、导线的选择、线路敷设、线路控制和保护等几个方面。其中，配电方式的选择对提高用电的可靠性和节省投资有着重要意义。民用建筑低压配电线路的基本配电方式(也叫基本接线方式)有：放射式、树干式和混合式三种，如图 6.1 所示，图示中的 $PX_1 \sim PX_n$ 表示各配电箱。

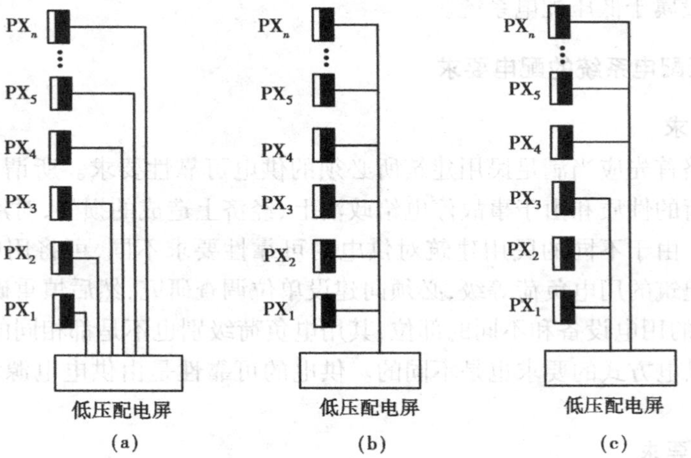

图 6.1 低压配电线路的基本配电方式

(a)放射式；(b)树干式；(c)混合式

(1)放射式

放射式接线如图 6.1(a)所示，它的优点是配电线相对独立，发生故障互不影响，供电可靠性较高；配电设备比较集中，便于维修。但由于放射式接线要求在变电所低压侧设置配电盘，这就导致系统的灵活性差，再加上干线较多，有色金属消耗也较多。

对于下列情况，低压配电系统采用放射式接线：

①容量大、负荷集中或重要的用电设备；

②每台设备的负荷虽不大，但位于变电所的不同方向；

③需要集中连锁起动或停止的设备；

④对于有腐蚀介质或有爆炸危险的场所,其配电及保护起动设备不宜放在现场,必须由与之相隔离的房间馈出线路。

(2)树干式

树干式接线如图 6.1(b)所示,它不需要在变电所低压侧设置配电盘,而是从变电所低压侧的引出线经过空气开关或隔离开关直接引至室内。这种配电方式使变电所低压侧结构简化,减少电气设备需用量,有色金属的消耗也减少,更重要的是提高了系统的灵活性。这种接线方式的主要缺点是,当干线发生故障时,停电范围很大。

采用树干式配电时必须考虑干线的电压质量。有两种情况不宜采用树干式配电:一种是容量较大的用电设备,因为它将导致干线的电压质量明显下降,影响到接在同一干线上的其他用电设备的正常工作,因此,容量大的用电设备必须采用放射式供电;另一种是对于电压质量要求严格的用电设备,不宜接在树干式接线上,而应采用放射式供电。树干式配电一般只适于用电设备的布置比较均匀、容量不大、又无特殊要求的场合。

(3)混合式

混合式接线如图 6.1(c)所示,它是放射式和树干式的综合运用,具有两者的优点,在现代建筑中应用最为广泛。

6.1.3　高层民用建筑供配电

(1)负荷特征

高层民用建筑和普通民用建筑的划分在于建筑楼层的层数和建筑物的高度。一般规定 10 层及 10 层以上的住宅建筑和高度超过 24m 的其他民用建筑属于高层民用建筑。这种划分主要是根据消防能力决定的,因此,在防火规范上,公安部门又把高层建筑分为两大类:一类是指楼层在 19 层以上或建筑高度在 50m 以上的高层建筑,称为一类高层;另一类是指 10~18 层或者建筑高度在 24~50m 的高层民用建筑,称为二类高层。高层民用建筑用电负荷与一般民用建筑相比有以下特征:

首先,在高层民用建筑中增设了特殊的用电设备。如在生活方面有生活电梯、无塔送水泵和空调机组;在消防方面有消防用水泵、电梯、消烟风机、火灾报警系统;在照明方面增设了事故照明和疏散标志灯;在弱电方面有独立的天线系统和电话系统等。

其次,高层民用建筑的用电量大而集中。这不仅因为用电设备的增多,还由于用电时间明显增加,除了电梯、水泵、空调设备外,其余设备和照明均按全部运行计算。

第三,高层民用建筑用电可靠性要求很高。一类建筑的消防用电设备为一级负荷,二类建筑的消防设备为二级负荷,高层民用建筑的生活电梯、载货电梯、生活水泵也属二级负荷,事故照明、疏散标志灯、楼梯照明也相应地为一级负荷或二级负荷。

(2)供电电源

高层民用建筑的供电必须按照重要负荷和集中负荷这两点来设计。为了保证高层建筑供电的可靠性,一般采用两个 6~10kV 的高压电源供电。如果当地供电部门只能提供一个高压电源时,必须在高层建筑内部设立柴油发电机组作为备用电源。目前新建的一些高层民用建筑,还采用三个电源供电,即两个市电电源再加上一组备用柴油发电机组。要求备用电源在电网发生事故时,至少能使高层民用建筑的生活电梯、安全照明、消防水泵、消防电梯及其他通讯系统等仍能继续供电,这是高层民用建筑安全措施的一个重要方面。

(3)高层民用建筑的低压配电方式

高层民用建筑低压配电系统的确定,应满足计量、维护管理、供电安全及可靠性的要求。一般宜将电力和照明分成两个配电系统,事故照明和防火、报警等装置应自成系统。

对于高层民用建筑中容量较大的集中负荷或重要负荷(或大型负荷),采用放射式供电,从变压器低压母线向用电设备直接供电。

对于高层民用建筑中各楼层的照明、风机等均匀分布的负荷,采用分区树干式向各楼层供电。树干式配电分区的层数,可根据用电负荷的性质、密度、管理等条件来确定,对普通高层住宅,可适当扩大分区层数。图6.2所示为高层建筑常用低压配电方式。

对消防用电设备应采用单独的供电回路,其配电设备应有明显的标志,按照水平方向防火和垂直方向防火,分区进行放射式供电。消防用电设备的两个电源(主电源和备用电源),应在最末一级配电箱处自动切换,自备发电设备应设有自起动装置。

高层民用建筑中的事故照明配电线路也要自成系统。事故照明电源必须与工作照明电源分开,当装有两台以上变压器时,事故照明与工作照明的供电干线应取自不同的变压器。如果仅有一台变压器时,它们的供电干线要在低压配电屏上或母干线上分开,二者的配电线路和控制开关要分开装设。事故照明的用途有多种,有供继续工作用的,有供疏散标志用的,也有作为工作照明的一部分,具体应根据不同用途选用不同配电方式。

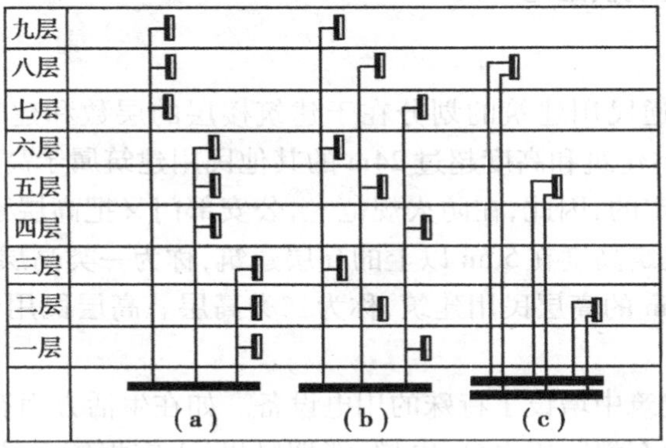

图6.2 高层建筑常用低压配电方式

(a)单干线;(b)交叉式单干线;(c)双干线

6.2 低压保护装置及选择

6.2.1 用电设备及配电线路的保护

为了安全地对各类用电设备供电,要对用电设备及其相应的配电线路进行保护。在民用建筑用电设备中,有些用电设备(如电梯等)是各种电器的组合,由于结构复杂,它自身已设有保护装置,因此,在工程设计时不再考虑设单独的保护,而将配电线路的保护作为它们的后备保护。而有些电气设备(如照明电器、小风扇等)由于结构简单,一般无需设单独的电气保护装置,而把配电线路的保护作为它的保护。

(1)照明用电设备的保护

在民用建筑中,照明电器、风扇、小型排风机、小容量的空调器和电热器等,一般均从照明支路取用电流,通常划归照明负荷用电设备范围,所以都可由照明支路的保护装置作为它们的保护。

照明支路的保护主要考虑对照明用电设备的短路保护。对于要求不高的场合,可采用熔断器保护;对于要求较高的场合,则采用带短路脱扣器的自动保护开关进行保护,这种保护装置同时可作为照明线路的短路保护和过负荷保护,一般只使用其中的一种就可以了。

(2)电力用电设备的保护

在民用建筑中,常把负载电流为6A以上或容量在1.2kW以上的较大容量用电设备划归电力用电设备。对于电力负荷,一般不允许从照明插座取用电源,需要单独从电力配电箱或照明配电箱中分路供电。除了本身单独设有保护装置的设备外,其余的设备都在分路供电线路上装设单独的保护装置。

对于电热器类用电设备,一般只考虑短路保护。容量较大的电热器,在单独回路装设短路保护装置时,可采用熔断器或自动开关作为其短路保护。

对于电动机类用电负荷,在需要单独分路装设保护装置时,除装设短路保护外,还应装设过载保护,可由熔断器和带过载保护的磁力起动器(由交流接触器和热继电器组成)进行保护,或由带短路和过载保护的自动开关进行保护。

(3)低压配电线路的保护

对于低压配电线路,一般主要考虑短路和过载两项保护,但从发展情况来看,过电压保护也不能忽视。

1)低压配电线路的短路保护

所有的低压配电线路都应装设短路保护,一般可采用熔断器或自动开关保护。由于线路的导线截面是根据实际负荷选取的,因此,在正常运行的情况下,负荷电流是不会超过导线的长期允许载流量的。但是为了避开线路中短时间过负荷的影响(如大容量异步电动机的起动等),同时又能可靠地保护线路,当采用熔断器作短路保护时,熔体的额定电流应小于或等于电缆或穿管绝缘导线允许载流量的2.5倍;对于明敷绝缘导线,由于绝缘等级偏低,绝缘容易老化等原因,熔体的额定电流应小于或等于导线允许载流量的1.5倍。当采用自动开关作短路保护时,由于其过电流脱扣器具有延时性并且可调,可以避开线路中的短时过负荷电流,所以,过电流脱扣器的整定电流一般应小于或等于绝缘导线或电缆的允许载流量的1.1倍。

短路保护还应考虑线路末端发生短路时保护装置动作的可靠性。当上述保护装置作为配电线路的短路保护时,要求在被保护线路的末端发生单相接地短路以及两相短路时,其短路电流值应大于或等于熔断器熔体额定电流的4倍;如用自动开关保护,则应大于或等于自动开关过电流脱扣器整定电流的1.5倍。

2)低压配电线路的过负荷保护

低压配电线路在下列场合应装设过负荷保护:

①不论在何种房间内,由易燃外层无保护型电线(如BX、BLX、BXS型电线等)构成的明配线路。

②所有照明配电线路。对于无火灾危险及无爆炸危险的仓库中的照明线路,可不装设过负荷保护。

过负荷保护一般可由熔断器或自动开关构成，熔断器熔体的额定电流或自动开关过电流脱扣器的整定电流应小于或等于导线允许载流量的0.8倍。

3）低压配电线路的过压保护

对于民用建筑低压配电线路，一般只要求有短路和过载两种保护，但从发展情况来看，还应考虑过电压保护。这是因为某些低压供电线路有时会意外地出现过电压，如高压架空线断落在低压线路上，三相四线制供电系统的零线断落引起中性点偏移，以及雷击低压线路等，都可能使低压供电线路上出现超过正常值的电压，使接在该低压线路上的用电设备因电压过高而损坏。为了避免这种意外情况，应在低压配电线路上采取适当分级装设过压保护的措施，如在用户配电盘上装设带过压保护功能的漏电保护开关等。

4）上下级保护电器之间的配合

在低压配电线路上，应注意上下级保护电器之间的正确配合，这是因为当配电系统的某处发生故障时，为了防止事故扩大到非故障部分，要求电源侧、负载侧的保护电器之间具有选择性配合。

①当上下级均采用熔断器保护时，一般要求上一级熔断器熔体的额定电流比下一级熔体的额定电流大2～3级（此处的"级"系指同一系列熔断器本身的电流等级）。

②当上下级保护均采用自动开关时，应使上一级自动开关脱扣器的额定电流大于下一级脱扣器的额定电流，一般大于或等于1.2倍。

③当电源侧采用自动空气开关，负载侧采用熔断器时，应满足熔断器在考虑了正误差后的熔断特性曲线在自动空气开关的保护特性曲线之下。

④当电源侧采用熔断器，负载侧采用自动空气开关时，应满足熔断器在考虑了负误差后的熔断特性曲线在自动空气开关考虑了正误差后的保护特性曲线之上。

6.2.2 刀开关、熔断器及其选择

（1）常用刀开关

刀开关是一种简单的手动操作电器，用于非频繁接通和切断容量不大的低压供电线路，并兼作电源隔离开关。按工作原理和结构形式，刀开关可分为胶盖闸刀开关、刀形转换开关、铁壳开关、熔断式刀开关、组合开关等五类。

1）胶盖闸刀开关

胶盖闸刀开关是普遍使用的一种刀开关。胶盖闸刀开关价格便宜、使用方便，在工民建筑中广泛应用。单相双极刀开关用在照明电路或其他单相电路上，三相胶盖闸刀开关在小电流配电系统中用来接通和切断电路，也可用于小容量三相异步电动机的全压起动操作。

胶盖闸刀开关的型号有 HK_1、HK_2两种，即开启式负荷开关，H表示负荷，K表示开启式，数字表示设计序号。

胶盖闸刀开关的适用电流10～50A，极数有2极、3极。主要用于小电流控制。

2）铁壳开关

铁壳开关主要由刀开关、熔断器和铁制外壳组成。在闸刀断开处有灭弧罩，其断开速度比胶盖闸刀快，灭弧能力强，并具有短路保护功能。它适用于各种配电设备及不需频繁接通和分断负荷的电路，包括用作感应电动机的（非频繁）起动和分断。铁壳开关的型号主要有 HH_3、HH_4等系列，其适用电流10～200A。

3)熔断式刀开关

熔断式刀开关也称刀熔开关,其熔断器装于刀开关的动触片中间,结构紧凑,可代替分裂的刀开关和熔断器,通常装于开关板及电力配电箱内,主要型号有 HR_3系列,其适用电流 100 ~400A。

4)组合开关

组合开关是一种多功能开关,可用来接通或分断电路,切换电源或负载,测量三相电压,控制小容量电动机正反转等,但不能用作频繁操作的手动开关。其主要型号有 HZ_{10}系列等。额定电流为 6 ~100A。

(2)低压刀开关的选择

低压刀开关,应当根据用途选用适当的系列,根据额定电压、计算电流选择规格,再按短路时的动、热稳定校验。

安装刀开关的线路,其额定的交流电压不应超过 500V,直流电压不应超过 440V。为保证刀开关在正常负荷时安全可靠运行,通过刀开关的计算电流应小于或等于刀开关的额定电流,即

$$I_e \geqslant I_j$$

式中:I_e——刀开关的额定电流,A;

I_j——通过刀开关的计算电流,A。

在正常情况下,闸刀开关可以接通和断开自身标定的额定电流,因此,对于普通负荷来说,可以根据负荷的额定电流来选择相应的刀开关。当用刀开关控制电动机时,由于电动机的起动电流大,选择刀开关的额定电流要比电动机的额定电流大一些,一般是电动机额定电流的 3 倍。如果电动机不需要经常起动,刀开关的额定电流可为电动机额定电流的 2 倍左右。在选择刀开关时,还应根据工作地点的环境,选择合适的操作机构,对于组合式的刀开关,应配有满足正常工作和保护需要的熔断器。

安装刀开关的线路,其三相短路电流不应超过制造厂家规定的动、热稳定值。

(3)常用低压熔断器

熔断器是一种保护电器,它主要由熔体和安装熔体用的绝缘器组成。它在低压电路中主要用于短路保护,有时也用于过载保护。熔断器的保护作用是靠熔体来完成的,一定截面的熔体只能承受一定值的电流,当通过的电流超过规定值时,熔体将熔断,从而起到保护的作用。熔体熔断所需的时间与电流的大小有关,通过熔体的电流越大,熔断的时间越短。通过熔体的电流与熔断时间的关系见表 6.1。在应用中一般规定熔体的额定电流,记作 I_e。当通过的电流为熔体的额定电流时,熔体是不会熔断的,即使通过的电流等于额定电流的 1.25 倍,熔体还可以长期运行,超过其额定电流的倍数愈大,愈容易熔断。

表 6.1　通过熔断器熔体的电流与熔断时间

通过额定电流倍数 X	1.25	1.6	2	2.5	3	4
熔断时间	∞	60min	40s	8s	4.5s	2.5s

低压熔断器的型号含义如下:

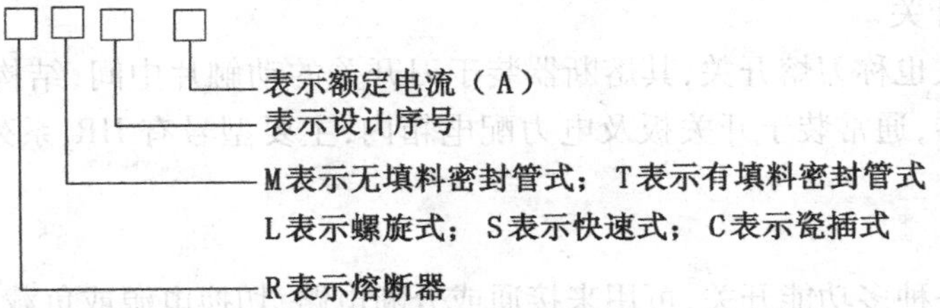

熔断器的系列产品较多，最常用的有：①RC 系列瓷插式熔断器，适用于负载较小的照明电路；②RL 系列螺旋式熔断器，适用于配电线路中作过载和短路保护，也常用做电动机的短路保护电器；③RM 无填料密封管式熔断器；④RT 系列有填料密封闭管式熔断器，它除具有灭弧能力强、分断能力高的优点外，还具有限流作用。在电路短路时，因为短路电流增长到最大值时需要一定的时间，在短路电流的最大值到来之前能切断短路电流，这种作用称为限流作用。它常用于具有较大短路电流的电力系统和成套配电装置中。此外，还有保护可控硅及硅整流电路的 RS 系列快速熔断器。

(4)熔断器的选择

熔断器的额定电流与熔体的额定电流不同，某一额定电流等级的熔断器可以装设几个不同额定电流等级的熔体。选择熔断器作线路和设备的保护时，首先要明确选用熔体的规格，然后再根据熔体去选定熔断器。

1)熔断器熔体额定电流的确定

①照明负荷　当照明负荷采用熔断器保护时，一般取熔体的额定电流大于或等于负荷回路的计算电流，即

$$I_e \geqslant I_j$$

当用高压汞灯或高压钠灯照明时，应考虑起动的影响，因此，取

$$I_e \geqslant (1.1 \sim 1.7) I_j$$

式中：I_e——熔体的额定电流，A。

②电热负荷　对于大容量的电热负荷需要单独装设短路保护时，其熔体的额定电流应大于或等于回路的计算电流，即

$$I_e \geqslant I_j$$

2)熔断器电缆截面的配合

为了使自动开关及熔断器等保护装置，在配电线路过负荷或短路时，能可靠地保护电线及电缆，因此，还必须校核所选熔断器与导线截面的配合问题。自动开关脱扣器的整定电流、熔断器熔体的额定电流与导线的载流量之间的关系，见表 6.2。

3)熔断器额定电压、电流的确定

选择熔断器一般要求：

$$U_e \geqslant U_x$$

$$I_e \geqslant I_j$$

式中：U_e——熔断器的额定电压，V；

U_x——线路的额定电压，V；

I_e——熔断器的额定电流，A；

I_j——线路计算电流，A。

确定了熔体的额定电流后，再按熔体的额定电流确定熔断器的额定电流。

表6.2　保护装置的整定值与配电线路允许持续电流配合

保护装置	无爆炸危险场所			有爆炸危险场所	
	过负荷保护		短路保护	橡皮绝缘电线及电缆	纸绝缘电缆
	橡皮绝缘电缆与电线	纸绝缘电缆	电缆及电线		
	电缆及电线允许持续电流 I				
熔体的额定电流 I_e	$I_e \leqslant 0.8I$	$I_e \leqslant I$	$I_e \leqslant 2.5I$	$I_e \leqslant 0.8I$	$I_e \leqslant I$
自动开关长延时脱扣器整定电流 I_{zdl}	$I_{zdl} \leqslant 0.8I$	$I_{zdl} \leqslant I$	$I_{zdl} \leqslant I$	$I_{zdl} \leqslant 0.8I$	$I_{zdl} \leqslant I$

6.2.3　自动空气开关及其选择

(1)自动开关

自动开关又称自动空气断路器或自动空气开关。它属于一种能自动切断电路故障的控制兼保护的电器。在电路出现短路或过载时，它能自动切断电路，有效地保护串接在它后面的电气设备；也可用于不频繁操作的电路中作控制电器。它的动作值可调整，而且动作后一般不需要更换零部件，加上它的分断能力较强，所以应用极为广泛，是低压配电网络中非常重要的一种保护电器。

1)分类

自动空气开关按其用途可分为：配电用空气开关、电动机保护用自动空气开关、照明用自动空气开关；按其结构可分为塑料外壳式、框架式、快速式、限流式等；但基本形式主要有万能式和装置式两种系列，分别用W和Z表示。

①塑料外壳式自动空气开关属于装置式，它具有保护性能好、安全可靠等优点。

②框架式自动空气开关是敞开装在框架上的，因其保护方案和操作方式较多，故有“万能式”之称。

③快速自动空气开关，主要用于对半导体整流器的过载、短路的快速保护。

④限流式空气开关，用于交流电网快速动作的自动保护，以限制短路电流。

2)保护方式

为了满足保护动作的选择性，过电流脱扣器的保护方式有：过载和短路均瞬时动作；过载具有延时，而短路瞬时动作；过载和短路均为长延时动作；过载和短路均为短延时动作等方式。在具体应用中可根据不同要求来选用。

3)型号及常用开关规格

自动开关用D表示，其型号含义为：

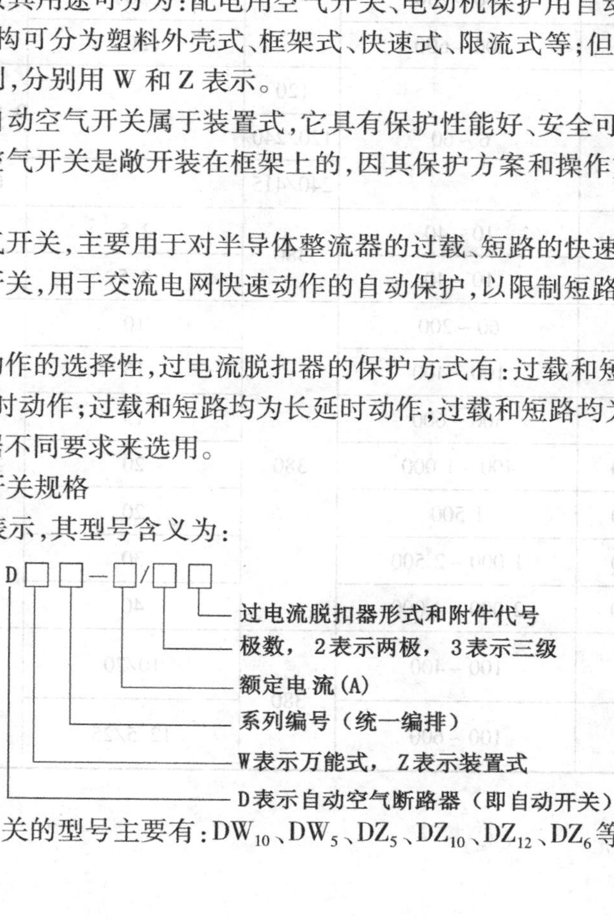

目前常用空气开关的型号主要有：DW_{10}、DW_5、DZ_5、DZ_{10}、DZ_{12}、DZ_6等系列。除此之外，近

年来一些厂家生产出了一些具有国际先进水平的更新换代产品，如TO、TG、TS、TL、TH系列塑壳式新型自动开关，其外形与DZ型自动开关基本相同，但体积小、重量轻、工作可靠，其机械寿命和电气寿命以及带负荷的通断能力，都比相应的老产品高1~2倍或1~2个数量级。常用空气开关的主要技术数据见表6.3。

表6.3　常用自动开关的型号及主要技术数据

类别	型　号	额定电流/A	过电流脱扣器额定电流范围/A	极限开断能力 电压/V	极限开断能力 交流电流周期分量有效值 I/kA	极限开断能力 cosφ	备　注
塑料外壳式	DZ_5	20	0.15~20 复式电磁式		1.2	≥0.7	
			0.15~20 热脱扣式		1.3 倍脱扣额定电流		
			无脱扣式		0.2		
		50	10~50		2.5		
	DZ_{10}	100	15~20		(7)	≥0.5	
			25~40		(9)		
			50~100		(12)		
		250	100~250		(30)		
		600	200~600		(50)		
	DZ_{12}	60	6~60	120	5	0.5~0.6	
				120/240			
				240/415	3	0.75	
	DZ_{15}	40	10~40	380	2.5	0.7	
	$DZ_{15}L$	40	10~40		2.5	≥0.4	
框架式	DW_{10}	200	60~200	380	10	≥0.4	
		400	100~400		15		
		600	500~600		15		
		1 000	400~1 000		20		
		1 500	1 500		20		
		2 500	1 000~2 500		30		
		4 000	2 000~4 000		40		
	DW_5	400	100~400	380	10/20	0.35	延时0.4s（北京开关厂数据）
		600	100~600		12.5/25		

(2)自动开关的选择

自动开关的选择包括额定电压、额定电流的确定,即主触头长期允许通过的电流;脱扣器的整定电流(脱扣器不动作时,长期允许通过的最大电流);脱扣器的瞬时动作整定电流(脱扣器不动作时,瞬时允许通过的最大电流)和整定倍数的确定。

1)额定电压、电流的确定

按线路的额定电压选择。自动开关的额定电压应大于或等于线路的额定电压,即

$$U_e \geqslant U_j$$

式中:U_e——自动开关的额定电压,V;

U_j——线路额定电压,V。

按线路计算电流选择。自动开关的额定电流应大于或等于线路的计算电流,即

$$I_e \geqslant I_j$$

如自动开关作为大容量电热负荷的控制和保护时,其过电流脱扣器的整定电流应满足

$$I_{zd} \geqslant I_j$$

式中:I_{zd}——自动开关过电流脱扣器的动作整定电流;

I_j——电热负荷回路计算电流,A。

2)长延时动作的过电流脱扣器的整定电流

长延时动作的过电流脱扣器的整定电流应大于线路的计算电流,即

$$I_{zd1} \geqslant K_{k1} I_j$$

式中:I_{zd1}——自动开关长延时过电流脱扣器的动作整定电流,A;

I_j——线路计算电流,A;

K_{k1}——可靠系数,取1.1。

3)短延时动作的过电流脱扣器整定电流

短延时动作的过电流脱扣器的整定电流应大于尖峰电流,即

$$I_{zd2} \geqslant K_{k2} I_j$$

式中:I_{zd2}——自动开关短延时过电流脱扣器的动作整定电流,A;

I_j——配电线路中的尖峰电流,A;

K_{k2}——考虑整定误差的可靠系数,对动作时间大于0.02s的自动开关(如DW型),一般取1.35;动作时间小于0.02s的自动开关(如DZ型),取1.7~2。

对于单台电动机回路,其尖峰电流等于电动机的起动电流,于是

$$I_{zd2} \geqslant K_{k2} I_q$$

式中:I_q——电动机的起动电流,A。

对配电线路,不考虑电动机自起动时,其尖峰电流为

$$I_j = I_{qm} + I_j(n-1)$$

式中:I_{qm}——配电线路中功率最大的一台电动机的起动电流,A;

$I_j(n-1)$——配电线路中除起动电流最大的一台电动机外的回路计算电流,A。

4)瞬时动作的过电流脱扣器的整定电流

自动开关瞬时动作的过电流脱扣器的整定电流,应躲过配电线路的尖峰电流,即

$$I_{zd3} \geqslant K_{k3}[I_{qm} + I_j(n-1)]$$

式中:I_{zd3}——自动开关瞬时过电流脱扣器的动作整定电流,A;

$I_j(n-1)$——配电线路中除起动电流最大的一台电动机外的回路计算电流,A;

K_{k3}——自动开关瞬时脱扣可靠系数,取1.2。

5)照明用自动开关的过电流脱扣器的整定

当照明支路负荷采用自动开关作为控制和保护时,其延时和瞬时过电流脱扣器的整定电流分别取

$$I_{zd1} \geqslant K_1 I_j$$
$$I_{zd2} \geqslant K_2 I_j$$

式中:K_1——用于长延时过电流脱扣器的计算系数,见表6.4;

K_2——用于瞬时过电流脱扣器的计算系数,见表6.4;

I_j——照明支路的计算电流。

表6.4 计算系数 K_1、K_2 值

计算系数	白炽灯、荧光灯、卤钨灯	高压汞灯	高压钠灯
K_1	1	1.1	1
K_2	6	6	6

6.2.4 漏电保护装置

漏电保护器是一种自动电器,主要用来对有致命危险的人身触电进行保护,以及防止因电气设备或线路漏电而引起火灾。当在低压线路或电器设备上发生人身触电、漏电和单相接地故障时,漏电保护开关便快速地自动切断电源,保护人身和电气设备的安全,避免事故的扩大。

(1)分类

漏电保护器的分类方法较多,这里介绍几种主要的分类。

①漏电保护开关按其动作原理可分为电压型、电流型和脉冲型。其中脉冲型漏电保护开关,可以把人体触电时产生的电流突变量与缓慢变化的设备(线路)漏电电流区别开来,分别进行保护。

②漏电保护器按脱扣的形式可分为电磁式和电子式两种。电磁式漏电保护开关主要由检测元件、灵敏继电器元件、主电路开断执行元件以及试验电路等几部分构成;电子式漏电保护开关主要由检测元件、电子放大电路、执行元件以及试验电路等部分构成。电子式与电磁式比较,灵敏度高,制造技术简单,可制成大容量产品,但需要辅助电源,抗干扰能力不强。

③漏电保护器按其保护功能及结构特征可分为漏电继电器、漏电断路器、漏电开关及漏电保护插座。

漏电继电器由零序电流互感器和继电器组成。它仅具备判断和检测功能,由继电器触头发出信号,控制断路器分闭或控制信号元件发出声、光信号。

漏电开关由零序电流互感器、漏电脱扣器和主开关组成,装在绝缘外壳里。它具有漏电保护和手动通断电路的功能。

漏电断路器具有过载保护和漏电保护的功能,它是在断路器上加装漏电保护器件而构成。

漏电保护插座是由漏电断路器或漏电开关与插座组合而成。

(2)型号含义

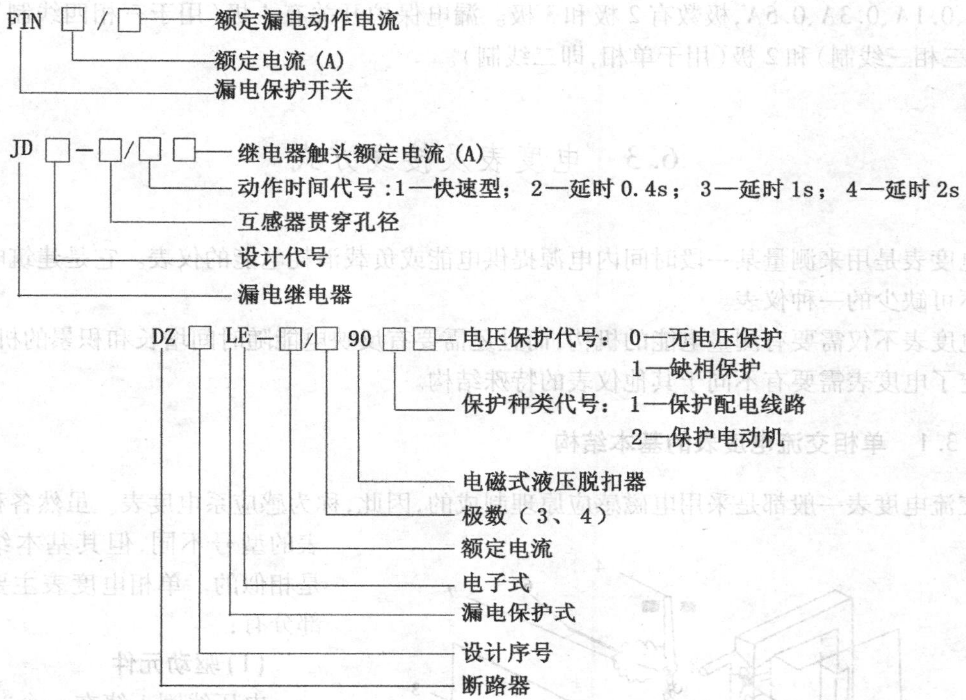

(3)应用

漏电保护开关的保护方式一般分为:低压电网的总保护和低压电网的分级保护两种。低压电网的总保护是指只对低压电网进行总的保护。一般地,选用电压型漏电保护开关作为配电变压器,二次侧中性点不直接接地的低压电网的漏电总保护;选用电流型漏电保护开关作为配电变压器,二次侧中性点直接接地的低压电网的漏电总保护。

低压电网的分级保护一般采用三级保护方式,其目的是为了缩小停电范围。第一级保护是全网的总保护,安装在靠近配电变压器的室内配电屏上,其作用是排除低压线路上单相接地短路事故,如架空线断落或电气设备的导体碰壳引起的触电事故等。此第一级一般设低压电网总保护开关和主干线保护开关。设主干线保护开关的目的是为了缩小事故时的停电范围。第二级为支线保护,保护开关设在一个部门的进户线配电盘上,其目的是防止用户发生触电事故。第三级保护是线路末端及单相的保护,如电热设备、风机、手持电动工具以及各居民用户的单独保护等。实践证明,电磁式漏电保护开关比电子式漏电保护开关的可靠性要高。这是因为前者的动作特性不受电压波动、环境温度变化以及缺相等影响,而且抗磁干扰性能良好,因而得到广泛的应用,特别是对于使用在配电线终端的、以防止触电为主的漏电保护,一些国家严格规定了要采用电磁式的,不允许采用电子式的。我国在《民用建筑电气设计规范》中也强调“宜采用电磁式漏电保护器”,明确指出漏电保护器的可靠性是第一位的,设计人员切不可为省钱而采用可靠性差的产品。

近年来国内一些厂家生产出了具有20世纪80年代国际先进水平的新型漏电保护开关,如FIN、FNP、FI/LS型漏电保护开关,它们具有结构紧凑,体积小,质量轻,性能稳定,可靠性高,使用安装方便等特点,且都为电磁式电流动作型。这种新型漏电保护开关主要用于交流

220/380V 的线路中，其额定电流有 16A、25A、40A、63A 等四级，额定漏电动作电流为 0.03A、0.1A、0.3A、0.5A，极数有 2 极和 3 极。漏电保护开关有 4 极(用于三相四线制)、3 极(用于三相三线制)和 2 极(用于单相，即二线制)。

6.3 电度表及接线方式

电度表是用来测量某一段时间内电源提供电能或负载消耗电能的仪表。它是建筑电气工程中不可缺少的一种仪表。

电度表不仅需要有测量电能的机构，而且还需要有反映电能随时间增长和积累的机构，这就决定了电度表需要有不同于其他仪表的特殊结构。

6.3.1 单相交流电度表的基本结构

交流电度表一般都是采用电磁感应原理制成的，因此，称为感应系电度表。虽然各种电度表的型号不同，但其基本结构都是相似的。单相电度表主要组成部分有：

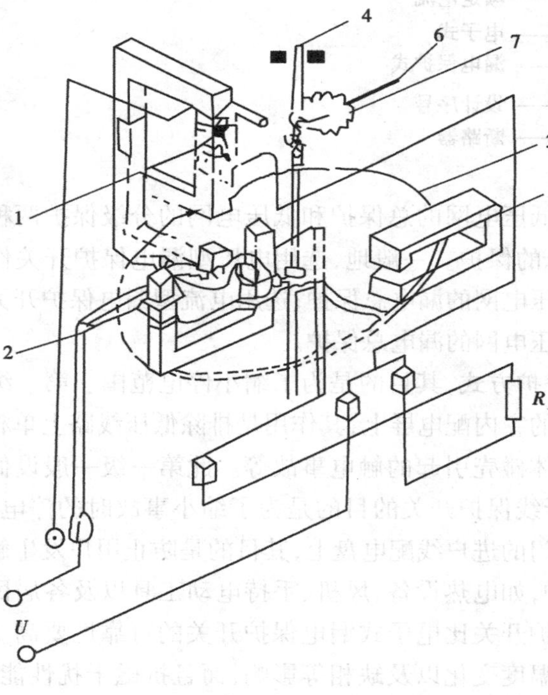

图 6.3　单相电度表结构图

1—电压线圈；2—电流线圈；3—铝制圆盘；4—转轴；5—永久磁铁；6—蜗杆；7—蜗轮；RL—负载电阻

(1)驱动元件

电压线圈 1 绕在一个“日”形的铁心上，导线较细，匝数较多。电流线圈 2 绕在一个“Π”形的铁心上，导线较粗，匝数较少。如图 6.3 所示。

驱动元件的作用是：当电压线圈和电流线圈接到交流电路时，产生交变磁通，从而产生转动力矩使电度表的铝盘转动。

(2)转动元件

转动元件由铝制圆盘 3 和转轴 4 组成，轴上装有传递转速的蜗杆 6，转轴安装在上下轴承里，可以自由转动。

(3)制动元件

制动元件由永久磁铁 5 和铝盘 3 组成。其作用是在铝盘转动时产生制动力矩，使铝盘转速与负载的功率大小成正比，从而使电度表能反映出负载所消耗的电能。

(4)积算机构

为了能指示出不断增长的被测电能，实现电能的测量和积算，当铝盘转动时，通过蜗杆 6、蜗轮7及齿轮等传动机构,最后使"字轮"转动(字轮在图中未画出),由"字轮"显示出被测电能的度数。

6.3.2 电度表的工作原理

当交流电流通过感应系电度表的电流线圈和电压线圈时,在铝盘上便会感应涡流,这些涡流与交变磁通相互作用而产生电磁力,进而形成转动力矩,使铝盘转动。同时,永久磁铁与转动的铝盘也相互作用,产生制动力矩。当转动力矩与制动力矩达到平衡时,铝盘以稳定的速度转动。铝盘的转数与被测电能的大小成正比,从而测出所耗电能,这就是单相电度表的工作原理。

由以上原理可知,铝盘转速与负载功率的关系为:

$$P = C\omega$$

式中:P——负载的功率;

C——比例常数;

ω——铝盘的转速。

若测量时间为T,且保持该段时间的功率不变,则有:

$$PT = C\omega T$$

上式左端表示在时间T内负载消耗的电能W,右端表示铝盘在时间T内的转数n。由此,上式可改写成:

$$W = Cn$$

即电度表铝盘的转数n正比于被测电能W。

通常,电度表铭牌上给出的是电度表常数N,它表示每千瓦小时对应的铝盘转数,即

$$N = n/W(\mathrm{r/kw \cdot h})$$

6.3.3 电度表的接线方法

电度表的接线原则是与瓦特表的接线方法相同,即电流线圈与负载串联,电压线圈与负载并联,并且遵守电流端钮的接线规则。即:① 电流线圈的电源端钮必须与电源连接,另一端钮与负载连接;② 电压线圈的电源端钮可与电流线圈的任一端钮连接,另一端钮则跨接到被测电路的另一端,如图6.4所示,图中标有"*"号的一个端钮则为电源端钮。

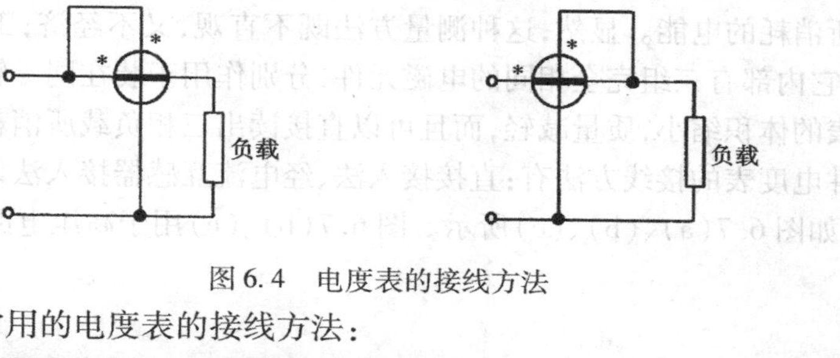

图6.4 电度表的接线方法

下面介绍几种常用的电度表的接线方法:

(1)单相电度表的接线方法(用于单相交流电路)

在低电压(380V或220V)小电流(10A以下)的单相交流电路中,电度表可以直接接在电路上,如图6.5(a)所示。如果负载电流超过电度表电流线圈的额定值,则需要经过电流互感

器接入电路,如图6.5(b)。

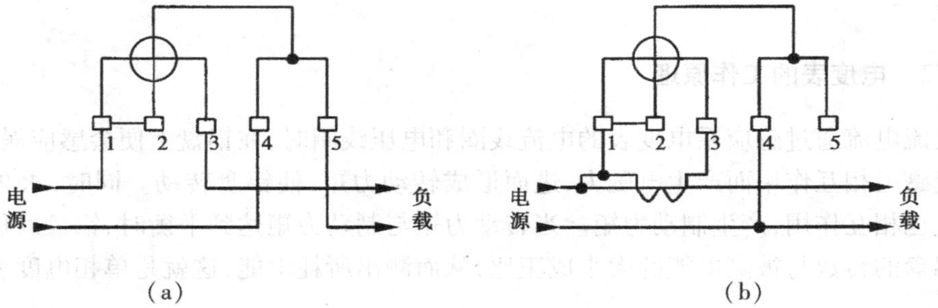

图6.5 单相电度表的接线方法

(2)三相二元件电度表的接线方法(用于三相三线制电路)

在三相三线制电路中,三相电能可用两只单相电度表来测量,三相总电能是两表读数之和,测量原理和接线方法与两表法测三相三线制电路的功率类似。但是,在工业上多数采用三相两元件电度表,其特点是有两组电磁元件分别作用在固定于同一转轴的铝盘上,从计数器上可以直接读出三相负载所消耗的总电能。其接线方法也有直接接入法和经过电流互感器接入法两种,分别如图6.6(a)和图6.6(b)所示。

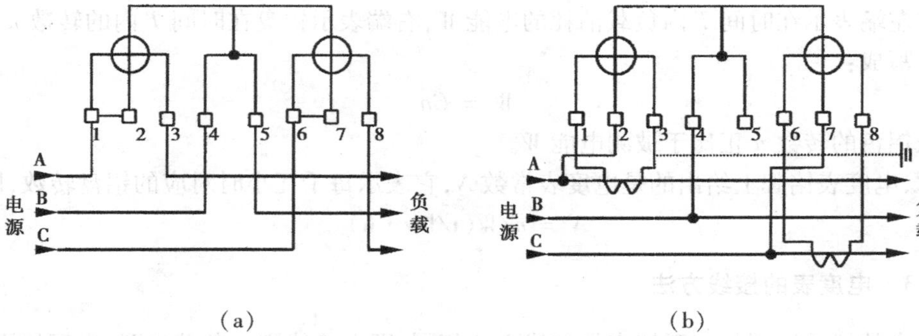

图6.6 三相两元件电度表的接线方法

(3)三相三元件电度表的接线方法(用于三相四线制电路)

在负载平衡的三相四线制电路中,可用一只单相电度表来测量任意一相负载所消耗的电能,将其读数乘以3,即得三相电路消耗的总电能。如果负载不平衡,就得用三只电度表分别测量每相负载所消耗的电能。显然,这种测量方法既不直观,又不经济;工业上往往采用三相三元件电度表,它内部有三组完全相同的电磁元件,分别作用于装在同一转轴上的铝盘上。这样就可以电度表的体积缩小,质量减轻,而且可以直接读出三相负载所消耗的总电能。

三相三元件电度表的接线方法有:直接接入法、经电流互感器接入法以及经两只电流互感器接入法,分别如图6.7(a)、(b)、(c)所示。图6.7(b)、(c)用于高压电路中测量三相有功电能。

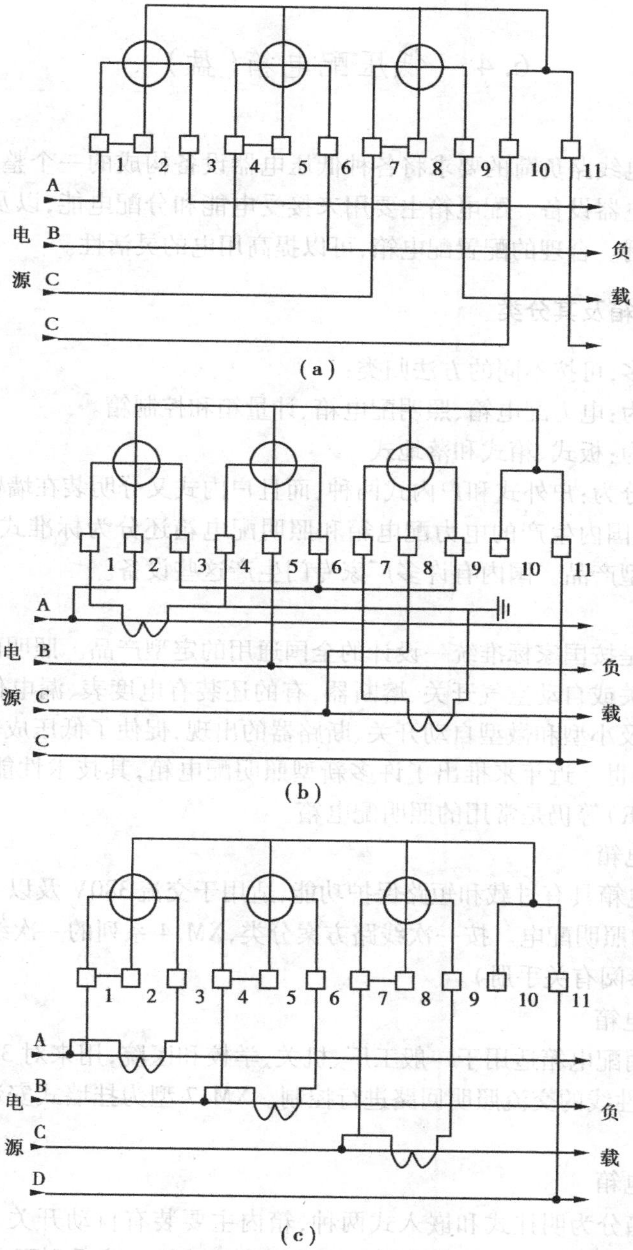

图 6.7　三相三元件电度表的接线方法

6.4 低压配电箱(盘)

配电箱是按照供电线路负荷的要求将各种低压电器设备构成的一个整体装置,并且具有一定功能的小型成套电器设备。配电箱主要用来接受电能和分配电能,以及用它来对建筑物内的负荷进行直接控制。合理的配置配电箱,可以提高用电的灵活性。

6.4.1 常用配电箱及其分类

配电箱的类型很多,可按不同的方法归类:

①按其功能可分为:电力配电箱、照明配电箱、计量箱和控制箱。

②按照结构可分为:板式、箱式和落地式。

③按使用场所则分为:户外式和户内式两种,而且户内式又分明装在墙壁上和暗装嵌入墙内的不同形式。同时,国内生产的电力配电箱和照明配电箱还分为标准式和非标准式两种。其中标准式已成为定型产品。国内有许多厂家专门生产这些设备。

(1)照明配电箱

标准照明配电箱是按国家标准统一设计的全国通用的定型产品。照明配电箱内主要装有控制各支路的刀闸开关或自动空气开关、熔断器,有的还装有电度表、漏电保护开关等。由于建筑物的配套需要以及小型和微型自动开关、断路器的出现,促使了低压成套电气设备的不断改进,新型产品陆续问世。近年来推出了许多新型照明配电箱,其技术性能见表6.5。此外,老产品XM.4和XM(R)等仍是常用的照明配电箱。

1)XM.4系列配电箱

XM.4型照明配电箱具有过载和短路保护功能,适用于交流380V及以下的三相四线制系统,用作非频繁操作的照明配电。按一次线路方案分类,XM.4系列的一次线路方案共5类87种(一次线路方案请参阅有关手册)。

2)XM.7系列配电箱

XM.7型系列照明配电箱适用于一般工厂、机关、学校和医院,用来对380/220V及以下电压等级且具有接地中性线的交流照明回路进行控制。XM.7型为挂墙式安装,XM(R).7型为嵌入式安装。

3)$X_R^X M_{23}$系列配电箱

$X_R^X M_{23}$系列配电箱分为明挂式和嵌入式两种,箱内主要装有自动开关、交流接触器、瓷插式熔断器、母线、接线端子等,因此具有短路和过载保护的功能。该系列配电箱适用于大厦、公寓、广场、车站等现代化建筑物,可对380/220V、50Hz电压等级的照明及小型电力电路进行控制和保护。

(2)电力配电箱

标准电力配电箱是按实际使用需要,根据国家有关标准和规范,进行统一设计的全国通用的定型产品。普遍采用的电力配电箱主要有XL(F).14、XL(F).15、XL(R).15、XL.21等型号。XL(F).14、XL(F).15型电力配电箱内部主要有刀开关(为箱外操作)、熔断器等。刀开关额定电流一般为400A,适用于交流500V以下的三相系统电力配电。XL(R).20、XL.21型是新产品，采用了DZ_{10}型自动开关等新型元器件。XL(R).20型采取挂墙安装，可取代XL.9型老产品。XL.21型除装有自动开关外，还装有接触器、磁力起动器、热继电器等，箱门上还可装操作按钮和指示灯，其一次线路方案灵活多样，采取落地式靠墙安装，适合于各种类型的低压用电设备的配电。

(3)其他配电箱

近年来，随着城乡建筑业的迅速发展，对低压成套电气设备，不仅需求量日益加大，而且对产品性能的要求也越来越高，从而推动了电气设备的不断改进，新型产品陆续问世，在很大程度上克服了老产品的缺点。

1) $X_R^XZ_{24}$系列插座箱

这类配电箱具有多个电源插座，适用于50Hz、500V以下的单相和三相交流电路中，广泛应用在学校、科研单位等各类实验室，以及一般民用建筑等场所。

插座箱分为明挂式和嵌入式两种。箱内备有工作零线和保护零线端子排，箱内主要装有自动开关和插座。此外，还可以根据需要加装LA型控制按钮、XD型信号灯等元件。

表6.5 新型照明配电箱产品概况

型 号	安装方式	箱内主要元件	备 注
XM—34—2	嵌入，半嵌，悬挂	DZ12型断路器	可用于工厂企业及民用建筑
XXM—	嵌入，悬挂	DZ12型断路器，小型蜂鸣器	用于民用建筑等
XZK—	嵌入，悬挂	DZ12型断路器	
XM—	嵌入，悬挂	DZ12型断路器	
XRM—12	悬挂	DZ10、DZ12型断路器	
XPR	嵌入，悬挂	DZ5型断路器、DD17型电度表	用于一般民用建筑
PX	嵌入，悬挂	DZ10、DZ15型断路器	
PXT—	嵌入，悬挂	DZ6型断路器	用于工厂企业、民用建筑
XXRM—1N	嵌入，悬挂	DZ10、DZ12、DZ15型断路器，小型熔断器	用于工厂企业及民用建筑
XXRM—2	嵌入，悬挂	DZ12型断路器	用于民用建筑
XM(R)—04	嵌入，悬挂	DZ12型断路器	
PDX—	嵌入，悬挂	DZ12型断路器	
TWX—50	悬挂	电度表(1~5A)带锁	电度计量用，不能作照明配电用
XMR—3	嵌入，悬挂	电度表(1~5A)及瓷刀开关	电度计量用，不能作照明配电用
XML—2	板式，嵌入式	HK1型负荷开关、RC1A—15型熔断器和DD5—3A型电度表	
XM—14	嵌入式	DZ15—40 1903、DZ15—40 3903型断路器	
XRM—	嵌入，悬挂	DZ12型断路器	用于工厂企业及民用建筑
XXRM—3	嵌入，悬挂	DZ12型断路器	用于民用建筑

2) $X_R^XC_{31}$系列计量箱

这类计量箱适用于各种住宅、旅馆、车站、医院等场所计量50Hz的单相和三相有功功率。箱内主要装有电度表、电流互感器、自动开关或熔断器等。计量箱分为封闭挂式和嵌入暗装式两种。箱体由薄钢板焊制而成，上下箱壁均有穿线孔，箱的下部设有接地端子板。

6.4.2 配电箱的布置与选择

(1) 布置原则

配电箱位置的选择十分重要，若选择不当，对于设备费用、电能损耗、供电质量以及使用、维修等方面，都会造成不良的后果。在作电气照明设计的过程中，选择配电箱位置时，应考虑以下原则：

①尽可能靠近负荷中心，即电器多、用电量大的地方；

②高层建筑中，各层配电箱应尽量布置在同一方向、同一部位上，以便于施工安装与维修管理；

③配电箱应设在方便操作、便于检修的地方，一般多设在门厅、楼梯间或走廊的墙壁内。最好设在专用的房间里；

④配电箱应设在干燥、通风、采光良好，且不妨碍建筑物美观的地方；

⑤配电箱应设在进出线方便的地方。

(2) 配电箱(盘)位置的确定

在确定配电箱的位置时，除考虑上述的因素外，还有建筑物的几何形状、建筑设计的要求等，都是决定配电箱位置的约束条件。在满足约束条件下，确定的配电箱的位置，常称为最优位置。

配电箱位置选择是否最佳，常用所有各支线的负荷量与相应支线长度乘积的总和(俗称目标函数)来衡量，当目标函数值趋向最小时，则选择最佳。用数学式表示则为：

$$M = \sum P_i L_i (i = 1,2,\cdots)$$

式中：L_i——第 i 条回路(支线)从配电箱引出线至最后一个用电器的长度，m；

P_i——第 i 条回路(支线)上的(灯具和用电器的总功率)负荷总量，kW。

在满足约束条件下，按上述数学式求得配电箱的最优位置，有时还需根据土建设计要求的条件作些调整。

(3) 配电箱的选择

选择配电箱应从以下几个方面考虑：

①根据负荷性质和用途，确定配电箱的种类。

②根据控制对象的负荷电流的大小、电压等级以及保护要求，确定配电箱内主回路和各支路的开关电器、保护电器的容量和电压等级。

③应从使用环境和场合的要求，选择配电箱的结构形式。如确定选用明装式还是暗装式，以及外观颜色、防潮、防火等要求。

在选择各种配电箱时，一般应尽量选用通用的标准配电箱，以利于设计和施工。若因建筑设计的需要，也可以根据设计要求向生产厂家订货加工所要求的配电箱。

6.5 室内供配电系统设计

建筑物配电系统是指从总配电箱(或配电室)至各层分配电箱或各层用户单元开关之间的供电线路系统。配电系统的设计应根据设计项目、设备装置状况、用电负荷性质和装机容量来考虑。配电系统设计的内容包括配电系统形式、线路敷设方式、开关电器设备选择和导线型号规格选择等,并要把所选择的结果标注在设计图的相应部位上。

配电系统设计通常需要和电气平面图设计统一考虑。配电系统设计应满足供电可靠性和电压质量的要求。系统接线不宜复杂,在操作安全、检修方便的前提下,应有一定的灵活性。配电系统以三级保护为宜,配电线路或配电室及配电箱应设置在负荷中心,以最大限度地减小导线截面,降低电能损耗。同一用电设备,性质相同或接近,应由同一线路供电;不同性质的用电设备应由不同支路的线路供电。在供电线路中,如果安装有冲击负荷大的用电设备,如电焊机应由单独支路供电。对于容量较大的用电设备(10kW 以上),应由单独支路供电。在三相供电线路中,单相用电设备应均匀地分配到三相线路,应尽可能做到三相平衡。在配电系统中的配电柜、配电箱应留有适当的备用回路。选择导线截面也应适当留有余量。

室内配线就是室内各种电气设备的供电线路。室内配线通常有明配线和暗配线两种。导线沿墙壁、天花板、行架及柱子等明线敷设称为明配线,导线穿管埋设在墙内、地坪内或装设在顶棚里的称为暗配线。

布线是设计者在确定了室内灯具、插座、开关、配电箱等的数量与位置后,根据建筑物内部的情况,从配电箱到各用电设备供电敷设线路的具体设计方案,这种设计方案反映在设计图纸中,是进行室内配线施工的技术依据。

6.5.1 基本设计要求

室内支线应尽可能遵照下述规定:

①支线的供电范围,单相支线不超过 20 ~ 30m,三相支线不超过 60 ~ 80m。其每相电流以不超过 20A 为宜。每一单相支线上所装设的灯具和插座不应超过 20 ~ 25 个。但是,给发光檐、发光板或给 2 根用荧光灯管的照明器供电时,可增至 50 个。供电给多灯头艺术花灯、节日彩灯的照明支线灯数不受限制。

②单相支线一般采用不大于 20A 的熔断器或自动开关保护。在 125W 以上气体放电灯和 500W 以上白炽灯的支线,保护设备电流不应超过 60A。

③插座是线路中最容易发生故障的地方,如需要安装较多的插座时,可考虑专设一条支线供电,以提高线路的可靠性。

④支线的路径较长,转折和分支又多。从敷设施工上来考虑,支线截面不宜过大,一般应在 1.0 ~ 4.0mm^2范围之内,最大不能超过 6.0mm^2。若单相支线的电流大于 15A 或截面大于 4.0mm^2时,改为三相或分两条单相支线是合理的。

⑤单相支线应按电源相序(A、B、C)分配供电,并应尽可能使三相负载接近平衡。三相支线也应使三相负载分配大致平衡。

由于单相用电设备的使用是经常变化的,不可能做到两相平衡,因此,一般情况下不要两个单相支路共用一根零线。

6.5.2 配线的技术要求

室内配线不仅要使电能的传送可靠，而且要使线路布置合理、整齐、安装牢固，符合技术规范的要求。内线工程不能破坏建筑物的强度和损害建筑物的美观。在施工前就要考虑好与给排水管道、热气管道、风管道以及通讯线路布线等的位置关系。

室内配线技术要求如下：

①使用的导线其额定电压应大于线路的工作电压，导线的绝缘应符合线路的安装方式和敷设的环境条件。导线截面应能满足供电和机械强度的要求。

②配线时应尽量避免导线有接头，因为往往由于导线接头漏电而引发各种事故。必须有接头时，应采用压接和焊接。导线连接和分支处不应受到机械力的作用。穿在管内的导线，在任何情况下都不能有接头。必要时应尽可能地把接头放在接线盒或灯头盒内。

③当导线穿过楼板时，应设钢管或塑料管加以保护，管子长度应从离楼板面2m高处，到楼板下出口处为止。

④明配线路在建筑物内应水平或竖直敷设。水平敷设时，导线距地面不小于2.5m。竖直敷设时，导线距地面不应小于2m，否则应将导线穿管以作保护，防止机械损伤。

⑤导线穿墙要用瓷管，瓷管两端的出线口，伸出墙面不小于10mm，这样可防止导线和墙壁接触，防止墙壁潮湿时产生漏电现象。导线过墙用瓷管保护，除穿向室外的瓷管应一线一根外，同一回路的几根导线可以穿在同一根瓷管内，但管内导线的总面积（包括绝缘层）不应超过管内截面的40%。

当导线沿墙壁或天花板敷设时，导线与建筑物之间的距离一般不小于10mm。在通过伸缩缝的地方，导线敷设应稍微松弛。钢管配线，应装设补偿装置，以适应建筑物的伸缩。

⑥当导线互相交叉时，为避免碰线，在每根导线上应套上塑料管或其他绝缘管，并须将套管固定。

6.5.3 室内供配电系统设计举例

(1)采用配电箱的配电系统

图6.8是某7层住宅楼的配电系统图。该大楼首层为商店，并有地下室；2~6层为住户，为一梯4户。电源电压380/220V，采用TN.S系统，即三相五线制。每住宅单元设有电度表，首层设一电度表单独计费。住宅用总表设在二层配电箱内。地下室灯、楼梯灯为公用，电费计在总表上，由全楼层内住户分摊。图中A，B，C分别表示三相电源的A相、B相、C相，N表示地线。

该工程选用闸刀开关，也可根据要求选用自动开关。目前生产厂家提供的配电箱大多是内装塑料式自动开关。这种配电箱体积小，有金属外壳或塑料外壳，防腐性能、机械性能和装饰性能都较好。设计者在根据线路系统的布置选用合适的配电箱后，应在配电系统图上开关虚线方框内标注其型号规格，或在设计要点上说明。

目前家用电器已逐渐普及，应根据实际情况选择电度表的规格。

图6.8是作为一个整体的配电系统图来设计的，也可以分别画出各层或某一部分的配电系统图，由这些“分散”的配电系统构成大楼的配电系统设计。

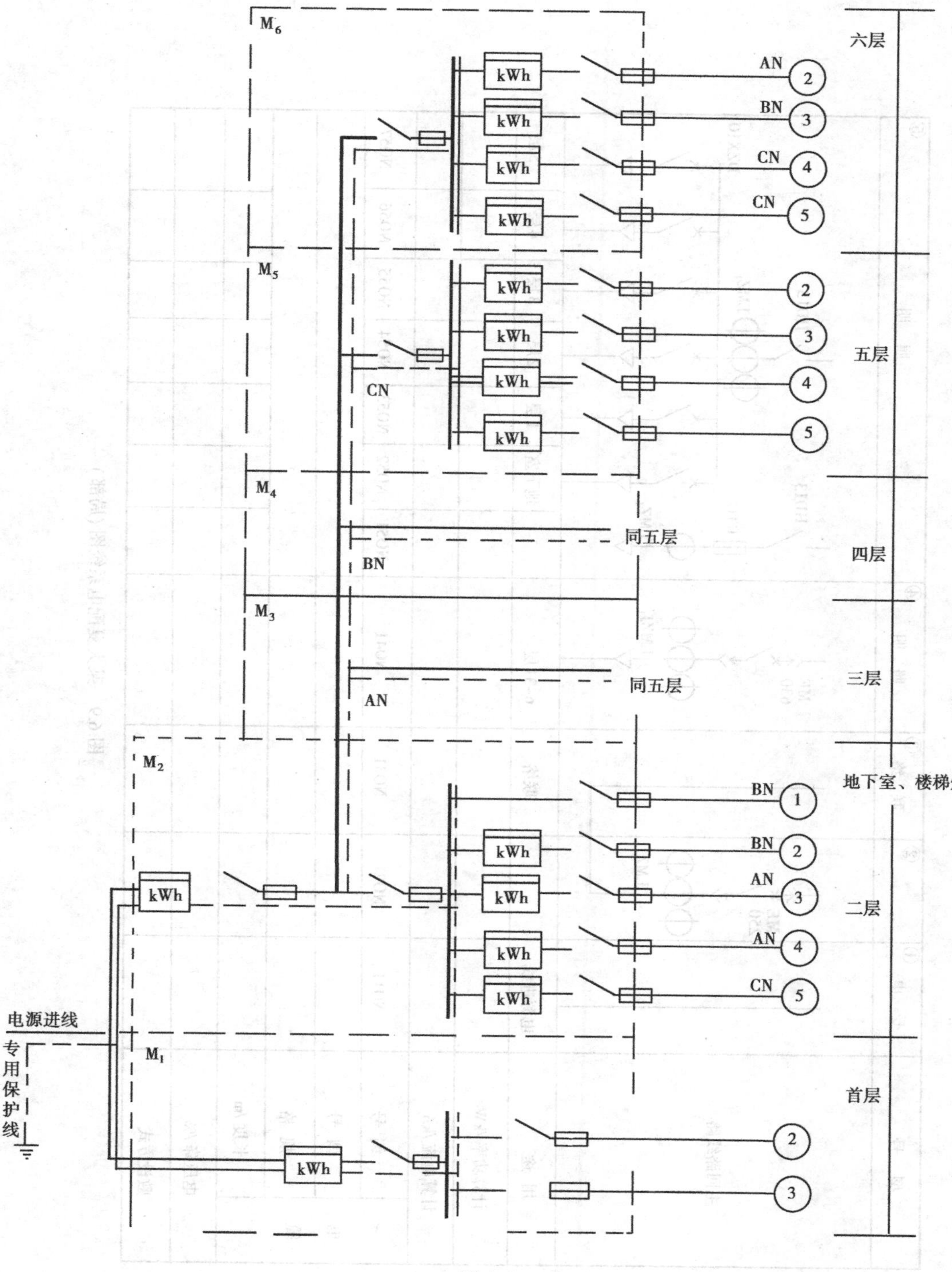

图 6.8

(2) 采用配电柜的配电系统

高层建筑用电负荷量大，照明负荷和动力负荷都较多，应考虑设配电室。配电室内配电柜个数较多时，可以参考图 6.9 设计配电系统图。这种画法方式比较清楚明了，而且还可以扩

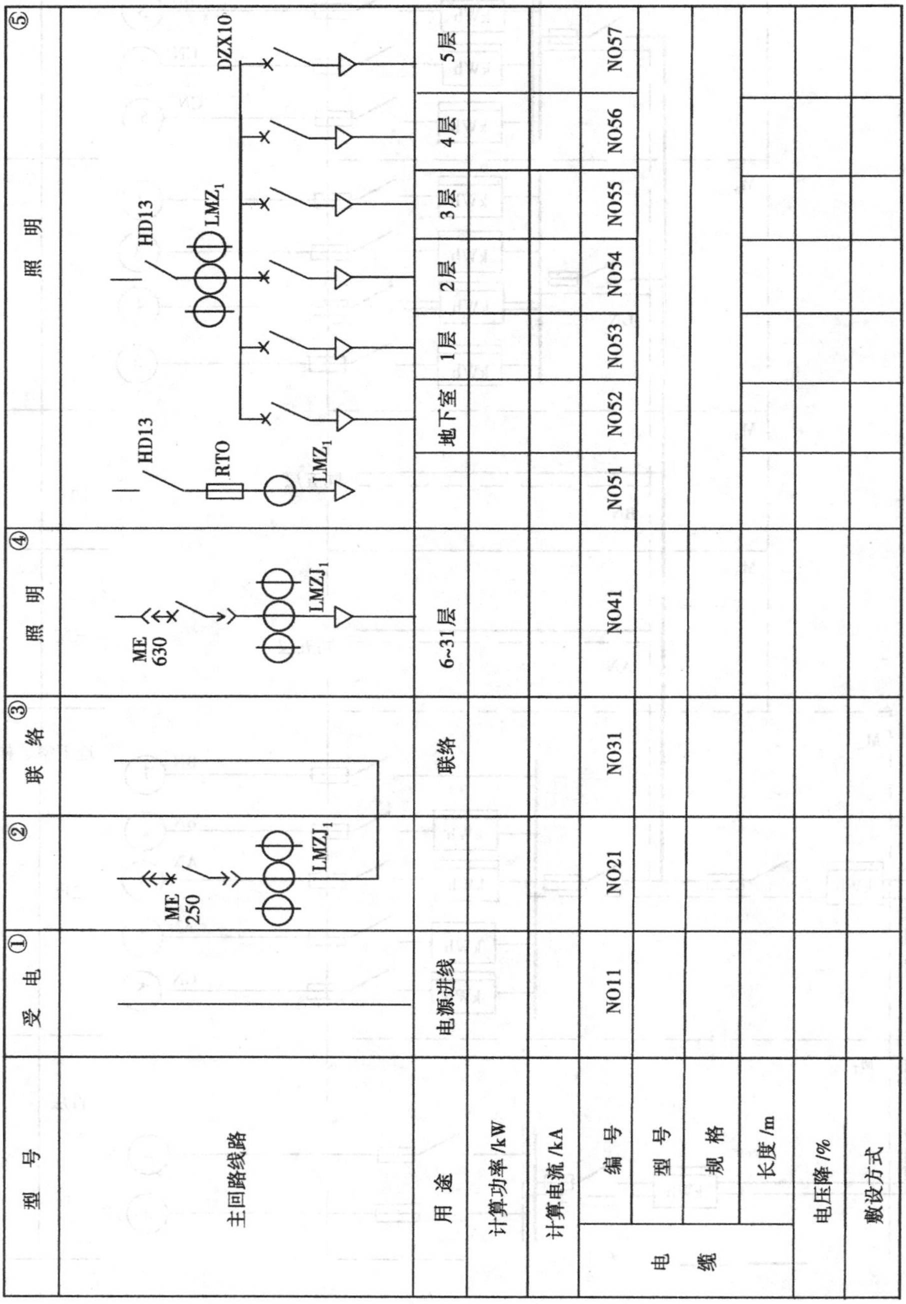
型号
受电 ①
②
联络 ③
照明 ④
照明 ⑤
主回路线路
ME 250
LMZJ1
ME 630
LMZJ1
HD13
RTO
LMZ1
HD13
LMZ1
DZX10
用途
电源进线
联络
6~31层
地下室
1层
2层
3层
4层
5层
计算功率/kW
计算电流/kA
电缆
编号
型号
规格
长度/m
N011
N021
N031
N041
N051
N052
N053
N054
N055
N056
N057
电压降/%
敷设方式

图 6.9 某大厦配电系统图(局部)

展，如在该图表最下方第 1 个配电柜行处添画上电源变压器并标注型号规格等；对于不可能在该配电系统图表上画出的部分，如各层的配电系统或某用电设备供电线路，可以在有关设计图纸上（如电气平面图）给出。

配电柜按用途分为受电柜、母线联络柜、馈电柜、电动机控制柜、照明配电柜、无功功率补偿柜和计量柜等。设计手册或有关产品目录中给出了配电柜的型号和用途，而且还说明该柜的主回路线路、主回路主要设备以及柜的尺寸和结构形式，以供选用。目前常用的低压配电柜有 PGL_1 型和 PGL_2 型，可作动力及照明配电之用。这两种型号均为统一设计产品，将代替 BSL 和 BDL 等老产品。无功功率补偿柜可选用 PGJ_1 型，该型柜可与 PGL 型配电柜配套使用。

目前具有可抽出部件的抽出式开关日益常用，如 BFC 型低压抽出式开关柜，这种配电柜有一定数量的抽屉单元，每一抽屉单元通常为一个电器回路；柜内开关主要有 ME 系列、AE 系列或 DZX_{10} 型限流式塑料自动开关等。

习　题

6.1　导线选择的一般原则和要求是什么？

6.2　什么叫做发热条件选择法？什么叫做电压损失选择法？什么叫做经济电流密度选择法？

6.3　室内和室外线路的导线选择有什么异同？

6.4　导线的选择为什么要注意与线路的保护设备配合？

6.5　导线型号的选择主要取决于什么？而截面大小的选择又取决于什么？

6.6　为什么低压电力线一般先按发热条件选择截面，再按电压损失条件和机械强度校验？为什么低压照明线路一般先按电压损失选择截面，再按发热条件和机械强度校验？为什么高压线路一般先按经济电流密度选择截面，再按发热条件和电压损失条件校验？

6.7　民用建筑中常用保护电器有哪些？常用低压开关电器有哪些？常用成套低压电气设备有哪些？各有什么用途？

6.8　低压自动开关的作用是什么？为什么它能带负荷通断电路？

6.9　有一条三相四线制 380/220V 低压线路，其长度为 200m，计算负荷为 100kW，功率因数为 0.9，线路采用铝芯橡皮线穿钢管暗敷。已知敷设地点的环境温度为 30℃，试按发热条件选择所需导线截面。

6.10　有一条 220V 的单相照明线路，采用绝缘导线架空敷设，线路长度 400m，负荷均匀分布在其中的 300m 上，即 3W/m，如题图 6.1 所示。线路全长截面大小一致，允许电压损失为 3%，环境温度为 30℃。试选择导线截面（提示：将均匀分布负荷集中在分布线段小点处，然后按电压损失条件进行计算）。

6.11　某住宅区按灯泡统计的照明负荷为 27kW，电压 220V，由 300m 处的变压器供电，要求电压损失不超过 5%。试选择导线截面及熔丝规格。

6.12　某工厂电力设备总容量为 25kW，其平均效率为 0.78，平均功率因数为 0.8；厂房内部照明设备容量为 2.5kW，室外照明为 300W（白炽灯）。今拟采用 380/220V 三相四线制供电，由配电变压器至工厂的送电线路长 320m。试问：应选择何种截面的 BLX 型导线？（全部

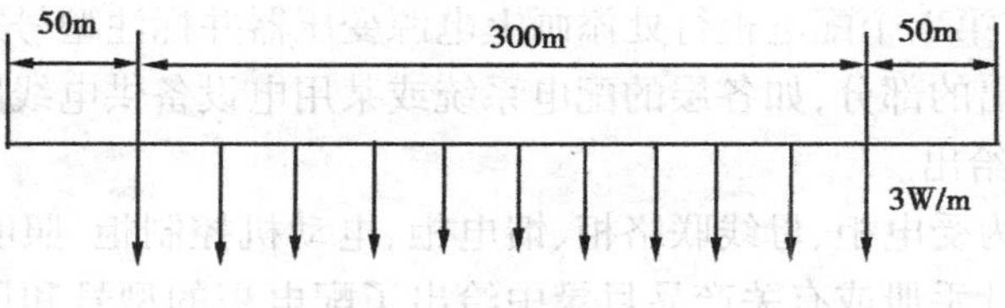

题图 6.1

电力设备的需要系数为 0.6，照明设备的需要系数为 1，允许电压损失为 5%）。

6.13　某电力设备的电动机为 J02.42.4 型，额定功率为 5.5kW，电压为 380V，电流为 11.25A，起动电流为额定电流的 7 倍。现用按钮进行起停操纵，需有短路和过载保护、应选用哪种型号和规格的接触器、按钮、熔断器、热继电器及组合开关？若用自动空气开关代替熔断器及组合开关进行短路和过载保护，应选用何种型号和规格的自动空气开关？

第7章 建筑照明设计

7.1 基本概念

7.1.1 光源的度量与单位

(1)光通量

由于人眼对不同波长的可见光具有不同的灵敏度,所以不能直接用光源的辐射功率这个客观量来衡量光能量,而要采用以人眼对光的感觉量为基准的基本量——光通量来衡量。

按人眼对光的感觉量为基准来衡量光源在单位时间内向周围空间辐射并引起光感能量大小,称为光通量。

光通量用符号 Φ 表示,单位为流明(lm)。光通量的关系式如下:

$$\Phi_\lambda = 680V(\lambda)P_\lambda$$

式中:Φ_λ——波长为 λ 的光通量,lm;

$V(\lambda)$——波长为 λ 的光谱光效率函数;

P_λ——波长为 λ 的光辐射功率,W。

单一波长的光称为单色光,当光源含有多种波长的光时称为多色光。多色光源的光通量为各单色光的总和,即

$$\Phi = \Phi_{\lambda1} + \Phi_{\lambda2} + \Phi_{\lambda3} + \cdots = 680\sum V(\lambda)P_\lambda$$

(2)发光强度(光强)

桌子上方有一盏无罩的白炽灯,在加上灯罩后,桌面显得亮多了。同一个灯泡不加灯罩与加上灯罩,它所发出的光通量是一样的,只不过加上灯罩后,光线经灯罩的反射,使光通量在空间分布的状况发生了变化,射向桌面的光通量比未加罩时增多了。因此,在电气照明技术中,只知道光源所发出的总光通量是不够的,还必须了解光通量在空间各个方向上的分布情况。

光源在某一个特定方向上的单位立体角内(单位球面度内)所发出的光通量,称为光源在该方向上的发光强度,它是用来反映发光强弱程度的一个物理量,用符号 I 表示。

$$I = \mathrm{d}\Phi/\mathrm{d}\omega$$

式中：I——某一特定方向角度上的发光强度，Cd；

$d\omega$——给定方向的立体角元，sr(球面度)；

$d\Phi$——在立体角元内传播的光通量，lm。

发光强度 I 的单位是坎德拉(Cd)，是国际单位制的基本单位(旧称"烛光"，俗称"支光")。

$$1\ 坎德拉(Cd) = 1\ 流明(lm)/球面度(sr)$$

实际上，发光强度就是向一定方向辐射的光通量的角密度。对于向各方向发射光通量为均匀的发光体，在各个方向上的发光强度是相等的。此时，上式可写作 $I = \Phi/\omega$。

(3)照度

能否看清一个物体，是与这个物体所得到的光通量有关的。为了研究物体被照明的程度，工程上常用照度这个物理量。

通常把物体表面所得到的光通量与这个物体表面积的比值叫做照度，用 E 表示。

$$E = \Phi/S$$

式中：Φ——光通量，lm；

S——面积，m^2；

E——照度，lx。

照在 lm^2 面积上的光通量为 1lm 时的照度为 1lx，即 $1lx = 1lm/m^2$

为了对照度有一个大致概念，下面列举几种常见的照度情况：

①在 40W 白炽灯下 1m 远处的照度约为 30lx，加搪瓷伞形白色罩后增加为 73lx；

②满月晴空的月光下为 0.2lx；

③晴朗的白天室内为 100～500lx；

④多云白天的室外为 1 000～10 000lx，阳光直射的室外为 10 000lx。

照度为 1lx，仅能辨别物体的轮廓；照度为 5～10lx，看一般书籍比较困难；阅览室和办公室的照度一般要求不低于 50lx。

(4)亮度

亮度是直接对人眼引起感觉的光量之一。对在同一个照度下，并排放着的白色和黑色物体，人眼看起来有着不同的视觉效果，总觉得白色物体要亮得多，这是由于物体表面反光程度不同造成的。亮度与被视物的发光或反光面积以及反光程度有关。

通常把被视物表面在某一视线方向或给定方向的单位投影面上所发出或反射的发光强度，称为该物体表面在该方向的亮度，用符号 L_a 来表示。

$$L_a = I_a/S_0$$

式中：L_a——表示某方向上的亮度，cd/m^2；

S_0——被视物体沿某一视线方向或给定方向的投影发光或反光面积，m^2；

I_a——在某一视线方向或给定方向的发光强度，cd。

亮度的单位为 cd/m^2(旧标准曾用尼脱，符号为 nt，或用熙提，符号为 sb，单位关系为 $1cd/m^2 = 1nt = 10^{-4}sb$)

通常 40W 荧光灯的表面亮度约为 7 000cd/m^2；无云的晴空约为 5 000cd/m^2。一般当亮度超过 160 000cd/m^2时，人眼就感到难以忍受了。

前边介绍了四个常用的光度单位，它们从不同的角度表达了物体的光学特性。光通量说明发光体发出的光能数量；发光强度是表明发光体在某方向发出的光通量密度，它表征了光通量在空间的分布状况；照度表示被照面接受的光通量密度，用来鉴定被照面的照明情况；亮度则表示发光体单位表面积上的发光强度，它表征了一个物体的明亮程度。图7.1是这四个光量单位之间关系的示意图。

7.1.2　光与视角

(1)光与视觉

人的眼睛，可以比做一架“接收机”，接收光源直接发出的光或被物体反射的光，见图7.1所示。光射入眼睛后产生的视知觉，是“光觉”(看见明亮)、“色觉”被照面(看见颜色)、“形觉”(看见物体的形状)、“动觉”(看见物体的运动)、和“立体觉”(看见物体的远、近、深、浅)等的综合。

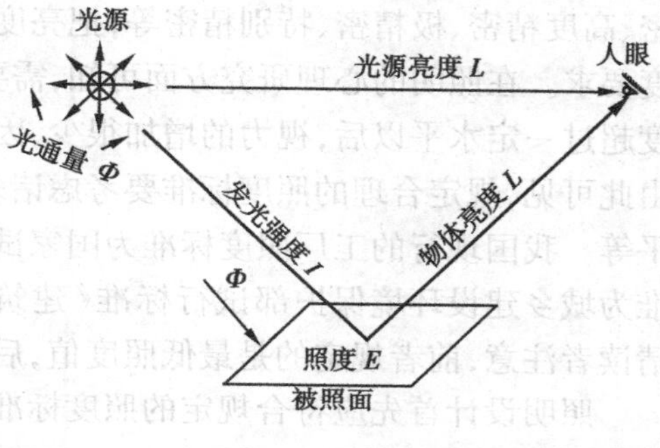

图7.1　光通量、发光强度、照度和亮度示意图

人眼能否清楚地识别物体，与下列条件有关：①物体的明亮程度及其与背景的亮度对比；②物体的颜色、色对比以及光的颜色；③物体的大小和视距的视角大小；④观察时间的长短等。

表明眼睛能识别细小物体程度的尺度称为视力。两个点若处在刚刚能识别出来的时候，那么这两个点到眼睛的连线的夹角 θ 称为视角，其倒数 $1/\theta$ 即为视力。视力随亮度而显著地变化。在一般亮度情况下，视力随亮度的增加而提高。当观察对象的周围亮度与中心亮度相等或周围稍暗时视力最好。若周围比中心亮，则视力显著下降。过高的亮度或强烈的亮度对比，则会引起眼睛的不舒适感而造成视力下降，这种现象称为眩光。其原因是由于高亮度的刺激使瞳孔缩小，角膜或晶状体等眼内组织产生的光散射在眼内形成光幕，视网膜受高亮度的刺激使眼的阴暗适应状态变坏，甚至导致破坏。人的眼睛在明亮的条件下能看见物体，在微弱光亮下也能看见物体，除了靠变化瞳孔的大小来调节亮度之外，主要依靠在亮处时由视网膜的锥状体细胞工作，在暗处时由视网膜的杆状体细胞工作。在照明条件急剧变化的情况下，视觉过程需要适应，从黑暗中进入明亮的环境时，眼睛要经过约2min的时间才能重新恢复视力，这种现象称为明适应；从明亮处进入暗的环境时，眼睛达到适应所需要的时间更长，要有30～40min才能完全恢复视力，这时称为暗适应。急剧和频繁的适应会增加眼睛的疲劳，使视力迅速下降。

人的视觉光感与光的波长有关，称为光感的光谱灵敏度。明亮时视网膜锥状体工作，最大相对灵敏度在波长为555nm的黄绿光处。昏暗时视网膜杆状体工作，最大相对灵敏度移到507nm处，此时光谱的色感觉消失了。因此，人的视觉是在视网膜锥状体工作时有色觉，而且只有在明亮的条件下才会有良好的色感觉。由于亮度不同，有的颜色有显著的变化，有的颜色则大体上没有什么变化。蓝色(440～470nm)、蓝绿色(470～500nm)、黄色(560～600nm)等，在不同时亮度下色调并不变化(1nm＝1/1 000 000mm)。

(2)明视照明的基本条件

良好的光环境使人具有舒适感，反之，在恶劣的照明条件下会使人感到不适，长时间后还会引起视觉疲劳和全身疲劳。据以上概括的视功能现象，良好的明视照明需具备以下几个方面的条件：

①合理的照度水平，并具有一定的均匀度；

②适宜的亮度分布；

③必要的显色性；

④限制眩目作用。

照度是决定物体明亮程度的间接指标（直接指标为亮度），用它来评价工作面上的光线是否充足比用亮度要方便得多。因此，在一般场合以照度水平作为照明质量最基本的技术指标之一。由于在影响视力的因素方面，最重要的是被识别物体的尺寸和它同背景亮度的对比程度，所以通常按照这两个指标把视觉工作分成若干等级。例如，把视觉工作分为粗糙、中等、精密、高度精密、极精密、特别精密等；把亮度对比分为大、中、小等，然后规定出对每个等级的照度要求。在照明的心理研究方面可知，需要有很高的照度才是舒适的。从节能的观点出发，照度超过一定水平以后，视力的增加很少，因而认为把照度水平规定在一定的范围内是经济的。由此可见，规定合理的照度标准要考虑诸多因素，如视觉的分辨度、舒适度，用电水平、经济水平等。我国现行的工厂照度标准为国家试行标准《工业企业照明设计标准》，民用建筑照度标准为城乡建设环境保护部试行标准《建筑电气设计技术规程》中推荐的一般照明照度水平。请读者注意，前者规定的是最低照度值，后者规定的是平均照度值。

照明设计首先应符合规定的照度标准，否则不能满足建筑的使用要求，甚至影响人的视力健康。

为了减轻眼睛对于照明条件的频繁适应所造成的视觉疲劳，室内照度的分布应该具有一定的均匀度（最低照度/平均照度）：工作区的照度均匀度不宜低于0.6，非工作区的照度不宜低于工作区照度的1/5。

要创造一个良好的、舒适的光环境，室内的亮度就需要有适宜的分布。在现代舒适照明设计中，以亮度的分布作为照明质量优劣的首要指标，但这需要较繁琐地计算工作量，故往往是利用计算机来完成的。对于一般的明视照明，通常是以适宜的亮度对比和正确选择墙面与顶棚的反射系数，作为设计应达到的要求。一般推荐：视觉作业亮度与视觉作业相邻环境的亮度比为3:1；顶棚上的照度为水平照度的0.3～0.9，墙面的照度为水平照度的0.5～0.8；一般高度的房间以及采用嵌入式灯具时，顶棚的反射系数应大于70%；照度很高的房间，墙面的反射系数可在40%～60%之间，地面的反射系数可在20%～30%之间。

在视觉作业时，还应根据辨别颜色的不同的要求，合理地选择光源的显色性。光源的显色性是光源的光色特性之一，其另一特性是色表。

光源发光的颜色称为光源的色表，它可用“色温”等表示。当光源发光的颜色与黑体加热到某一温度所发出的光的颜色相同时，则黑体的绝对温度就称为该光源的色温。色温在2 000K时呈橙色，2 500K左右呈浅橙色；3 000K左右为橙白色；4 000K左右为白中略橙；4 500～7 500K近于白色（5 500～6 000K最为接近）；日光的平均色温约为6 000～6 500K；蓝天的色温约在11 000～20 000K之间。

物体的颜色是物体对所照射的光源光谱有选择地吸收、反射和透射的结果。光源的显色性是其光谱特性在被照物体上所产生的颜色效果。人眼的光色感觉是没有分析光谱能力的。例如，一个是具有连续光谱的白色光源和另一个由红、绿、蓝组成的白色光源，看上去都呈白色。但因其光谱分布不同，照射物体时所得到的效果就有差别：如果物体是丰富多彩的，那么前者能使物体的颜色都显示出来，而后者只能真实地显示出红、绿、蓝三色，其他色谱则不能正确地显示出来。

由于光源显色性的优劣主要取决于它的光谱分布，所以长期以来使用基于被测光源与基准光源的光谱分布相比较的方法。原则上，当被测光源的色温在5 000K及以下时，采用完全辐射体作为基准光源；5 000K以上时采用CIE合成昼光作为基准光源。取基准光源的显色性为最优，此时用显色指数 $R=100$ 表示，于是被测光源的显色指数均小于100。

民用建筑中一般要求：宴会厅、展览厅等场所需选用显色指数大于80的照明光源，显色指数为60～80的光源可用于办公室、教室、餐厅及一般商店的营业厅；显色指数在40～60范围内的光源只能应用在那些不需特别识别色彩的库房等建筑物内；对于室外庭院，可采用显色指数低于40的光源。

眩光有两种：直射眩光与反射眩光。高亮度光源的光线直接进入眼内所引起的眩光，称为直射眩光，而通过光泽表面反射入眼内引起的称为反射眩光。反射眩光也有两种：由于作业物体本身的反射，如在阅读和书写时纸张表面含有少量的镜面反射，好像在作业面上蒙了一层"光幕"，称为光幕反射；另一种是观看工作面附近光泽表面的反射眩光。产生眩光的主要因素：①周围暗，此时眼睛能适应的亮度很低；②光源的亮度高；③光源靠近视线；④光源的表观面积和数量。反射眩光产生于当光源同眼睛的位置，刚好保持正反射关系。眩光使人产生不舒适感或降低人眼视力。在有些情况下，可以利用眩光来创造某种必要的气氛。例如，很多数量小功率白炽灯泡组成花灯、串灯，用它来衬托富丽堂皇的环境，或者用投光灯把光投射在装饰物上，产生金碧辉煌的感觉。当然，在多数情况下，是限制那些不舒适的眩光和影响视力的眩光。

实用的方法是：限制光源的亮度和表观面积（限制的范围与人眼、灯具间的相对位置有关，灯下45°区内不受限制，见图7.2所示）。对于截光型灯具为控制其保护角（见图7.3所示），在工作位置及视线相对固定的条件下，尽量避开在产生光幕反射的区域布置灯具（见图7.4所示）；适当地提高环境亮度，减低亮度对比以及采用无光泽的材料消除反射眩光等。

除了照度、亮度、显色、眩光诸方面的因素外，适当地选择光源的光色能达到不同的光气氛，正确地选择光源的位置能减少阴影或增加物体的立体感。

光的色温<3 300K时，给人以暖的感觉，当光的色温>5 000K时会有冷的感觉，当光的色温在3 300～5 000K之间呈中间状态。同一光色下，当照度不同时人的感觉亦不同：一般地，低色温光在较低的照度下感觉比较舒适，而在高照度下会感到有刺激性，高色温光在低照度下感到阴沉昏暗，反之在高照度下则感觉明快；光的投射方向是决定物体形象感受的重要因素。

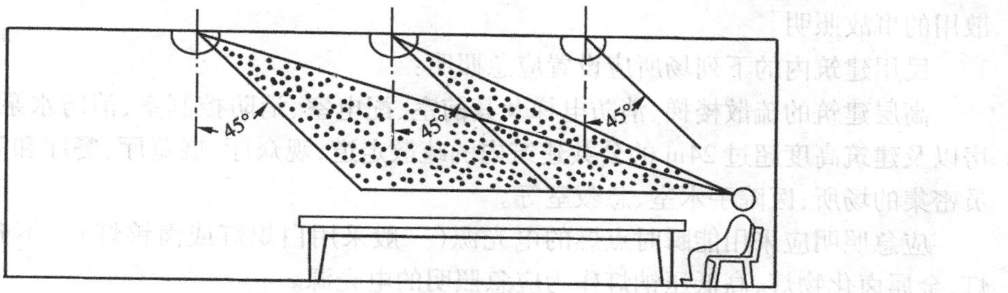

图7.2　要求限制灯具亮度所需包括的范围

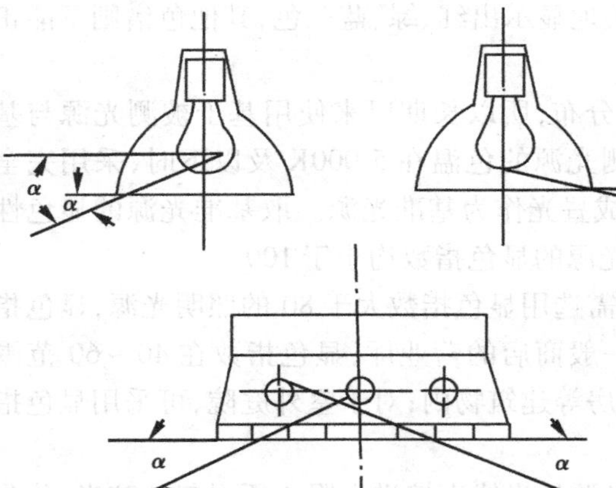

图 7.3 截光型灯具的保护角

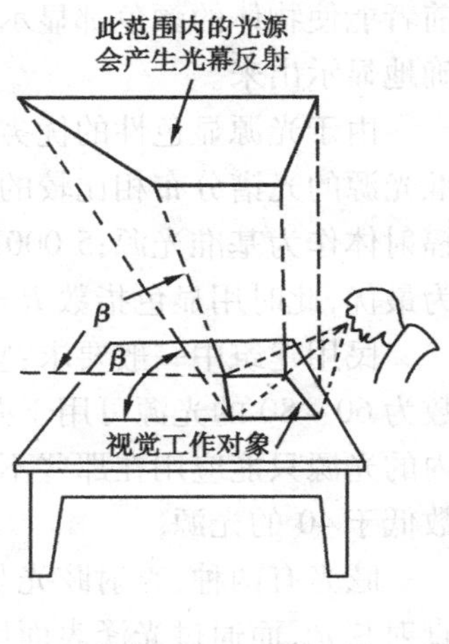

图 7.4 视看对象为水平面时光源不宜布置在会产生光幕反射的区域示意(约为 45°)

如在医院的手术室需要绝对消除阴影,便可通过不改变光源的位置、增加光源的数量等措施实现。在另一些场合下阴影又是识别玻璃器皿的刻度或完美地表现艺术造型的重要因素。物体的立体感与阴影有关:当最亮与最暗之间的亮度比为2:1以下时感觉呆板,10:1时印象很强烈,3:1时认为最理想,最有立体感。因此,与消除阴影的场合相反,在需要表现物体的立体感时,则需要发挥阴影的有效作用

7.1.3 建筑照明的种类

建筑照明种类是按照明的功能来划分的。它分为:正常照明、应急照明、值班照明、警卫照明和障碍照明等。

(1)正常照明

在正常情况下,使用的室内外照明都属于正常照明。《建筑电气设计技术规程》(JGJ16—83)规定:所有使用房间和供工作、运输、人行的屋顶、室外庭院和场地,皆应设置正常照明。

(2)应急照明

在正常照明因故障熄灭的情况下,供继续工作或人员疏散用的照明称为应急照明。

在正常照明因故障熄灭,将造成爆炸、火灾和人身伤亡等严重事故的场所,应装设供暂时继续工作用的应急照明。

当正常照明因故障熄灭后,在易引起工伤事故或通行时易发生危险的场所,应装设人员疏散用的事故照明。

民用建筑内的下列场所应设置应急照明:

高层建筑的疏散楼梯、消防电梯及其前室、配电室、消防控制室、消防水泵房、自备发电机房以及建筑高度超过24m的公共建筑内的疏散走道;观众厅、展览厅、餐厅和商业营业厅等人员密集的场所;医院手术室、急救室等。

应急照明应采用能瞬时点燃的电光源(一般采用白炽灯或卤钨灯)。不允许使用高压汞灯、金属卤化物灯、高低压钠灯作为应急照明的电光源。

但当应急照明作为正常照明的一部分而经常点燃,且在发生故障时,在不需切换电源的情况下,可采用荧光灯作为应急照明。

(3)值班照明

在非工作时间内供值班用的照明,称为值班照明。值班照明可利用正常照明中能单独控制的一部分,或利用应急照明的一部分甚至全部来作为值班照明。

(4)警卫照明

按警戒任务的需要,在厂区、仓库区域其他设施警卫范围内装设的照明,称为警卫照明是否要设置警卫照明,应根据企事业的重要性和有关保卫部门的要求而决定。

(5)障碍照明

在建筑上装设的作为障碍标志的照明,称为障碍照明。如在飞机场周围较高的建筑物上,或在有船舶通行的航道两侧,应按民航和航运部门的有关规定装设障碍灯。

7.2　常见电光源

7.2.1　常见电光源

常用的照明电光源,按其发光机理可分为两大类:热辐射光源和气体放电光源。热辐射光源是利用物体被加热时辐射发光的原理所制造的光源,如白炽灯、卤钨灯即属此类;气体放电光源是利用气体放电时发光的原理所制造的光源,如荧光灯、高压汞灯、高(气)压钠灯、金属卤化物灯和氙灯均属此类。

照明电光源虽已推出了第三代产品,但目前仍然是新老产品共存的时代,常用的照明光源有:

(1)白炽灯

白炽灯是第一代电光源的代表。其光谱能量为连续分布型,故显色性好。白炽灯具有结构简单,使用灵活,可调光,能瞬间点燃,无频闪现象,可在任意位置点燃,价格便宜等优点,所以仍是目前广泛使用的电光源之一。但因其极大部分热辐射为红外线,故光效很低。

电源电压变化对灯泡的寿命和光效有严重影响,其电压偏移对光通量及寿命的影响见表7.1。

表7.1　电压变化对白炽灯光通量及寿命的影响

电压偏移/%	−20	−15	−10	−5	0	+5	+10	+15	+20
光通量/%	45	56	68	83	100	119	141	165	193
寿命/%	2 270	973	438	205	100	50	26	14	10

白炽灯按其构造和工艺的不同可分为相应的类型:

①普通型　其灯泡为一般透明玻壳,灯泡亮度较强,100W灯泡灯丝亮度约为550×10^{-4} cd/m^2。

②磨砂型　对玻壳内表面进行了化学处理,降低了灯丝的亮度,使灯泡具有漫射光的性能。这种灯泡适用于灯罩为透明玻璃或无灯罩的装饰性灯具。

③漫射型　乳白玻壳或玻壳内表面涂以扩散良好的白色无机粉末，使灯泡亮度降低，并具有良好的漫射光性能。

④反射型　在灯泡玻壳内上部涂以反射膜，形成抛物线状的反射面，使光通向一定方向投射，500 W 反射型灯泡可获得 5 400 lm 的光通量。

⑤局部照明灯泡额定电压为 6 V、12 V、36 V，其发光效率较 220 V 灯泡提高 20% ~30%。适用于移动式局部照明及安装高度较低、易碰撞或潮湿的场所。

⑥水下灯泡在水下能承受 25 个大气压力，功率为 1 000 W、1 500 W，玻壳用彩色玻璃制成，用于喷泉、瀑布等作为水中装饰照明。

(2) 卤钨灯

卤钨灯是一种管状光源，它是在具有钨丝且耐高温的石英灯管中充以微量的卤化物（碘化物和溴化物），而利用卤钨的再生循环作用来提高发光效率的一种光源。卤钨灯的光谱能量分布为连续型，故显色性好。卤钨灯具有体积小，功率大，发光效率高，能瞬间点燃，可调光，无频闪效应，光通稳定和寿命长等特点。这种灯适用于面积较大、空间高的场所，其色温特别适用于电视转播摄像照明。其缺点是对电压波动比较敏感、灯管表面温度很高（在 600℃左右）。

(3) 荧光灯

荧光灯也是一种管状光源，它是一种低压汞蒸气放电灯，简称荧光灯。它是光源史上第二代光源的代表。它是靠汞蒸气放电时发出紫外线激发管内壁的荧光粉而发光的。改变荧光粉的成分即可获得不同的可见光谱。按其色温荧光灯有 4 种光色：

①日光色　其色温约为　6 500 K，与微明的天空光色相似。

②白色　其色温约为 4 500 K，与日出 2 小时后的太阳直射光相似。

③暖白色　其色温约为 3 000 K，与白炽灯光接近。

④三基色　该类灯的管壁分蓝、绿、红三个狭窄区域，并分别涂有发光的三基色荧光粉，其色温与暖白色荧光灯接近。

荧光灯比白炽灯有显著的优点，即光色好，特别是日光色荧光灯，其光谱特性接近天然光的谱线，且光线柔和，温度较低，而发光效率比白炽灯高 2 ~3 倍，使用寿命长（可达 3 000 h 以上）。它被广泛用于进行精细工作、照度要求高或进行长时间紧张视力工作的场所。

荧光灯的额定寿命是指每开关一次燃点 3 个小时而言。频繁开关会使涂在灯丝上的发射物质很快耗尽，缩短了灯管的使用寿命，因此，它不适宜用于开关频繁的场所。

荧光灯在低温环境下启动困难，因此，低温环境应使用低温用的荧光灯，或挑选放电电压较高的启辉器配用。

荧光灯由 50Hz 交流电供电时，频闪效应比较明显。为了防止灯光闪烁，常将相邻的灯管接到电源的不同相上，或将两只荧光灯并列使用，但要求一只按正常方式接线，而另一只接入电容器移相，使两电流不同时为零，从而减弱光的闪烁。当荧光灯由直流电源供电时，应按顺极性接线，如启辉器的静片接正极，动片接负极。

(4) 高压水银荧光灯

高压水银荧光灯又称高压汞灯，其发光原理与荧光灯一样，但结构却有很大的差异，该灯的灯管由内管和外管组成，内管为石英放电管。由于它的内管的工作气压为 2 ~6 个大气压，故得名高压汞灯。

在高压汞灯的外管上加有反射膜,形成反射型的照明高压汞灯,使光速集中投射,作为简便的投光灯使用。在外管内将钨丝与放电管串联者为自镇式高压汞灯,不必再配用镇流器,否则需配用镇流器。

高压汞灯的光谱能量分布不连续,而集中在几个窄区段上,因而其显色性能较差。高压汞灯具有功率大,光效高,耐震,耐热,寿命长等特点,常用于空间高大的建筑物中,悬挂高度一般在5m以上。由于它的光色差,故适用于不需要分辨颜色的大面积照明场所,在室内照明中可与白炽灯、碘钨灯等光源配合使用。

(5)金属卤化物灯

金属卤化物灯是近年来发展起来的一种新型光源。它是在高压汞的放电管内添充一些金属卤化物(如碘、溴、铊、铟、镝、钍等金属化合物),利用金属卤化物的循环作用,彻底改善了高压汞灯的光色,使其发出的光谱接近天然光,同时还提高了发光效率,是目前比较理想的光源,人们称之为第三代光源。

当选择适当的金属卤化物并控制它们的比例,可制成不同光色的金属卤化物灯,如白色的钠铊铟灯和日光色镝灯。

(6)钠灯

在放电发光管内除了充有适量的汞和惰性气体氩或氙以外,并加入足够的钠,使其放电管内以钠的放电发光为主,这种光源称为钠灯。视其放电管内气压不同分为低压钠灯和高压钠灯。

①低压钠灯　低压钠灯发出589nm的线光谱,接近人眼最敏感的是555nm的黄色光。这种光透雾能力强,发光效率最高,适用于街道、航道、机场跑道等照明。

②高压钠灯　提高钠蒸气压力即为高压钠灯,其共振谱线加宽,光谱能量分布集中在人眼较灵敏的区域内。光色得到改善,呈金白色,但发光效率有所降低。

电源电压偏移对高压钠灯的发光影响较显著,约为电压变化率的2倍。环境温度对高压钠灯的影响不显著,它能在-40~100℃的范围内工作。与高压钠灯灯管配套的灯具,应特殊设计,不能将大部分光反射回灯管,否则,会使灯管因吸热而温度升高,破坏灯口的连接处。

高压钠灯具有光效高,紫外线辐射小,透露性好,可在任意位置点燃和耐震等优点,但显色性差。它广泛用于道路照明,当与其他光源混光后,可用于照度要求高的高大空间场所。

(7)氙灯

氙灯是一种灯管内充高纯度氙气的弧光放电灯,高压氙气放电时能产生很强的白光,其光谱接近太阳光,故有“小太阳”之称。它具有功率大(能发出数十万流明的光通量),光色好,能瞬时启动,工作稳定,耐低温,耐高温和耐震等优点。但与其他气体放电灯相比,光效低,寿命短,价格较高,需采用触发器启动。因此,适用于作大面积场所照明,如高大厂房、广场、海港和机场等。由于氙灯要在高频高电压下启动点燃,因此,高压端配线对地要有良好的绝缘性能,其绝缘强度不能低于30kV。氙灯在燃点时有较多的紫外线辐射,因此人不能长时间靠近。

7.2.2　常见电光源的部分特性参数

光源的主要参数有色温、显色指数、色调及发光效率等。

①常用光源的色调,见表7.2。

表 7.2　常用光源的色调

照明光源	光源色调
白炽灯、卤钨灯	偏红色光
氙　灯	非常接近日光的白色光
日光色荧光灯	与太阳光相似的白光
高压钠灯	金黄色光，红色成分偏多，蓝色成分不足
金属卤化物灯	接近日光的白色光
荧光高压汞灯	浅蓝—绿色光，缺乏红色成分

②常见电光源发光效率，见表 7.3。

表 7.3　常见电光源发光效率

光　源	光效率/($lm \cdot W^{-1}$)	光　源	光效率/($lm \cdot W^{-1}$)
白炽灯	6 ~ 18	高压钠灯	118
卤钨灯	21 ~ 22	氙灯	22 ~ 50
日光色荧光灯	65 ~ 78	金属卤化物灯	
白色荧光灯	65 ~ 78	钠—铊—铟灯	75 ~ 80
暖白色荧光灯	65 ~ 78	镝灯	80
荧光高压汞灯	40 ~ 60	卤化锡灯	50 ~ 60

③光源光色的照明效果，见表 7.4。

表 7.4　光源光色的照明效果

光源色调	照明效果	适宜照明场所
黄色光	热烈，活泼，愉快	舞厅、餐厅、宴会厅、舞台、会议厅、食品商店
白色光	明亮，开朗，大方	教室、办公室、展览厅、百货商店
红色光	庄严，危险，禁止	障碍灯、警灯、庄严性布置
绿、蓝色光	宁静，优雅，安全	病室、休息室、客房、庭院、道路
粉红色光	镇静	精神病室

7.2.3　光源选择

在作具体照明设计时，光源选择是重要的环节之一。设计时，应根据被照对象和场所对光源特性即（色调、显色性、效率和频闪效应等）的要求，选择照明光源。

①室内照明光源　室内照明一般采用白炽灯、荧光灯或其他气体放电光源。在需要防止电磁波干扰和频闪效应的场所，不宜选用气体放电光源。

②有振动的场所光源　对于振动较大的场所，宜选用高压汞灯或高压钠灯。对于需要大面积照明且有高挂条件的场所，宜采用金属卤化物灯、高压钠灯或长弧氙灯。

③对显色要求高的场所 对于识别颜色要求较高的场所，宜采用显色指数较高的日光色荧光灯、白炽灯和卤钨灯。在同一场所内，当用一种光源不能满足光色要求时，可采用几种光源混光的办法解决。常用的有荧光高压汞灯与白炽灯（或卤钨灯）混光，而不同的混光光通量比（即荧光高压汞灯的光通量与混光总光通量的比），其显色效果也不同。

7.3 照明灯具分类及特性

控照器（俗称灯罩）和光源配套组成照明灯具。控照器可改变光源的光学指标，可适应不同安装方式的要求，可做成不同的形式、尺寸，可以用不同性质和色彩的材料制造，可以将几个到几十个光源集中在一起组成建筑花灯。控照器虽为光源的附件，也有自身的重要作用。

控照器的作用有如下几个方面：重新分配光源产生的光通量；限制光源的眩光作用，减少和防止光源的污染；保护光源免遭机械破坏；安装和固定光源；它和光源配合起一定装饰作用。

7.3.1 照明灯具分类

为便于选择使用，可从不同角度对灯具作如下分类：

(1)按光源情况分

①按类型可分为白炽灯具、卤钨灯具和荧光灯具等。

②按数目可分为普通灯具、组合花灯灯具（由几个到几十个光源组合而成）。

(2)按控照器情况分

1)按结构形式即按照控照器结构的严密程度。

①开启式 光源和外界环境直接接触的普遍灯具。

②保护式 有闭合的透光罩，但罩内外可以自由流通空气，如走廊吸顶灯等。

③密闭式 透光罩将其内外空气隔绝。如浴室的防水防尘灯。

④防爆灯 严格密闭。在任何情况下都不会因灯具而导致爆炸。用于易燃易爆场所。

2)按配光曲线

按国际照明学会（简称 CIE）约定，以灯具上半球和下半球发射的光通百分比来区分配光特性，即主要分为直射型灯具、半直射型灯具、漫射型灯具、半反射型灯具、反射型灯具等。各类型灯具的光通量分配比例及灯具示例见表 7.5。

①直射型灯具 控照器由反光性能良好的不透光材料做成。使 90% 以上的光通量都分配到灯具的下部。按照配光曲线的形状，又可区分为广照型、勾照型、配照型、探照型和特深照型五种。

②半直射型灯具 控照器为下开口型，由半透明材料做成，使 60% ~90% 的光通量分配到灯具的下部，如碗形玻璃罩灯。

③漫射型灯具 控照器为闭合型，由漫射透光材料做成。如乳白玻璃球灯。有 40% ~60% 的光通量分配到灯具的下部，如球形乳白玻璃罩灯。

④反射型灯从控照器为上开口型，有 90% 以上的光通量向上部分配。

⑤半反射型灯具有 60% ~90% 的光通量向上部分配。

反射型和半反射型灯具。利用顶棚作为二次发光体，使室内光线均匀、柔和。光阴影。

表 7.5　CIE 对灯具配光的分类

灯具类型		直　射　型	半直射型	漫　射　型	半反射型	反　射　型
光通量/%	上半球	0～10	10～40	40～60	60～90	90～100
	下半球	100～90	90～60	60～40	40～10	10～0
配光曲线		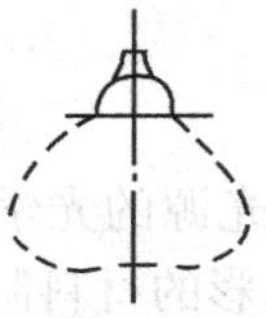		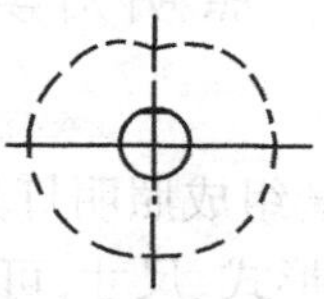		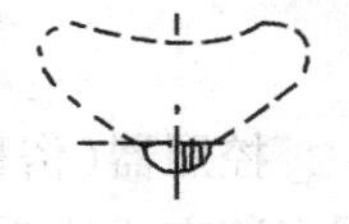
灯具示例		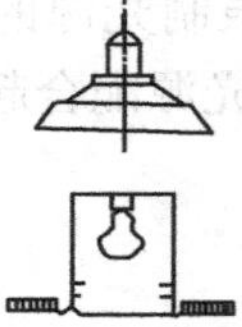	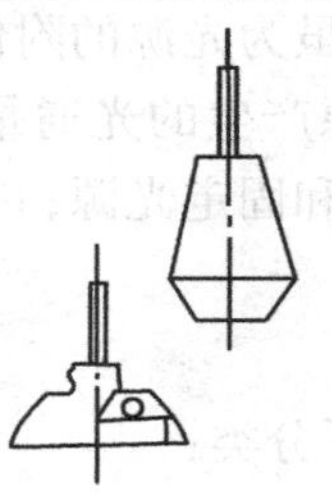	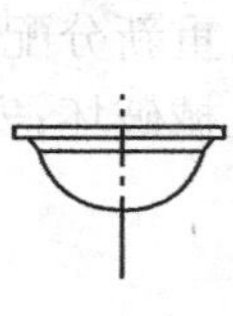	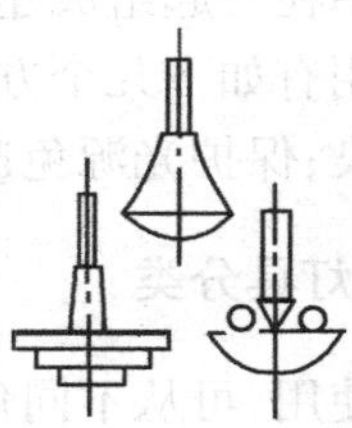	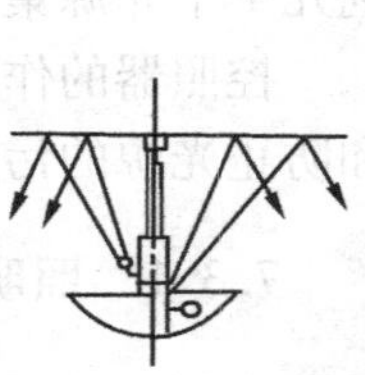

(3)按材料的光学性能分

①反射型灯罩主要由金属材料制成,可分为:

A. 漫反射型　由涂瓷釉金属板制成,其中最简单的形式是搪瓷伞形罩。

B. 走向反射型　由磨光的或镶有镀银的金属板制成。

C. 定向漫反射型　由经过酸蚀的,或由涂以银漆的金属板制成。

②折射型灯罩　用具有棱镜结构的玻璃制成。经折射可使光线在空间任意分布。

③透射型灯罩

A. 浸透射型　用乳白玻璃或塑料等漫透射材料制成。

B. 定向散射透射型用磨砂玻璃等材料制成。透过灯罩可隐约看见灯丝。

④按安装方式　可分为自在器线吊式 X、固定线吊式 X_1、防水线吊式 X_2、"人"字线吊式 X_3、杆吊式 G、链吊式 L、座灯头式 Z、吸顶式 D、壁式 B 和嵌入式 R 等,见图 7.5。

7.3.2　主要特性

(1)配光曲线

一个光源配上了灯罩后,其光通就要重新分配,称为灯具的配光。灯具的配光以配光曲线表示。配光曲线形象地描述了光强在空间各个方向上的分布情况。对于大部分灯具来说,这种曲线是三维空间的,而且是旋转对称的。为了表达上的方便,人们往往取其平面图形来代表,并用极坐标绘制,如图 7.6 所示。

配光特性决定于灯罩的形状和材料。图 7.7 示出了几种灯具配光曲线的主要形状,可见配光曲线可分为四类:

①均匀配光光强在各个方向大致相等。不带反射器或带平面反射器的灯具属这种特性,

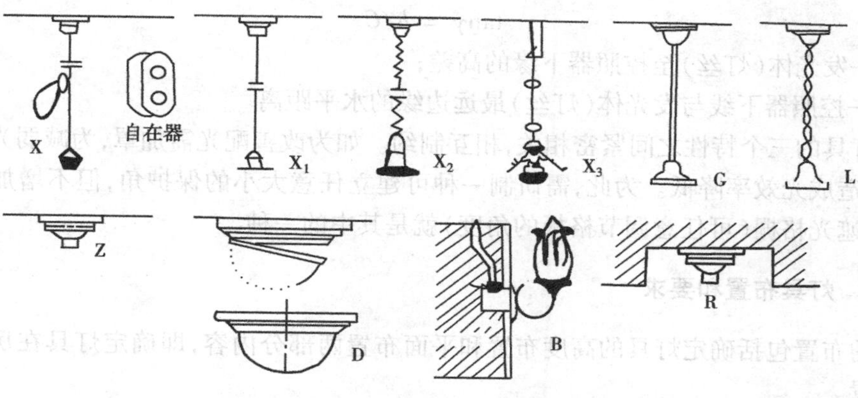

图 7.5　灯具安装方式

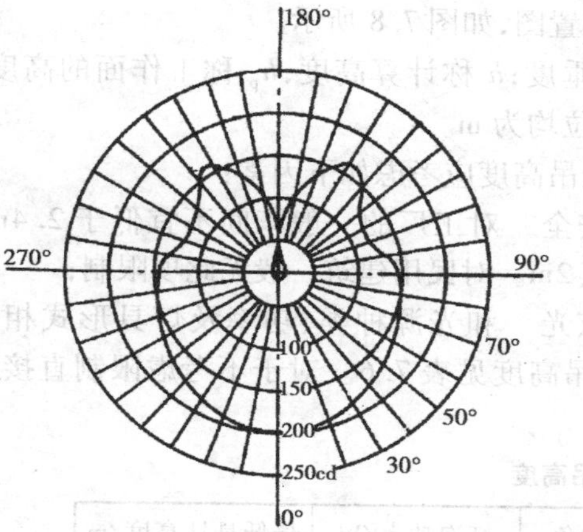

图 7.6　极坐标表示的配光曲线

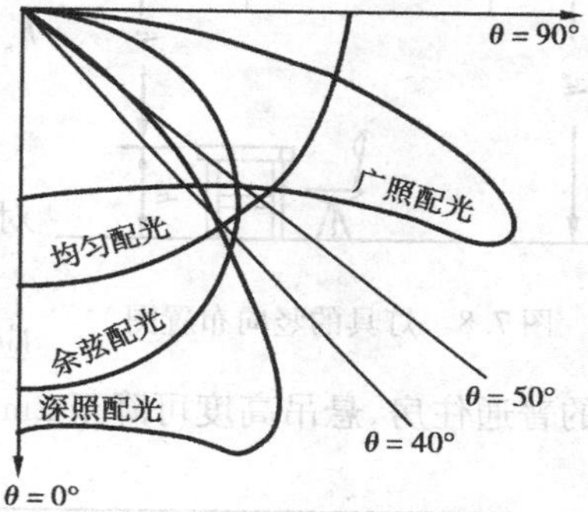

图 7.7　常见类型的配光曲线

如乳白色玻璃圆球灯。

②深照配光光通量和最大发光强度集中在 30°以下的狭小立体角内。如镜面探照型灯具。

③广照配光光线的最大发光强度分布在较大角度上，可在较广的面积上形成均匀的照度。深照型和广照型配光通常具有镜面反射器。

④余弦配光光线在空间各方向的发光强度的近似值，如搪瓷配照型灯和珐琅型灯。在有关手册中给出了各种灯具的配光曲线的图形数值，从表中就可以查得相应形式的灯具在空间某一方向光强的大小。

(2)光效率

光效率是指由控照器输出的光通量 ϕ_1 与光源的辐射光通量 ϕ 之比值，此值总是小于 1，即

$$\eta = \frac{\phi_1}{\phi} \times 100\% < 1$$

对于不同类型的控照器，光效率的具体计算公式各不相同。

(3)保护角

保护角指控照器开口边缘与发光体(灯丝)最远边缘的连线与水平线之间的夹角，即控照器遮挡光源的角度，如图 7.6 所示。保护角的大小可以用下式确定：

$$\tan\gamma = h/C$$

式中：h——发光体（灯丝）至控照器下缘的高差；

C——控照器下线与发光体（灯丝）最远边缘的水平距离。

照明灯具的三个特性之间紧密相关，相互制约。如为改善配光需加罩，为减弱光需增大保护角，但都造成光效率降低。为此，需研制一种可建立任意大小的保护角，但不增加尺寸的新型控照器，遮光格栅（可任意调节格板的角度）就是其中的一种。

7.3.3 灯具布置和要求

灯具的布置包括确定灯具的高度布置和平面布置两部分内容，即确定灯具在房间内的具体空间位置。

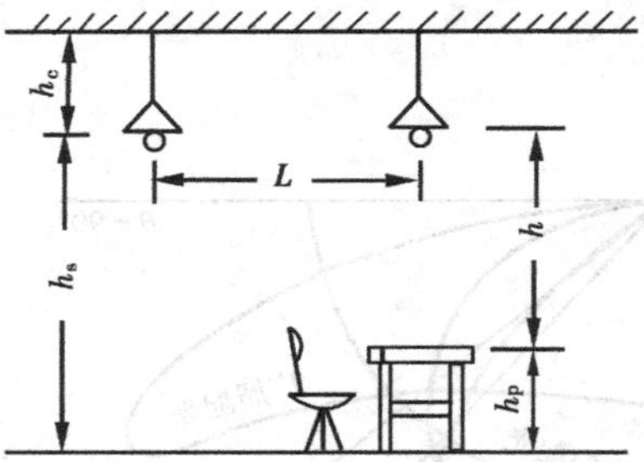

图 7.8 灯具的竖向布置图

(1)灯具的高度(竖向布置)

灯具的竖向布置图，如图 7.8 所示。

在图中，h_c 称垂度；h 称计算高度；h_p 称工作面的高度；h_s 称悬吊高度，单位均为 m。

确定灯具的悬吊高度应考虑如下因素：

①保证电气安全　对工厂的一般车间不宜低于 2.4m，对电气车间可降至 2m。对民用建筑一般无此项限制；

②限制直接眩光　和光源种类、功率及灯具形式相对应，规定出最低悬吊高度见表 7.6。对于不考虑限制直接眩光的普通住房，悬吊高度可降至 2m。

表 7.6　最低悬吊高度

光源种类	灯具形式	保护角	灯泡功率/W	最低悬挂高度/m
白炽灯	搪瓷反面罩或镜面反面罩	10°~30°	≤100	2.5
			150~200	3.0
			300~500	3.5
高压水银荧光灯	搪瓷、镜面深照型	10°~30°	≤250	5.0
			≥400	6.0
碘钨灯	搪瓷或铝抛光反面罩	≥30°	500	6.0
			1 000~2 000	7.0
白炽灯	乳白玻璃射罩	——	≤100	2.0
			150~200	2.5
			300~500	3.0
荧光灯	——	——	≤40	2.0

③便于维护管理　用梯子维护时不超过 6~7m。用升降机维护时，高度由升降机的升降高度确定。有行车时多装于屋架的下弦。

④与建筑尺寸配合，如吸顶灯的安装高度即为建筑的净高。

⑤应防止晃动　垂度 h_c 一般为 0.3~1.5m，多取为 0.7m。

⑥应提高经济性　即应符合表 7.7 所规定的合理距高比 L/h 值。

对于直射型灯具，查表 7.7 求值即可。

对于半直射型和漫射型灯具，除满足表 7.7 的要求外，尚应考虑光源通过顶棚二次配光的均匀性。分别应满足如下条件：

A. 半直射型　L/h 为 5 ~ 6

B. 漫射型　$h_c/h_o \approx 0.25$

⑦一些参考数据

a. 一般灯具的悬挂高度为 2.4 ~ 4.0m；

b. 配照型灯具的悬挂高度为 3.0 ~ 6.0m；

c. 搪瓷探照型灯具悬挂高度为 5.0 ~ 10m；

d. 镜面探照型灯具悬挂高度为 8.0 ~ 20m；

e. 其他灯具的适宜悬吊高度见表 7.7。

表 7.7　合理距高比 L/h 值

灯具类型	L/h		单行布置时房间最大宽度
	多行布置	单行布置	
配照型、广照型	1.8 ~ 2.5	1.8 ~ 2	1.2h
深照型、镜面深照型、乳白玻璃罩灯	1.6 ~ 1.8	1.5 ~ 1.8	H

表 7.8　灯具适宜悬吊高度

灯具类型	灯具距地高度/m	灯具类型	灯具距地高度/m
	2.5 ~ 5		2 以上
防水、防尘灯	2.5 ~ 5(个别处带罩可低于)	软线吊灯	2 以上
防爆灯	2.5	荧光灯	7 ~ 15，特殊情况可低于 7m
双照型配照灯	2.5 ~ 5	碘钨灯	200W 以下，吊高 2.5m 以上
隔爆型、安全型灯	2.5 ~ 5	镜面磨砂灯	
圆球灯、吸顶灯	2.5 ~ 5	裸磨砂灯	200W 以下，吊高 4.0m 以上
乳白玻璃罩吊灯	2.5 ~ 5	路灯	5.5m 以上

(2)灯具的平面布置

灯具的平面对照明的质量有重要的影响，对以下方面内容有决定性的作用：①光的投射方向；②工作面的照度；③照明的均匀性；④反射眩光和直射眩光；⑤ 视野内各平面的亮度分布；⑥阴影；⑦照明装置的安装功率和初次投资；⑧用电的安全性；⑨维修的方便性等。灯具的平面布置方式分为均匀布置和选择布置两种。两者结合形成混合布置。选择布置造成强烈阴影，常不单独采用。

对于均匀布灯的一般照明系统，灯具的平面布置应考虑以下因素：

①与建筑结构配合，做到考虑功能、照顾美观、防止阴影，方便施工。

②与室内设备布置情况相配合，尽量靠近工作面，但不应装在大型设备的上方。

③应保证用电安全，和裸露导电部分应保持规定的距离。

④应考虑经济性。若无单行布置的可能性，则应按表 7.7 的规定确定灯的间距和布置。

对于荧光灯，横向和纵向合理距高比的数值不同，在相应照明手册中有表可查。

当实际布灯距高比等于或略小于相应合理距高比时，即认为布灯合理。

灯具离墙的距离，一般取(1/3～1/2)L，有工作面时取(1/4～1/3)L。灯具的平面布置确定后，房间内灯具的数目就可确定。从而包括建筑空间(房间的形状和大小、反射性能和清洁度等)在内的，由光源种类、灯具形式和布置等因素组成的照明系统也就可以确定。

7.4 照明的基本要求

照明设计的最终目的是在建筑物内创造一个人工的照明环境，以满足人们生活、学习、工作的需要。在进行照明设计时，要正确规划照明系统，首先要确定所采用的照明方式和照明种类、数量，以达到照度标准的要求，在此基础上再考虑照明质量问题。照明设计的完善程度应根据照明标准衡量，其照明效果应达到相应质量要求。

7.4.1 人工照明标准

为保证照明设计的结果使人的眼睛能轻松地、清晰地把被观察物从背景上分辨出来，即满足一定的视力条件，根据国家的经济和电力发展水平，由国家有关部门颁布的数量依据。

制定人工照明标准的基本依据是充分满足产生视觉和影响视觉的各种因素。我国执行的是最低照度标准，即保证工作面上照度最低的地方和视觉工作条件最差的地方应达到的照度标准。这种标准有利于保护劳动者的视力和提高劳动生产率。

我国现行的照度标准分工业建筑照度标准和民用建筑照度标准两大类。

(1)工业建筑照度标准

《工业企业照明设计标准》(TJ34—79)，这个标准是将各类工业建筑，按照所观察物件的最细小部分的尺寸将视觉工作分为10等。进一步按照所观察物与背景的亮度对比大小分成

表7.9 生产车间和工作场所工作面上的照度标准/lx

特别精细	$d \le 0.15$	Ⅰ	甲	小	1 550	—
			乙	大	1 000	—
高度精细	$0.15 < d \le 0.3$	Ⅱ	甲	大	750	200
			乙	小	500	150
精　细	$0.3 < d \le 0.6$	Ⅲ	甲	小	500	150
			乙	大	300	100
很精细	$0.6 < d \le 1.0$	Ⅳ	甲	小	300	100
			乙	大	200	75
稍粗糙	$1 < d \le 2.0$	Ⅴ	—	—	150	50
很粗糙	$2.0 < d \le 5$	Ⅵ	—	—	—	30
特别粗糙	$d > 5$	Ⅶ	—	—	—	20
一般观察生产过程	—	Ⅷ	—	—	—	10
大件储存	—	Ⅸ	—	—	—	5
有自行发光材料的车间	—	Ⅹ	—	—	—	30

甲、乙两级，最后按照混合照明和一般均匀照明的要求，照度标准如表7.9所示。在表7.9的

基础上制定出通用生产车间和工作场所工作面上的照度标准见表7.10。

表7.10　通用生产车间和工作场所工作面上的照度标准

序号	车间和工作场所的名称	视觉工作分类等级	最低照度/lx		
			混合照明	混合照明中的一般照明	单独使用的一般照明
1	金属机械加工车间				
	一般	Ⅱ乙	500	30	—
	精密	Ⅰ乙	1 000	75	—
10	木工车间				
	机床区	Ⅲ乙	300	30	—
	锯木区	Ⅴ	—		50
	木模区	Ⅵ甲	300	30	—
16	动力站房				
	压缩机房	Ⅵ	—	—	30
	泵房	Ⅶ	—	—	20
	风机房	Ⅷ	—	—	20
	锅炉房	Ⅷ	—	—	20
24	汽车库				
	停车间	Ⅷ	—	—	10
	充电间	Ⅶ	—	—	20
	检修间	Ⅵ	—	—	30

对于厂区露天工作场所和交通运输线的照度标准见表7.11。

表7.11　厂区露天工作场所和交通运输组的照度标准

工作场所及特点	最低照度/lx	规定照度的平面
①露天工作场所		
视觉工作要求高的场所	20	工作面
用眼检查质量的金属焊接	10	工作面
间断观察的仪表	5	工作面
装卸工作	5	工作面
②露天堆场	3	地面
③道路	0.2	地面
主要道路		
一般道路	0.5	地面
④站台	0.2	地面
视觉作业要求较高的站台		
一般站台	3	地面
⑤码头	0.5	地面
	3	地面

(2)民用建筑照度标准

民用建筑照度标准是指工作区参考平面上的平均照度，详见《建筑电气设计技术规程》

(JGJ16—83)。该标准中按照视力条件将各类民用建筑归纳为居住建筑、科教办公建筑、医疗建筑、影剧院礼堂建筑、汽车库、室外设施、体育建筑、商业建筑、宾馆(饭店)建筑、机电用房和火车站等11大类,每类中按房间的功能不同分别定出相应的照度标准如表7.12~表7.14所示。

表7.12 科教办公建筑照度标准

序号	场所名称		规定照度的平面	平均照度/lx
1	办公室、资料室、会议室		距地0.75m	75—100—150
2	工艺室、设计室、绘图室		距地0.75m	100—150—200
3	打字室		距地0.75m	150—200—300
4	阅览室、陈列室		距地0.75m	100—150—200
5	医务室		距地0.75m	70—100—150
6	食堂、车间休息室、单身宿舍		距地0.75m	50—75—100
7	浴室、更衣室、厕所、楼梯间		地面	10—15—20
8	盥洗室		地面	20—30—50
9	幼儿园 托儿所	卧室	距地0.4~0.5m	20—30—50
		活动室	距地0.4~0.5m	75—100—150

表7.13 住宅建筑照明的照度标准值

类别		参考平面及其高度	平均照度/lx
起居室 卧室	一般活动区	0.75m水平面	20—30—50
	书写、阅读	0.75m水平面	150—200—300
	床头阅读	0.75m水平面	75—100—150
	精细作业	0.75m水平面	300—400—500
餐厅、厨房		0.75m水平面	20—30—50
卫生间		0.75m水平面	10—15—20
楼梯间		地　面	5—10—15

表7.14 商店建筑照明的照度标准值

类别		参考平面及其高度	平均照度/lx
一般商店 营业间	一般区域	0.75m水平面	75—100—150
	柜台	柜台面上	100—150—200
	货架	1.5m水平面	100—150—200
	陈列柜、橱窗	货物所处平面	200—300—500
室内商场营业厅		0.75m水平面	50—75—100
自选商场营业厅		0.75m水平面	150—200—300
试衣室		试衣位置1.5m高处垂直面	150—200—300
收银台		收银台	150—200—300
库房		0.75m水平面	30—50—75

7.4.2　照明质量

照明设计是建筑电气设计的最基本的内容之一。照明设计的目的是：根据具体场合的要求，正确地选择光源和照明器，确定合理的照明方式和布置方案；在节约能源和资金的条件下，获得一个良好的、舒适愉快的工作学习和生活的环境。良好的照明环境，不仅要具有足够的照度——即足够的照明数量。而且对照度的均匀度、亮度分布、眩光的限制、显色性、照度的稳定性也有一定的要求——即有良好的照明质量。下面就有关照明质量的指标逐一进行介绍。

(1)照度的均匀度

在视野内，照度不均匀很容易引起视觉疲劳，所以应力求在工作面周围的照度均匀。

照度的均匀性是用照度均匀度来衡量的。所谓照度均匀度，是指在工作面上最低照度与平均照度之比，即

$$D_E = \frac{E_{min}}{E_{av}}$$

式中：D_E——照度均匀度；

E_{min}——工作面上最低照度，lx；

E_{av}——工作面上平均照度，lx。

对于民用建筑，照度均匀度要符合下面的要求：

①工作区的均匀度不宜低于0.6，非工作区的照度不宜低于工作区的1/5。

②顶棚的照度宜为水平照度的0.3~0.9，墙面的照度宜为水平照度的0.5~0.8。

对于工业建筑和生产车间一般照明的均匀度则不应小于0.7。

照度均匀度与布灯的距离比 L/h 有关。要达到较满意的照度均匀度，只须实际布灯的距高比小于所选用照明器的最大允许距高比，就能满足照度均匀度的标准要求。因为，最大允许距高比是考虑了经济的年电能消耗和设备投资的条件下，并具有一定的照度均匀性而定出的。

房间内有多行照明器时，为保证照度均匀度，边行照明器距墙应保持在 $L/2$ ~ $L/3$ 之间，如墙面的反射系数过低时，可将此距离减至 $L/3$ 以下。

当要求有很高的照度均匀度时，可采用间接型、半间接型照明器，或发光顶棚、光梁、光带等建筑化照明。

(2)亮度分布

照明环境不但应使人能清楚地观看，而且要给人以舒适的感觉。在视野内有合适的亮度分布是舒适视觉的必要条件。为保证能有效地进行视看而不会感到明显的不舒适，对室内的亮度分布有一定的要求。表7.15是亮度比的推荐值。

表7.15　亮度比推荐值

室　内　表　面	推　荐　值
观察对象与工作面之间（如书与桌子之间）	3 : 1
观察对象与周围环境之间（如书、物与墙壁之间）	10 : 1
光源（照明器）与背景（环境）之间	20 : 1
视野内最大亮度差	40 : 1

室内各个表面(墙面、地面、顶棚)的反射系数对亮度分布也有一定的影响。所以在一般低空间(如房间高度为3m左右)的房间内以及采用嵌入式照明器时,顶棚的反射系数应不小于70%;照度高于500lx时,墙面的反射系数应在40%~60%之间,地面反射系数在20%~30%之间。

(3)眩光的限制

眩光对照明质量影响很大。因此,为了保证照明质量,必须采取各种有效措施来限制各种眩光。

1)直射眩光的限制

一般照明的直射眩光的限制应从光源亮度、光源表现面积的大小、背景亮度以及照明器的安装位置来考虑,通常采取的措施有下列几项:

①采用具有一定保护角的灯具

如图7.2所示,眩光的强弱与视线角度密切相关。光源在视线角度30°以内,眩光很强烈,在45°以上就逐渐减弱了。由此可知,光源悬挂过低,直射眩光强烈。光源悬挂过高,虽然会减弱直射眩光,但这不仅受房间高度的限制,而且对照度也不利。

采用具有一定保护角的截光型灯具,配合适当的悬挂高度。既能有效地限制直射眩光,也能保证工作面上有足够的照度。局部照明用的照明器,应采用不透明材料或漫反射材料制成的反射罩。当照明器的位置高于水平视线时,其保护角应大于30°;若低于水平视线,则保护角不得小于10°

②限制光源的亮度

对于非截光型照明器,应限制水平视线以上高度角在45°~90°范围内的光源亮度。对大面积的发光顶棚,在水平视线以上高度角在45°~90°范围内的亮度限制为500cd/m²。查有关资料可得在采用一般照明方式的房间内,各类照明器(包括裸灯)的允许亮度推荐值。

③减少会形成眩光的光源面积

这主要是减少在水平视线以上高度角在45°~90°范围内的光源表观面积。通常的做法是采用扁平型、椭圆型灯具。

④增加眩光源的背景亮度

这可以减少光源与背景的亮度对比。但要注意,在眩光源亮度很大的情况下,增加背景亮度可能会使背景也成为眩光源。

2)反射眩光的限制

反射眩光是由视野内的定向反射造成的。视野很难避免这种眩光,所以它往往比直射眩光更难处理。但根据引起反射眩光的原因,有针对性地采取下列措施,可将反射眩光减少到最低限度。

①尽量采用低亮度的光源或灯具,使反射影像的亮度随之降低。

②在选择布灯方案时,力求光源处在优选的位置上,使视觉工作不处于任何光源同眼睛形成的镜面反射角内。当然,在照明器位置已固定的情况下,我们也可以改变工作面位置来避开反射眩光。如图7.9所示,位置A不会受到反射眩光的影响,而位置B则处在反射眩光的作用范围内。

③工作房间内采用无光泽的表面,以减弱镜面反射和它所形成的反射眩光。

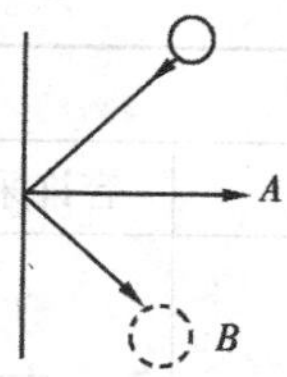

图7.9　避免反射眩光影响的办法

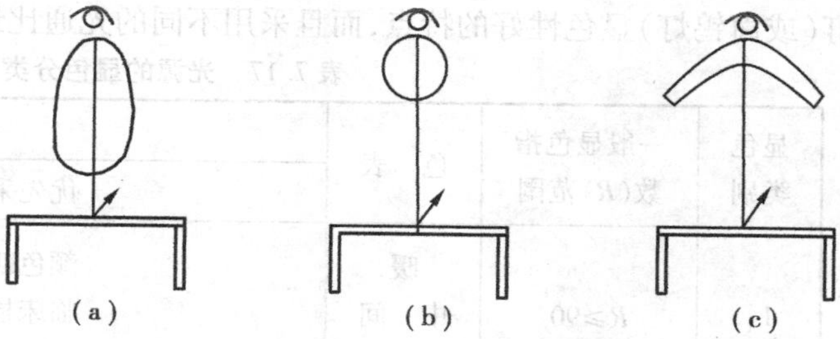

图7.10　灯具配光对光幕反射的影响
(a)特深照型;(b)配照型;(c)广照型

④增加光源数量,使引起反射的光源在工作面上形成的照度,在总照度中所占的比例减小,从而使反射眩光的影响减弱。

3)减弱光幕反射

光幕反射是在一个物体的漫反射上叠加定向反射而形成的。减弱光幕反射的措施有:

①尽可能使用无光纸和不闪光的墨水。

②光源不要布置在会产生光幕反射的区域内。

③采用的照明器应具有合理的配光曲线。图7.10所示是三种灯具配光对光幕反射的影响示意图,其中:a. 采用特深照型,光线集中向下,易形成严重的光幕反射;b. 采用配照型,光幕反射较轻;c. 采用广照型,它垂直向下的光强最小,故光幕反射最小。

(4)光源的显色性

照明设计时,应根据照明场所对颜色辨别的要求合理地选择光源的显色性。在需要正确辨色的场所,应选用显色指数高的光源,如白炽灯、日光色荧光灯等,表7.16是建筑电气设计技术规程得出的光源的显色分组推荐值。

表7.16　光源的显色分组推荐值

组　别	一般显色指数(R_a)范围	适用建筑类别
1	$R_a \geq 80$	大会堂、宴会厅、展览厅
2	$60 \leq R_a < 80$	教室、办公室、餐厅、一般商店营业厅
3	$40 \leq R_a < 60$	仓库
4	$R_a < 40$	室外

注:①此类建筑厅室内的照明光源的色表宜选用暖光或中间光。

表7.17是国际照明委员会(CIE)所规定的室内照明光源的显色分类。

当使用一种光源不能满足光色要求时,可采用两种或两种以上光源混光的办法。表7.18是工业企业照明设计标准规定的荧光高压汞灯与白炽灯(或卤钨灯)的混光光通量比。

因为每种单一光源都有其一定的缺点和使用的局限性。为发挥单一光源的各自优点,避免其缺点,以提高光效,改善光色,达到节能和扩大使用范围的目的,可根据各单一光源的特点,选择不同光源的混光和合理的混光光通比来满足照明工程的要求。从表7.18所示的高压汞灯与白炽灯(或卤钨灯)的混光效果来看,它既发挥了高压汞灯光效高的优点,也利用了白炽灯(或卤钨灯)显色性好的特点,而且采用不同的光通比还可达到不同的效果。

表 7.17　光源的显色分类

显色类别	一般显色指数(R)范围	色　表	应用举例	
			优先采用	容许采用
1_A	$R \geqslant 90$	暖 中　间 冷	颜色匹配 临床检验 绘画美术馆	—
1_B	$80 \leqslant R < 90$	暖 中　间 中　间 冷	家庭、旅馆、饭店 商店、办公室、学校、医院 印刷、油漆和纺织工业、视觉费力的工业	—
2	$60 \leqslant R < 80$	暖 中　间 冷	工业建筑	办公室 学校
3	$40 \leqslant R < 60$	—	粗加工工业	工业生产
4	$20 \leqslant R < 40$	—	—	粗加工工业

表 7.18　荧光高压汞灯与白炽灯(或卤钨灯)的混光光通量

序　号	工作场所	混光光通量比/%	识别颜色效果	混光光源的一般显色指数(R)
1	识别颜色要求较高的场所	<30	红、橙、黄、绿、青、蓝、紫、肤色—良好	>85
2	识别颜色要求一般的场所	30~50	橙色—中等 其他颜色—良好	70~85
3	识别颜色要求较低的场所	50~70	绿、青、蓝、紫—良好 红、橙、黄、肤色—中等	50~70

混光照明是一门新技术,采用混光照明可以创造一个具有高照度、光色和显色性良好、节能的照明环境。可以预见,混光照明将有广阔的应用前景。

(5)频闪效应的消除

电光源在采用交流电源时,光源发出的光通量也随之作周期性变化。其变化程度用波动深度来衡量,即

$$\delta = \frac{\Phi_{max} - \Phi_{min}}{2\Phi_{av}}$$

式中：δ——光通量的波动深度；

Φ_{max}——光通量的最大值；

Φ_{min}——光通量的最小值；

Φ_{av}——光通量的平均值。

光通量的波动深度与光源接入电路的方式有关，几种光源的光通量波动深度见表 7.19。

表 7.19　几种光源的光通量波动深度

光　源	接入电路的方式	波动深度/%	光　源	接入电路的方式	波动深度/%
日光色荧光灯	一灯接入单相电路	55	白炽灯	40W	13
	二灯移相接入电路	23	荧光高压汞灯	100W	5
	二灯接入二相电路	23		一灯接入单相电路	65
	三灯接入三相电路	5		二灯接入二相电路	31
白色荧光灯	一灯接入单相电路	35		三灯接入三相电路	5
	二灯移相接入电路	15	氙　灯	一灯接入二相电路	130
	二灯接入二相电路	15		二灯接入二相电路	65
	三灯接入三相电路	3.1		三灯接入三相电路	5

由实验得知；当光通量波动深度在 25% 以下时，就可避免发生频闪效应。因此，消除频闪效应的办法有：

①两支并列的荧光灯，可用移相法接入电路。即一支按正常方式接入；另一支经电容器移相。这样在一支荧光灯的电流为零时，另一支则处于点燃状态，从而减弱闪烁现象。

②采用两相或三相供电方式，并将空间位置相邻的电光源，分别接入不同的相序。

③采用直流电源。

(6)照度的稳定性

照度的不稳定主要是由于光源的光通量发生变化而引起。稳定照度的措施如下：

1)照度补偿

由于光源老化、灯具积尘和房间内表面污脏等原因，在使用过程中照度会逐渐下降。因此，设计时应事先考虑照度补偿，适当增大光源的设计容量，以保证在整个使用期间的照度不低于标准值。

表 7.20 是工业企业照明设计标准：(TJ34—79)规定的照度减光补偿系数值。设计时，在查得照明场所的最低照度标准值后，应乘以补偿系数后(即除以减光补偿系数)，再进行照度计算(照度补偿系数也可用减光补偿系数来表示的，减光补偿系数与补偿系数在理论上互为倒数)。

表 7.20　减光补偿系数 K 推荐值

环境特征	房间和场所示例	减光补偿系数		灯具擦洗次数(次/日)
		白炽灯、荧光灯、荧光高压汞灯	卤钨灯	
清洁	住宅卧室、客房、办公室、餐室、实验室、设计绘图室	0.75	0.8	1
一般	商店营业厅、影剧院、观众厅	0.7	0.75	1
污染严重	锅炉房	0.65	0.7	2
室外	室外设施及体育场	0.55	0.6	1

2)电源的电压波动限制

电源的电压波动,尤其是每秒 5 ~ 10 次至每分 1 次的周期性严重波动,对眼睛极为有害。当电压波动频率大于每小时 10 次时,为保证照度的稳定性,规定的允许电压波动不大于额定电压的 5%。一般电压波动所引起的光通量减少,在照度计算中不考虑补偿。

3)光源的固定

光源周期性的大幅度摆动,不但使照度发生变化,而且会在工作面上形成运动的影子,严重地影响视觉和损害光源的寿命。因此不允许光源摆动。照明器应设置在没有气流冲击的地方或采用牢固的管吊或吸顶安装方式。

(7)光源的光色和配合

光源的光色有两个含义:一个是人眼观看到光源所发出的光的颜色,这称为色表,色表又以色温来表示;另一个是光源的显色性,通常以一般显色指数来表示。

随着照明技术的发展和国民经济的提高,光源的光色选择已逐步成为照明设计的内容之一。由于光源的显色性已单独作为一项质量指标列出,所以这里所讨论的光色,仅是针对光源的色表而言。

在选择光源的光色时,除按关于光源光色与环境的协调的要求进行外,还应注意光源的色温与照度的关系。

不同的光源有不同的色温,不同的色温给人以冷、中间、暖的外观感觉。表 7.21 是三种不同外观感觉所对应的色温范围。

表 7.21　光源色温的外观效果

色　温/K	外　观　效　果
>5 000	冷
3 300 ~ 5 000	中间
<3 300	暖

照度与光源的色温也有一定的关系。采用某一色温的光源,它在不同的照度下会给人完全不同的感觉。表 7.22 所示是冷、中间、暖色光光源在不同照度下给人感觉的总效果。

表7.22 不同色温、不同照度的总效果

照度/lx	色温效果		
	暖	中间	冷
<500	舒适	中等	冷
500~1 000	↕	↕	↕
1 000~2 000	刺激	舒适	中等
2 000~3 000	↕	↕	↕
≥3 000	不自然	刺激	舒适

7.5 照明的一般计算方法

照明计算目的是使空间获得符合视觉要求的亮度分配,使工作面上达到适宜的亮度标准。照明计算的实质是进行亮度的计算。因亮度计算相当困难,故以直接计算与亮度成正比的照度值间接反映亮度值使计算简化。因而所谓照明计算,实际是做照度计算。

照明计算的方法很多,但从计算工作的内容和程序上可分为两类:

①已知照明系统和照度标准,求所需光源的功率和总功率,用以进行照明的设计。

②已知照明系统和光源的功率与总功率,求在某点产生的照度,用以进行照明的验算。

无论哪一种方法,都很难做到完全符合照度标准。一般认为工作面上任何一点的照度,不低于最低照度(照度标准值)。不超出20%就算正确,就认为布灯合理,满足要求。

目前国内在一般照明工程中常用的照明计算方法,大体分两大类:

①平均照度的计算

平均照度的计算适合于进行一般均匀照明的水平照度计算,只可求出被照面上的平均照度,而求不出其上的照度分布,可用于进行照明工程的设计。平均照度计算分单位容量法和利用系数法。

②点照度的计算

该法可求出工作面任何一点的照度,也可求出其上的照度分布,这种方法是以照明的平方反比定律为基础,多用以进行照明的验算,本节不作详细介绍。

由于点照度的计算工作量很大,主要用于照明的验算,因此,在本节中,只介绍平均照度计算的两种方法。

(1)照明计算的单位容量法

1)估算法

用下式计算建筑总用电量:

$$P = \omega \times S \times 10^{-3} \text{kW}$$

式中:P——建筑物(该功能相同的所有房间)的总用电量,kW;

ω——单位建筑面积安装功率,W/m^2,其值查表7.23确定;

S——建筑物(或功能相同的所有房间)的总面积,m^2。

进而可求出每盏灯泡的功率(灯数为n盏):

$$p = P/n \quad (\mathrm{W})$$

表7.23仅为根据过去调查得出的估算值，近年来随家电的普及，生活用电量有所增加，如最近提出住宅用电估算值提高到5～8W/m²，故应注意选用实际调查资料。

表7.23　单位建筑面积照明用电估算指标

序号	建筑物名称	单位容量/(W·m^{-2})	序号	建筑物名称	单位容量/(W·m^{-2})
1	实验室	10	8	学校	5
2	各种仓库(平均)	5	9	办公楼	5
3	生活间	8	10	单身宿舍	4
4	锅炉房	4	11	食堂	4
5	木工车间	11	12	托儿所	5
6	汽车库	8	13	商店	5
7	住宅	4	14	浴室	3

2)单位容量法(又称单位功率法)

根据灯具类型和计算高度、房间面积和照度编制出单位容量表，当确定出照度后即可由表查出单位容量 ω 值，进而可采用和估算法相同的公式和步骤，就可求出建筑总用电量和每盏灯泡的功率。

单位面积安装功率一般按照灯具类型分别编制，如表7.24所示。

(2)利用系数法

1)利用系数

利用系数是指投射到被照面上的光通量 Φ 与房内全部灯具辐射的总光通量 $n\Phi_0$ 之比(n 为房内灯具数，Φ_0 为每盏灯具的辐射光通量)。Φ 值中包括直射光通量和反射光通量两部分。反射光通量在多次反射过程中，总要被控照器和建筑内表面吸收一部分，故被照面实际利用的光通量必然少于全部光源辐射的总光通量，即利用系数的值总是小于1，可用下式表示：

$$\mu = \frac{\Phi}{n\Phi_0} < 1$$

2)影响利用系数的因素

①灯具的效率　μ 值与灯具效率成正比。

②灯具的配光曲线　向下部分配的直射光通量比例越大，则 μ 值越大。

③建筑内装饰的颜色　墙面和顶棚等颜色越淡，反射系数越大，μ 值越大。

④房间的建筑尺寸和构造特点　室形指数 i 值越大或室空间比值RCR越小，则 μ 值越大。

附表1～附表8给出几种常用灯具的利用系数 μ 与灯具形式、室型指数、顶棚、墙面、地面反射系数的关系表格，查相应表格就可以确定利用系数 μ。

3)利用系数法

在公式 $\mu=\frac{\Phi}{n\Phi_0}$ 中，Φ 是受照面上实际接受的光通量，该光通量应保证受照面积 S 达到规定的照度 E 值，故 $\Phi=E\times S$。

考虑到使用过程中灯具和建筑内表面污染，受照面实际接受的光通量有所下降的情况，应按表7.20选取减光补偿系数 K 值对上式加以修正，得出式 $\Phi=E\times S/K$。

考虑到被照面上照度分布不均匀的情况，应对上式进一步修正，乘以最小照度系数 Z。定义 $Z=\frac{E_0}{E}$，式中 E_0 是受照面上的平均照度，即按上式求出的数值；E 是受照面上的最低照度，即按照度标准查出的数值。Z 值永远大于1，可查表7.25确定。得出式 $\Phi=E\times SZ/K$。

故得

$$\mu=\frac{\Phi}{n\Phi_0}=\frac{ESZ}{n\Phi_0\cdot K}$$

最后得出 $\Phi_0=\frac{ESZ}{n\mu K}$，由该式可求出每个光源所需的辐射光通量 Φ_0 值，由 Φ_0 值查相应附表9～附表14的电光源型号及参数，即可确定每盏灯的功率，进而确定房间内的总功率，完成照明计算。

表7.24　乳白玻璃罩灯单位面积安装功率/(W·m^{-2})

灯具类型	计算高度/m	房间面积/m^2	白炽灯照度/lx							
			10	15	20	25	30	40	50	75
乳白玻璃罩的球形灯和吸顶灯	2～3	10～15	6.3	8.4	11.2	13.0	15.4	20.5	24.8	35.3
		15～25	5.3	7.4	9.8	11.2	13.3	17.7	21.0	30.0
		25～50	4.4	6.0	8.3	9.6	11.2	14.9	17.3	24.8
		50～150	3.6	5.0	6.7	7.7	9.1	12.1	13.5	19.5
		150～300	3.0	4.1	5.6	6.5	7.78	10.2	11.3	16.5
		300以上	2.6	3.68	4.9	5.7	7.0	9.3	10.1	15.0
	3～4	10～15	7.2	9.9	12.6	14.6	18.2	24.2	31.5	45.0
		15～20	6.1	8.5	10.5	12.2	15.4	20.6	27.0	37.5
		20～30	5.2	7.2	9.5	11.0	13.3	17.8	21.8	32.2
		30～50	4.4	6.1	8.1	9.4	11.2	15.0	18.0	26.3
		50～120	3.6	5.0	6.7	7.7	9.1	12.1	14.3	21.0
		120～300	2.9	4.0	5.6	6.5	7.6	10.0	11.3	17.3
		300以上	2.4	3.2	4.6	5.3	6.3	8.4	9.4	14.3

表 7.25 部分灯具的最小照度系数 Z 值

灯具名称	灯具型号	光源种类及容量/W	距高比 L/H 0.6	0.8	1.0	1.2	$(L/H)/Z$ 的最大允许值
			Z 值				
配照型灯具	GC1—$\frac{A}{B}$—1	B150	1.30	1.32	1.33		1.25/1.33
		G125		1.34	1.33	1.32	1.41/1.29
广照型灯具	GC3—$\frac{A}{B}$—2	G125	1.28	1.30			0.98/1.32
		B200、150	1.30	1.33			1.02/1.33
深照型灯具	GC5—$\frac{A}{B}$—3	B300		1.34	1.33	1.30	1.40/1.29
		G250		1.35	1.34	1.32	1.45/1.32
	GC5—$\frac{A}{B}$—4	B300、500		1.33	1.34	1.32	1.40/1.31
		G400	1.29	1.34	1.35		1.23/1.32
筒式荧光灯具	YG1—1	1×40	1.34	1.34	1.31		1.22/1.29
	YG2—1			1.35	1.33	1.28	1.28/1.28
	YG2—2	2×40		1.35	1.33	1.29	1.28/1.29
吸顶荧光灯具	YG6—2	2×40	1.34	1.36	1.33		1.22/1.29
	YG6—3	3×40		1.35	1.32	1.30	1.26/1.30
嵌入式荧光灯具	YG15—2	2×40	1.34	1.34	1.31	1.30	
	YG15—3	3×40	1.37	1.33			1.05/1.30
房间较矮 反射条件较好		灯排数≤3	1.15~1.2				
		灯排数>3	1.10				

4)计算方法和步骤

综上所述,利用系数法的计算方法和步骤为:

①按所确定的布灯方案计算房间的室形指数;

室形指数 $$i = \frac{ab}{h(a+b)} = \frac{S}{h(a+b)}$$

式中,a——房间宽度,m;

b——房间长度,m;

S——房间面积,m^2;

h——灯具计算高度,m。

②确定光通利用系数 μ;

③确定最小照度系数 Z 和照度补偿系数 K；

④按规定的最小照度，计算每盏灯具的光通量 Φ_0，并求出房间内光源的总光通量 Φ；

⑤由 Φ 和 Φ_0 确定房间内的灯具数 n，或由布灯方案确定 n，由 Φ_0 确定每盏灯具的光源的功率。

【例 7.1】　某办公室的面积为 6m × 12m，高 3.8m，顶棚、墙壁和地面的反射系数分别为 0.7、0.5、0.3，采用乳白玻璃照明器，工作面高度为 0.8m，照明器的悬挂高度为 3m，规定的最小照度为 50 lx。试确定照明器的数量及位置，并计算灯泡的功率。

解　考虑选用 6 盏灯，布置如图 7.11 所示。

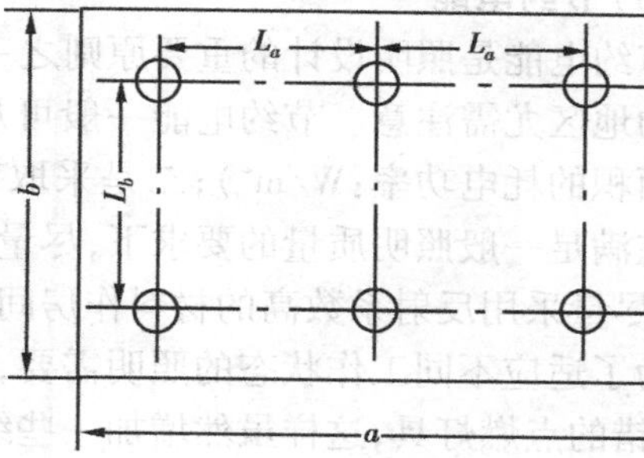

图 7.11　例 7.1 平面布置图

①计算高度：$h = (3 - 0.8)\,\text{m} = 2.2\,\text{m}$

②确定室形指数：$i = 12 \times 6 / 2.2 \times (12 + 6) = 1.82$。

③确定利用系数 μ；根据室形指数、顶棚、地面及墙面的反射系数，所选的照明器型号，查附表 3 得 $\mu = 0.65$。

④确定最小照度系数 Z 和减光补偿系数 K：查表 7.25 和表 7.20，取 $Z = 1.18$，$K = 0.75$。

⑤计算每个灯泡的光通量 Φ_0：根据公式可得，

$$\Phi_0 = 50 \times 1.18 \times 12 \times 6 / 6 \times 0.65 \times 0.75\ \text{lm} = 1\ 416\ \text{lm}$$

查附表 9，选用 220V 的 150W 白炽灯，光通量 $\Phi_0 = 2\ 090$ lm，则计算照度为：

$$E = \frac{\Phi_0 N \mu K}{ZS} = \frac{2\ 090 \times 6 \times 0.65 \times 0.75}{1.18 \times 12 \times 6}\text{lx} = 74\ \text{lx}$$

7.6　照明设计原则和程序

7.6.1　照明设计的主要任务

电气照明设计主要根据土建设计所提供的建筑空间尺寸或道路、场地的环境状况，结合使用要求，按照明设计的有关规范、规程和标准，进行合理设计。其具体内容有：确定合理的照明种类和照明方式；选择照明光源及灯具，确定灯具布置方案；进行必要的照度计算和供电系统的负荷计算，照明电气设备与线路的选择计算；绘制出照明系统布置图及相应的供电系统图等。

7.6.2　照明设计原则

照明设计的原则首先是从建筑物的功能出发，在满足照明质量要求的基础上，正确选择光源和灯具；既要经济合理、节约电能，又要保证安装和使用安全可靠；配合建筑的装修，考虑发展变化预留照明条件等。

(1) 照明的质量要求

设计者除了掌握照明质量的基本因素之外，还要熟悉各类建筑物的使用功能和照明要求，因此，需要进行调查研究、积累资料。对于特殊照明，需由建设单位的使用者提出要求，作为设计依据。尤其是应按规程要求，注意设置应急照明、事故照明、疏散诱导标志等。

(2)光源和灯具的选择

关于光源和灯具的选择，首先应从建筑的功能出发，考虑其照明质量的要求，选择适宜的光色、显色性及照度，其次是力求视觉舒适、造型美观大方，并应尽量减少安装费用和节约能源。在那些需要强调色彩的场合，可以选择相应的光源及灯具，以达到正确地显示色彩或使色彩显得更好看。

(3)节约电能

节约电能是照明设计的重要原则之一，也是考核照明设计的重要指标之一，这在电力供应紧张的地区尤需注意。节约电能一般可从两方面入手：一是降低照明装置的耗电指标(单位建筑面积的耗电功率：W/m^2)；二是采取节电措施以期使用时避免不必要的耗电。其具体做法是在满足一般照明质量的要求下，尽量采用发光效率高的光源和对工作面有较多直射光的灯具；尽量采用反射系数高的材料作房间饰面；在方式上宜采用分区一般照明、混合照明等。

为了适应不同工作状态的照明需要，使用照明装置时，应设置灵活的控制方式，即分层次的、交错的点燃灯具，这样虽然增加一些线路，却能避免在不需要全照度(例如清扫房间)时也必须点燃全部灯具，因而减少部分用电。又如房间在白天是靠窗户自然采光的，黄昏的时候总是靠里隐区先暗而靠窗区后暗，照明装置按此规律顺序点燃，也可达到节约部分电能。采用定时开关，在人员离开时自动熄灭光源或采用调光开关，根据需要来调整光源的亮度等，都是节约电能的重要措施。但是，采取这些措施或多或少地要增加安装费用，在一般情况下增加的投资如能在3~5年内回收(与节约的电费相抵)可谓是合算的。

(4)安装和使用的安全

照明的安装和使用必须保证安全可靠。影响安全的因素包括：灯具安装不牢固而坠落，灯罩玻璃炸裂，光源因烘烤易燃物引起火灾，灯具带电部位绝缘不良发生漏电，灯具不适于特殊环境条件等，这些都是设计和施工人员必须注意的问题。

在选择灯具时，其关键是考虑安装环境、安装方法以及配用光源的功率是否符合灯具的设计性能，而且还要考虑是否给予使用者能正常进行维护的条件。

采用定型灯具时，虽然定型灯具一般是较合理的结构设计(一般来讲灯具是不会发生严重事故的)，但是还应经过试验、抽样检查。只有对以上诸方面因素都经过考虑或采取了必要的防范措施，才能保证照明装置在运行时有足够的安全度。

(5)灯具与建筑装修的协调

灯具的位置及形式需与建筑的装修设备(如空调风口)协调一致，应尽量组合成为一个整体。灯具的安装应当适应建筑的装修条件，而建筑的装修也需考虑灯具维修的方便。

(6)经济合理性

照明装置的经济性包含着设备和安装费用(即一次投资)的降低、电费支出和维修费用(即二次费用)的减少，因此这是个多方面的综合性指标，其合理性只有从多方案比较中方能显示出来。

(7)预留照明条件

预留照明条件是照明设计所不可缺少的措施。建筑物的功能虽是确定的，但随着国民经济的不断发展，人们对生活要求的提高，都要求照明设计留有充分的余地，以适应这一发展变化的需要，如日用电器的普及，照明标准的提高，装修的更新。特别是那些注重装饰的厅室，隔一段时间就有可能变换格调和色彩,预留条件就更为必要。在多数场合,为了减少照明装置的费用,同时适应不同对象的需求,往往采用多设插座。以局部照明补充一般照明更为经济合理,当房间内有轻型活动吊顶时,顶内照明线路应有余量,以便根据需要连接增加的局部照明或向外引出电源。

7.6.3　设计程序

照明设计的程序主要分为:收集照明设计的初始资料;确定照明设计方案;进行具体的照度计算和设计(又称深度设计);绘制照明设计的正式施工图等。

(1)收集初始资料

收集照明设计的初始资料,其主要内容包括:建筑的平面、立面和剖面图、室内布置图、照明设计要求,即照明设计任务书,照明电源的进线方案等。收集这些资料的目的是为了弄清建筑结构的状况,初步考虑照明供电系统和线路,以及灯具的安装方法等。

(2)确定照明设计方案

根据所收集的有关资料和照明设计任务书,进行初步照明设计和方案比较,确定照明设计方案,然后编制初步设计文件和进行必要的初步设计。

(3)进行深度设计

进行深度设计直至绘制出照明设计的正式施工图,这一步工作是照明设计的重要一步,其具体内容包括:确定照度和照度补偿系数;选择照明方式,按照要求选择光源和灯具,确定合理的布灯方案;进行必要的照度计算,决定安装灯具的数量和光源的容量,确定照明的供电负荷;确定照明供电系统和照明支线的负载,以及走线的路径;选择照明线路的导线型号、截面以及敷设方式;汇总设计,并向土建施工方面提交资料;绘制电气照明设计的施工图纸;列出电气照明设备和主要材料表;进行必要的(照明设计部分)概算。

7.7　照明光照设计

7.7.1　室内照明设计

(1)住宅照明设计

住宅照明除需照亮工作面外,还应起到美化环境、衬托气氛的作用,形成舒适的生活环境。住宅的照明应按其房间的功能和所需要的环境气氛来设计,同时还应考虑不同居住水平、不同居住条件的需要。

1)照度的确定

住宅的各个部分都有各自的功能,有时一个房间要具备多种功能,对照度的要求也各不相同。一般住宅建筑照度的推荐值见表7.13。

2)光源选择

住宅照明以选用小功率光源为主,最常用的是白炽灯和荧光灯。应根据照度、经济性、灵活性和光色要求来选用。表7.26列出了住宅各房间光源的选用,供设计参考。

表 7.26　各种住宅房间光源的选用

白炽灯适用场所	荧光灯适用场所
①门厅、厕所、浴室、厨房、楼梯间等平均点灯时间短的场所	①书房、公共走廊等平均点灯时间长的场所
②多用途居室的一般照明、现代设施的厨房间、书桌等要求高照度的场所	②餐厅、会客厅、梳妆台等要求暖色光的场所
③缝纫机台、写字台等要求局部高照度的场所	③穿衣镜照明、床头照明
④卧室、娱乐室、床头壁灯等需经常开关或调光的场所	④装饰性照明，如条形壁灯、暗槽灯、窗帘盘照明
⑤装饰照明，如壁灯	

3）住宅内各种房间的照明设计

①起居室的照明

起居室具有功能多的特点，它既是家庭成员团聚和休息的场所，一般又可兼作会客室和餐室，所以亮度和气氛要适应房间的使用目的改变而能够变化。因此，应设置能单独或组合使用的多种灯具，以分别适用于团聚、会客、听音乐、看电视的情况，照度一般为 30 ~ 50 lx。在餐桌上方最好选用直射吊灯，悬挂高度应可随意调节，这样可使餐桌兼作裁剪缝纫、学生学习和文娱活动之用。沙发旁可设落地灯作局部照明。壁画两旁可设置壁灯，以提高墙壁的亮度，吸引人们注意墙上的装饰物和画面。有时还可以在窗帘盒内装设荧光灯，提高窗帘亮度。灯具选择的关键是要与室内装饰相协调。

②卧室的照明

卧室宜创造具有宁静舒适的照明效果，可以设置顶灯与壁灯结合的照明，也可仅设壁灯。设置顶灯时，其位置不要在人卧床时的头部上方。壁灯的位置，宜设在床头及梳妆台的墙壁上。作为梳妆照明的灯具，一般应安装在镜子上方或侧上方，并在视野 60°立体角以外，照度一般以 200lx 为宜，灯光应直接照向人的面部，而不应照向镜面，以免产生眩光。为了达到光线柔和安逸的气氛，一般照明可选用乳白色半透明漫射型灯具。卧室的一般照明最好能在门口和床头装设双控开关控制。

③书房的照明

书房是人们进行学习和思考的场所。书桌上的主要视觉工作是看书、写字和绘图等，因此工作面上的照度应在 200lx 以上。其灯具常采用台灯或可任意调节方向和移动位置的滑道式吊灯作为局部照明，灯的安装位置一般在左手前方。书房内的一般照明可采用普通吊灯或吸顶灯，而环境亮度最好为书桌面亮度的 1/3 左右。

书房的书橱照明，可在天花板上安装射灯或嵌入式射灯，以照明书籍为主。书房兼作会客室时，在沙发旁可设落地灯。

④厨房的照明

一般住宅厨房的面积较小，多采用装在天花板上的吊灯作一般照明。在现代化的厨房内也有在厨案的工作台上方或壁柜下装设局部照明，以便于备餐。

⑤浴室和厕所的照明

由于浴室和厕所的特点，灯具应选用防潮型的。若安装顶棚灯，则应避免安装在浴缸上方；如安装壁灯时，应装在与窗垂直的墙面上，以免在窗上反映出阴影。

⑥楼梯照明

楼梯照明一般采用吸顶灯或壁灯，其安装位置应尽量使上下楼梯亮度均匀，互相阴影小。为了节约用电，楼梯灯最好采用定时自动开关，并可在上下楼梯两处控制。

4）插座

考虑到家用电器日益增多和位置多变，推荐在客厅、起居室、卧室内长向的两侧墙面上各设一组插座，且至少有一组既有两孔型也有三孔型插座，以满足有接地和无接地要求的电器使用。在我国南方，还要考虑吊风扇的插座和吊线。厨房和卫生间各设一组插座，为确保安全，宜装设带开关的安全型插座。

插座的位置一般是将插座对角布置，或在两墙相对位置布置较为合理。

插座宜作为一个独立回路供电，其优点是一般照明与插座互不影响。此时，若插座回路发生故障（如过载、短路等，这些在民用住宅中时有发生），户内仍保持有正常照明，这对使用和维护都提供了方便。

（2）科教办公楼照明设计

科研、教学、办公建筑的典型房间一般是办公室、实验室、绘图室、教室、会议室、报告厅等，它们的共同特点是人们在这里进行长时间的细微视觉工作和紧张的思维工作，因此，需有良好的明视照明，即应有足够的水平照度、较好的照度均匀度、严格控制直射和反射眩光等。

1）办公室照明

办公室按人们工作的特点可分为一般办公室（其间进行一般性的视觉工作）和特殊办公室（设计、绘图、业务等）。一般办公室按使用级别又分为高级办公室和普通办公室。不同类型的办公室对明视条件要求也不同。因此，在照明设计中需针对不同类型的办公室采取相应的技术措施。

办公室的一般照明宜采用荧光灯，灯具的安装位置应注意避免在印刷品或纸上产生光幕反射。在需要减小光幕反射又遮挡不住灯具光亮部分时，最好采用局部照明。为使眼睛在改变视线方向看不同目标时容易适应亮度变化，视野中心与周围的亮度比不应超过3∶1。视野中心与环境亮度比不应超过10∶1。

设计、绘图室的光源和灯具内的视觉作业较之一般办公室的要求要高，为使工作面照度有较好的均匀性和对反射眩光的控制作用，宜采用与办公桌成垂直方向布置的接近蝙蝠翼形配光的荧光灯光带。该光带可为连续的或间断的，行间距离按所选灯具的距高比要求确定。室内应设置电源插座，以使供局部照明和办公用电器等使用。

办公室的使用时间几乎都是白天，一般均设置有自然采光窗，因此，其照明应考虑与自然采光相结合，而人工照明的开启数应便于灵活控制，以便适应室外天气的变化，这对保持室内舒适环境和节约电能都是有意义的，对较大的大间式办公室的照明尤其要注意控制方式，以便适应各种变化的需要。

2）会议室照明

会议室按其功能特点可分为一般会议室、专用会议室和接待型会议室。因此，会议室的照明，应按办公区的使用功能和装修标准进行设计。

①一般会议室的照明

一般性的会议室,若不设会议桌时房间的四周需要照明,此时灯具的布置宜采取中间为一般照明与周边局部照明相结合的方式,以适应不同的会场布置。

②专用会议室的照明

对于专用的会议室,它一般在房间中部设置会议桌,故照明灯具一般设置在会议桌的上部。房间的四周一般不需照明,但应设置照明电源插座备用。

③接待型会议室的照明

接待型会议室装饰要求较高,需要创造欢快融洽的光气氛,所以宜采用白炽灯作一般照明,若需突出室内某些重点部位时,则可辅以移动的投射灯作局部照明。

3)教室照明

教室照明质量的优劣是影响学生学习效率、视力健康的重要因素,因此,教室照明设计必须考虑有足够的亮度,亮度分布要均匀,尽量减少光幕反射和眩光,并创造良好的环境气氛,使学生精力集中,以便提高学习效果。

①照度要求

教室照明主要有两部分,即课桌照明和黑板照明。课桌照明由顶部的一般照明解决,其平均照度可在 50 ~ 150lx 的范围内选取。黑板上的垂直照度不宜低于水平照度的 1.5 倍,且最低不小于 150lx,因此,需采用专门的局部照明投照黑板板面。

②亮度分布及装修色彩

为了限制眩光,教室内的最大亮度比不宜超过表 7.27 中所列数值。教室各表面应采用明亮而无光泽的色彩装修,反射率可按表 7.28 推荐值设计。

③灯具及布置

教室照明宜采用发光效率较高的荧光灯具。灯具形式应采用格栅灯具,以接近蝙蝠翼形配光的荧光灯具最佳。灯具的布置应使其长轴方向与视线方向一致,即与黑板垂直,并布置在两列课桌之间。确定两列灯具间距 L 时,应满足灯具的合理距高比,按表 7.7 和表 7.8 来确定。边列灯具与墙的距离取两列灯具间距的 1/2.5 ~ 1/3 为宜。这样,可减少课桌及纸面的光幕反射和使靠墙的课桌能得到应有的水平照度。

表 7.27 教室最大亮度比

视看对象和背景亮度之间	3
视看对象和离开它的表面之间	10
灯具、窗口和附件表面之间	20
普通视野内面与面之间	40

表 7.28 教室各表面反射率

黑板	10% ~ 20%
墙面	40% ~ 60%
顶棚	70% ~ 85%
地板	30% ~ 50%

④黑板照明

黑板照明采用专门的局部照明,一般采用黑板灯,其布置应满足:在学生方面要求不能由黑板面产生反射眩光,而能看清黑板所有部位的文字和图示;在教师方面要求书写时也不感到反射眩光,面向学生时无直射眩光。因此,必需合理确定黑板局部照明灯具的平面位置及距地高度。黑板照明与师生的位置关系如图 7.12 所示。由图可见,黑板灯应装于教师的水平视线

45°仰角以上，与黑板平行布置。黑板灯的安装高度与灯具到黑板面的距离关系，也应按一定要求进行设计。

⑤特殊教室的照明

前面介绍了一般教室的照明，但对于阶梯教室、制图教室、美术教室等这类特殊教室，其照明应考虑特殊功能对照明的特殊要求。如美术教室要求正确识别色彩，则应采用显色性好的光源（如三基色荧光灯）。制图教室是精细的视觉工作场所，对照明质量要求较高，其照度一般在200～300lx，灯具安装方位应注意避免在纸上产生反射眩光和避免手的阴影挡光，一般灯管与图板成垂直方向布置较好。若采用蝙蝠翼配光灯具效果最为理想。阶梯教室最好用嵌入式灯具平行黑板布置。当教室顶棚采用折板构造时，可在折板构造内平行黑板方向装设荧光灯。

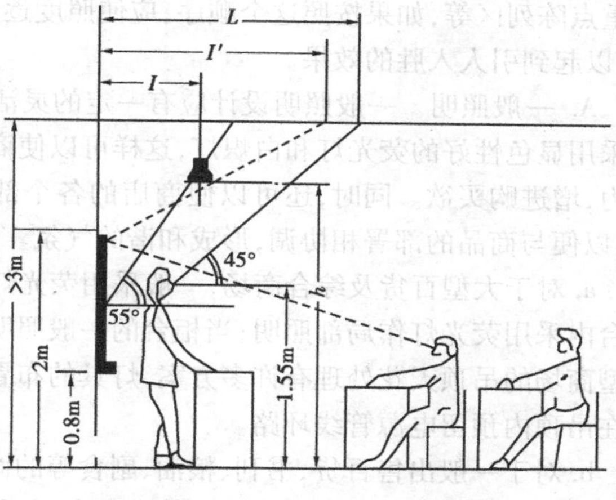

图7.12　黑板照明与师生位置关系示意

4）图书馆照明

①阅览室照明

阅览室的特点是读者在此连续阅读时间长，需要具有较舒适的照明环境，即要求有足够的照度、光线柔和、适宜的亮度分布和尽量避免眩光。其照度以200lx左右为宜。

小型的阅览室，一般采取顶部的一般照明。最好采用半直接型照明灯具，以改善室内的亮度分布；大型阅览室往往是空间较高大的房间，因此，这类阅览室多采取一般与局部相结合的混合照明方式。顶部的灯具常兼有装饰性，故多采用均匀布置或重点布置，而且在各阅览区及业务区应设电源插座，以备局部照明使用。

②书库照明

书库内的书架照明要求有一定的垂直照度，并要确保书架最下沿的垂直照度不低于20lx。通常将灯具布置在书架通道上方的中央部位，或将灯具直接装设在书架上。书库选用的灯具及配线方式应采取防火措施，并在书库外设照明配电盘，以便下班后切断书库内的电源。

（3）商业、旅馆照明设计

1）商店照明

鉴于商业建筑物的功能，商店照明是以明视与装饰兼顾为主要特点的，即既要实现招徕顾客，启发顾客，引导顾客，显示商品的特色，创造轻松明快的气氛，又要提高顾客购买欲望的功能，显示商店在建筑群中的位置及方位。所以，商店照明通常由一般照明、局部照明和装饰照明构成，三者的构成比例应恰当。通常商店的规模和配置是各异的，范围有大有小，形状有宽有窄，天花板也有高有低，商品布局各不相同。同时，不同的商店，其建筑结构和机械方面的特点也不相同，而且随着装修艺术的变化照明布置可能是多种多样的，因此设计有相当的灵活性。

①店内照明

合适的照度是商店照明的重要方面，然而要求照明的面变化范围较大，从水平面直到垂直面,所以应考虑对不同面的照明效果。

照度应随着营业区内不同情况而变化,通常商店可划分为人员流动区、商品区、商品陈列和重点陈列区等,如果按照这个顺序,应使照度逐渐增加。一般来说,进入店内应愈往里愈明亮,以起到引人入胜的效果。

A. 一般照明　一般照明设计应有一定的灵活性,以适应商品陈列方式和柜台的变动。一般采用显色性好的荧光灯和白炽灯,这样可以使商品色彩鲜艳,美观动人,从而吸引顾客的注意力,增进购买欲。同时,还可以使商店的各个部分,乃至不同的商品之间,造成照度上的差别,以便与商品的部署相协调,形成和谐的气氛。

a. 对于大型百货及综合商场,一般采用荧光灯具组成的光带沿售货柜台布置作一般照明;柜台内采用荧光灯作局部照明;当柜台的一般照明不能兼作货架照明时需辅以局部投射照明。大型商场的吊顶天花处理有许多方案,灯具的布置必须与之配合,为了增设局部照明的方便,宜在吊顶内预留电源管线环路。

b. 对于一般出售百货、书刊、粮油、副食等的商店,要求售货厅有较宽敞的感觉,因此,一般采用吸顶安装或嵌入式的荧光灯具构成一般照明;对经营有特色或珍贵商品(如钟表、首饰、影视音响、文物等)的商店,宜根据商品特色及建筑装修,采用明视与装饰兼备的灯具,或以装饰为主的一般照明辅以明视的局部照明。这类商店还宜在顶部设置可移动的轨道式投射灯,对重点商品或装饰物投以彩色灯光,突出其造型和色彩。

c. 百货类中小型售货厅及其售货柜台,有可能随着季节和商品的变化而不断改变位置,照明设计则可采用网格式均匀照明方式。售货厅的四周墙面宜多设电源插座,以备售货柜台的局部照明电源,以及日益发展的商品广告照明或活动的展示商品用电。

B. 商品陈列柜照明　陈列柜照明应体现陈列品的立体感,但要防止眩光。一般采用小型投光灯,也可采用荧光灯。为了消除店内柱子的影响,而在柱子周围布置陈列柜,故在照明设计时,一般应在柱子附近的顶棚内预留接线盒,以便为陈列柜照明供电。

C. 应急照明　由于商店特别是大型商场的顾客众多,当照明中断时会引起混乱,故应在商场的主要通道、楼梯间、人流出入口等区域设置应急照明灯,它也可起到事故(如火灾)时的疏导作用。其照度不应低于0.5lx。一般可采用带铬镍电池的应急照明灯。

②橱窗照明

橱窗照明的作用是利用照明灯光引起行人的注意,吸引他们止步欣赏,借以招徕顾客,以达到宣传商品,活跃市场,增加流通的目的。橱窗设计除了发挥其艺术效果外,也不可忽视照明巧妙的价值。橱窗照明的效果,关键在于光源的选择。常采用的照明技术有:

A. 用白炽灯来提供足够亮度的基础照明。可以通过亮度分布样式的选择,使得顶棚的单位面积上获得较高的照度。

B. 采用荧光灯加强基础照明。并可获得不同色调的"白色光"和高效率的颜色光,提高照明效果。荧光灯产生的热量少,还可以产生柔和的影子以及长而亮度低的光斑。

C. 用聚光灯提供可调节的高强度定向照明,加强重点照明区的亮度能够有效地抵消窗户反射光,在白天效果显著。能构成小面积高亮度光斑,形成鲜明而突出的反差和影子,使商品纹理醒目。

D. 采用前沿灯提供垂直面上的补充光,通常用来增添某些颜色光。但不宜多用,以免造成不自然的气氛。

E. 采用聚光或散光白炽灯构成倒光灯,以及带条形灯具的荧光灯,以增添某些颜色光,用于补充以聚光照明的一般照明。

F. 采用白炽灯或者荧光灯作背景照明,增加背景的亮度和色彩,使之与展品形成鲜明的反差,并且可以提高白天的可见度。

G. 设置台灯式补充照明,这种灯可以安装在展品的照明灯具内,也可以用来提供局部彩色光。常用在排列紧凑的展品中间,以提高亮度,并可对亮度进行人为控制。因此,效果较好,而且消耗的功率也较低。

在有些场合,若日光对商店橱窗照明带来严重的反作用时,采用现代照明设备和照明技术,提高照度和表面亮度,可以将这一种反作用缩小到最低程度。

2)旅馆照明

①门厅照明

a. 照明要求门厅照明设计需与建筑师密切配合,以与室内建筑材料和装饰相协调为主,不宜过分强调照度。门厅内接待处的照明设计应能正确引导人们去注意它,可在柜台上部设置发光标志。门厅内休息处宜采用一些外观能吸引人的照明装置,照度应适于阅读报刊杂志。

b. 灯具选择及控制门厅照明常采用发光天棚、发光墙面。顶棚吸顶灯、枝形吊灯和壁灯等多种形式。门厅的一般照明需装设分组开关或调光设备,以便根据白天和黑夜室外亮度变化来进行调光。

②餐厅照明

餐厅照明设计应给人以温暖而亲切的感觉。为使顾客在此舒适地进行用餐,要考虑照明对人心理上的影响。高亮度能促使兴奋和活跃,低亮度能使人轻松和遐想。因此,应根据各种餐厅的特点和风格来设计照明。

A. 服务性餐厅　如自助餐厅、快餐厅和小吃部等,顾客流动性大,需要快速服务,要求高照度。可采用带格栅的嵌入式或吸顶式荧光灯。

B. 宴会厅　比较豪华的宴会厅照明宜柔和而隐蔽。可采用建筑化照明手法,与建设顶棚的装饰相配合,将灯具装设在顶棚上,利用顶棚作为照明灯具或作为反射板。如发光顶棚照明方法、格栅顶棚照明法、下投式照明法等。光源一般选用白炽灯或高显色性荧光灯较为理想。餐厅或宴会厅的一般照明,宜装设调光装置或装设便于灵活控制的开关。

C. 局部和应急照明　餐厅或宴会厅的现金收付处、服务台等应设局部照明。在餐厅和宴会厅的适当位置,餐厅兼作文娱活动场所时,还应装设合适的舞台照明设备,并在适宜位置设置插座,以提供扩音、录音、录像设备及局部照明的电源。同时,在餐厅的主要入口,宜设置装饰照明,并预留节日彩灯和霓虹灯电源插座。餐厅、厨房等房间应设灭蝇灯,冷菜制作间应设置紫外线消毒灯。

③客房照明

A. 照明要求　客房照明设计应给人以整洁、安静、舒适的感觉,创造一个安定、亲切的气氛,并要做到灵活性大、适应性强,应与室内的陈设相配合。床头照明既要有足够的照度供阅读书报,又要不干扰室内其他人的休息。

B. 灯具选择　客房内以采用漫射或反射光照明方式为主,在卧室入口处可装设吸顶灯或嵌入式灯作为一般照明。卧室内可设吸顶灯作为一般照明,也可只设壁灯、落地灯或窗帘盒照明而不设顶灯。窗帘盒照明可起到模仿自然光的效果。卧室的一般照明,应能在入口和床头两处方便控制。有写字台的房间应设置台灯,以提供合适的书写照明。床头照明的控制开关应装在伸手范围内。一般较高级的客房内均设有床头综合控制柜,室内的电气设备均可在该柜上控制,有时床头柜下部设置脚灯作通宵照明用。当卧室内有梳妆镜时需考虑合适的镜前照明。浴室中通常将顶棚照明与镜前照明相结合,且选择显色性好的光源。

为了节约用电,一般客房宜采用钥匙型节电开关,当旅客离开客房取走钥匙后15~30s,能自动断开客房内除电冰箱外的其他设备的电源。

④走廊和楼梯照明

旅馆内部的走廊通常自然采光差,而且通向公共场所的走廊流动人员多,故照度设计要求高一些。客房外的走廊照度可低些,以免影响旅客休息,在后半夜应关掉一部分走廊灯或用调光装置。灯具一般选用吸顶灯或壁灯。走廊和楼梯间还应设置应急照明灯,以便供事故情况下人员流散用。

7.7.2 室外光照照明设计

(1)泛光照明

泛光照明一般都可理解为非室内照明,其目的是用来提高一个表面或一个目标物的亮度,使其超过周围环境。

泛光照明广泛用于工业、商业和娱乐场所,工业上主要用于那些夜晚仍需继续进行室外视觉工作的场所,如码头、机场、加油站、转运站、仓库及建筑工地等。这些场所的泛光照明,除了保证工作继续有效地进行外,还能给行人或交通车辆创造舒适的感觉。良好的泛光照明是维护生产的重要因素。

泛光照明常用于需要安全保卫的场所、机要的地方,常用于照亮入口处、篱笆、庭院和小路,以加强防护与安全。

泛光照明也可以用来表现市容,如照亮历史性建筑和市中心区。大型娱乐场所通常都采用现代化的泛光照明。

1)泛光照明设计

①确定照明效果

泛光照明设计时照度值的选择,一般以水平照度为根据。由于水平照度计算要比垂直照度计算方便,现场测定也简单,同时各种照明系统所产生的水平面和垂直面照度存在着一定比率,因此,如能按要求选用适当类型的投光灯具,并安装在合适的高度和位置,那么当水平照度达到要求时其垂直照度也能满足要求。在一般情况下,如被照面上光线的入射角小于45°时,垂直照度偏低;大于45°时,垂直面照度就高些。降低安装高度或增大泛光灯的照射角,也可增加垂直面照度,但同时会产生眩光问题。

②确定投光灯的位置

布置方式根据被照面的特点和要求的不同,投光灯的布置方式有:四角式、两侧式、中间式和周边式等。

a.四角式为在场地的四角设置灯塔,灯塔一般高25~50m,常用窄光束灯具作远距离投射照明,如足球场地照明。

b.两侧式为沿着场地两侧对称或交错布置投光灯,采用宽光束或中光束灯具。对称式适用于球场照明,交错式布置可提高照度的均匀度或减少光源的功率,适用于生产场地的照明。

c. 中间式为在场地中间设置灯柱，并用宽光束投光灯具。这种布置方式的照明，光通利用率最高，设备费用也最低，它适用于场地中心允许装射灯杆的大面积广场、停车场等。

d. 周边式为沿场地四周布置投光灯具，适用于中间不允许设置灯柱的大面积广场、停车场以及自行车比赛场地的照明，灯柱采用均匀布置。

③确定投光灯的数量和灯型

采用大功率灯可以使投光灯的数量减少，但是，大功率灯可能引起照度分布不匀以及被照面上光束。

$$n = ES/K\Phi_{gs}\eta$$

式中：n——需要投光灯数量；

E——要求照度值，lx；

S——被照射面积，m^2；

Φ_{gs}——光束通量，又称光束流明，lm；

η——光束效率；

K——减光补偿系数（密闭设备为0.75，敞开设备为0.65）。

2）投光照明计算

投光照明的计算可划分为近似计算（估算）和精确计算两类。

①估算

估算时常采用光通利用系数法、单位容量法等，由于计算方法比较简单而常用，但因其计算误差较大，故只适用平方案设计或被照面照度要求不高的场所。

②精确计算

精确计算时常采用逐点法，它适用于照明要求较高、场地面积大以及估算将造成浪费的场所。投光照明计算时，必须具备投光灯的具体光电参数和关系曲线（参见《建筑电气设计手册》）。利用单位面积的容量与照度的关系曲线，可以进行投光照明计算。其具体方法是，按照规定的照度 E 及投光灯安装高度 h 从曲线中查出单位面积的容量，然后乘以被照面积即可求得总的容量。用投光灯的容量除总容量即得所需投光灯的数量。

（2）道路照明

道路的照明设计是根据道路的特点，确定路面照度，选择路灯形式，布置灯杆位置以及照明的控制方式等。

1）路灯和庭院灯具类型

常用路灯可分为：马路弯灯、悬臂式高杆路灯、柱灯和草坪灯四类。

①马路弯灯及应用

马路弯灯又分一般马路弯灯和大马路弯灯。前者多装在墙壁上，也可用于室内，而后者附设在架空线路的电杆上。这类灯具虽无保护，但光损失小，因而多用于要求不高的住宅区道路照明。

②悬臂式高杆路灯及应用

悬臂式高杆路灯分为单叉式、双叉式和多叉式三种。为了控制光通的分布，灯具内常装有反射罩。灯具常以高压汞灯、高压钠灯或金属卤化物灯为光源。此类灯具的配光分为三种类型：即截光型、非截光型和半截光型。

a. 截光型配光较窄，光通分布主要集中在0°～60°范围内，严格限制了水平光线，几乎感觉不到眩光,因此它适用于高速道路。

b. 非截光型配光很宽(灯具横向),不限制腔光,光通分布一般在0°~80°范围内,而且在70°~80°之间光强很高,0°~70°之间较弱。因此,它适用于周围要求明亮的场所。

c. 半截光型介于截光与非截光型之间,广泛用于一般道路照明。

③柱灯类和草坪灯

柱头灯型有各种艺术造型,常以白炽灯泡或高压汞灯等作光源。用于一般庭院照明时,灯高3.5~5m,灯柱为钢管。用于较大广场照明时,灯高为5~7m,灯柱用水泥杆。

草坪灯专用于庭园绿化曲径照明,光源采用白炽灯泡,灯柱约高0.6m,光线朝下照射。

2)路灯布置

①布置方式

路灯布置方式有单侧布灯、两侧交叉布灯、丁字路口布灯、十字路口布灯和弯道布灯。其各自适应条件为:

a. 当路面宽度小于9m,或照度要求不高的道路,常采用单侧布灯。

b. 当路面宽度大于9m,或照度要求较高的道路,可在道路两侧对称布灯或交叉布灯。

c. 在交通繁忙的丁字路口、十字路口和弯道,分别采用丁字路口布灯、十字路口布灯和弯道(一般在弯道外侧)布灯。

在特别狭窄的地带,也可在建筑物的外墙布灯。

②安装高度及间距

为了减弱腔光,路灯需具有一定的安装高度和间距。

a. 马路弯灯安装高度一般为距地4m,其间距为30~40m。

b. 对于悬臂式高杆路灯,其安装高度一般在7m以上,若采用非截光型灯具,其安装高度h宜大于道路计算宽度外的1.2倍,灯柱的间隔不宜大于安装高度的4倍;如采用半截光型灯具,h也需大于W_j的1.2倍,灯柱的间隔不宜大于安装高度的3.5倍;如采用截光型灯具时安装高度$h>W$,灯柱的间隔不宜大于安装高度的5倍。W_j及h的意义如图7.13所示。

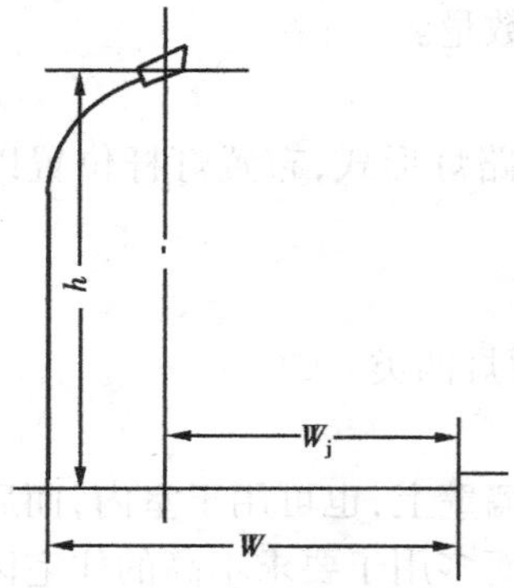

图7.13 路灯安装高度与道路计算宽度示意图

(3)特种照明

1)障碍照明

高层建筑应根据建筑物的地理位置、建筑高度及当地航空部门的要求,考虑是否设置航空障碍灯的问题。因此,航空障碍灯的设置成为高层建筑照明设计的一个组成部分。

①设置要求

障碍灯一般装设在建筑物的顶端。当最高点平面面积较大或是为成组建筑群时,除在最高点装设障碍灯外,还应在外侧转角的顶端分别装设障碍灯。障碍灯应为红色,有条件时宜用闪光灯照明,最高端的障碍灯的光源不宜少于2个。

对平面面积大的高层建筑,除在最高处设置障碍灯外,还要求在建筑物四周转角处各装设一组灯,而且当建筑物宽度超过45m时,中间加装一组;建筑物的高度超过45m时,高度每增加45m,应再增设一层障碍灯。

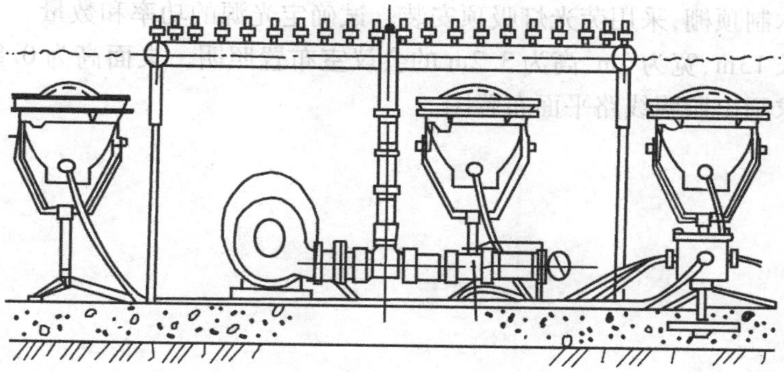

图7.14　水下照明灯具示例

②障碍照明系统

灯的启闭常用露天安放的光电自动控制器控制，它以室外自然环境照度为参量，来控制光电元件的工作状态以启闭障碍灯，也可由建筑物（如大厦）的管理电脑控制。航空障碍灯属一级负荷，应设置应急电源回路。为了有可靠的供电电源，市电与应急电源的切换最好在障碍灯控制盘处进行。每处装2个障碍灯，由双电源通过切换箱分别供电，并由光电控制器控制灯的启闭。障碍灯的位置选择，应考虑远处能看到闪光，而且在各个方向尽量不被其他物体遮挡，同时还应考虑方便维修。为确保障碍灯正常发挥作用，需经常维修及更换灯泡。常用的灯泡为脉冲氙航标灯。

2）水下照明

高层建筑中的高级旅游宾馆、饭馆、办公大厦的庭院或广场上，大多安装有灯光喷泉池或音乐灯光喷泉池。各种喷头在水底照明的配合下，喷出各种引人入胜的水柱花形，有的像花篮，有的像银色花朵从水中喷薄而出。

灯光喷水系统由喷嘴、压力泵及水下照明灯组成。常用的水下照明灯每盏灯的功率为300W，根据使用喷池的规格，一般由2~12只组成。灯具采用具有防水密封措施的投光灯，投光灯固定在专用的三角支架上，根据需要可以灵活移动。各个灯的引线由水下接线盒引出，用软电缆相连，如图7.14所示。

习　题

7.1　照明灯具主要由哪几部分构成？

7.2　简述光源与照明灯具及其附件（控照器）的作用。

7.3　光的度量有哪几个主要参数？它们的物理意义及单位是什么？

7.4　室内照明有哪几种方式？它们的特点是什么？

7.5　室内照明灯具的选择原则是什么？试举例说明。

7.6　某照相馆营业厅的面积为6m×6m，房间净高3m，工作面高0.8m，天棚反射系数为70%，墙壁反射系数为55%。拟采用荧光灯吸顶照明，试计算需安装灯具的数量。

7.7　某会议室面积为12m×8m，天棚距地面5m，工作面距地面0.8m，刷白的墙壁，窗户装有白色窗帘，木制顶棚，采用荧光灯吸顶安装。试确定光源的功率和数量。

7.8　试为长13m、宽为5m、高为3.2m的会议室布置照明。桌面高为0.8m，拟采用吸顶荧光灯照明，要求画出照明线路平面布置图。

第8章 接地与接零及防雷

防雷与接地是民用建筑电气设计不可少的内容。防雷涉及到对建筑物及其内部的设备安全,接地涉及到建筑的供电系统和设备以及人身的安全。电气设备接地或接零是保护电气设备的重要手段,本章介绍接地与接零的作用与要求,接地装置和接零系统设计,以及接零系统的几种形式,并对各类接地之间的相互关系作一般介绍。本章所介绍的接地仅限于一般的工频接地,另外还介绍了民用建筑的防雷分类、防雷措施、特殊建筑的防雷等。

8.1 接地与接零的作用及分类

电气设备的某部分用金属与大地作良好的电气连接,称为接地。埋入地中并直接与大地接触的金属导体,称为接地体(或接地极)。兼作接地用的直接与大地接触的各种金属构件、金属井管、钢筋混凝土建筑物的基础、金属管道和设备等,称为自然接地体;而为了接地埋入地中的圆钢、角钢等接地体,称为人工接地体。连接设备接地部分与接地体的金属导线,称为接地线。接地体和接地线的总和,称为接地装置。

8.1.1 接地概述

电气设备接地的目的:首先,是保证由于电气设备某处绝缘损坏而使外壳带电时一旦人触及电气绝缘损坏的外壳,如果设有接地装置,接地电流将同时沿着接地体和人体两条通路流过;接地电阻越小,流经人体的电流也就越小;如果接地电阻小于某个定值,流过人体的电流也就小于伤害人体的电流值,使人体避免触电的危险。其次,是为保证电气设备以及建筑物等的安全,而采用过电压保护接地、静电感应接地等。

接地电阻是指电流从埋入地中的接地体流向周围土壤时,接地体与大地远处的电位差与该电流之比,而不是接地体的表面电阻。当电气设备发生接地故障时,电流就通过接地体向大地作半球形散开(如图8.1)。这一电流称为接地短路电流或接地电流。接地电流在地中形成的流散电流场是呈半球形的(如图8.2),这半球形的球面对接地电流场所呈现的电位梯度,在距接地体越远的地方就越小。实验证明,在距单根接地体或接地故障点20m左右的地方,呈半球形的球面已经很大,该处的电位与无穷远处的电位几乎相等,实际上已没有什么电位梯度存在。接地电流在大地中散逸时，在各点有不同的电位梯度和电位，而电位梯度或电位为零的地方称为电气上的“地”或“大地”。

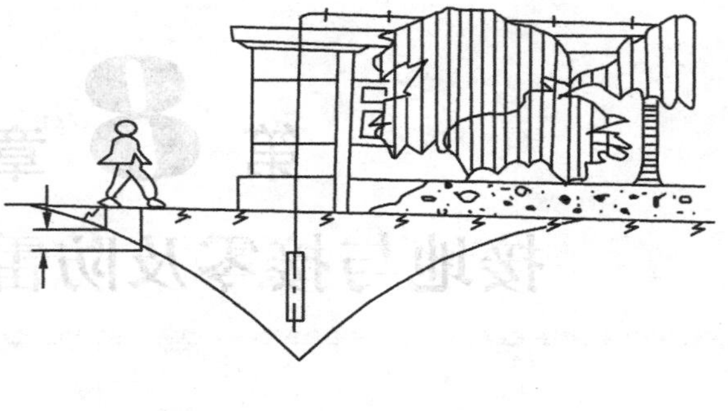

图 8.1　接地示意图

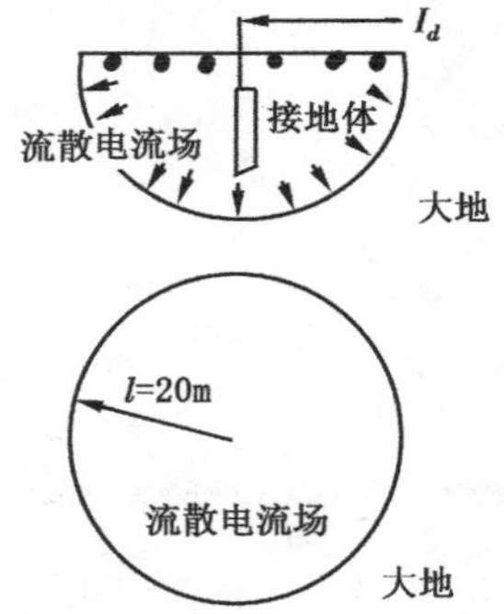

图 8.2　接地体周围电场分布

当人站在接地装置附近的地面上，由于两脚站的地方电位不同，两脚之间就有电位差，称为跨步电压 U_c。由于跨步电压，就有电流从人体上流过。跨步电压越大，流过人体的电流就越大，对人的生命安全威胁也就越大。同理，如果人触及发生接地故障设备，则人体接触地的两点（脚和手）与接地体相连的点之间便呈现一定的电位差 U_c，称为接触电压。

减小接触电压或跨步电压的措施是设置多根接地体组成的接地装置。最好的方法是用多根接地体连接成闭合回路，这时接地体回路之内的电位分布比较均匀，即电位梯度很小，可以减少接触电压或跨步电压，接地电阻是指接地体周围土壤对接地电流场所呈现的阻碍作用的大小。接地体的尺寸、形状、埋的深度以及土壤的性质都会影响接地电阻值。严格来说，这里所指的接地电阻应称为流散的电阻，而接地装置（接地体和接地线）及其周围土壤对电流的阻碍作用才称为接地电阻。因为这两种电阻值相差甚小，所以无论是接地电阻或是流散电阻都看做是相等的。

8.1.2　接地类型和作用

从用电角度来看，经常遇到这样的触电事故：在用电时，人体经常与用电设备的金属结构（如外壳）相接触，如果电气装置的绝缘损坏，导致金属外壳带电；或者由于其他意外事故，使不应带电的金属外壳带电，这样就会发生人身触电事故。因此，采取保安措施是非常必要的，最常用的保安措施就是保护接地或保护接零。另外，据电气系统或电器设备正常工作的需要也要接地。按照电气设备接地的作用区分，可将接地类型分为：

(1)工作接地

能够保证电气设备在正常和事故情况下可靠地工作而进行的接地，称为工作接地。如变压器和发电机的中性点直接接地，能起维持相线对地电压不变的作用，变压器和发电机的中性点经消弧线圈接地，能在单相碰地时消灭接地短路点的电弧，避免系统出现过电压；防雷系统的接地，可以对地泄放雷电流等。

如果变压器低压中性点没有工作接地，发生一相碰地将导致：接地电流不大，故障可能长时间存在；接零设备对地电压接近相电压，触电危险性大；其他两相对地电压升高至接近线电压，单相触电危险性增加。

(2)保护接地

所谓保护接地,就是在中性点不接地的低压系统中,将电气设备在正常情况下不带电的金属部分与接地体之间作良好的金属连接。图 8.3 是采用保护接地情况下故障电流的示意图。当某处绝缘损坏时,使用电设备的金属外壳带电。由于有了保护接地,故障电流流经两条闭合回路,其一是 I_E 经过保护接地装置和电容 C 与线路构成回路;其二是 I_m 经过人体和电容 C 与线路构成回路。

$$I_M/I_E = R_E/R_M$$

式中:I_E、R_E——流经接地体的电流及其电阻;

I_M、R_M——流经人体的电流及其电阻。

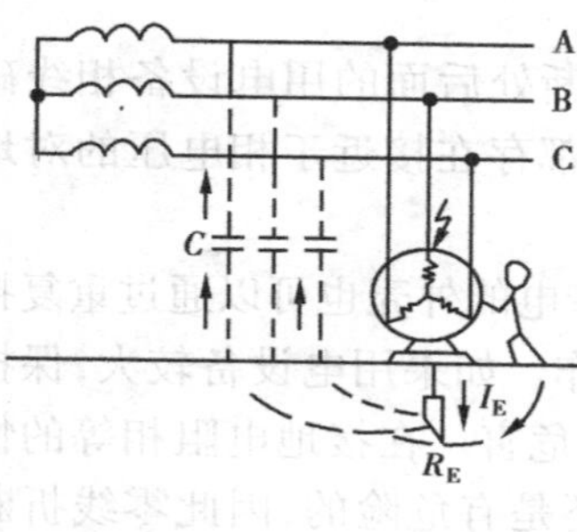

图 8.3　接地保护示意图

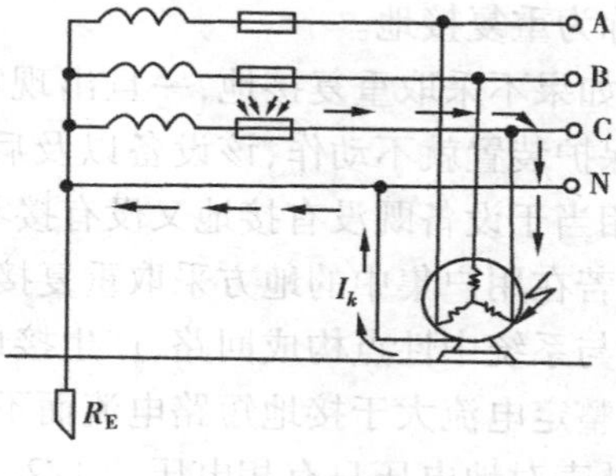

图 8.4　接零保护示意图

R_E一般为 4 ~ 10Ω,人体电阻 R_M一般为 1 000Ω 左右,加之线路对地分布电容的容抗较大,因此,流经人体的电流极小,从而保护了人身安全。为了保证流经人体的电流在安全电流值以下,必须使 $R_E \ll R_M$,安全电流一般取:交流电流 33mA,直流电流 50mA。

显然,在中性点不接地的系统中,不采取保护接地是很危险的。但是,在中性点不接地的系统中,只允许采用保护接地,而不允许采用保护接零。这是因为在中性点不接地系统中,任一相发生接地,系统虽仍可照常运行,但这时大地与接地的零线将等电位,则接在零线上的用电设备外壳对地的电压将等于接地的相线从接地点到电源中性点的电压值,这是十分危险的。

零线的存在既能保证相电压对称,又能使接零设备外壳在意外带电时电位为零,因此,零线绝不能断线,也不能在零线上装设开关和熔断器。

(3)接零保护

应该区别中性线和零线的意义。发电机、变压器、电动机和电器的绕组中心以及带电源的串联回路中有一点,它与外部各接线端间的电压的绝对值均相等,这一点称为中性点或中点。当中性点接地时,该点称为零点。由中性点引出的导线称为中性线,由零点引出的导线称为零线。

所谓保护接零(又称接零保护)就是在中性点接地的系统中,将电气设备在正常情况下不带电的金属部分与零线作良好的金属连接。图 8.4 是采用保护接零情况下故障电流的示意图。当某一相绝缘损坏使相线碰壳,外壳带电时,由于外壳采用了保护接零措施,因此,该相线和零线构成回路,单相短路电流很大,足以使线路上的保护装置迅速动作,从而将漏电设备与电源断开,消除了触电危险。

对于中性点接地的三相四线制系统,只能采取保护接零。保护接地不能有效地防止人身触电事故。如采用保护接地,若电源中性点接地电阻与电气设备的接地电阻均为 4Ω,而电源

相电压为220V,那么当电气设备的绝缘损坏使电气设备外壳带电时,则两接地电阻间的电流将为:

$$I_E = 220/(R_E + R_0)A = 220/(4+4)A = 27.5A$$

这一电流值不一定能使保护装置动作,因而使电气设备外壳长期存在着对它的电压,其值为:

$$U_• = I_E R_E = 27.5 \times 4V = 110V$$

若电气设备的接地装置不良,则该电压将会更高,这对人体是十分危险的。因此,对中性点接地的电源系统,只有采用保护接零才是最为安全的。

(4)重复接地

采用保护接零时,除系统的中性点工作接地外,将零线上的一点或多点与地再作金属连接,称为重复接地。

如果不采取重复接地,一旦出现零线折断的情况,接在折断处后面的用电设备相线碰壳时,保护装置就不动作,该设备以及后面的所有接零设备外壳都存在接近于相电压的对地电压,相当于设备既没有接地又没有接零。

若在用户集中的地方采取重复接地,即使零线偶尔折断,带电的外壳也可以通过重复接地装置与系统中性点构成回路,产生接地短路电流,保护装置动作。如果用电设备较大,保护装置因整定电流大于接地短路电流而不动作,便可以减轻事故的危害。在接地电阻相等的情况下,外壳对地电压只有相电压的1/2。当然,这个电压对人体还是有危险的,因此零线折断的故障应尽量避免。

(5)防雷接地

一般由接闪器、引下线、接地装置组成,作用是将雷电电荷分散引入大地,避免建筑及其内部电器设备遭受雷电侵害。

(6)屏蔽接地

为使干扰电场在金属屏蔽层感应所产生的电荷导入大地,而将金属屏蔽层接地,称屏蔽接地,如专用电子测量设备的屏蔽接地等。

(7)专用电气设备的接地

如医疗设备、电子计算机等的接地。电子计算机的接地主要有:直流接地(即计算机逻辑电路、运算单元、CPU等单元的直流接地,也称逻辑接地)和安全接地,此外,还有一般电子设备的信号接地、安全接地、功率接地(即电子设备中所有继电器、电动机、电源装置、指示灯等的接地)等。

8.2 电气设备、电子设备的接地

8.2.1 电气设备的分类及接地

电气设备中任何带电部分的对地电压,不论是在正常或故障碰地的情况下,若对地电压不超过250V,该设备则称为低压电气设备;若对地电压超过250V,则称为高压电气设备。

接于380/220V三相四线系统的电气设备,当系统中性点直接接地时,属于低压电气设备;当中性点不直接接地时,则属于高压设备。从安全观点来看,电气设备的电压以250V为标准划分高压和低压,不是很适当。电气设备比较合理的划分,是按电压分为1 000V以下和1 000V以上的两种电气设备。1 000V以下为低压电气设备,1 000V以上为高压电气设备。

此外,电压在1 000V以上的电气设备,当发生单相接地短路时,若接地短路电流大于500A,称为大接地短路电流的电气设备;若接地短路电流小于500A,称为小接地短路电流的电气设备。

电气设备接地的目的,首先是保护人身安全。其次才是保证电气设备及建筑物等的安全。为了保证人身安全,所有的电气设备都应装设接地装置,并将电气设备外壳接地。各种不同用途和各种不同电压的电气设备接地,应使用一个总的接地装置。接地装置的接地电阻,应满足其中接地电阻最小的电气设备的要求。设计接地装置时,应考虑到一年四季中,均能保证要求的接地电阻值。

电机、变压器、电器、照明设备的底座和外壳,电气设备的传动装置,互感器的二次线圈(继电保护方面另有规定者除外),配电屏和控制台的框架,屋内外配电装置的金属和钢筋混凝土构架,以及带电部分的金属遮栏,交直流电力电缆盒的金属外壳和电缆的金属外皮,布线的钢管等电气设备,均应接地。

设计中应注意:

①为了保证人身和设备的安全,所有电气设备都应采用接地或接零。对于电气设备的接地体,设计中应首先考虑充分利用各种自然接地体,以便节约钢材。自然接地体包括与地有可靠连接的各种金属结构、管道、设备构架等。除特殊规定外,如这些自然接地体能满足规定的接地电阻的要求,可不再另设人工接地体。但输送易燃易爆物质的金属管道不能作为接地体。

②当允许而又可能将各种不同用途和不同电压的电气设备的接地同时使用一个总的接地装置时,其接地电阻值应满足其中最小电阻值的要求。

③接地体之间的电气距离不应小于3m,接地体与建筑物之间的距离一般不小于1.5m(利用建筑基础深埋接地体的情况除外)。

④接地极与独立避雷针接地极之间的地中距离,不应小于3m。

⑤防雷保护的接地装置(除独立避雷针外)可与一般电气设备的接地装置相连接,并应与埋地金属管道相互连接。还可利用建筑物的钢筋混凝土基础内的钢筋接地网作为接地装置,其接地电阻值应满足该接地系统中最低者的要求。

⑥避雷器的接地可与1kV以下线路的重复接地相连接,其接地电阻一般不超过10Ω。

⑦专用电气设备,如计算机、医疗电气设备、专用电子设备的接地,应与其他设备的接地以及防雷接地分开,并应单独设置接地装置。与防雷接地装置相距保持5m以上,以防雷电的干扰和冲击。专用电气设备本身的交流保护接地和直流工作接地不能在室内混用,也不能共用接地装置,以防高频干扰。一般应分别设接地装置,并相隔一定的距离。

8.2.2　各种接地的电阻值要求

在1kV以下的低压配电系统中各种接地的电阻值要求如下:

①工作接地通常还可分为交流工作接地(如三相电源变压器的中性点接地等)、直流工作接地(如计算机等电子设备的内部逻辑电路的直流工作接地等),一般要求交流工作接地装置的电阻值小于4Ω;直流工作接地的电阻应按设备的说明书要求做,其电阻值一般为4Ω以下。

②电气设备的安全保护接地一般要求其接地装置的电阻小于4Ω。

③重复接地要求其接地装置的电阻小于10Ω。

④防雷接地一、二类建筑防直接雷的接地体电阻小于10Ω,防感应雷的接地体电阻小于5Ω,三类建筑的防雷接地电阻小于30Ω。

⑤屏蔽接地一般要求其接地电阻在10Ω以下即可。

8.3 常见保护接地方式

按IEC的标准,低压配电系统根据保护接地的形式不同分为:IT系统、TT系统和TN系统。其中IT系统和TT系统的设备外露可导电部分经各自的保护线直接接地(保护接地);TN系统的设备外露可导电部分经公共的保护线与电源中性点直接电气连接(接零保护)。

8.3.1 国际电工委员会(IEC)对系统接地的文字代号规定

IEC对系统接地的文字符号的意义规定如下。

第一个字母表示电力系统的对地关系:

T——一点直接接地;

I——所有带电部分与地绝缘或一点经高阻抗接地。

第二个字母表示装置的外露可导电部分的对地关系:

T——外露可导电部分对地直接电气连接,与电力系统的任何接地点无关;

N——外露可导电部分与电力系统的接地点直接电气连接(在交流系统中,接地点通常就是中性点)。

后面还有字母时,这些字母表示中性线与保护线的组合:

S——中性线和保护线是分开的;

C——中性线和保护线是合一的。

8.3.2 IT系统

如图8.5所示,IT系统的电源中性点是对地绝缘的或经高阻抗接地,而用电设备的金属外壳直接接地。

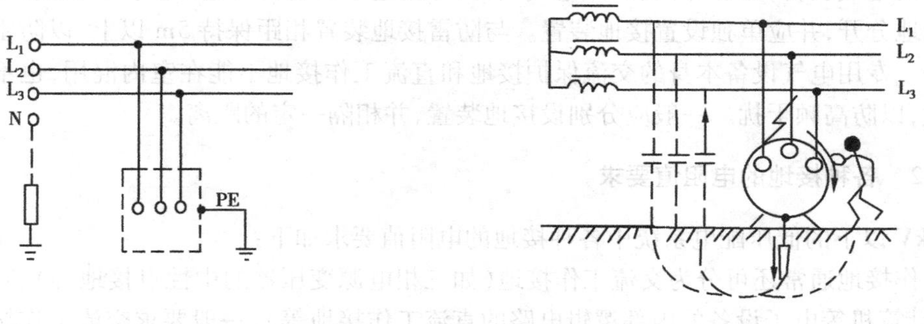

图8.5 IT系统

IT系统的工作原理是:若设备外壳没有接地,在发生单相碰壳故障时,设备外壳带上了相电压，如此时有人触摸外壳，就会有相当危险的电流流经人体与电网和大地之间的分布电容所构成的回路，而设备的金属外壳有了保护接地后，如图 8.5 所示，由于人体电阻远比接地装置的接地电阻大，在发生单相碰壳时，大部分的接地电流被接地装置分流，流经人体的电流很小，从而对人体安全起了保护作用。

IT 系统适用于环境条件不良、易发生单相接地故障的场所，以及易燃、易爆的场所，如煤矿、化工厂、纺织厂等。

8.3.3　TT 系统

如图 8.6 所示，TT 系统的电源中性点直接接地，与用电设备接地无关。图中 PE(Protective earthing)为保护接地，设备的金属外壳也直接接地，且与电源中性点相连。

TT 系统的工作原理是：当发生单相碰壳故障时，接地电流经保护接地的接地装置和电源的工作接地装置所构成的回路流过。此时，如有人触摸带电的外壳，则由于保护接地装置的电阻远小于人体的电阻，大部分的接地电流被接地装置分流，从而对人身起保护作用。

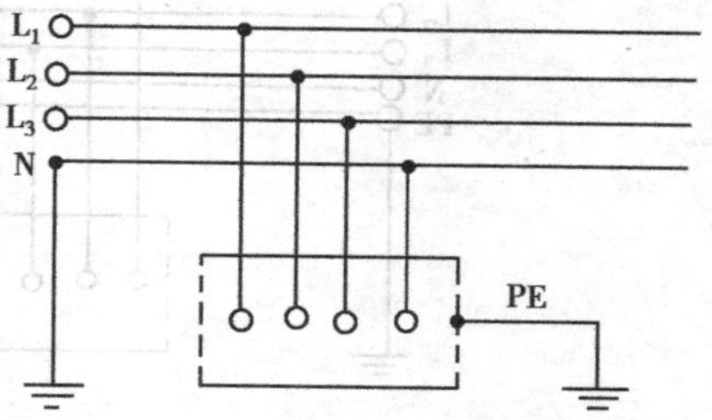

图 8.6　TT 接地系统

但 TT 系统在确保安全用电方面还存在有不足之处，主要有下列两个问题：

①在采用 TT 系统的电气设备发生单相碰壳故障时，接地电流并不很大，往往不能使保护装置动作，这将导致线路长期带故障运行。

②当 TT 系统中的用电设备只是由于绝缘不良引起漏电时，因漏电电流往往不大（仅为毫安级），不可能使线路的保护装置动作，这也导致漏电设备的外壳长期带电，增加了人体触电的危险。

因此，TT 系统必须加装漏电保护开关，才能成为较完善的保护系统。TT 系统广泛应用于城镇、农村、居民区，工业企业和由公用变压器供电的民用建筑中。对于接地要求较高的数据处理设备和电子设备，应优先考虑 TT 系统。

8.3.4　TN 系统

在变压器或发电机中性点直接接地的 382/220V 三相四线低压电网中，将正常运行时不带电的用电设备的金属外壳经公共的保护线和电源的中性点直接与电气连接；

图 8.7(a)所示是 TN 系统的工作原理示意图。当电气设备发生单相碰壳时，故障电流经设备的金属外壳形成相线对保护线的单相短路。这将产生较大的短路电流，令线路上的保护装置立即动作，将故障部分迅速切除，从而保证人身安全和其他设备或线路的正常运行。

TN 系统的电源中性点直接接地，并有中性线引出，按其保护线的形式，TN 系统又分为：TN—C 系统、TN—S 系统和 TN—C—S 系统等三种。

①TN—C 系统（三相四线制）　图 8.7(b)所示为 TN—C 系统，由图可见整个系统的中性线(N)和保护线(PE)是合一的，该线又称为保护中性线(PEN)线。其优点是节省了一条导线，但在三相负载不平衡或保护中性线断开时会使所有用电设备的金属外壳都带上危险电压。在一般情况，如保护装置和导线截面选择适当，TN—C 系统是能够满足要求的。

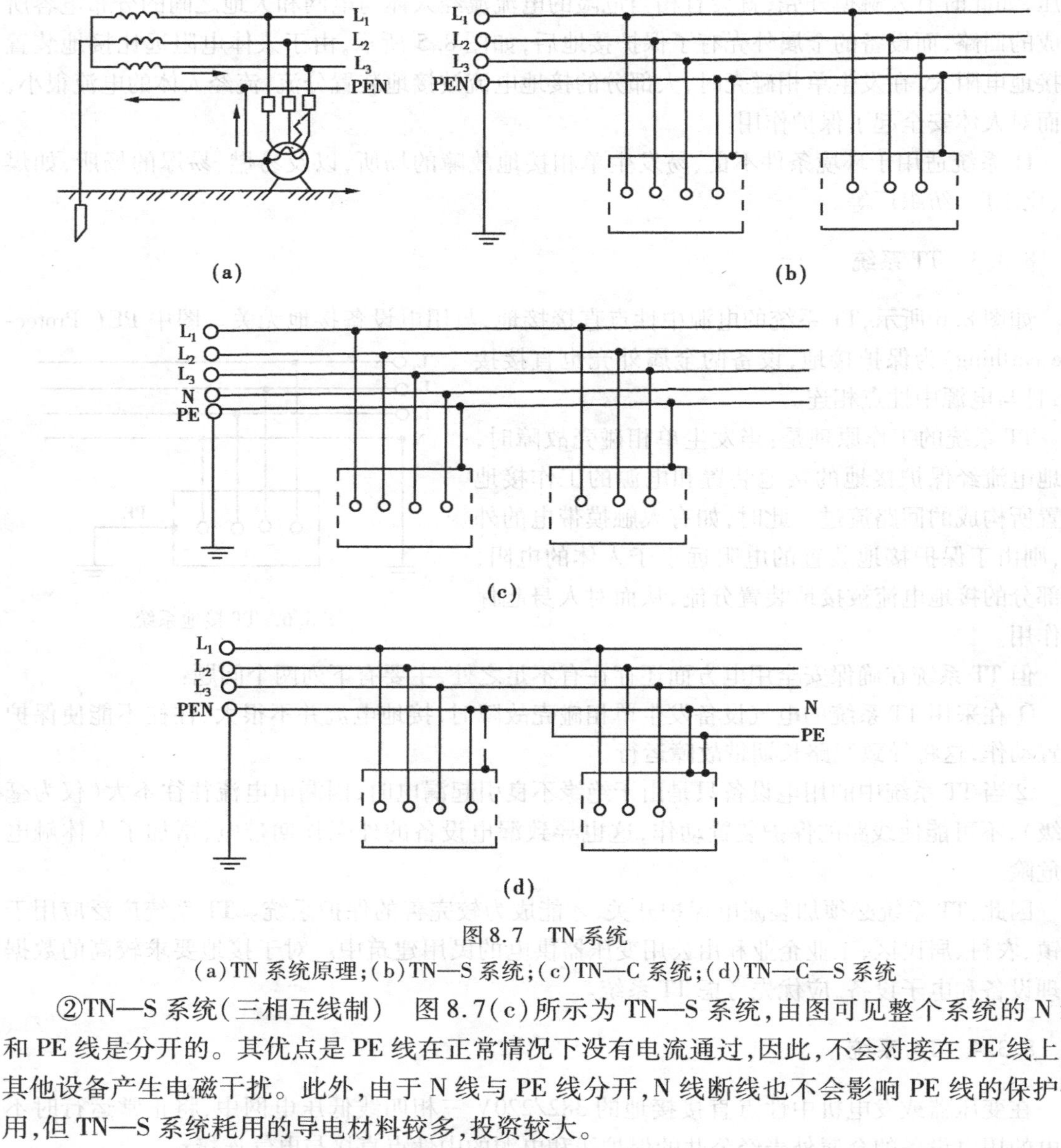

图 8.7　TN 系统

(a)TN 系统原理;(b)TN—S 系统;(c)TN—C 系统;(d)TN—C—S 系统

②TN—S 系统(三相五线制)　图 8.7(c)所示为 TN—S 系统,由图可见整个系统的 N 线和 PE 线是分开的。其优点是 PE 线在正常情况下没有电流通过,因此,不会对接在 PE 线上的其他设备产生电磁干扰。此外,由于 N 线与 PE 线分开,N 线断线也不会影响 PE 线的保护作用,但 TN—S 系统耗用的导电材料较多,投资较大。

这种系统多用于对安全可靠性要求较高、设备对电磁抗干扰要求较严或环境条件较差的场所使用。对新建的大型民用建筑、住宅小区,推荐使用 TN—S 系统。

③TN—C—S 系统(三相四线与三相五线混合系统)　如图 8.7(d)所示为 TN—C—S 系统;系统中有一部分中性线和保护线是合一的,而有一部分是分开的。这种系统兼有 TN—C 系统和 TN—S 系统的特点,常用于配电系统末端环境较差或有对电磁抗干扰要求较严的场所。

8.4　民用建筑物的防雷

8.4.1　雷电的形成及对建筑物的危害

(1)雷电的产生

危害建筑物的雷电是由雷云(带电的云层)对地面建筑物(包括大地)放电所引起的。雷电产生的原因解释很多,现象也比较复杂。通常的解释是:地面湿气受热上升,在空中与不同冷热气团相遇,凝成水滴或冰晶,形成积云,积云在运动过程中受到强烈气流的作用,形成了带有正、负不同电荷的两部分积云,这种带电积云称为雷云。在上下气流的强烈撞击和摩擦下,雷云中的电荷越聚越多,一方面在空中形成了正、负不同雷云间的强大电场;另一方面临近地面的雷云(实测表明负极性雷云占绝大多数)使大地或建筑物感应出(静电感应)与其极性相反的电荷,这样雷云与大地或建筑物之间也形成了强大的电场。当雷云附近的电场强度达到足以使空气绝缘破坏时,空气便开始游离,变为导电的通道,不过这个导电的通道是由雷云逐步向地面发展的,这个过程叫先导放电。当先导放电的头部接近异性雷云电荷中心或地面感应电荷中心就开始进入放电的第二阶段,即主放电阶段。主放电又叫回击放电,其放电的电流即雷电流,可达几十万安,电压可达几百万伏,温度可达2万摄氏度。在几个微秒时间内,使周围的空气通道烧成白热而猛烈膨胀,并出现耀眼的光亮和巨响,这就是通常所说的"打闪"和"打雷"。打到地面上的闪电称"落雷",落雷击中建筑物、树木或人畜称为"雷击事故"。

(2)建筑物遭受雷击的一般情况

①直接雷击　雷电直接打击在建筑物上,叫直接雷击。它同时产生电效应、热效应和机械效应。直接雷击一般作用于建筑物顶部的突出部分和高层建筑的侧面。

②雷电波侵入　雷电打击在架空线路或金属管道上,雷电波将沿着这些管线侵入建筑物内部,危及人身或设备安全,这叫做雷电波侵入。

(3)雷电对建筑物的危害

①雷电的热效应和机械效应遭受直接雷击的树木、电杆、房屋等,因通过强大的雷电流会产生很大的热量,但在极短的时间内又不易散发出来,所以会使金属熔化,使树木烧焦。同时,由于物体的水分受高热而汽化膨胀,将产生强大的机械力而爆裂,使建筑物等遭受严重的破坏。

②雷电的电磁效应在雷电流通过的周围,将有强大的电磁场产生,使附近的导体或金属结构以及电力装置上,产生很高的感应电压,可达到几十万伏,足以破坏一般电气设备的绝缘;在金属结构回路中,由于接触不良,或有空隙的地方,将产生火花放电,造成爆炸或火灾。

综上所述,雷击会对建筑物产生巨大的危害,因此对防雷问题必须引起足够的重视。

8.4.2　建筑物落雷的相关因素和民用建筑的防雷分类

(1)建筑物遭受雷击的相关因素

建筑物落雷的次数多少,不仅与当地的雷电活动频繁程度有关,而且还与建筑物本身的结构,特征有关。

首先是建筑物的高度和孤立程度。旷野中孤立的建筑物和建筑群中高耸的建筑物,容易遭受雷击;其次是建筑物的结构及所用材料,凡金属屋顶、金属构架、钢筋混凝土结构的建筑物,容易遭雷击。建筑物的地下情况,如地下有金属管道、金属矿藏,建筑物的地下水位较高,这些建筑物也易遭雷击。

建筑物易遭雷击的部位是屋面上突出的部分和边沿。如平屋面的檐角、女儿墙和四周屋檐;有坡度的屋面的屋角、屋脊、檐角和屋檐;此外,高层建筑的侧面墙上也容易遭到雷电的侧击。

(2)民用建筑的防雷分类

建筑物的防雷分类是根据建筑物的重要性、使用性质,发生雷电事故的可能性,以及影响后果等来划分的,在建筑电气设计中,把民用建筑按照防雷等级分成三类。

1)第一类防雷民用建筑物

①具有特别重要用途和重大政治意义的建筑物。如国家级会堂、办公机关建筑;大型体育馆、展览馆建筑;特等火车站;国际性的航空港、通信枢纽;国宾馆、大型旅游建筑等;

②国家级重点文物保护的建筑物;

③超高层建筑物。

2)第二类防雷民用建筑

①重要的或人员密集的大型建筑物。如部、省级办公楼;省级大型的体育馆、博览馆;交通、通信、广播设施;商业大厦、影剧院等;

②省级重点文物保护的建筑物;

③19 层及以上的住宅建筑和高度超过 50m 的其他民用建筑。

3)第三类防雷民用建筑物

①建筑群中高于其他建筑物或处于边缘地带的高度为 20m 以上的建筑物。在雷电活动强烈地区高度为 15m 以上的建筑物;

②高度超过 15m 的烟囱、水塔等孤立建筑物;

③历史上雷电事故严重地区的建筑物或雷电事故较多地区的较重要建筑物;

④建筑物年计算雷击次数达到几次及以上的民用建筑。

因第三类防雷建筑物种类较多,规定也比较灵活,应结合当地气象、地形、地质及周围环境等因素确定。

8.4.3 民用建筑的防雷措施和防雷装置

民用建筑的防雷措施,应当在当地气象、地形、地貌、地质等环境条件下,根据雷电活动规律和被保护建筑物的特点,因地制宜地采取措施,做到安全可靠、经济合理。对于第一、二类民用建筑,应有防直接雷击和防雷电波侵入的措施;对于第三类民用建筑,应有防止雷电波沿低压架空线路侵入的措施,至于是否需要防止直接雷击,要根据建筑物所处的环境特征,建筑物的高度以及面积来判断。

(1)一般的防雷措施及其防雷装置

民用建筑的防雷措施,原则上是以防止直接雷为主要目的,防止直接雷的装置一般由接闪器、引下线和接地装置三部分组成。

采用接闪器、引下线和接地装置这样的防雷装置,是防止直接雷的有效措施,其作用原理是：将雷电引向自身并安全导入地中，从而保护了附近建筑物免遭雷击。从被保护建筑物的角度来看，使它避免了雷电的袭击，所以把各种防雷装置和设备称为避雷装置和避雷设备，如避雷针、避雷带、避雷器等。避雷针的保护范围见图8.8所示。

接闪器是用来吸引雷电的，是直接受雷击的部分，所以它用良导体材料制成，并且装在建筑物的顶部。接闪器的结构有避雷针、避雷带、避雷网等，以及兼作接闪器的金属屋面和金属构件（如金属烟囱、风管等），接闪器应采取镀锌或涂漆等防腐措施。

接闪器通过引下线与接地装置相连。引下线的作用是将接闪器"接"来的雷电流引入大地，它应能保证雷电流通过而不被熔化。引下线一般用圆钢或扁钢制成，其截面大小应能承受通过的大电流；也可利用建筑物的金属构件，或利用建筑物钢筋混凝土屋面板、梁、柱以及基础内的钢筋作为防雷引下线，但这时有关金属部件或被利用的钢筋均应焊接成电气通路。

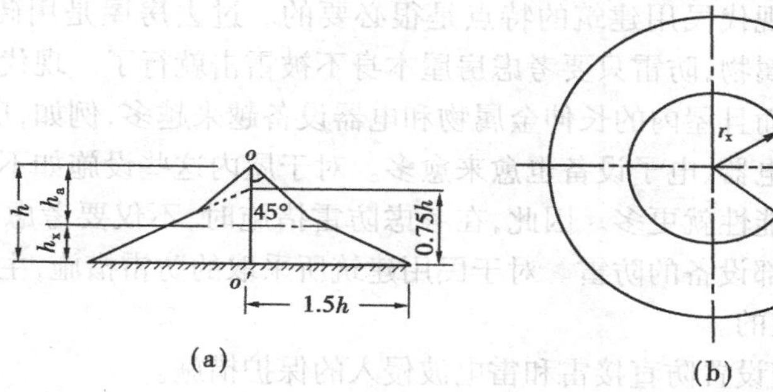

图8.8　单支避雷针保护范围
h_x—被保护建筑高度

接地装置是接地体和接地线的统称。接地体的作用是使雷电流迅速流散到大地中去，因此，接地体的接地电阻要小（一般不超过10Ω），接地体的长度、截面、埋设深度等都有一定的要求。接地体分人工接地体和自然接地体两种。无论是人工接地体还是自然接地体，都有一定的技术规范要求。如人工接地体的长度、截面、埋设深度以及周围土壤的电阻率都有规定的要求；对于自然接地体的水泥标号、钢筋长度和截面，以及周围土壤含水量等也有一定的要求。

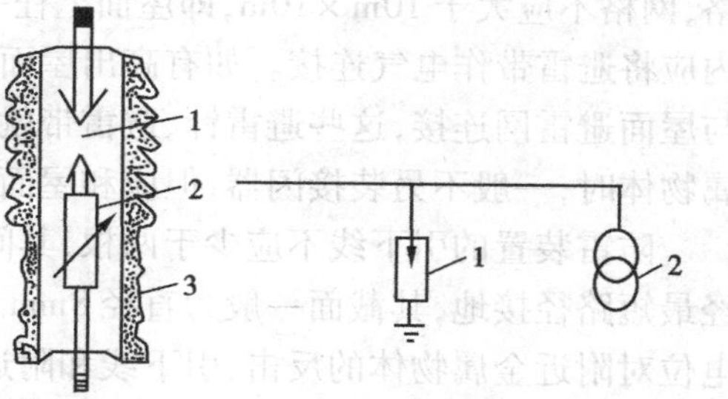

图8.9　阀型避雷器
(a)结构图：1—间隙；2—可变电阻；3—瓷瓶
(b)接线图：1—避雷器；2—变压器

(2)防雷电波侵入的措施及防雷装置

雷电波的侵入，是由于雷电对架空线路或金属管道的作用，雷电波可能沿着这些管线侵入屋内，危及人身安全或损坏设备。

防止雷电波入侵的一般措施是：把进入建筑物的各种线路及金属管道全线埋地引入，并在入户处将其有关部分与接地装置相连接。当低压线全线埋地有困难时，采用一段长度不小于50m的铠装电缆直接埋地引入，并在入户端将电缆的金属外皮与接地装置相连接。当低压线采用架空线直接入户时，应在入户处装设阀型避雷器，该避雷器的接地引下线应与进户线的绝缘子铁脚、电气设备的接地装置连在一起。避雷器是防止雷电波由架空管线进入建筑物的有效措施，如图8.9所示。

(3)防止雷电反击的措施

防止雷电流流经引下线产生的高电位对附近金属物体的反击。所谓反击,就是当防雷装置接受雷击时,在接闪器、引下线和接地体上都产生很高的电位,如果防雷装置与建筑物内外的电气设备、电线或其他金属管线之间的绝缘距离不够,它们之间就会发生放电,这种现象称为反击。反击也会造成电气设备绝缘破坏,金属管道烧穿,甚至引起火灾和爆炸。防止反击的措施有两种:一种是将建筑物的金属物体(含钢筋)与防雷装置的接闪器、引下线分隔开,并且保持一定的距离;另一种是当防雷装置不易与建筑物内的钢筋、金属管道分隔开时,则将建筑物内的金属管道系统,在其主干管道处与靠近的防雷装置相连接,有条件时宜将建筑物每层的钢筋与所有的防雷引下线连接。

(4)现代建筑的防雷特点

在防雷设计中,考虑现代民用建筑的特点是很必要的。过去房屋是用砖、石、竹、木建成的,室内也没有较长的金属物,防雷只要考虑房屋本身不被雷击就行了。现代民用建筑较多地采用了钢筋混凝土结构,而且屋内的长伸金属物和电器设备越来越多,例如,房屋内部的暖气、煤气、自来水管道等家用电器、电子设备也愈来愈多。对于屋内这些设施如不采用恰当的防雷措施,雷害事故发生的可能性就更多。因此,在考虑防雷措施时,不仅要考虑建筑物本身的防雷,还要考虑到建筑物内部设备的防雷。对于民用建筑所采取的防雷措施,主要还是根据建筑物的不同防雷类别来决定的。

第一类民用建筑物应设置防直接雷和雷电波侵入的保护措施。

第一类民用建筑物防直接雷时,首先应沿着屋脊、屋角、檐角和屋檐等易受雷击的部位环绕设置避雷网或避雷带,然后在屋面的其他部位横竖平行设置避雷网或避雷带,连接成避雷网格,网格不应大于10m×10m,即屋面上任一点距避雷网或避雷带均不应大于5m,每隔24m以内应将避雷带作电气连接。如有高出屋面的物体,则应在其顶部装避雷针或环状避雷带,并且与屋面避雷网连接,这些避雷针、避雷带就是接闪器。如果突出屋面的物体是风管和烟囱等金属物体时,一般不另装接闪器,但应和屋面防雷装置相连接。

防雷装置的引下线不应少于两根,其间距离不大于24m。引下线应沿建筑物外墙敷设,并经最短路径接地,其截面一般为直径8mm的圆钢或截面$48mm^2$的扁钢。为了防止引下线上高电位对附近金属物体的反击,引下线和附近金属物之间的距离$S_k>0.5P_x$,P_x是引下线计算点到地面的长度(单位:m)。如果距离不能满足上述要求,金属物应与引下线相连。

当建筑物为钢筋混凝土结构时,只要通过雷电流的几根钢筋的总截面积达到规定数值时,可以直接利用屋面板、梁、柱、基础内的钢筋作引下线,但这时各构件的钢筋应焊接成电气通路。

接地装置一般围绕建筑物敷设,接地电阻不大于10Ω,而且要求各种接地以及埋地金属管道相互连接。

第二类民用建筑防雷设计中也必须设置防直接雷的装置,其基本措施和第一类民用建筑防直接雷的装置相似。不同之处是:①平行避雷带的间距不大于20m,即屋面上任何一点距避雷带不大于10m;②引下线的间距稍大一些,一般为24~30m。

第三类民用建筑是否需要防直接雷的措施,要经过调查研究,根据雷电日、建筑物的高度、体量等因素,来确定年雷击次数。当年雷击次数$N>0.01$时,应设置防直接雷的措施。

建筑物计算年雷击次数的经验公式为:

$$N = 0.5nK(L + 5h)(b + 5h)10^{-6}$$

式中：n——年平均雷电日；

L——建筑物的长度，m；

b——建筑物的宽度，m；

h——建筑物的高度，m；

K——校正系数，取值（$K = 1.0 \sim 2.0$）。

第三类民用建筑若需要防直接雷时，基本上可采用第二类民用建筑防直接雷的措施，不同之处在于：①引下线间隔可以大一些（30～40m）；②防雷装置的接地电阻也可大一些，但不得大于 30Ω。在第三类民用建筑物的屋面上，一般在易受雷击的部位装设避雷带或避雷针，或者采用避雷针、避雷带相结合的保护措施。

第一类和第二类民用建筑都要设置防雷电波侵入的措施，而且要求相同，其具体措施如前面所述。第三类民用建筑一般也应该防雷电波侵入。在防止雷电波沿低压架空线侵入时，应将入户处绝缘子铁脚与接地装置相连，或者在入户处安装放电间隙，其接地电阻不大于 20Ω。对于进入建筑物的架空金属管道，在入户处也应与接地装置连接，以防雷电波从金属管道入侵。

8.5　特殊建筑物的防雷

8.5.1　高层建筑的防雷

第一类建筑和第二类建筑中的高层民用建筑，其防雷尤其是防直接雷，有特殊的要求和措施。这是因为一方面越是高层的建筑，落雷的次数越多。高层建筑落雷次数 N 与建筑物高度 H 的平方、雷电日天数 n 成正比例关系，即，

$$N = 3 \times 10^{-5} nH^2$$

另一方面，由于建筑物很高，有时雷云接近建筑物附近时发生的先导放电，屋面接闪器（避雷针、避雷带、避雷网等）未起到作用；有时雷云随风飘移，使建筑物受到雷电的侧击。

当然，同为高层建筑，但属于不同防雷类别，其防雷措施也有所不同。现以第一类防雷高层建筑为例，说明其防雷措施的特殊性。主要是增设防止侧击雷的措施，其具体要求和做法是：

①建筑物的顶部全部采用避雷网；

②从 30m 以上，每三层沿建筑物四周设置避雷带；

③从 30m 以上的金属栏杆、金属门窗等较大的金属物体，应与防雷装置连接；

④每三层沿建筑物周边的水平方向设均压环；所有的引下线，以及建筑物内的金属结构、金属物体都与均压环相连接；

⑤引下线的间距更小（第一类建筑不大于 18m，第二类建筑不大于 24m）。接地装置围绕建筑物构成闭合回路，其接地电阻值要求更小（第一、第二类建筑不大于 4Ω）；

⑥建筑物内的电气线路全部采用钢管配线，垂直敷设的电气线路，其带电部分与金属外壳之间应装设击穿保护装置。

⑦室内的主干金属管道和电梯轨道,应与防雷装置连接。

第二类第三类高层建筑的防雷措施和第一类高层建筑的防雷措施大体相同,但要求适当放低。

总之,高层民用建筑为防止侧击雷,应设置许多层避雷带、均压环和在外墙的转角处设引下线。一般在高层建筑物的边缘和凸出部分,少用避雷针,多用避雷带,以防雷电侧击。

目前,高层建筑的防雷设计是把整个建筑物的梁、板、柱、基础等主要结构的钢筋,通过焊接连成一体。在建筑物的顶部,设避雷网压顶;在建筑物的腰部,多处设置避雷带、均压环。这样,使整个建筑物及每层分别连成一个整体笼式避雷网,对雷电起到均压作用。当雷击时,建筑物各处构成了等电位面,对人体和设备都安全。同时由于屏蔽效应,笼内空间电场强度为零,笼上各处电位基本相等,则导体间不会发生反击现象。建筑物内部的金属管道由于与房屋建筑的结构钢筋作电气连接,也能起到均衡电位的作用。此外,各结构钢筋连为一体,并与基础钢筋相连。由于高层建筑基础深、面积大,利用钢筋混凝土基础中的钢筋作为防雷接地体,它的接地电阻一般都能满足4Ω以下的要求。

8.5.2 古建筑物和木结构建筑物的防雷

对古建筑和木结构建筑防雷的具体做法及应注意的一些事项如下:

①接闪装置　首先应根据建筑物的特点选择避雷带或避雷针的安装方式,其中应着重注意引下线弯曲的两点间的垂直长度要大于弯曲部分实际长度的1/10。

②防雷引下线　引下线少,每根引下线所承担的电流就大,就容易产生反击和各种二次事故。因此,两条引下线间的间距应按规范的规定,一般不得大于20m。如果建筑物长度短,最少不得少于2条。

③接地装置　应根据建筑物的性质和游人的情况选择接地装置的方式和位置,必要的地点应做均压措施。房屋宽度窄时采用水平周围式接地装置较易拉平电位;采用垂直独立接地装置时,其电位分布曲线很陡,容易产生跨步电压,故其顶端应埋深在3m以下。

④防球雷措施　对重要的古建筑物,除防线形直击雷外,还应考虑防球雷的措施。最好的方式是安装金属屏蔽网并可靠的接地。如达不到这种要求时,最低限度门窗应安装玻璃,使其不要有孔洞,以防球雷沿孔洞钻进室内。此外,还应注意附近高大树木到来的球雷,因此要考虑高大树木距建筑物的距离。

⑤雷电的二次灾害　有些古建筑和木结构建筑物内部安装了照明、动力、电话、广播等设备。这些设备都有室内和室外的管线路,应着重注意防雷系统和这些设备及其管线路的距离关系。如果距离不够,容易产生反击,即引起雷电的二次灾害。尤其室外的各种架空线路容易引入高电位,应当加装避雷器。往往使用单位对雷电的危害重视不够,任意补做一些架空线路,而不考虑与防雷系统的关系,这是不安全的。

8.5.3 有爆炸和火灾危险的建筑物防雷

(1)有爆炸危险的建筑物防雷

对存放有易燃烧、易爆炸物品的建筑,由于电火花可能造成爆炸和燃烧,对于这类建筑物的防雷要求应当严格。要考虑直击雷、雷电感应和沿架空线侵入的高电位。除满足一般要求外,避雷网或避雷带的引下线应加多,每隔18~24m应做一根,其接地电阻应不大于10Ω。防雷系统结构及金属管线路与防雷系统连接成闭合回路,不得有放电间隙。对所有平行或交叉的金属构架和管道应在接近处彼此跨接,一般每隔 20 ~ 24m 跨接一次。采用避雷针保护时,必须高出有爆炸性气体的放气管管顶 3m,其保护范围也要高出管顶 1 ~ 2m。建筑物附近有高大树木时,若不在保护范围内,树木应和建筑物保持 3 ~ 5m 的净距,以防止树木接闪时产生反击。

(2)有火灾危险的建筑物的防雷

农村的草房、木板房屋、谷物堆场,以及贮存有易燃烧材料(如亚麻、干草、稻草、棉花)的建筑物,都属于有火灾危险的房屋。这些房屋最好用独立避雷针保护。

如果采用屋顶避雷针或避雷带保护时,在屋脊上的避雷带应支起 60cm,斜脊及屋檐部分的连接条应支起 40cm,所有防雷引下线应支起 10 ~ 15cm。

防雷装置的金属部件不应穿入屋内或贴近草棚上,以防止由于反击而引起火灾。电源进户线及屋内电线都要与防雷系统有足够的绝缘距离,否则应采取保护措施。

(3)烟囱和放气管的防雷

从烟囱或放气管里冒出的热气柱和烟气,其中含有大量导电质点和游离分子的气团,这些气团给雷电放电带来了良好的条件;又由于这种气团的上升,对雷电来说,接闪的高度等于烟囱或放气管的实际高度加上烟气气团上升的高度,这就给雷云创造了放电条件。因此,雷击烟囱或放气管的事故是较易发生的。经验证明,烟囱或放气管的实际高度在 15 ~ 20m 以上时,就应安装避雷装置。

8.5.4　建筑工地的防雷

高大建筑物的施工工地的防雷问题是值得重视的。由于高层建筑物施工工地四周的起重机、脚手架等突出很高,木材堆积很多,万一遭受雷击,不但对施工人员的生命有危险,而且很易引起火灾,造成事故,因此,必须引起各方面有关人员的注意和掌握防雷知识。高层建筑施工期间,应该采取如下的防雷措施:

①施工时应提前考虑防雷施工程序。为了节约钢材,应按照正式设计图纸的要求,首先做好全部接地装置。

②在开始架设结构骨架时,应按图纸规定,随时将混凝土柱子内的主筋与接地装置连接起来,以备施工期间柱顶遭到雷击时,使雷电流安全地流散入地。

③沿建筑物的四角和四边竖起的脚手架上,应做数根避雷针,并直接接到接地装置上,使其保护到全部施工面积。其保护角可按 60°计算。针长最少应高出脚手架 30cm。

④施工用的起重机的最上端必须装设避雷针,并将起重机下部的钢架连接于接地装置上。接地装置应尽可能利用永久性接地系统。如系水平移动起重机,其四个轮轴足以起到压力接点的作用,须将其两条滑行用钢轨接到接地装置上。

⑤应随时使施工现场正在绑扎钢筋的各层地面,构成一个等电位面,以避免遭受雷击时的跨步电压。由室外引来的各种金属管道及电缆外皮,都要在进入建筑物的进口处,就近连接到接地装置上。

习　题

8.1　什么叫保护接地和保护接零？各在什么条件下采用？重复接地的作用是什么？

8.2　零线上为什么不能装设开关和熔断器？

8.3　常见的接地接零系统的形式有哪些？试绘出相应示意图。

8.4　高层民用建筑防雷有什么特别要求？采取哪些特殊防雷措施？

8.5　避雷带的组成和在防雷中的作用是什么？

8.6　民用建筑的防雷可分为几类？各自的防雷措施是什么？

8.7　什么叫雷电波侵入？如何防止？

第9章 智能建筑的电气系统

智能建筑是一门新兴的交叉学科，它将现代建筑与电气技术融为一体，涉及众多的新技术、新学科，如建筑技术、信息科学、计算机、微电子学、宽带技术、系统工程、环境科学、管理科学等，它是高科技特别是信息技术发展的必然产物，也是一个国家综合经济实力的体现。随着人民生活水平的提高，人们对建筑的智能化要求也不断提高。一些发达国家早在1984年就从事智能建筑的研究与开发，并取得了成功。比如，目前美国已有数以万计智能建筑，最早的就是1984年建成的康涅狄格州市政大楼，在日本新建的办公大楼已有60%是智能建筑，比较早期的有本田大厦、NTT品川大厦等。随着我国改革开放步伐的加快，经济的发展，特别是信息技术的高速发展，智能建筑的建设已成为一个迅速成长的新兴产业，近几年已有相当数量的智能建筑投入使用，如北京的中华大厦、上海的金茂大厦及广东的国际大厦等。

由于智能建筑涵盖的学科众多，是一个复杂的集成系统工程，因此，至今对智能建筑的定义尚无统一概念，但多数学者认为智能建筑系统的构成分为三部分，即：建筑物自动化系统（BA）、办公自动化系统（OA）和通讯自动化系统（CA）。

在下面的章节就智能建筑的定义，对电气系统的要求，CATV系统、智能消防系统、智能保安系统、楼宇自动控制系统、办公自动化系统、有线广播、扩声及同声传译系统以及综合布线系统等进行较为详细的介绍，其目的是让读者对智能建筑电气系统的基本概念、组成、结构、基本原理及应用有一定了解，为从事这方面的工程设计打下一定的基础。

9.1 智能建筑对电气系统的要求

9.1.1 概述

智能电气系统不仅包括引入建筑物的强电，即建筑物内所需各种能源和照明用电等，而且还包括信息传递、交换所需的电能——弱电，在智能建筑中以处理信息为主的建筑弱电作为建筑电气组成的主要部分，常见的建筑弱电系统包括：防盗报警系统、火灾报警与灭火控制系统、共用天线电视与卫星电视接收系统，有线广播、扩声及同声传译系统，通信系统、办公自动化系统、结构化综合布线系统等。

9.1.2 智能建筑的组成及功能

人们从智能建筑环境内体现的智能功能描述其构成,提出智能建筑包括通信自动化(CA)系统、建筑物自动化(BA)系统、共用办公自动化(OA)系统、结构化综合布线和系统集成四部分。智能建筑各部分的组成如图9.1所示。

(1)通信自动化(CA)系统

通信自动化系统犹如人体的神经系统,它能进行各种语音、图像、文字及数据的通信,同时,它还与外部公用数据网、公用电话网、英特网等网络相连,实现信息广泛、快速的交流。它的功能包括:

①支持楼宇的营运管理,设备监控,用户信息处理中设备之间的数据通信。

②支持建筑物内有线电话、有线电视、电视会议等话音和图像通信。

③支持各种广域网连接,视频通信网和各种计算机网的接口。

(2)建筑物自动化(BA)系统

建筑物自动化系统是通过计算机对建筑物内的设备运行状况进行实时监控,以提供安全、舒适的工作环境,提高建筑物运营的经济性。该系统主要包括以下几个子系统:

①供配电管理系统;

②照明监控系统;

③环境控制与管理系统;

④火灾报警与消防联动系统;

⑤保安监控系统;

⑥交通监控子系统(电梯、停车场管理);

⑦广播系统(背景音乐、事故紧急广播)。

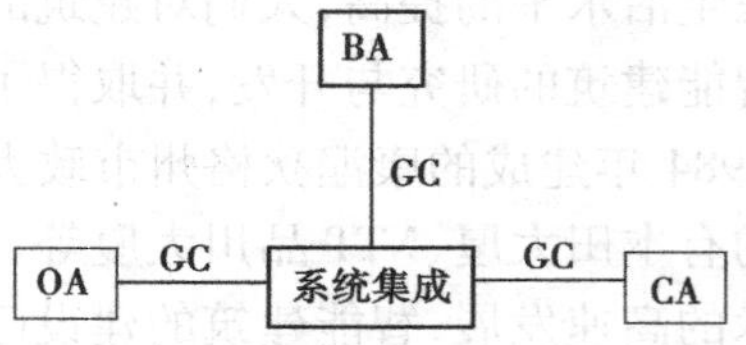

图9.1 智能建筑的组成

(3)办公自动化(OA)系统

办公自动化系统(OAS)是尽可能利用先进的信息处理设备,提高工作效率的系统,即在办公室中,以微机为中心,采用各种设备(如:传真机、复印机、打印机等)对信息进行收集、整理、加工,为科学管理和科学决策提供服务。

(4)结构化综合布线和集成系统

结构化综合布线系统犹如城市的高速公路,它采用高质量的标准线缆及相关连接硬件将语言、数据、图像信号进行传输,使智能大厦的CA、BA、OA三大系统有机地连接起来。系统集成是随着计算机技术、通信技术、网络技术和软件技术的进步而发展的,它对各智能化系统进行信息汇集,综合管理,使各子系统相互关联统一,以达到资源共享,管理集中的目的。

9.2 智能消防系统

随着科学技术的发展,人们居住的城市也因不断兴建大厦而长高,这些大楼不仅外观设计漂亮,选用建筑材料先进,而且其内部装修豪华,使用设施昂贵,这些大厦一般是政府的金融中心、广播电视、电信、电力等重要部门所在地,一旦发生火灾,其后果不堪设想。因此,以前那种只满足于单件设备发挥单一功能且以节能、经济为主的消防系统已不能满足现代消防系统的要求，取而代之的是系统和功能总体化为关键，能对各类火情准确探测、及时报警，并帮助人员疏散，自动启动消防设备将火势扑灭在起始状态，把火灾造成的损失减至最小的系统。

智能消防系统主要由火灾探测系统、监控系统和报警消防联动系统组成。

9.2.1　火灾探测器

防火的要诀在于能否在发生火灾初期就进行灭火，引导避难，这就要求探测功能要敏锐，警报要准确，避免造成误报。

(1)火灾探测器的分类

火灾探测器按火灾探测方法和原理，分为感烟式、感温式、感光式、可燃气体探测式和复合式等主要类型；按探测器结构可分为点型和线型。

(2)火灾探测器性能要求

①火灾探测必须在火灾发生的初期阶段，及时准确地将火灾信号传给控制器。

②火灾探测必须借助温度或烟浓度进行判断。

(3)火灾探测器的选择

1)火灾燃烧特点与探测器的选择

根据燃烧物品的不同，火灾也有所差别，但都经过焚熏、热辐射、引火、生焰、排烟、烈火等各阶段，就火灾不同阶段选择不同的火灾探测器。

①当火灾初期表现为阴燃时其特点是有烟少热无光，应选用感烟探测器。

②当火灾发展迅速，伴有光热时，可选用感温、感烟、感光探测器中的一种或其组合。

③当火灾发展迅速，产生强光，少热无烟时，可选用感光探测器。

④若起火的原因和形成特点不可预测，则可用模拟实验来确定。

2)根据建筑物的特点及场合的不同选用探测器

①建筑物的室内高度不同，对火灾探测器的选择有不同要求，当房间高度超过 8m 时，不宜采用感温探测器，当房间高度超过 12m 时，不宜采用感烟探测器，而只能采用感温探测器。

②在有粉尘、潮湿和正常情况下，有烟雾的场所不宜采用感光及感温探测器，而只能采用感温控制器。

③温度在0℃以下场合不宜采用感温探测器，风速较大的场所不宜采用感烟探测器。

在复杂情况下，可采用几种探测器的组合，产生联动报警与控制等。

总之，火灾探测器的选择，应根据火灾发生期的特点及使用场合进行选择，以便早期发现，减少误报。

随着现代火灾自动报警系统的迅速发展，涌现出多种新型探测器，它们的探测性能越来越完善，特别是多探测器与多判据探测技术的发展，从响应火灾不同现象的多个传感器获得信号，并从这些信号寻找出多样的报警和诊断判据，为消防系统的探测智能化奠定了基础。

9.2.2　火灾自动报警系统

(1)火灾报警器控制器的作用与分类

火灾探测器与火灾报警控制器对于火灾的早期发现和实施扑救是非常重要的。火灾探测器相当于传感器，它将探测的参数以模拟信号输出，传输给火灾报警控制器，由控制器对这些火灾信号进行处理,判断是否发生火灾,若确有火灾发生,火灾报警器就声光报警并将火灾信息传送到上一级监控中心,同时控制其他消防联动设备动作。

火灾报警器按用途分为区域报警探测器、集中控制器和通用报警控制器。区域报警器是直接接收探测器发来的报警信号的多路火灾报警控制器,集中报警器是直接接收区域报警控制器发来的报警信号的多路火灾报警控制器,通用报警器是作区域报警控制器发来的报警信号的多路火灾报警控制器。目前国内外生产的报警控制器已无区域与集中之分,只有通用一类。

(2)火灾自动报警系统的分类

火灾自动报警系统按规模大小分为区域系统、集中系统、区域—集中系统和控制中心系统,如图9.2所示。

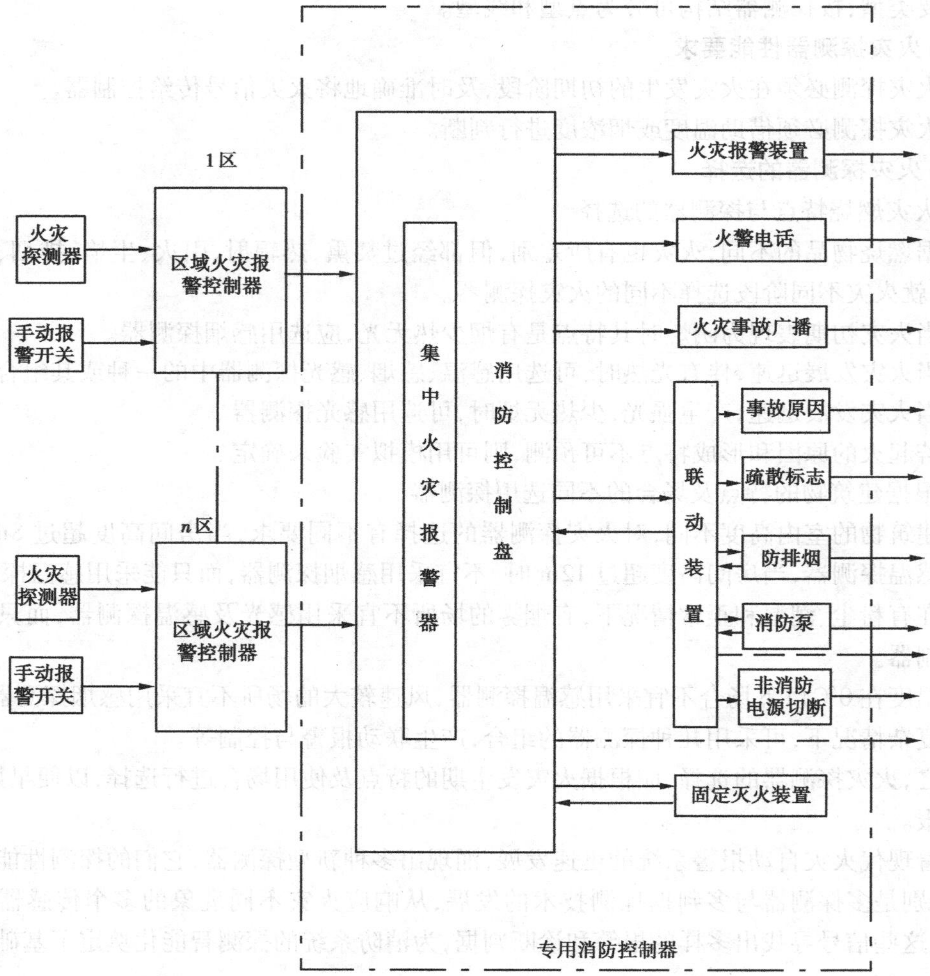

图9.2 消防报警系统

区域系统对一块区域或一组设备进行保护,其报警器直接接收火灾探测器发来的报警信号进行报警,具有自检功能。集中系统是针对某一些监控区域的消防系统。

区域—集中系统是由报警器接收区域报警控制器发来的信号进行报警。它除了具有声光报警、自检及巡检、计时和电源等主要功能外，还具有火警电话、火灾事故广播、火灾事故照明、录音及控制联动装置进行灭火等扩展功能。

控制中心系统有两级集中控制器，最高级集中控制器能显示各消防控制室的总体灭火的各项职能。

9.2.3　消防联动控制

消防联动控制包括在起火时自动启动消防设备灭火，切断非消防电源，引导人员疏散等。

(1)消防供电

①火灾自动报警系统设置有主电源和24V直流备用电源。

②系统内的微机要配UPS不间断电源。

③对于一、二类消防电力负荷须两回供电，自动切换。

(2)消防设备的联动控制

消防设备的联动控制包括在起火时切断非消防电源，自动启动水泵，自动喷水灭火，自动启动二氧化碳气体灭火系统，自动启动泡沫和干粉灭火系统。自动启动相关的排烟风机和正压送风机，停止相关范围内的空调风机及其他送、排风机，强制所有电梯依次停于首层后切断其电源，但消防电梯除外。

(3)防火卷帘门及防火门联动控制

电动防火卷帘门通常设置于建筑物中防火分区通道口外，可形成门帘式防火、隔火。火灾发生时卷帘得到感温探测器的信号后下落到距地1.5m处停止，经一定延时后，卷帘得到探测器的信号后下落到底，目的是紧急疏散人员，将火灾区进行隔烟、隔火，防止燃烧产生毒气扩散及火势蔓延。

9.2.4　智能消防系统的智能化方式

消防系统智能化的关键在于火灾信息判断及处理，要求系统具有探测智能和控制智能，即火灾智能报警系统能早期发现火灾，消除误报。

火灾探测器输出信号的识别处理方式主要有阀值比较方式、报警阀值自动浮动式、分布智能方式及火灾模式识别方法。

(1)阀值比较方式

广泛使用在寻址开关量火灾报警系统及响应阀值自动浮动式火灾报警系统中。

响应阀值自动浮动式模拟量报警系统，不仅可以报出传感器的模拟输出量，而且可在报警和非报警状态间自动调整它们的响应阀值，因而可减少误报。

(2)报警阀值自动浮动方式

该方式灵敏度可通过火灾报警控制器中软件多级设置，并且容易实现对影响火灾探测器精度的环境温度、湿度、风速、污染等因素自动补偿或人工补偿，其智能化程度比上一种方式高。

(3)分布智能方式

目的是让火灾传感器具备一定的智能和判断功能，以构造简洁为标准，减少以终端传感器向控制器的信息传输量和降低传输速度。分布智能式中每个火灾传感器或探测器配置一片简单的微处理器，取代探测器硬件电路进行数据处理并进行简单的分析判断，提高探测器有效数据输出。它能迅速发现初期火灾，杜绝误报警。

(4)火灾模式识别方式

在火灾报警控制器的计算机内存入各种火灾参数，由控制器探到的各类火灾参数送入火灾报警控制器或智能控制器中进行处理，把火灾控制器的测量值与计算机内存储的火灾特征值进行比较分析，对火灾的真实性作出正确判断。

9.3 CATV系统

当将一台电视机放在山谷中或高层建筑密集地收看时，往往收不到清晰的电视图像，这是因为电视信号受大气衰减及地面物体的阻挡、反射和城市电磁污染造成的。为了解决电视机接收信号的质量，在多个电视用户的某一区域架设一组接收天线，将接收下来的电视信号经处理后用同轴电缆输送到各户电视机中，这就是共用天线电视系统CATV（Community Antenna Television）。

CATV系统不仅可以对接收天线接收的广播电视信号进行处理，而且还能将摄像机、录像机、VCD机以及卫星接收装置输出的视频信号进行处理，这样用户除了收看到广播电视节目外，还能收看到摄像机、录像机、VCD机提供的其他节目，丰富了节目源。

共用天线电视系统的信息双向化传输技术的日益成熟，使人们能在系统中进行信息交换，点播所需的电视节目。

由于共用天线电视系统传送信号的距离远，传送的电视节目多，图像质量好，可以很好地满足广大用户看好电视的需要，因此，我国的共用天线电视发展迅速，从20世纪60年代到1997年底，全国已有7 000多万户CATV用户，每年以500万户增长，发展势头十分惊人。

9.3.1 共用天线电视系统的构成

共用天线电视系统主要由信号源接收系统，前端系统、信号传输系统和分配系统组成。其基本组成如图9.3所示。

(1)接收信号源系统

信号的来源通常有：

①卫星地面站接收到的各卫星发送的卫星电视信号；

②当地电视台的电视塔发送的电视信号；

③城市有线电视台用微波传送的电视信号；

④摄像机、录像机、VCD机提供的视频信号。

(2)前端系统

前端系统是整套有线电视最重要的系统，它包括的设备有天线放大器、频道放大器、信号处理器、调制解调器、混合器和导频信号发生器。前端系统用于对射频信号进行滤波、分配、组合、放大等处理，最终产生高品质、无干扰杂讯的数十个电视节目，经混合后通过主干电缆送入传输分配系统。

从共用天线电视系统的基本组成图可知：

①电视台发射的VHF/UHF电视信号由八木天线接收，通过带通滤波器滤波，频道放大器放大后送入混合器。当VHF/UHF信号较弱时，需天线放大器，将信号放大后进行滤波、放大

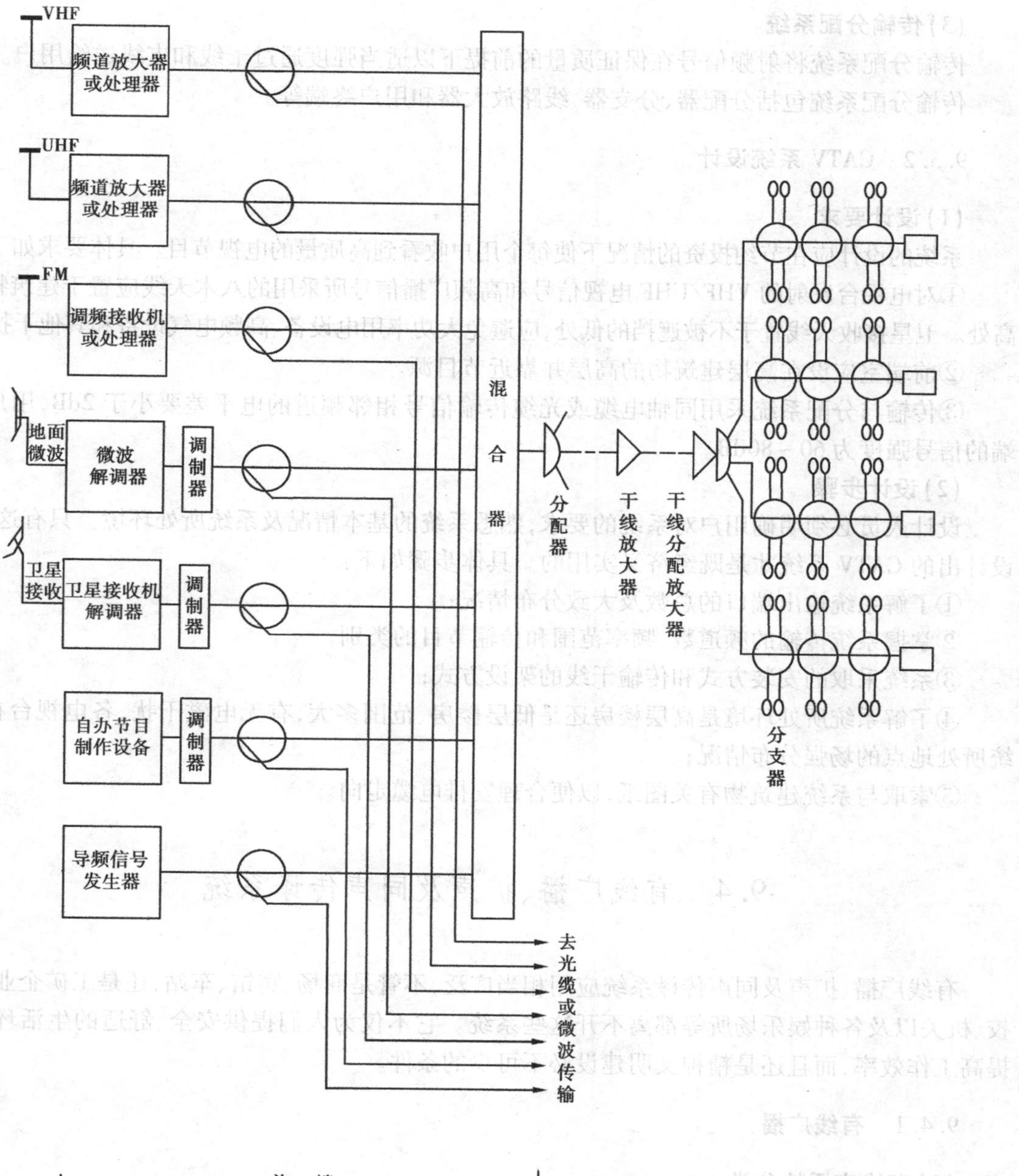

图9.3　共用天线电视系统基本组成示意图

再送入混合器。

②调频广播(FM)信号通过FM接收机放大后送入混合器。

③地面微波电视信号和卫星接收电视信号分别需微波解调器和卫星接收机解调得到视频和音频信号,再由调制器调制成普通的电视射频信号,该信号经放大器放大后送入混合器。

④自办节目的视频和音频信号需调制器调制成射频信号并经放大后送入混合器。

(3)传输分配系统

传输分配系统将射频信号在保证质量的前提下以适当强度通过干线和支线送给用户。

传输分配系统包括分配器、分支器、线路放大器和用户终端等。

9.3.2 CATV 系统设计

(1)设计要求

系统的设计应在节约投资的情况下使每个用户收看到高质量的电视节目。具体要求如下:

①对电视台发射的 VHF/UHF 电视信号和高频广播信号所采用的八木天线应置于建筑物最高处。卫星接收天线置于不被遮挡的低处,应避免大功率用电设备、高频电气设备和其他干扰。

②前端室应设在高层建筑物的高层并靠近节目源。

③传输与分配系统采用同轴电缆或光缆传输信号相邻频道的电平差要小于 2dB,用户终端的信号强度为 60 ~ 80dB。

(2)设计步骤

设计人员必须明确用户对系统的要求,熟悉系统的基本情况及系统所处环境。只有这样,设计出的 CATV 系统才是既经济又实用的。具体步骤如下:

①了解系统输出端口的总数及大致分布情况;

②掌握系统传输的频道数、频率范围和传输节目的类别;

③系统采取的安装方式和传输干线的架设方式;

④了解系统所处环境是高层楼房还是低层楼房、范围多大,有无电磁干扰,各电视台在系统所处地点的场强分布情况;

⑤索取与系统建筑物有关图纸,以便合理安排电缆走向。

9.4 有线广播、扩声及同声传译系统

有线广播、扩声及同声传译系统应用相当广泛,不管是商场、宾馆、车站,还是工矿企业、学校、机关以及各种娱乐场所等都离不开这些系统。它不仅为人们提供安全、舒适的生活环境,提高工作效率,而且还是精神文明建设必不可少的条件。

9.4.1 有线广播

(1)有线广播的分类

有线广播服务区域大,传输距离远,广泛用于工矿企业、商场、酒店、广场等公共场所,按其播报内容及功能不同,分为业务性广播、服务性广播和防灾紧急广播。

1)业务性广播

主要是广播政策、时事、进行业务宣传。如:公告、通知、国家重大政策及时事新闻、调度广播等。

2)服务性广播

主要播送背景音乐及插播公共寻呼。如:人们在宾馆、商场中听到的背景音乐,它能掩盖公共场所的噪声,使人们身心放松、减轻疲劳。还有在车站、码头播报的寻人、寻物启事等都属

于服务性广播。

3)防灾事故广播

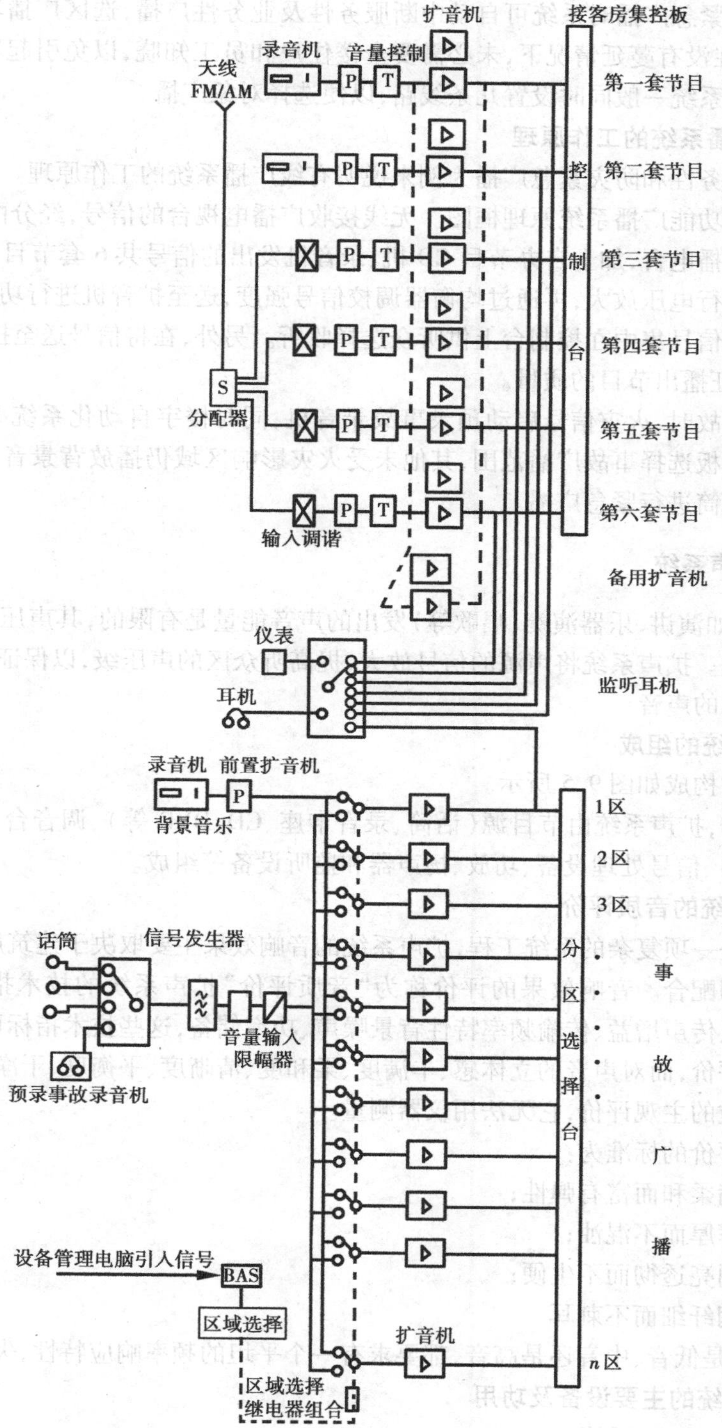

图 9.4　宾馆广播系统原理

主要是安全方面的紧急通知,其作用是快速、安全地引导人员疏散。如:火灾、地震、防盗广播等。防灾紧密广播必须要保证其优先广播权,具备选区广播强制切换功能等。优先广播权是指进行防灾紧急广播时系统可自动中断服务性及业务性广播,选区广播功能是指如一个房间发生火灾,在没有蔓延情况下,未必需要全楼住户和员工知晓,以免引起不必要的恐慌及秩序混乱。广播系统一般同时设置几条线路,以便选择对象广播。

(2)有线广播系统的工作原理

以某宾馆服务性和防灾紧急广播为例来说明有线广播系统的工作原理。

如图9.4为功能广播系统原理框图。无线接收广播电视台的信号,经分配器分4路,由4个调谐器选择广播电台,加上自办节目CD机、录音机发出的信号共6套节目。这6套节目经过前置放大器进行电压放大,再通过均衡器调校信号强度,送至扩音机进行功率放大。经过一系列处理的6套信号集中在控制台上供听众选择收听。另外,在将信号送至控制台前,要对其进行监听,以保证播出节目的质量。

当有火灾事故时,火灾信号启动预录事故录音机,同时楼宇自动化系统BAS根据火灾蔓延情况控制开关板选择事故广播范围,其他未受火灾影响区域仍播放背景音乐,此外,当火灾发生时还可用话筒进行紧急广播。

9.4.2 扩声系统

自然声源(如演讲、乐器演奏、唱歌等)发出的声音能量是有限的,其声压级随传播距离的增大而迅速衰减。扩声系统将声源的信号放大,提高听众区的声压级,以保证每位听众能清晰的听到声源发出的声音。

(1)扩声系统的组成

扩声系统的构成如图9.5所示。

从图中可知,扩声系统由节目源(话筒、录音卡座、CD、DVD等)、调音台(各声源的混合、分配、调音调色)、信号处理设备、功放、扬声器和监听设备等组成。

(2)扩声系统的音质评价

扩声系统是一项复杂的系统工程,扩声系统的音响效果主要取决于建筑声学、电声技术及调音三者的密切配合。音响效果的评价称为"音质评价"扩声系统的技术指标,它包括声压级、声场均匀度、传声增益、传输频率特性背景噪声、功率储备,这些技术指标可用仪器测量,即为音质的客观评价,而对声音的立体感、丰满度、柔和度、清晰度、平衡度、干净度及噪声水平等则是人们对音质的主观评价,它无法用仪器测量。

主观音质评价的标准为:

①低音丰满柔和而富有弹性;

②中低音浑厚而不混浊;

③中高音明亮透彻而不生硬;

④高音圆润纤细而不刺耳。

总之,不论是低音、中音还是高音,都要求有一个平坦的频率响应特性,失真小、声音清晰。

(3)扩声系统的主要设备及功用

1)卡座、CD、DVD、话筒

卡座、CD、DVD、话筒其作用为产生音源。

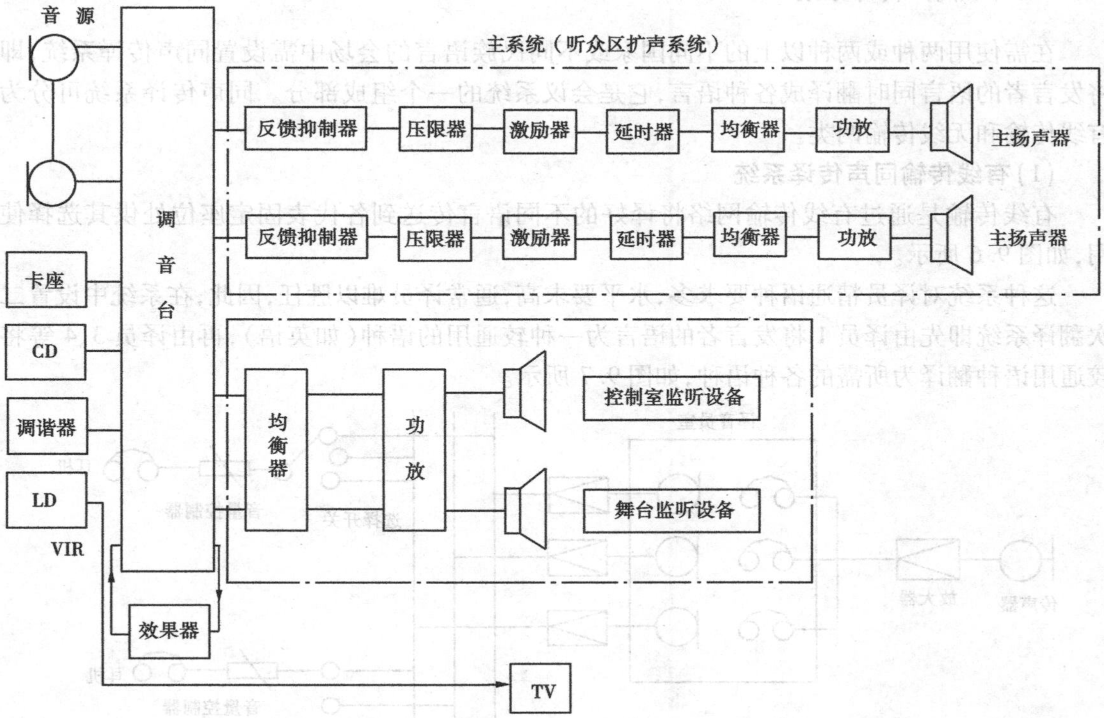

图9.5 典型扩声系统设备的构成

2)调音台

调音台是专业音响系统的中心控制设备,它的功能是对各种输入声源信号进行匹配放大、混合、处理和分配控制等。

调音台是一个一体化设备,它内部包括多路基本相同的电路(每路包含前置混音放大器、均衡器、滤波器等)和输出网络等部分。

3)信号处理设备

信号处理设备有压缩/限幅器、均衡器、延时混响器、声音激励和反馈抑制器等。

它的主要功能为:①对声频信号进行修饰,使音质更美;②改进信号传输通道质量,减少失真和噪声;③通过对各种音频信号的加工、处理、润色,弥补建筑声学的缺陷,补偿电子设备的不足以及产生特殊声音效果等。

4)扬声器

扬声器是一个声—电换能器,它是扩声系统的喉舌,它直接影响声音的质量。因此,在使用时,应选择声音洪亮优美,失真率小且性能与价格比高的扬声器。

扬声器的性能指标主要有灵敏度、额定功率、频率响应、阻抗指向性、非线性畸变和瞬态畸变等。

扬声器在使用时应注意与功放的匹配,一般选取功放的功率大于扬声器的额定功率,这样的功率配置音质虽好,但投资大且扬声器易受功率过载冲击而损坏。因此,建议功率配比定1~2倍扬声器单元的额定功率。

9.4.3 同声传译系统

在需使用两种或两种以上的不同国家或不同民族语言的会场中需设置同声传译系统，即将发言者的语言同时翻译成各种语言，它是会议系统的一个组成部分。同声传译系统可分为有线传输和无线传输两类。

(1)有线传输同声传译系统

有线传输是通过有线传输网络将译好的不同语言传送到各代表固定座位处供其选择使用，如图9.6所示。

这种系统对译员精通语种要求多，水平要求高，通常译员难以胜任，因此，在系统中设置二次翻译系统即先由译员1将发言者的语言为一种较通用的语种(如英语)，再由译员3、4等将较通用语种翻译为所需的各种语种，如图9.7所示。

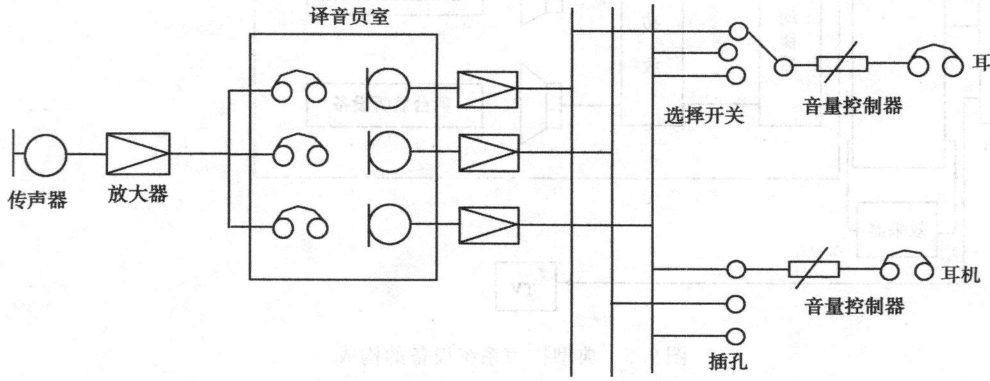

图9.6 多种语言同声传译系统框图

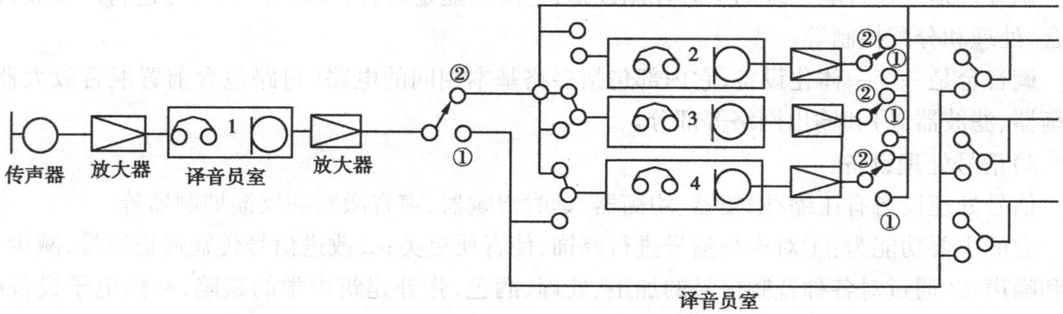

图9.7 二次翻译的同声传译系统

(2)无线传输同声传译系统

无线传输同声传译系统有三类：射频传输、音频电磁波无应传输和红外线传输。由于前两种传输缺点较多，因此采用红外线传输同声传译系统最普遍。

红外线同声传译系统是将各通道译出的语言信号放大后，由多通道红外发射机送到红外辐射器，计算红外辐射器数量并将它们按一定的高度和角度，安装在会场各处使辐射的红外线均匀布满会场。听众可在会场任何位置通过红外接收机和耳机，选择任一语种收听会议报告。

红外线同声传译系统音质清晰，接收稳定，安装维护方便，且听众可以自由活动，保密性强。它是目前同声传译系统中应用较为广泛的一种，如图9.8所示。

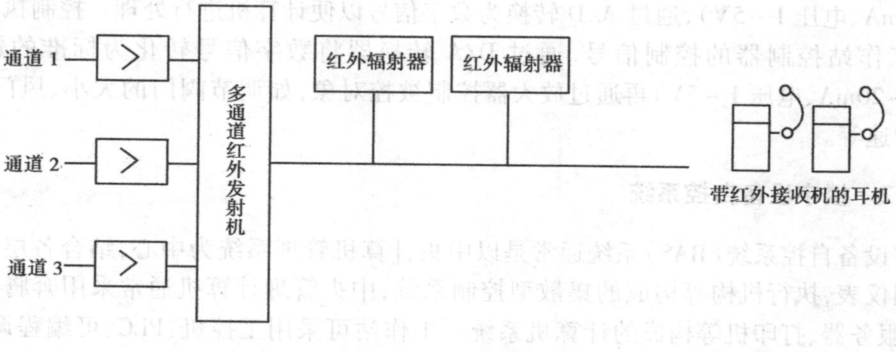

图9.8　红外线同声传译系统框图

9.5　楼宇自动控制系统

9.5.1　楼宇自动控制系统的功能及组成

(1)系统功能

楼宇自动控制系统的功能主要是对建筑物的关键设备和设施实现测量、监视和控制，其监视和控制的对象分为以下几类：

①建筑物的变配电设备、应急备用电源和不间断电源；

②空调设备、通风设备和环境监测设备；

③给排水设备及污水处理设备；

④灭火排烟、联动控制设备等；

⑤防盗报警及监控设备；

⑥广播音响设备；

⑦电梯、自动扶梯设备。

(2)系统组成

楼宇自动控制系统所监控的对象数量多，且分散在大楼的各层次和角落，为了确保这些被控设备正常、安全、高效地运行，可以采用集总型或分散型控制方式，它集采集、通信、控制与管理为一体，即分散控制，集中管理，从而大大提高了系统的可靠性。

第一层即管理层，由中央计算机系统构成，它是由多台分散的微型计算机和工作站经互联网络联成的计算机系统。各工作站、智能单元之间既可实现相互通信又可独立工作，能在全系统范围内实现资源管理、各任务和功能的动态配置。

第二层即工作站，其主要任务是实现各层监测的数据采集、滤波、放大和转换、检查各设备的运行状态，并即时进行报警处理，对各控制环节采用不同的控制算法，如最优控制、自适应控制、智能控制，以保证各种被控对象运行在最佳状态，该控制级能与上位管理计算机进行信息交换，接收上位管理计算机的指令和参数，它能实现工作站与上位机数据间的上载与下载。

第三层即现场级，它主要由一些现场检测装置和控制执行机构组成。检测对象主要包括温度、湿度、压力、流量、有害气体、火灾监测等,这些物理量由传感器转变为标准的电信号(电流4~20mA、电压1~5V),通过A/D转换为数字信号以便计算机进行处理。控制执行机构接收来自工作站控制器的控制信号,通过D/A转换器将数字信号转化为标准的输出信号(电流4~20mA、电压1~5V)再通过放大器控制被控对象,如调节阀门的大小、风门的开度、马达的转速等。

9.5.2 楼宇设备自控系统

楼宇设备自控系统(BAS)系统通常是以中央计算机管理系统为中心,结合各层控制工作站及检测仪表,执行机构等构成的集散型控制系统,中央管理计算机通常采用奔腾以上的微机,包括服务器、打印机等构成的计算机系统。工作站可采用工控机、PLC、可编程调节器、智能控制装置等构成。检测仪表主要实现将各物理量(如温度、湿度、压力流量、水位、电流、电压、功率、功率因数等)转变为标准电信号,以供工作站进行数据采集,执行机构是指实现各被控量的控制。

采用楼宇设备控制系统可对建筑物内大多数机电设备进行全面有效的监控管理,以确保建筑物内可控设备处于高效、节能、合理的运行状态,下面将针对一些主要的控制设备、给排水系统、空调系统、配电系统、照明电路、电梯等的控制进行简要介绍。

(1)空调自控系统

空调自控系统是根据温度传感器所检测的温度并将该温度送至工作站与设定温度比较,采用PID控制器或其他控制算法,以调节电动调节阀动作使回风温度、送风湿度保持在设定工作范围内。

(2)给排水自控系统

用电动执行器根据系统需要,对给排水自控系统中设备的运行状态进行监视、报警和启停控制,自动切换备用水泵、水箱、关键阀门和水池的水位,并对其进行监视、报警及故障提示,实现节能控制目的。

(3)变配电控制系统

对各线路用户的用电量、线路电压、电流、有功功率、无功功率、功率因数等进行计量,对变压器进行温度监视,对变配电系统进行节能控制以及动力设备联动控制、报警和负荷记录分析。

(4)照明系统

可将建筑物内照明设备按需分成若干组别,以时间区域程序来设定开或关,以达到节能效果。当建筑物内有事件发生时,照明设备组作出相应的联动配合,如有火灾时,联动照明系统关闭,应急灯打开。

(5)电梯系统

对电梯的运行状态进行集中监测与管理,对系统自动作出维护工作。

(6)消防喷淋系统

对消防喷淋系统的设备进行运行状态、故障报警、状态检测和管理,当故障发生时,向系统管理控制中心报警,建立设备运行档案,对系统自动作出维护工作。

9.5.3 楼宇自动控制系统的发展趋势

近年来,楼宇自动控制系统发展迅速,它经历了直接数字控制系统(DDC)、集散控制系统

(DCS)并向分布式现场总线控制系统方向发展。当前DCS系统在楼宇控制系统中占有主导地位,楼宇控制系统朝着开放化、通讯标准化方向发展,打破以各厂商自成封闭的做法已成为势不可挡的必然趋势。

20世纪90年代以来,随着网络技术的发展,结构简单、性能可靠的现场总线控制系统(Fieldbus Control System)已成为控制技术发展的主流方向,它将一级传感器与工作站合并成单层分布式控制网络,使控制系统具有高度分散,控制规模可大可小,控制节点成本降低,数据通信安全可靠等特点。

现场总线技术发展较快,目前典型的现场总线有FF、CAN、PROFIBUs、HART等。

由于不同的厂商提供的网络控制协议各不相同,因此,开发控制网络中控制总线上用于各厂商产品集成的硬件平台或称开放联接控制器(OpenLink Controller)以及数据网络的连接软件平台,使BA能将各厂商的控制装置集成为一体,以发挥各种控制装置的优势也成为BA发展的一个方向。如Honeynwell公司的XBS DDE Link软件,可将上百家著名公司的产品集成为一典型的智能控制系统,而由美国ANSI—135颁布的BA自动控制网络路由器可将多种建筑物自动化系统在数据网络中集成为一个整体的系统通讯标准,它能有效地将控制网络中的各控制器联成一个整体。

管理信息网络采用客户与服务器,数据库的网络连接方式,实现生产设备计划、物流、财务等数据的综合应用与管理。随着网络技术的进步,用户对信息系统提出更高的要求。建立控制网络信息的实时数据库,对各现场数据生产工艺状态进行实时管理与控制,以实现控制网络与管理网络数据之间的交换,成为智能控制系统的发展方向。

9.6 智能保安系统

自古以来,人们就一直在寻求各种防范措施以保证自身的财产与生命安全。远古时代,受科学发展的限制,人们用一些防范的土方法,如:构筑城池,建壕沟,设关卡,布陷阱,修建城门,夜间巡更等防止异族或敌人的入侵。锁作为防盗的主要工具也一直使用至今。随着电子技术及机械制造业的发展,使防范措施更加有效、可靠。例如:用红外线防止贵重物品被窃或不速之客的闯入,利用电子设备进行不间断监视与控制,为保安人员提供有效的防范防盗工具,同时也为警察侦破案件提供了有力的犯罪证据。现代防盗设备的发展趋势更注重功能因素以及各种防范防盗措施的配合,保安系统不断向多元化、多功能化方向发展。例如,智能建筑出入口的磁卡及读卡机,对来访者身份进行密码辨识;利用每个人的指纹不同及视网膜的差异对来访者进行身份验证的指纹机和视网膜辨识机;现代住宅较为普遍运用的电视电话对讲系统等。在多功能方面,将防范系统与防灾相结合,实现火灾报警,有的重要场合,还将监控系统与自动化机械相结合,以实现贵宾来访的开门、关门、围堵歹徒时出入口的自动关闭。

9.6.1 安全防范系统的组成

根据各系统的功能及使用场所要求的不同,安全防范系统分为防盗报警系统、电视监控系统、出入口控制系统、可视对讲系统、巡更系统及停车场出入管理系统等。

(1)防盗报警系统

防盗报警系统是利用各种探测装置(传感器)对重要区域进行布防,当探测到有异常情况时,系统实现报警。防盗报警系统主要由防盗报警器、信号传输及报警控制器三部分组成。

1)防盗报警器

防盗报警器也叫探测器或报警传感器,是防范系统的核心。它是觉察不正常情况,捕捉入侵者的一种装置,报警器的灵敏度与稳定性决定防盗报警系统能否及时报警却又不发生误报。研究人员根据不同的原理发明了许多不同种类的探测器,以尽早觉察异常情况和侵犯行为。报警器种类繁多,功能各异,在使用时应根据保护对象的重要程度、特点、保护范围及报警信号传输方式进行谨慎选择。下面就几种常用的报警器的原理、组成、使用进行简要说明。

①电磁式开关报警器

电磁式开关报警器由永久磁铁和干簧管两部分组成,如图9.9和9.10所示。

图9.9　电磁式报警器的结构

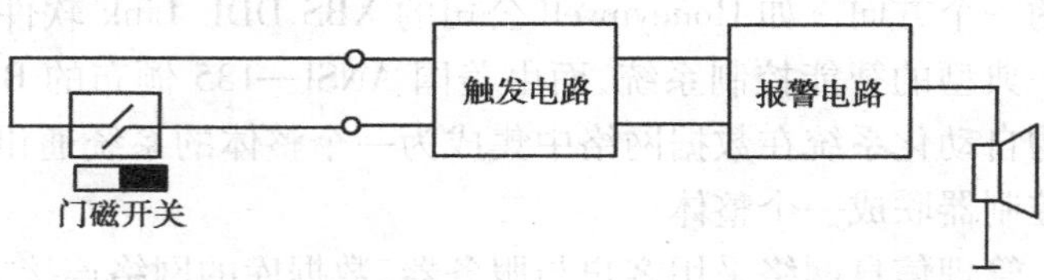

图9.10　门磁开关防盗报警装置组成框图

将干簧管安装在固定的门框窗框上,磁铁安装在活动的门窗上。通常干簧管两端金属片在磁铁作用下吸合,电路接通,当门或窗打开时,磁场发生变化,使干簧管断开,从而发生报警信号。

②红外线报警器

A. 主动式红外报警器

主动式红外报警器是由红外发射机、红外接收机和报警控制器组成,如图9.11所示。发射机与接收机相对布置形成一道道红外警戒线。当有人挡住不可见的红外线时,接收机的输出电信号强度发生改变,从而启动报警控制器发出警报。

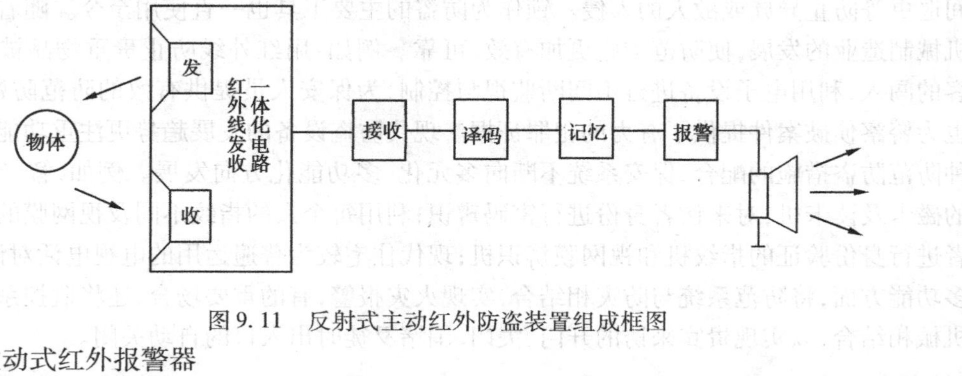

图9.11　反射式主动红外防盗装置组成框图

B. 被动式红外报警器

被动式红外报警器由光学系统、热传感器、红外传感器和报警控制器等部分组成,如图9.12所示。被动式红外报警器采用对人体辐射红外线非常敏感的红外传感器,与光学系统配合,可以控制到某一个立体防范空间内的热辐射的变化。人体辐射的红外线峰值波长为9~10μm,而红外传感器的探测波长范围是8~14μm,正好能较好的控制到活的人体。

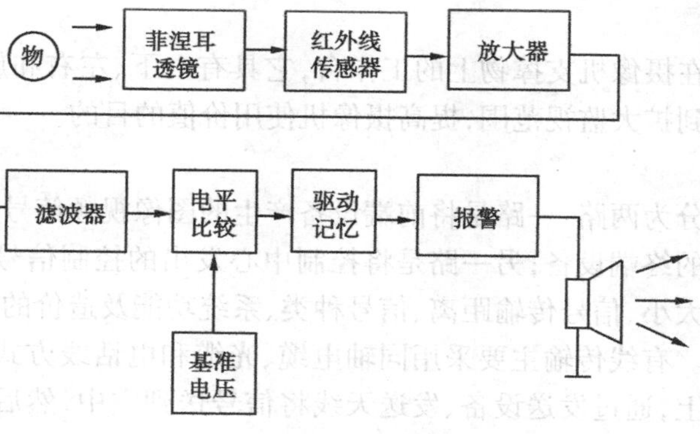

图9.12　被动式红外线报警装置组成框图

③微波报警器

微波报警器的工作原理基于微波的多普勒效应，当发射微波碰撞入侵者等能动的物体时，微波报警器会根据反射波长变化而启动报警。微波报警器是微波收、发设备合置的报警器。微波报警器发出无线电波，同时接收反射波，当有物体在防范区域移动时，反射波的频率与发射波的频率有差异，两者的频率差为多普勒频率。也就是说只要检测出多普勒频率就可发现在防区内移动的物体，即可完成报警传感功能。

④超声波传感器

超声波传感器的原理是利用人耳听不到的超声波段的机械振动波来启动报警，它是用来探测移动物体的空间型探测器。

(2)电视监控系统的基本结构

电视监控系统的作用是把事故现场显示并记录下来，以便取得罪犯证据。通常显示与记录装置与报警系统联动，即哪里报警，哪里就有显示与记录事故现场情况。

电视监控系统由前端设备、传输系统和终端设备组成：

①前端设备包括摄像机、镜头、外罩和云台等；

②传输系统包括线缆、调制与解调设备、视频放大器等；

③终端设备包括控制器、图像处理与显示。

前端设备与控制装置的信号传输以及执行功能均是通过解码器的硬件装置来实现的。

1)前端设备

①摄像机

在超市、银行等安全防范系统中都采用体积小、性能好、寿命长的CCD摄像机，在使用CCD摄像时，应对其性能参数(如分辨率、最小照度、CCD像素、摄像面积、供电方式)进行了解，以保证所摄画面质量。

②镜头

镜头的作用是收集信号，并成像于摄像机的光电转换上。镜头种类繁多，在选择时应根据被摄物的尺寸、焦距、摄像场所光线变化及视野广阔进行综合考虑。

③外罩

为使用摄像机在工作时不受环境温度、湿度及电磁干扰的影响。必须给摄像机加装多种特殊保护措施的外罩，保证其工作的可靠性，并延长使用寿命。

④云台

云台是一种安装在摄像机支撑物上的工作台,它具有上下、左右和旋转的运动功能,摄像机固定于云台上能达到扩大监视范围,提高摄像机使用价值的目的。

2)传输系统

线路信号的传输分为两路:一路是将前端设备产生的图像视频信号、音频信号和各种报警信号传送至控制中心的终端设备;另一路是将控制中心发出的控制信号传输到前端设备。根据电视监控系统规模大小、信号传输距离、信号种类、系统功能及造价的不同,可采取有线传输和无线传输两种方式。有线传输主要采用同轴电缆、光缆和电话线方式。无线传输是将传输信号调制在高频载波上,通过发送设备、发送天线将信号送到空中,然后由接收机把从天线接收到的信号进行解调处理后再显示出图像。

3)终端设备

①电视监控系统的控制器有:

a. 录像机电源开关控制设备。

b. 云台与镜头控制设备:控制云台上下、左右和旋转。镜头控制指聚焦、变焦、光圈。

c. 控制切换设备:控制切换到哪一路图像,有时经云台、镜头控制,有时是单独控制的。

②显示与记录设备

显示与记录设备有监视器、录像机、视频控制切换器、多画分割器、视频分配器等。

(3)出入口控制系统

出入口控制系统又称为门禁管理系统,该系统实现人员出入的自动控制。它分为卡片出入控制系统和人体特征识别系统。

1)卡片出入控制系统

①磁卡

以磁分布的条纹为标记,用磁感应对磁卡中磁性材料形成的密码进行辨识,用于插入读卡机。卡的成本低,可随时改变密码,但辨认性较粗糙,防伪能力较差。磁卡进门方式如图 9. 13 所示。

②集成电路卡(IC 卡)

IC 卡内设备集成电路或大规模集成电路,读卡机产生一特殊振荡频率,当卡片进入读卡机振荡能量范围时,卡片上感应电动势 IC 所决定的信号发射到读卡机,读卡机将接收信号转换成卡片资料,送到控制器加以比较。IC 卡进门方式如图 9. 14 所示。

2)人体自动识别技术系统

人体自动识别技术系统利用每个人的眼纹、指纹、声纹等个体特征的不同,由指纹机、视网膜辨识机、声音辨识机对进入人员的指纹、眼纹、声纹与预留的指纹、眼纹、声纹进行对比辨识,达到防范目的。

(4)可视对讲系统

可视对讲系统,又叫做对讲机。电锁门保安系统,是现代住宅较为普遍的一种防范系统,按功能可分为单对讲型和可视对讲两种类型。

1)单对讲型系统

单对讲型系统由防盗安全门、对讲系统、控制系统和电源组成。由于单对讲型系统价格低,所以深受居民欢迎,它应用最普遍。对讲机—电锁门保安系统是在大楼入口处安装电锁

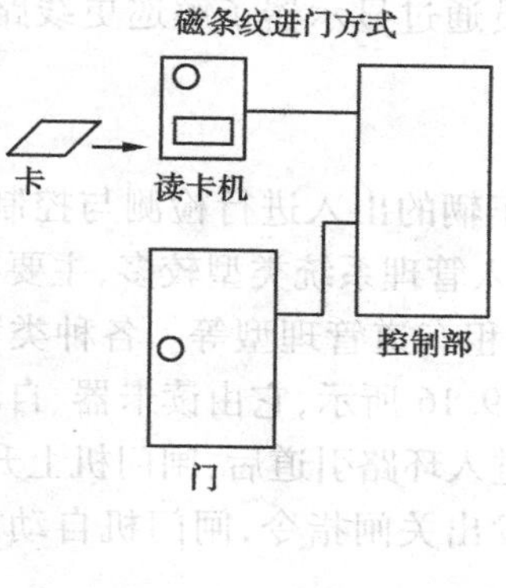

图9.13　磁卡进门方式

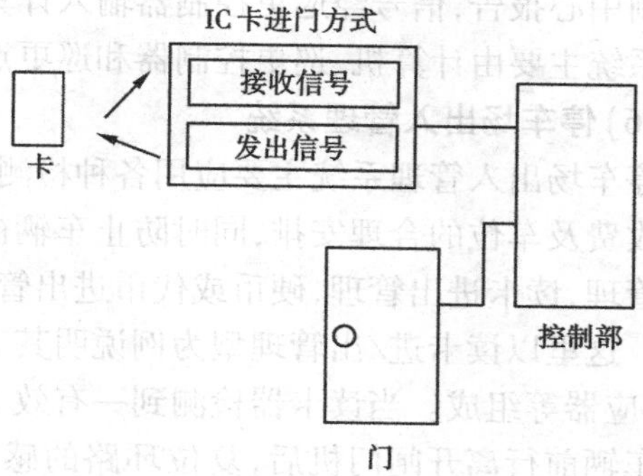

图9.14　IC卡进门方式

门，平时关闭。在电锁门表面嵌有大门对讲总按钮盘，每个按钮与大楼住房的门牌号一一对应，这样，当来访者按住他要找的住房按钮时，安装在该住户室内的对讲机铃响，住户便可与来访者对话，当同意来访者进入时，住户可按设在对讲机话筒上的按钮，此时入口电锁门的电磁铁通电动作将门打开，来访者进入后，电锁门自动关闭，这样就防止了不速之客的来访，达到保安目的。

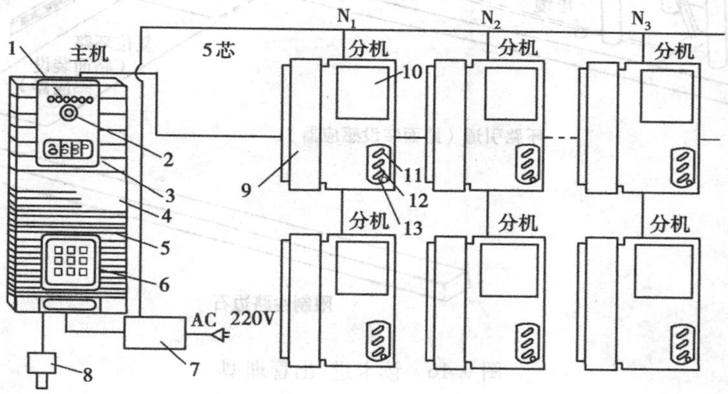

图9.15　可视对讲防盗系统接线图

1—LED；2—摄像机；3—数位显示；4—话筒；5—扬声器；
6—数位按键；7—电源；8—电控锁；9—听筒；10—显像管；
11—影像开关；12—呼叫钮；13—开门钮

2）可视对讲系统

可视对讲型系统主要由主机（室外机）、分机（室内机）、不间断电源和电控组成，该系统接线如图9.15所示。它集图像、语言对讲防盗功能。主机采用超薄型结构，上面带有摄像机、数位显示、话筒、扬声器和数字按键，利用红外线LED辅助，其夜间视觉好，采用数位式按键选择，门户可扩展至256户，每户分机上面有100mm显像管，通过听筒与主机联系。可视对讲系统与单对讲系统工作原理相同，只是可视对讲系统使户主不仅能与来访者进行对话，而且还能看清其相貌。

（5）巡更系统

智能大厦的出入口多，来往人员复杂，为了楼宇的安全，必须有专人巡逻，较重要的场所还应设置巡更站，定时进行巡逻。巡更员必须按规定时间及路线到达巡更点，发出信息（密码）

向控制中心报告,信号经巡更控制器输入计算机,使管理人员通过显示器了解巡更线路情况。巡更系统主要由计算机、巡更控制器和巡更点等设备组成。

(6)停车场出入管理系统

停车场出入管理系统主要应用各种检测装置和微机对车辆的出入进行检测与控制,实施自动收费及车位的合理安排,同时防止车辆被盗。停车场出入管理系统类型较多,主要有自由进出管理,读卡进出管理,硬币或代币进出管理,以及入口时租车道管理型等。各种类型大同小异。这里以读卡进/出管理型为例说明其工作原理。如图9.16所示,它由读卡器、自动闸门机、感应器等组成。当读卡器检测到一有效卡片时,且车辆进入环路引道后,闸门机上升栏杆,而在车辆前行离开闸门机后,复位环路的感应器向闸门机发出关闸指令,闸门机自动放下栏杆。

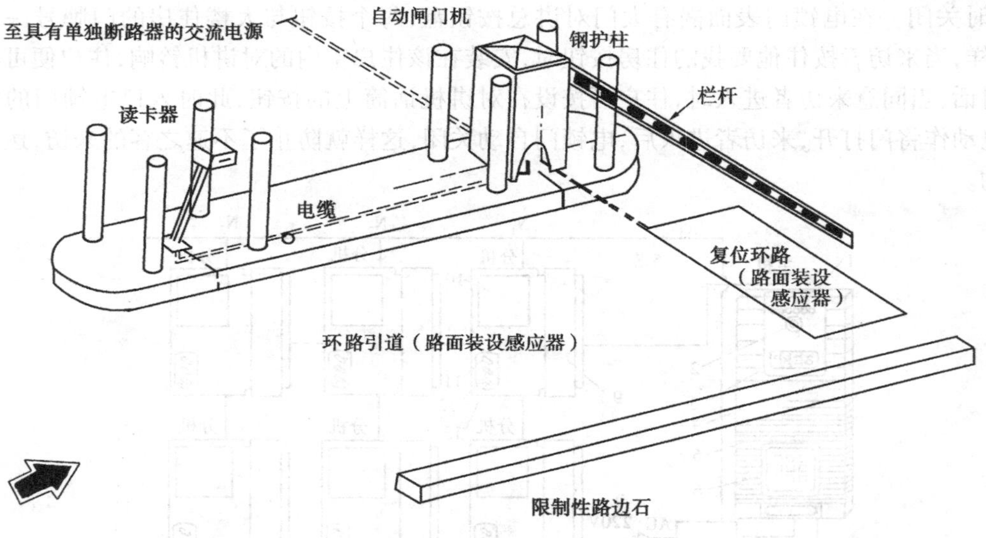

图9.16　读卡进/出管理型

9.6.2　防范防盗系统的设计要领

可靠性是防范系统设计的关键。在设计时必须对防范系统的质量、效率及经济性诸方面作出一定评价。防范系统可简可繁,因功能及保护对象不同,系统的价格、设计与安装相差较大,探测率、误报率、警戒范围、信号传输方式、工作时间等都是设计时要考虑的重要因素。由于不同的用户及工作部门对安全防范要求各不相同,因此,在设计时必须首先与用户及有关部门共同确定需要监控的区域,了解该建筑的管理状态,制定合理的工程方案,以明确系统要达到的防范目的和任务。在明确设计目的后,确定系统的运行方式,是采用全天候防卫体制还是定时间管理体制,是否对现场进行记录,按系统设计选择合适的探测器,在满足系统要求的同时,尽量使系统简单、可靠、经济。总之,系统的设计应达到以下基本要求:

①满足使用上的条件要求;

②设计的防范系统易于实现;

③根据系统的重要性,是否设置后备系统;

④尽可能考虑该系统与智能建筑其他各部分的联系,以提高设备利用率,降低系统运行成本。

9.7　综合布线

9.7.1　概述

(1)综合布线的概念

早在20世纪80年代末,美国电话电报(AT&T)公司的贝尔实验室最先推出支持多种信号传输并能达到用户使用要求的网络,即为最早的结构化综合布线系统。

综合布线是在建筑物内或建筑群之间的一个模块化、灵活性和实用性极高的信息传输通道,是智能建筑的"信息高速公路"。以前各通信系统如电话通信系统、计算机通信系统、监控系统等,在进行布线时往往采用不同的传输电缆、不同型号的相关连接硬件(连接器、插头、插座、适配器)以及电气保护设备等。这种各通信系统设备不兼容的布线方式,使得通信系统在进行扩充及设备的搬迁时不易实施,即对原来的布线方式要进行重新设计,耗费大量资金。综合布线的出现,解决了各通信系统设备不兼容的问题,它既能使语言、数据、图像设备和交换设备与其他信息管理系统彼此相连,也能使这些设备与外部通信网相连。

由于综合布线对其服务设备具有一定独立性,又能互连许多不同应用系统的设备,支持语言、数据和视频等各种应用,因此被人们广泛采用。

综合布线的标准起源于美国,目前我国广泛采用的综合布线有美国朗讯和法国阿尔卡特综合布线,美国西蒙公司推出SCS,加拿大北方电讯公司的IBDN以及美国安普公司的开放式布线系统等。

(2)综合布线的特点

综合布线的特点为实用性、灵活性、可靠性、扩充性和经济性,而且其设计、施工与维护方便。

1)实用性

能满足语言通信、数据通信、图像通信及多媒体信息通信需要。

2)灵活性

综合布线采用标准的传输线缆和连接硬件,模块化设计,因此,在任何一个信息插座上都能连接不同类型的终端设备,如:电话机、个人计算机等。

3)扩充性

布线系统可以扩充,以便将来技术更新和更大发展时,很容易将设备扩充进去。

4)可靠性

综合布线采用高品质的材料组合压接方式构成一高标准信息传输通道,采用点到点端接系统布线,任何一条链路故障均不影响其他链路的运行,保证了系统运行可靠性。

5)经济性

可降低设备搬迁、用户重新布局和系统维护费用。

9.7.2　综合布线系统的构成

综合布线系统采用模块化设计,根据每个模块作用的不同可将系统划分为6个部分,即:

工作区子系统、水平子系统、干线子系统、设备间子系统、管理区子系统和建筑群干线子系统。每一个子系统都可以单独设计与施工，一旦更改其中一个子系统时，不会影响到其他子系统。综合布线系统的结构如图 9.17 所示。

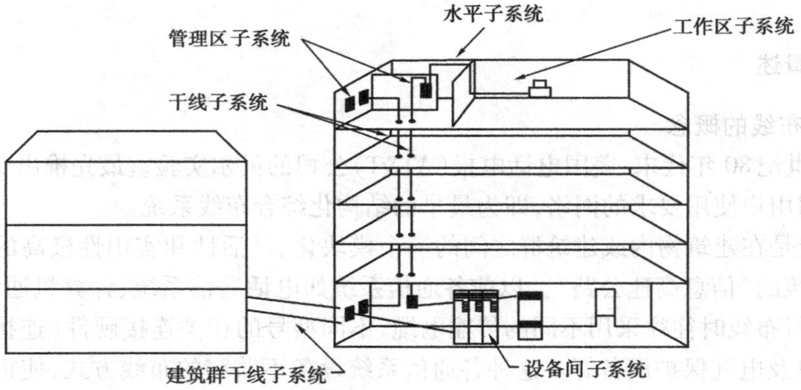

图 9.17 建筑物与建筑群综合布线结构

(1)工作区子系统

综合布线工作区子系统由终端设备及其连接到水平子系统信息插座的接插线(或软线)等组成。它是放置应用系统终端设备的地方。工作区的终端设备包括电话、微机、传感器和可视设备等。

工作区子系统的主要内容包括信息插座、信息连接线和适配器。

①信息插座是指在用户的工作区域内固定水平电缆和光缆的末端，并向用户提供模块化的信息插孔设备。

②信息连线实际是水平线缆的延伸，用来连接终端设备和信息输出端。

③适配器是不同通信规范之间的连接和转换设备。

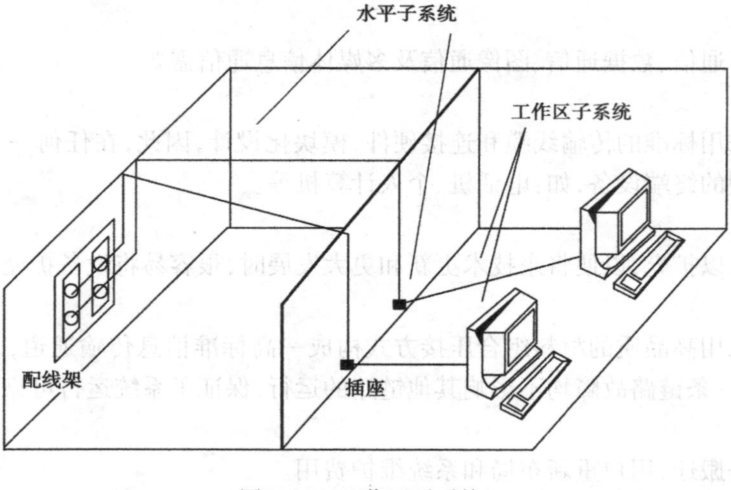

图 9.18 工作区子系统

工作区布线是用接插线把终端设备连到工作区的信息插座上，如电话机可用两端带连接插头的软线直接插到信息插座上，而工作区的有些终端设备需要选择适当的适配器才能连接到信息插座上。工作区子系统如图9.18所示。

(2)水平子系统

水平子系统是综合布线结构的一部分，它由配线架至信息插座的电缆和工作区的信息插座等组成，如图9.19所示。

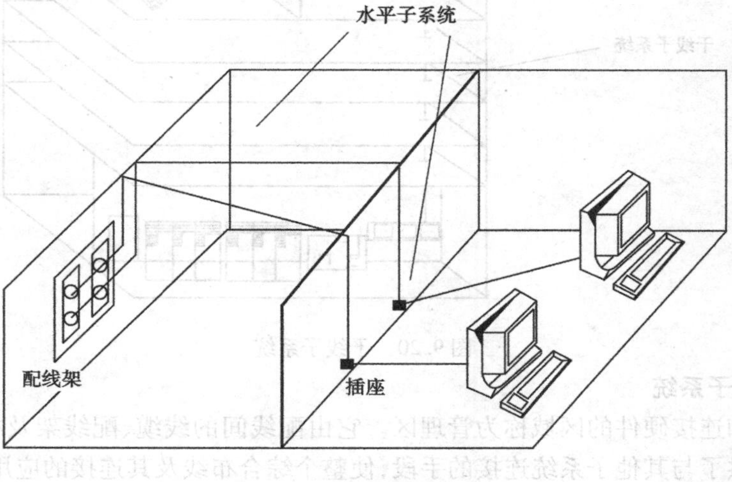

图9.19　水平子系统

水平子系统线缆沿楼层的地板或吊顶布线，根据建筑物信息的类型、容量、带宽和传递速率来确定线缆类型。目前主要采用的线缆、类型和信息插座有：

① 4对100Ω非屏蔽双绞线和标准插口(RJ45插座)；

② 4对(或2对)100Ω(或200Ω)平衡双绞线和信息插孔；

③ 2对150Ω双绞线和屏蔽信息插座；

④ 8.3/125μm单模光缆及信息插孔；

⑤ 62.5/125μm多模光缆及ST型光缆标准接口。

另外允许采用的线缆形式为：

① 150Ω双绞电缆；

② 10/125μm单模光纤；

③ 50/125μm多模光纤；

(3)干线子系统

干线子系统由设备间或管理区与水平子系统的引入口之间的连接线缆组成。干线是建筑物内综合布线的主馈线缆，是用于楼层之间垂直线缆的统称，如图9.20所示。

干线子系统的布线走向应选择干线线缆最短、最安全和最经济的路由，线缆一般采用多对数铜缆、多芯光缆和同轴电缆。

(4)设备间子系统

设备间是每一座建筑物用于要装进出线设备，进行综合布线及其应用系统管理和维护的场所，设备间可放置综合布线的进出线连接硬件及语言、数据、图像、建筑物控制等应用系统的设备。

在高层建筑物内，设备间宜设置在二层或三层，高度为3～18m，为使这些设备正常工作，要求设备间干净且其温度、湿度、噪声、照明、电磁干扰达到规定要求。

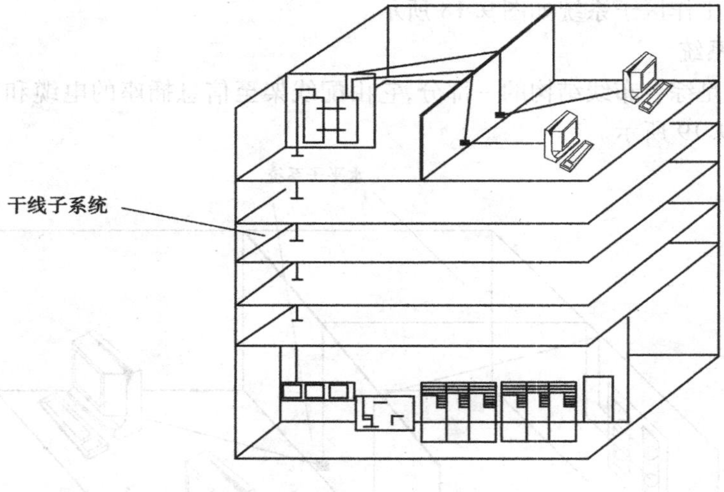

图 9.20　干线子系统

(5)管理区子系统

管理线缆和连接硬件的区域称为管理区。它由配线间的线缆、配线架及相关接插线等组成。管理区提供了与其他子系统连接的手段,使整个综合布线及其连接的应用系统设备、器件等构成一个有机的应用系统。

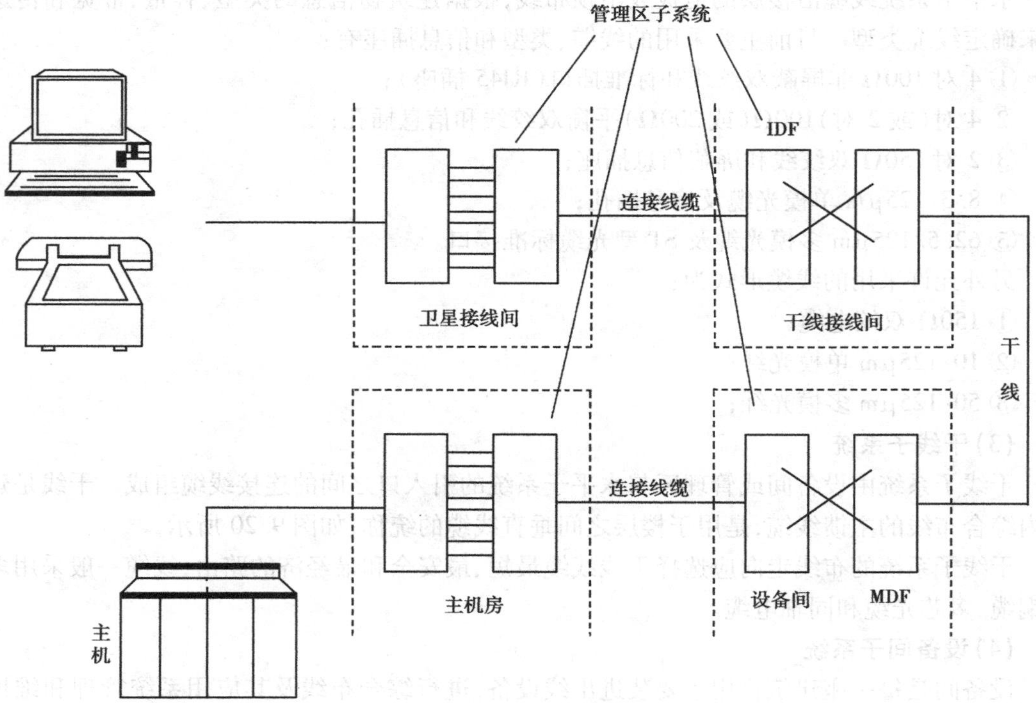

图 9.21　管理区子系统

综合布线管理人员可管理配线连接硬件区域,利用各种连接线缆和可变化的跳线、开关调整交换方式,使得有可能安排或者重新安排线路路由,实现综合布线的灵活性、开放性和扩展性。管理区子系统如图9.21所示。

(6)建筑群干线子系统

建筑楼群彼此间有关的语音、数据、图像和监控等系统之间是用传输介质和各种支持设备(硬件)连接在一起。其连接各建筑物之间的传输介质和各种相关支持设备(硬件)组成综合布线建筑群干线子系统。

该系统通常在楼与楼之间采用敷设电缆的方式,将所需各个建筑物通信互相连起来,建筑群干线子系统的布线可采用架空电缆,直埋电缆或地下管道内电缆,或者是这三者的任意组合。

9.7.3　综合布线系统的设计

综合布线系统的设计,需根据用户的通信和使用设备配置进行全面评估,并按国际布线标准为用户设计一个既经济又实用且具有灵活性和可扩充性的布线系统。其设计步骤为:

①了解用户需求情况;

②分析建筑物平面图;

③评估布线路由设计;

④掌握系统结构;

⑤对所设计综合布线系统进行可行性论证;

⑥绘制综合布线施工图;

⑦编制综合布线用料清单。

9.8　办公自动化

办公自动化是一种以微机为中心,用高新技术来支撑与辅助办公的先进手段,它把计算机技术、通信技术、自动化技术、系统科学、人机工程等应用于传统的数据处理中,使办公人员摆脱了庞大而繁琐的数据处理,提高了工作质量和工作效率。办公自动化系统还借助现代的办公设备(如传真机、复印机、打印机、电子邮件及通信设施)全面而又广泛的收集、加工、使用信息资源,为现代化管理与科学决策提供了有效的服务。随着因特网技术的发展,一些新型的电子商务模式(如B to C、B to B)得到了迅速发展,有效降低了生产管理成本,提高了服务质量,为众多商家带来了经济效益。

9.8.1　办公自动化的模式

办公自动化系统能利用信息资源提供各种优化方案、辅助决策,使决策者能正确、迅速作出决定。

从办公自动化业务性质的不同,可分为以下几种类型:

①电子数据处理(EDP)　用于事务型办公系统,主要完成办公室中大量的事务处理工作,如文字处理、电子报表、工资财务表格汇总、发送电子邮件等。

②管理信息系统(MIS)　它是将各独立的事务处理通过信息交换与资源共享联系起来的系统,主要用于管理型办公系统。

③决策支持系统(DSS) 决策是根据预定目标作出的行动决定,是最高层次的管理工作。决策支持系统又叫做综合型办公系统,除了有以上两种 OA 模式功能外,它还可以在相关软件的支持下,模拟专家解决疑难问题,对决策者起着很好的辅助作用。

④电子商务系统 电子商务是指通过电脑和网络来完成商品的交易、结算等一系列商业活动方式,如在网上完成购物、订票、银行结算等。电子商务消除了时间与空间的障碍,减少了日常操作费用,大大加快了商务交易间的现金流、物流,提高了经济效益。

9.8.2 办公自动化主要设备

1)信息处理设备

信息处理设备包括文字处理机、电子打印机、微机、工作站、各类计算机终端及外部设备、各类汉卡、光学文字识别设备、图形和图像处理设备等。其中工作站指具有信息收集、信息处理、信息传输、信息存储和交换等功能,是在微机基础上为办公人员进行多种信息处理的设备。工作站可独立工作,处理各种业务,与中心计算机相连时,能实现数据、文字、声音、图像的远距离传输。在办公自动化系统中,工作站类型分为文字处理工作站,事务处理工作站、资料图像处理工作站、语音工作站、CAD 工作站、多功能工作站。

2)信息传输设备

信息传输设备包括电话机、无线寻呼机、传真机、局域通信网、数字程控交换机、服务器、信号调制解调器等。

3)信息复制设备

信息复制设备指复印机、胶印机、电子排版印刷系统等。

4)信息储存设备

信息储存设备是指光盘、视盘存储设备,微储文档处理设备。

5)辅助设备

辅助设备是指空调机、稳压电源及 UPS 不间断电源、负离子发生器等。

9.8.3 办公自动化系统与通信系统的连接

智能建筑是由建筑物自动化(BA)、通信自动化(CA)、办公自动化(OA)这三种功能结合起来的建筑物。三个独立系统 BA、CA、OA 关系密切,由多种通信方式连接起来共享信息资源、交换及处理信息。它们还通过通信系统与外界公用数字网、公用数据网等广域网联结交流信息,形成综合通信系统。

目前,智能建筑的信息传输方式主要有三种:

(1)程控用户交换机 PBX(Private Branch EXchange)

它是信息传输设备,也是办公室通信设备的核心。PBX 既可与模拟电话机相连,实现通话、等待、自动重拨、快速拨号、转移呼叫等电话业务功能,还可与计算机、传真机、数字电话机、终端等数字办公设备相连,实现传真通信、图表制作、表格计算及文字处理等功能。同时,PBX 还可与公用电话网、公用数据网等广域网连接。

程控用户交换机 PBX 与办公自动化设备的连接如图 9.22 所示。

(2)计算机局域网(LAN)

建筑物间的数据通信必须用 LAN 解决信息种类多、收发站点多、通信速度受阻等问题,采用

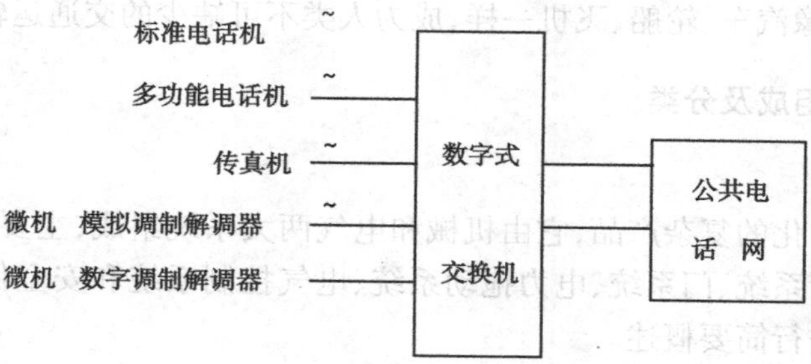

图9.22　程控用户交换机PBX与办公自动化设备的连接

LAN可实现各数字设备的高速数据通信。LAN必须使用广域网与远地的工作站或局域网连接。LAN投资小、软件维护方便,且各工作站脱离网后还具有独立处理数据能力,因此,LAN是办公自动化选择的重点。LAN能将分布在办公室的工作站连接起来,当需要更高的资源共享时,可将超级小型机接入网中,使分布在各办公室的工作站共享超级小型机上的软硬件资源。

办公自动化设备与局域网连接如图9.23所示。

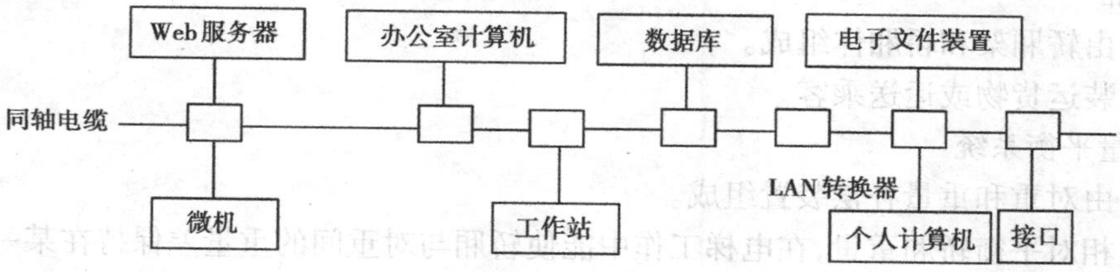

图9.23　办公自动化设备与局域网连接图

(3)因特网

智能大厦是技术与信息交流高度密集场所。目前,几乎所有的大型公司、企业都使用因特网(Internet)进行信息传递与交流,通信正在从以数字程控交换机为主体连接的电路交换网络,转向以路由交换为主体的、无连接的包交换网。它可以支持语言、视频广播等各种实时业务和交互视频,按需点播等宽带实时业务。

(4)中、小型计算机分时系统

中、小型计算机分时系统,有很强的数值运算和数据处理能力,可以集中管理所有终端的文件和事务操作,使所有用户共享数据库,一台主机可以带几十个终端,主机除了承担数据处理外,还要承担通信任务,负担较重,当主机故障时,整个系统就瘫痪。

9.9　电　梯

电梯是一种在垂直方向上把人或货物从一个水平面提升到另一个水平面上的起重运输设备。

随着科学技术的进步,人们生活水平的提高,建筑业得以迅速发展,因此,为高层建筑物提供上下交通运输的电梯工业也飞速发展起来,品种越来越多。比如,有多层厂房和多层仓库使用的货梯、高层住宅使用的住宅梯、宾馆的客梯、商场的自动扶梯、医院的病床电梯等。可以说在现代社会，电梯已像汽车、轮船、飞机一样，成为人类不可缺少的交通运输工具。

9.9.1 电梯的组成及分类

(1)电梯的组成

电梯是机电一体化的复杂产品，它由机械和电气两大系统组成，主要包括曳引系统、导向系统、轿厢、重量平衡系统、门系统、电力拖动系统、电气控制系统和安全保护系统。下面就各系统的组成及功能进行简要概述。

1)曳引系统

组成：曳引机、曳引钢丝绳、导向轮、反绳轮等。

功能：输出与传递动力，使电梯运行。

2)导向系统

组成：由导轨、导靴和导轨架组成。

功能：限制轿厢和对重的活动自由度，使轿厢和对重只能沿着导轨作升降运动。

3)轿厢

组成：由轿厢架和轿厢体组成。

功能：装运货物或运送乘客。

4)重量平衡系统

组成：由对重和重量补偿装置组成。

功能：相对平衡轿厢重量，在电梯工作中能使轿厢与对重间的重量差保持在某一个限额之内，保证电梯的曳引传动正常。

5)门系统

组成：由轿厢门、层门、开门机、门锁装置等组成。

功能：封住层站入口和轿厢入口。

6)电力拖动系统

组成：由曳引电动机、供电系统、速度反馈装置、电动机调速装置等组成。

功能：提供动力，实行电梯速度控制。

7)电气控制系统

组成：由操纵装置、位置显示装置、控制屏、平层装置、选层器等组成。

功能：对电梯的运行实行操纵和控制。

8)安全保护系统

组成：主要由限速器、安全钳、缓冲器、端站保护装置等组成。

功能：保证电梯安全使用，防止一切危及人身安全的事故发生。

(2)电梯的分类

电梯的分类复杂，可按用途、速度、驱动方式、控制方式等对电梯进行分类，这里介绍按用途分类的电梯。

1)乘客电梯

主要供宾馆、饭店、商场办公大楼、商住楼等客流量大的场合使用。这种电梯专为运送乘客而设计，它的轿厢宽大而美观，运行速度快，自动化程度高，符合现代人办公需要。

2)载货电梯

主要供两层楼以上的车间、商场及各类仓库使用。这种电梯专为运送货物而设计,它的轿厢宽大,自动化程度相对较低。

3)病床电梯

为运送病人而设计的电梯。

4)杂物电梯(服务电梯)

供图书馆、办公楼、饭店运送图书、文件及食品等使用。它的轿厢小,安全设施不齐全,不允许人员进入。

5)住宅电梯

供住宅楼使用的电梯。

6)特种电梯

为特殊环境要求而设计的电梯。

9.9.2　电梯的运行及计算机管理

(1)电梯的运行

电梯在作垂直运行的过程中,既有起点站也有终点站。起点站设于一楼,被称为基站,终点站设在顶楼。终点站与起点站叫两端站,两端站之间的停靠站称中间层站。

各站的厅外设有召唤箱,箱上设置供乘客使用的召唤电梯的按钮,该接钮分为上下功能,乘客根据运行中电梯显示楼层与自己所处楼层进行选择。另外,电梯基站的厅外召唤箱,除设置召唤按钮外,还设置一只钥匙开关,以便下班后管理人员可以通过专用钥匙把电梯的厅轿门关闭妥当。

电梯的轿厢内设置有操纵箱,操纵箱上设置有开门键、关门键和与层站对应的按钮,供乘客控制电梯上下运行。

随着科技的进步,电梯的自动化程度越来越高,乘客可通过操纵箱对电梯下达一个或一个以上指令,电梯就能自动开门,定向起动加速,在预定的楼层停靠开门,依次将乘客送到指定楼层。

(2)电梯的计算机管理

电梯的计算机管理涵盖的内容较多,这里仅以电梯的经济调度和防止困梯为例说明。

1)防止困梯

发生困梯的情况往往是停电或电梯超载不能关门出发而造成。停电的原因主要有:

①输电线故障或地震引起的广泛性停电。

②大楼内自身线路或设备故障引起的局部停电。

③火灾导致的局部停电。

④计划检修引起的停电。

不管是停电还是超载造成的困梯,一般都由计算机监控系统视困梯原因而投入备用电源或开启避难电梯。电梯超载主要是因人们为避免火灾、地震等灾害,争先恐后抢乘电梯造成的。比如,当发生火灾时,会有很多人堵塞电梯间,电梯因拥挤过多的人而超载,导致关门困难而不会出发,或运行途中停下。为了不给乘客带来二次灾难,管理人员必须通过监控系统中心指挥避难用的电梯及时赶到,将乘客有序地救出,从而避免困梯慌乱造成的损失。

2)经济调度

拥有多台电梯的大楼,除了并排设置在一起供任意选择之外,也需要有速度不同的电梯相配合。即使是载重相同的电梯组合,也可以根据是否使用高峰时段,调节某些楼层过而不停或者只提供短程搭乘。

9.10 电话、通信系统

随着信息与知识经济时代的到来,计算机技术、自动控制技术、网络技术和通信技术的飞速发展为建筑物内信息系统的建设起了巨大的推动作用,而信息传输网络的发展也为建筑的智能化打下了必要的基础。在智能建筑中,通信系统采用数字程控交换机、数字数据接点机(DDN)、数字用户环路设备、宽带交换机接入接点、数字传输设备、铜芯电缆或光缆等设备将建筑物内各系统连接起来,并与城市通信公用网互连,使各系统功能有机地结合起来,实现语音、数据、图像等信息的相互传输、交换,使楼宇的营运与管理更加合理化。智能建筑对信息传输系统有以下需求:

1)允许用户交换机提供各种电话业务服务,如:快速拨号,按时叫醒,多方通话等。

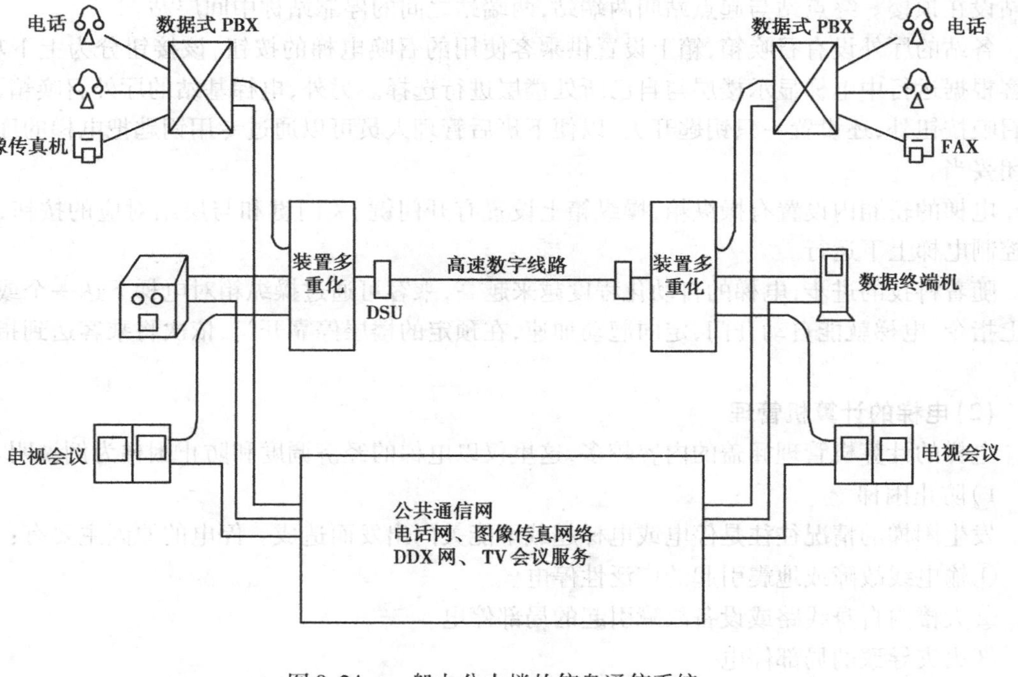

图9.24 一般办公大楼的信息通信系统

2)实现各种数字设备间的高速数据通信。

3)收发电子邮件,提供电视电话会议以便远方工作人员就地参加。

4)提供语音、图像、文字传输与交换的多媒体服务。

5)在大厦内设置计算机处理情报,例如,从外界数据库存取新信息和附加值通信网(UAN)的连线服务。

6)通过通信方式给用户提供咨询服务。

目前,大楼内的通信系统除考虑本大楼的内部通信外,还要考虑与外界网络连接。一般办公大楼的通信系统如图9.24所示,它是以数字式PBX为主体的通信网络,并遵循计算机LAN的数据处理协议,附加如电视会议服务等要求。

综上所述,通信系统主要功能在于使建筑物内OA化,同时进行信息处理或与BA系统间相互存取信息。

习　题

9.1　智能建筑的主要特征是什么?

9.2　智能消防系统由哪几部分组成?各部分有何功能?

9.3　CATV系统由哪几部分组成?各系统有何作用?

9.4　简述扩声系统的组成及各部分的功能。

9.5　什么是同声传译系统?

9.6　智能保安系统由哪几部分构成?

9.7　防盗报警器分为哪几种?就其中一种说明工作原理。

9.8　简述电视监控系统的组成及各组成部分的作用。

9.9　综合布线划分几个部分?

9.10　综合布线的特点是什么?

9.11　简述办公自动化的几种模式。

9.12　简述电梯的组成与分类。

第10章 总体建筑电气设计

前面已经对建筑电气设计中的有关内容作了详细的介绍，为了使读者对一般民用电气设计过程和要求有一个比较完整的了解，本章在前面的基础上对民用建筑电气设计任务和总的原则、设计的一般程序及基本步骤作系统的介绍，并对设计文件编制方法作具体说明。

10.1 建筑电气设计的任务与组成

建筑电气从广义上讲，包括工业与民用建筑电气两方面，本书重点讨论民用建筑范畴内的问题。

10.1.1 电气设计的范围

所谓设计范围，是指设计边界的划分问题。设计边界分两种情况：

1）明确工程的内部线路与外部线路的分界点

电气的边界不像土建边界，它不能由规划部门的红线来划分，通常是由建设单位（甲方）与有关部门商量确定，其分界点可在红线以内，也可能在红线以外。例如，供电线路及工程的接电点，有可能在红线以外。

2）明确工程电气设计的具体分工和相互交接的边界

在与其他单位联合设计或承担工程中某几项的设计时，必须明确具体分工和相互交接的边界，以免出现整个工程图彼此脱节。

10.1.2 电气设计的内容

建筑电气设计的内容一般包括强电设计和弱电设计两大部分。

（1）强电部分

强电设计部分包括变配电、输电线路、照明电力、防雷与接地、电气信号及自动控制等项目。

（2）弱电部分

弱电设计部分包括电话、广播、共用天线电视系统，火灾报警系统、防盗报警系统、空调及电梯控制系统等项目。

(3)设计项目的确定

对于一个具体工程,其电气设计项目是根据建筑的功能、工程设计规范、建设单位及有关部门的要求等来确定的,并非任何一个工程都包括上述全部项目,可能仅有强电,也可能是强电、弱电的某些项目的组合。

通常,在一个工程中设计项目可以根据下列几个因素来确定:

1)根据建设单位的设计委托要求确定

在建设单位委托书上,一般应写清楚设计内容和设计要求(有时因建设单位经办人对电气专业不太熟悉,往往请设计单位帮助他们一起填写设计委托书,以免漏项),这是因为有时建设单位可能把工程中的某几项另外委托其他单位设计,所以设计内容必须在设计委托书上写清楚。

2)由设计人员根据规范的要求确定

例如,民用建筑的火灾报警系统、消防控制系统、紧急广播系统、防雷装置等内容是根据所设计建筑物的高度、规模、使用性能等情况,按照民用建筑有关的规范规定,由设计人员确定,而且在建设单位的设计委托书上不必要写明。但是,如果根据规范必须设置的系统或装置,而建设单位又不同意设置时,则必须有建设单位主管部门同意不设置的正式文件,否则应按规范执行。

3)根据建筑物的性质和使用功能按常规设计要求考虑的内容来确定

例如,学校建筑的电气设计内容,除一般的电力、照明以外,还应有电铃、有线广播等内容;剧场的电气设计中,除一般的电力、照明以外,还应包括舞台灯光照明、扩声系统等内容。

总之,设计时应当仔细弄清建设单位的意图、建筑物的性质和使用功能,熟悉国家设计标准和规范,本着满足规范的要求、服务于用户的原则确定设计内容。

10.2　建筑电气设计与相关部门和专业间的关系

10.2.1　与建设、施工及公用事业单位的关系

(1)与建设单位的关系

工程完工后总是要交付给建设单位使用,满足使用单位的需要是设计的最根本目的。因此,要做好一项建筑电气设计,必须首先了解建设单位的需求和他们所提供的设计资料。不是盲目的去满足,而是在客观条件许可的情况下,恰如其分地去实现。

(2)与施工单位的关系

设计是用图纸表达工程的产品,而工程的实体则须靠施工单位去建造。因此,设计方案必须具备实施性,否则仅是"纸上谈兵"而已。一般来讲,设计者应该掌握电气施工工艺,至少应了解各种安装过程,以免设计出的图纸不能实施。通常在施工前,需将设计意图向施工一方进行交底。施工的过程中,施工单位应严格按照设计图纸进行施工,若遇有更改设计或材料代用等,需经过"洽商",洽商作为图纸的补充,最后纳入竣工图内。

(3)与公用事业单位的关系

电气装置使用的能源和信息是来自市政设施的不同系统。因此,在开始进行设计方案构思时,应考虑到能源和信息输入的可能性及其具体措施。与这方面有关的设施是供电网络、通讯网络和消防报警网络等,因此,需和供电、电信和消防部门进行业务联系。

10.2.2 建筑电气设计与其他专业设计的协调

(1)建筑电气与建筑专业的关系

建筑电气与建筑专业的关系,视建筑物的功能不同而不同。在工业建筑设计过程中,生产工艺设计是起主导作用的,土建设计是以满足工艺设计要求为前提,处于配角的地位。但民用建筑设计过程中,建筑专业始终是主导专业,电气专业和其他专业则处于配角的地位,即围绕着建筑专业的构思而开展设计,力求表现和实现建筑设计的意图,并且在工程设计的全过程中服从建筑专业的调度。虽然建筑专业在设计中处于主导地位,但是并不排斥其他专业在设计中的独立性和重要性。从某种意义上讲,建筑电气设施的优劣,标志着建筑物现代化程度的高低。因此,建筑物的现代化除了建筑造型和内部使用功能具有时代气息外,很重要的方面是内部设备的现代化,这就对水、电、暖通专业提出更高的要求,使设计的工作量和工程造价的比重大大增加。也就是说,一项完整的建筑工程设计不是某一个专业所能完成的,而是各个专业密切配合的结果。

由于各专业都有各自的技术特点和要求,有各自的设计规范和标准,所以在设计中不能片面地强调某个专业的重要而置其他专业的规范于不顾,影响其他专业的技术合理性和使用的安全性。如电气专业在设计中应当在总体功能和效果方面努力实现建筑专业的设计意图,但建筑专业也要充分尊重和理解电气专业的特点,注意为电气专业设计创造条件,并认真解决电气专业所提出的技术要求。

(2)电气与设备专业的协调

建筑电气与建筑设备(采暖、通风、上下水、煤气)争夺地盘的矛盾特别多。因此,在设计中应很好地协调,与设备专业合理划分地盘,建筑电气应主动与土建、暖通、上下水,煤气、热力等专业在设计中协调好,而且要认真进行专业间的校对,否则,容易造成工程返工和建筑功能上的损失。

总之,只有各专业之间相互理解、相互配合,才能设计出既符合建筑设计意图的,技术和安全上符合规范,又能满足功能使用要求的建筑物。

10.3 建筑电气设计的原则与程序

10.3.1 设计原则

电气的设计必须贯彻执行国家有关工程的政策和法令,应当符合现行的国家标准和设计规范,还应遵守有关行业、部门和地区的特殊规定和规程。在上述前提下力求贯彻以下原则:

①应当满足使用要求和保证安全用电。

②确立技术先进、经济合理、管理方便的方案。

③设计应适当留有发展的余地。

④设计应符合现行的国家标准和设计规范。

我国现行主要的电气设计的国家标准和部颁标准如表10.1所示。

表10.1　国家和部颁标准的常用电气设计规范

序号	规范代号	规范名称	序号	规范代号	规范名称
1	GBJ52—83	工业与民用供电系统设计规范	10	GBJ61—83	工业与民用35kV及以下架空电力线路设计规范
2	GBJ53—83	工业与民用10kV及以下变电所设计规范	11	GBJ62—83	工业与民用电力装置的继电保护和自动装置设计规范
3	GBJ54—83	低压配电装置及线路设计规范	12	GBJ63—83	工业与民用电力装置的电气测量仪表装置设计规范
4	GBJ55—83	工业与民用通用设备电力装置设计规范	13	GBJ64—83	工业与民用电力装置过电压保护设计规范
5	GBJ56—83	电热设备、电力装置设计规范	14	GBJ65—83	工业与民用电力装置接地设计规范
6	GBJ57—83	建筑防雷设计规范	15	GBJ45—83	高层民用建筑设计防火规范
7	GBJ58—83	爆炸和火灾危险场所电力装置设计规范	16	GBJ16—87	建筑设计防火规范
8	GBJ59—83	工业与民用35kV变电所设计规范	17	GBJ116—88	火灾自动报警系统设计规范
9	GBJ60—83	工业与民用35kV高压配电装置设计规范	18	GBJ16—83	建筑电气设计技术规范

10.3.2　电气设计的程序

(1)初步设计阶段

电气的初步设计是在工程的建筑方案设计基础上进行的，对于大中型复杂工程，还应进行方案比较，以便遴选技术上先进可靠、经济上合理的方案，然后进行内部作业，编制初步设计文件。

初步设计阶段的主要工作是：

①了解和确定建设单位的用电要求。

②落实供电电源及配电方案。

③确定工程的设计项目。

④进行系统方案设计和必要的计算。

⑤编制初步设计文件，估算各项技术与经济指标(由建筑经济专业完成)。

⑥在初设阶段，还要解决好专业间的配合，特别是要提出配电系统所必须的土建条件，并在初步设计阶段予以解决。

初步设计文件应达到以下的深度要求：

①已确定设计方案。

②能满足主要设备及材料的订货要求。

③可以根据初设文件进行工程概算,以便控制工程投资。

④可以作为施工图设计的基础。

以方案代替初设的工程,电气部分的设计一般只编制方案说明,可不设计图纸,其初设深度是确定设计方案,据此估算工程投资。

(2)施工图纸设计阶段

根据已批准的初步设计文件(包括审批中的修改意见以及建设单位的补充要求)进行施工图纸设计,其主要工作有:

①进行具体的设备布置。

②进行必要的计算。

③确定各电器设备的选型以及确定具体的安装工艺。

④编制出施工图设计文件等。

在这一阶段特别要注意与各专业的配合,尤其是对建筑空间、建筑结构、采暖通风以及上下水管道的布置要有所了解,避免盲目布置造成返工。

施工设计图应达到以下深度要求:

①可以编制出施工图的预算。

②可以安排材料、设备和非标准设备的制作。

③可以进行施工和安装。

上述为一般建筑工程的情况,较复杂和较大型的工程建筑还有方案遴选阶段,建筑电气应与之配合。同时,建筑电气本身也应进行方案比较,采取切实可行的系统方案。特别复杂的工程尚需绘制管道综合图,以便于发现矛盾和施工安装。

10.3.3 电气设计的具体步骤

建筑电气工程的设计从接受设计任务开始到设计工作全部结束,大致可分为6个步骤:

(1)方案设计

对于大型复杂的民用建筑工程,其电气设计需要作方案设计,在这一阶段主要是与建筑方案的协调和配合设计工作,此阶段通常有以下具体工作:

1)接受电气设计任务

接受电气设计任务时,应先研究设计任务委托书,明确设计要求和内容。

2)收集资料

设计资料的收集根据工程的规模和复杂程度,可以一次收集,也可以根据各设计阶段深度的需要而分期收集,一般需要收集的资料有:

①向当地供电部门收集有关资料,主要有:a.电压等级,供电方式(电缆或架空线,专用线或非专用线);b.输电线路回数、距离、引入线的方向及位置;c.当采用高压供电时,还应收集系统的短路数据(短路容量、稳态短路电流、单相接地电流等);d.供电端的继电保护方式,动作电流和时间的整定值,对于用户进线与供电端输出线之间继电保护方式和时限配合的要求;e.供电局对用户功率因数、电能计量的要求,电价、电费收取办法;f.供电局对用户的其他要求。

②向当地气象部门收集有关资料,具体内容见表10.2。

表 10.2 常用的气象、地质资料

资料内容	资料用途	资料内容	资料用途
最高年平均温度	用于选择变压器	所选地址土壤 0.7 ~1.0m深处，一年中最热月平均温度	用于选择地下电缆
最热月平均最高温度	用于选择室外裸导线及母线	年雷电小时数和雷电日数	用于选择防雷装置
最热月平均温度	用于选择室内导线及母线	50 年一遇的最高洪水位	用于变电所所址选择
一年中连续三次的最热日昼夜平均温度	用于选择裸露在空气中的电缆	所选地址土壤的电阻率和结冰深度	用于选择接地装置

③向当地电信部门收集有关资料，具体有：a. 选址附近电讯设备的情况及利用的可能性、线路架设方式、电话制式等；b. 当地电视频道设置情况、电视台的方位、选址处的电视机信号强度。

④向当地消防部门收集有关资料，主要了解当地有关建筑防火设计的地方法规。

3）确定负荷等级

①根据有关设计规范，确定负荷的等级、建筑物的防火等级以及防雷等级。

②估算设备总容量（kW），即设备的计算负荷总量（kW），需要备用电源的设备总容量（kW）和设备计算总容量（kW）（对一级负荷而言）。

③配合建筑专业最后确定方案，即主要对建筑方案中的变电所的位置、方位等提出初步意见。

（2）进行初步设计

建筑方案经有关部门批准以后，即可进行初步设计。

1）分析设计任务书和进行设计计算

详细分析研究建设单位的设计任务书和方案审查意见，以及其他有关专业（如给排水、暖通专业）的工艺要求与电气负荷资料，在建筑方案的基础上进行电气方案设计，并进行设计计算（包括负荷计算、照度计算、各系统的设计计算等）。

2）各专业间的设计配合

①给排水、暖通专业应提供用电设备的型号、功率、数量以及在建筑平面图上的位置，同时尽可能提供设备样本。

②向结构专业了解结构形式、结构布置图、基础的施工要求等。

③向建筑专业提出设计条件，即包括各种电气设备（如变配电所、消防控制室、闭路电视机房、电话总机房、广播机房、电气管道井、电缆沟等）用房的位置、面积、层高及其他要求。

④向暖通专业提出设计条件，如空调机房和冷冻机房内的电气控制柜需要的位置空间，空调房间内的用电负荷等。

3）编制初步设计文件

初步设计阶段应编制初步设计文件，初步设计文件一般包括图纸目录、设计图纸、主要设备表和概算（概算一般由建筑经济专业编制）。

①图纸目录应列出现制图的名称、图别、图号、规格和数量。

②初设阶段以说明为主，即对各项的内容和要求进行说明。除此之外，设计依据和设计范

围也是设计说明书中不可缺少的文件，即摘录设计总说明中所列的批准文件和依据性资料中与本专业设计有关的内容，以及本工程其他专业提供的设计资料等；根据设计任务要求和有关设计资料、设计规范，说明本专业设计内容和分工等。

(3)进行施工图设计

初步设计文件经有关部门审查批准以后，就可以进行施工图设计。施工图设计阶段的主要工作有以下几方面。

1)准备工作

检查设计的内容是否与设计任务和有关的设计条件相符且是否正确，进一步收集必要的技术资料。

2)设计计算

深入进行系统计算；进一步核对和调整计算负荷；进行各类保护计算：导线与设备的选择计算；线路与保护的配合计算；电压损失计算等。

3)各专业间的配合与协调

对初步设计阶段相互提供的资料进行补充和深化，即

①向建筑专业提供有关电气设备用房的平面布置图，以便得到他们的配合。

②向结构专业提供有关预留埋件或预留孔洞的条件图。

③向水暖专业了解各种用电设备的控制、操作、连锁要求等。

4)编制施工图设计文件

施工图设计文件一般由图纸目录、设计说明、设计图纸、主要设备及材料表、工程预算等组成。图纸目录中应先列出新绘制的图纸，后列出选用的标准图、重复利用图及套用的工程设计图。

当本专业有总说明时，在各子项工程图纸中应加以附注说明；当子项工程先后出图时，应分别在各子项工程图纸中写出设计说明，图例一般在总说明中。

(4)工程设计技术交底

电气施工图设计完成以后，在施工开始之前，设计人员应向施工单位的技术人员或负责人作电气工程设计的技术交底。主要介绍电气设计的主要意图，强调指出施工中应注意的事项，并解答施工单位提出的技术疑问，补充和修改设计文件中的遗漏和错误。其间应作好会审记录，并最后作为技术文件归档。

(5)施工现场配合

在按图进行电气施工的过程中，电气设计人员应常去现场帮助解决图纸上或施工技术上的问题，有时还要根据施工过程中出现的新问题作一些设计上的变动，并以书面形式发出修改通知或修改图。

(6)工程竣工验收

设计工作的最后一步是组织设计人员、建设单位、施工单位及有关部门对工程进行竣工验收。电气设计人员应检查电气施工是否符合设计要求，即详细查阅各种施工记录，并现场查看施工质量是否符合验收规范，检查电器安装措施是否符合图纸规定，将检查结果逐项写入验收报告，并最后作为技术文件归档。

10.4　建筑电气设计的图纸与说明

图纸与说明是工程师表达设计意图的两种工程语言。二者在不同的工程和设计阶段中，分别起着主导与辅助的作用。

在建筑电气设计的不同阶段，则以不同的方式为主。即在初步设计阶段以说明为主，图纸为辅；在施工图设计阶段，以图为主，说明为辅。但对不同规模的工程，其要求也有所不同。以下分别介绍说明和图纸的要求、要点以及文件编制。

10.4.1　初设阶段的说明

工程规模不同，其要求也可以不一样。

(1)对中小型工程说明要点

中小型工程设计范围(项目)通常有一般照明、事故照明、工艺设备供电、建筑设备机泵供电及控制、电梯供电、工艺设备控制、声光信号系统、电话配线、广播配线、共用天线电视系统、防雷接地等。因此，一般要求：

①主要照明电源。

②电力负荷级别及预计设备容量。

③供电电源落实情况。

④安全保护措施(防雷、防火、防爆级别、接零、接地保护等)。

⑤主要设备及线路安装方式和选材。

⑥典型房间电气布置的说明，可在建筑平面图中示意或在设计说明中用文字叙述。

(2)大型建筑工程说明要点

对于大型工程，其设计项目一般比较多，常见的有：照明系统、变配电系统、自备电源系统、防雷接地系统、电梯电力系统、电话、广播、电视、事故照明、消防报警与控制、空调自动化、机电设备自动化、业务管理自动化等。因此，对于大型工程一般要求：

①对工程设计范围要逐项说明，并绘出必要的布置图、主接线或系统框图。

②每个系统均应简要说明其主要结构、设备选型、管路走向等，同时绘出主接线图。

③初步设计还应进行建筑电气工程的概算，以控制工程的总投资。

10.4.2　施工图要求

建筑电气的施工图一般由平面图、系统图、安装详图及设计说明，必要时还有计算书等内容组成。

(1)编制要求

根据工程内容与复杂程度的不同，一般要求：

①每层绘制一张或数张。

②一般照明与照明插座同属一个配电系统，故画在一起。弱电部分画在一起。

③系统图应完整的画在一张图纸上，对于大型复杂的电气系统，若采用分散绘制图纸，应另加绘一张揭示系统全貌的“干线系统图”。

④对于安装详图,一般可引用通用的施工安装图集。对于特殊的做法,以及用1/100平面图难以表达配电室、配电竖井、敷线沟道的情况,需绘制1/50以上比例的详图。

(2)施工图中说明要点

施工图中的说明主要是那些图纸上不易表达或可以统一说明的问题。其要点为:

①叙述工程土建概况。

②阐述工程设计范围及工程级别(防火、防爆、防雪、负荷级别)。

③电源概况。

④照明灯具、开关插座的选型。

⑤配电盘、箱、柜的选型。

⑥电气管线敷设。

⑦保安接地方式。

⑧施工安装要求及设计依据。

10.4.3 设计说明书的编制

设计说明书是工程设计中不可缺少的设计文件。在建筑电气设计中,不同的项目,其说明书的内容及要求也不同。因此,下面按不同项目介绍其内容和要求。

(1)供电设计的说明

供电设计的说明内容主要有:

①说明供电电源与设计工程的方位,距离关系;输电线路的形式(专用或非专用线,电缆或架空线);供电的可靠程度,供电系统短路数据和远期发展情况。

②用电负荷的性质及等级,总电力供应主要指标(总设备容量、总计算容量、需要系统、选用变压器容量及台数等)及供电措施。

③说明供电系统的形式,即备用电源的自动投入与切换;变压器低压侧之间的联络方式及容量;对供电安全所采取的措施。

④说明变配电所总电力负荷分配情况及计算结果(给出总设备容量、计算容量、计算电流、补偿前后的功率因数);变电所之间备用容量分配的原则;变电所数量、位置及结构形式。

⑤功率因数补偿方式、应补偿容量以及补偿结果。

⑥高、低压供配电线路的形式和敷设方法。

⑦设备过电压和防雷保护的措施;接地的基本原则,接地电阻的要求,对跨步电压所采取的措施等。

(2)电力设计的说明

电力设计说明的内容有:

①电源由何处引来;配电系统的形式(树干式、放射式、混合式);其电压、负荷类别及其供电保护措施。

②根据用电设备类别和环境特点(正常、灰尘、潮湿、高温、有爆炸危险等),说明设备选择的原则和大容量用电设备的起动和控制方法。

③导线选择及线路敷设方式。

④安全用电措施,即防止触电危险所设置的接地、接零、触电保护开关等。

(3)电气照明设计说明

电气照明设计说明的内容有：

①照明电源、电压、容量、照度选择及配电系统形式的选择。

②光源与照明灯具选择。

③导线的选择及线路敷设方式。

④应急照明电源的切换方式。

(4)建筑物的防雷保护

①说明按自然条件、当地雷电日数以及根据建筑物的高度和重要程度，确定的防雷等级和防雷措施。

②按防雷等级和安装位置，确定接闪器和引下线的形式和安装方法。如果利用建筑物的构件防雷时，应阐述设计确定的原则和采取的措施。

③说明接地电阻值的确定，接地极处理方式和采用的材料。

(5)弱电设计

初设阶段弱电设计说明的内容有：

①设计的内容和依据。

②各项弱电系统的概述和站址的确定。

③各系统的确定和设备的选择。

④各系统的供电方式等。

④需提请在设计审批时解决或确定的主要问题。

10.4.4　设计图纸

图纸文件在不同的阶段，其要求也不同，以下介绍图纸文件的编制。

(1)初设阶段图纸文件

在初设阶段虽以说明为主，但有时也还需辅以一定图纸，下面分项叙述有关图纸文件的要求。

1)供电总平面图

总平面图中应标出建筑物名称和电力、照明容量；对架空线要定出走向、导线、杆位、路灯、接地等，电缆线路要表示出敷设方法。

2)供电系统图

初设阶段，供电系统图要求达到能确定主要设备以满足定货要求。

3)变、配电所平面图

变、配电所平面图应反映出主要电气设备(变压器、高压开关柜、低压配电屏、控制屏等)在平面、剖面图中的位置及布置，并附有电气设备、材料表。

4)电力平面图及系统图

①电力平面图一般要求绘出配电干线、接地干线的平面布置，并注明导线规格型号及敷设方式；标明配电箱、启动器等设备的位置。

②系统图应注明设备编号、容量、规格型号及用户名称。

一般工程可只绘草图，对于复杂工程应绘制系统图或平面图。

5)照明平面图及系统图

①照明平面图应给出照明干线、配电箱、灯具及开关的平面布置,并注明房间名称和照度。

②对于多层建筑,可以只绘制标准层及标准房户的系统图。图需示出配电箱引至各个灯具和开关的支线(一般工程绘草图,复杂工程绘出系统图或平面图)。

6)电气信号和自动控制图

电气信号和自动控制系统,应绘制方框图或原理图、控制室平面图(简单自控系统只要在说明书中说明即可)。图中应包括:

①控制环节的组成、精度要求、电源选择等。

②设备和仪表的规格型号。

7)弱电部分

在初设阶段,弱电部分应绘制:

①建筑物的弱电平面图(可仅画草图)。

②各项弱电系统的系统图。

③弱电设备平面布置图(可仅画草图)。

8)主要设备及材料表

设备及材料表也是工程设计中不可缺少的文件,建筑电气设计中,应给出各主要设备和材料的明细表,以便工程概算和设备的订货。

9)计算书

计算书一般不对外,各种计算的结果(包括负荷计算、照度计算、保护配合计算、主要设备选择计算以及特殊部分的计算等)分别列入设计说明书和设计图纸。

(2)施工图阶段图纸文件

1)供电总平面图

①说明　供电总平面图首先应说明电源及电压等级、进线方向、线路结构、敷设方式;杆型的选择、杆型种类、是否高低压线路共杆、杆顶装置引用标准图的索引号;架空线路的敷设、导线规格型号、档数、入户线的架设和保护;路灯的型号、规格和容量,路灯的控制与保护;重复接地装置的电阻值、形式、材料和埋置方法。

②图纸内容　总平面图中应标出建筑子项名称(或编号)、层数(或标高)、等高线和用户的设备容量等;画出变配电所位置、线路走向、电杆、路灯、拉线、重复接地、室外电缆沟等;标出回路编号、电缆、导线截面、根数、路灯型号和容量;绘制杆型选择表。

2)变、配电所图纸

变、配电所图纸文件由以下部分组成:

①高、低压供电系统图　供电系统图要求画单线图,要标明继电保护、电工仪表、电压等级、母线和设备元件的规格型号;系统标栏从上到下依次为:开关柜编号、开关柜型号、回路编号、设备容量(kW)、计算电流(A)、导线型号及规格、用户名称、二次接线方案编号。

②变、配电所的平面和剖面图　配电平、剖面图应按比例画出变压器、开关柜控制屏、电容器柜、母线、穿墙套管、支架等平面布置和安装尺寸;标出进出线的编号、方向位置、线路型号规格、敷设方法;变电所选用标准图时,应注明选用标准图的编号和页次。

③变、配电所照明和接地平面图　接地平面图表示接地极和接地线的平面布置、材料规格、埋设深度、接地电阻值等;注明选用的标准安装图编号和页次。

3)电力图纸

①说明　电力图纸文件应首先说明电源电压等级、引入方式;导线选型和敷设方式;设备安装高度(也可在平面图上标注);保安措施(接地或接零)。

②电力平面图　平面图应画出建筑物平面轮廓(由建筑专业提供工作图);用电设备位置、编号,容量及进出线位置;配电箱、开关、启动器、线路及接地的平面布置,注明回路编号、配电箱编号、型号规格和总容量等。不画出电力系统图时,必须在平面图上注明自动开关整定电流或熔体电流;注明选用的标准安装图的编号和页次。

③电力系统图　系统图用单线图绘制,图中应标出配电箱编号、型号规格;开关、熔断器、导线的型号规格;保护管管径和敷设方法;用电设备编号、名称及容量。

④控制及信号装置原理图　包括控制原理图和设备元件布置图、接线图、外引端子板图。

⑤安装图　包括设备安装图和非标准件制作图以及设备材料明细表。一般尽量选用安装标准图和标准件。

4)电气照明

①照明平面图　照明平面图应反映配电箱、灯具、开关、插座、线路等平面布置(在建筑专业提供的建筑平面图上作业);标注配电设备的编号、规格型号;线路、灯具的型号、安装方式及高度,复杂工程的照明需要局部大样图。多层建筑有标准层时可只绘出标准层照明平面图,并说明电源电压、引入线方式、导线选系型及敷设方式、保安措施等。

②照明系统图　系统图采用单线图绘制,要求标出配电箱、开关、熔断器、导线的规格型号;保护管径和敷设方式等。

③安装图　即照明灯具、配电设备、线路安装图。尽量选用安装标准图。

5)电气信号及自动控制

对于电气信号及自动控制系统的图纸,一般要求:

①对信号系统图、控制系统方框图、原理图,要注明系统电器元件符号、接线端子编号、环节名称,列出设备材料表。

②绘制控制室平、剖面和管线敷设图。

③对安装、制作图尽量选用标准设备。

6)建筑物防雷保护

①建筑物防雷接地平面图　一般小型建筑物是在建筑屋顶平面图的基础上作业绘顶视平面图,复杂形状的大型建筑物应绘立面图,标注出标高和主要尺寸;避雷针或避雷带(网)引下线、接地装置平面图、材料规格、相对位置尺寸;注明选用的标准图编号、页次;说明主要包括建筑物和构筑物防雷的等级,以及采取的防雷措施;接地装置的电阻值的要求、形式,材料和埋设方法等。

②如果利用建筑物(构筑物)和钢筋混凝土构件或其他金属构件作防雷措施时,应在相关专业的设计图纸上进行呼应。

7)弱电(电话、广播、电视、火警等)部分

①图纸目录应先列出新绘制的图纸,后列出选用的标准图或重复利用图。

②设计说明应注明平面图例符号、施工要求、注意事项及设备安装高度(也可写在有关图纸上)。

③弱电部分的设计图纸,一般应包括以下各部分:a. 各站站内设备平面布置图;b. 各站弱

电设备系统图及设备间线路连接图；c. 各设备出线端子外部接线图；d. 站外设备布置及线路布置图；e. 各站设备系统输出线路系统图；f. 各种弱电设备交、直流供电系统图；g. 各种接地平面图及其他电气原理图、安装大样图等。

计算书（不对外）各部分的计算应经校审并签字，作为技术文件归档。

10.5 建筑电气设计施工图的绘制

工程设计施工图是用来直观地表达设计意图的工程语言。它也是指导施工人员安装操作和设备运行维护的依据，同时还是设备订货的依据。因此，施工图纸表达要规范、准确、完整、清楚，文字要简洁。

10.5.1 电气工程图的图形符号

在电气工程图中，设备、元件、线路及其安装方法等，都是用统一的图形符号和文字符号来表达的。图形符号和文字符号犹如电气工程语言中的"词汇"，所以要设计、绘制和阅读电气图纸，应首先熟悉这些"词汇"，并弄清它们各自代表的意义。

电气图纸中的电气图形符号通常包括系统图图形符号、平面图图形符号、电气设备文字符号和系统图的回路标号。这些符号和标号都有统一的国家标准。在实际工程设计中，若统一图例（国标）不能满足图纸表达的需要时，可以根据工程的具体情况，自行设定某些图形符号，此时必须附有图例说明，并在设计图纸中列出来。一般而言，每项工程都应有图例说明。

10.5.2 电气工程施工图的组成

一般而言，一项工程的电气设计施工图总是由系统图、电气原理图、平面图、设备布置图、安装图等内容组成。

电气工程的规模有大有小，电气项目也各不相同，反映不同规模的工程图纸的种类、数量也是不相同的。

（1）系统图

系统图是用来表示系统的网络关系的图纸。系统图应表示出系统的各个组成部分之间的相互关系，连接方式，以及各组成部分的电器元件和设备及其特性参数。通过系统图可以了解工程的全貌和规模。

当工程规模大、网络比较复杂时，为了表达更简洁、方便，也可先画出各干线系统图，然后分别画出各子系统，层层分解，有层次地表达。图 10.1 为某工程照明系统图。

（2）平面图

平面图是表示所有电气设备和线路的平面位置、安装高度，设备和线路的型号、规格，线路的走向和敷设方法、敷设部位的图纸。

平面图按工程内容的繁简分层绘制，一般每层绘制一张或数张。同一系统的图画在一张图上。

平面图还应标注轴线、尺寸、比例、楼面标高、房间名称等，以便于图形校审、编制施工预算和指导施工。图 10.2 为某住宅照明平面图。

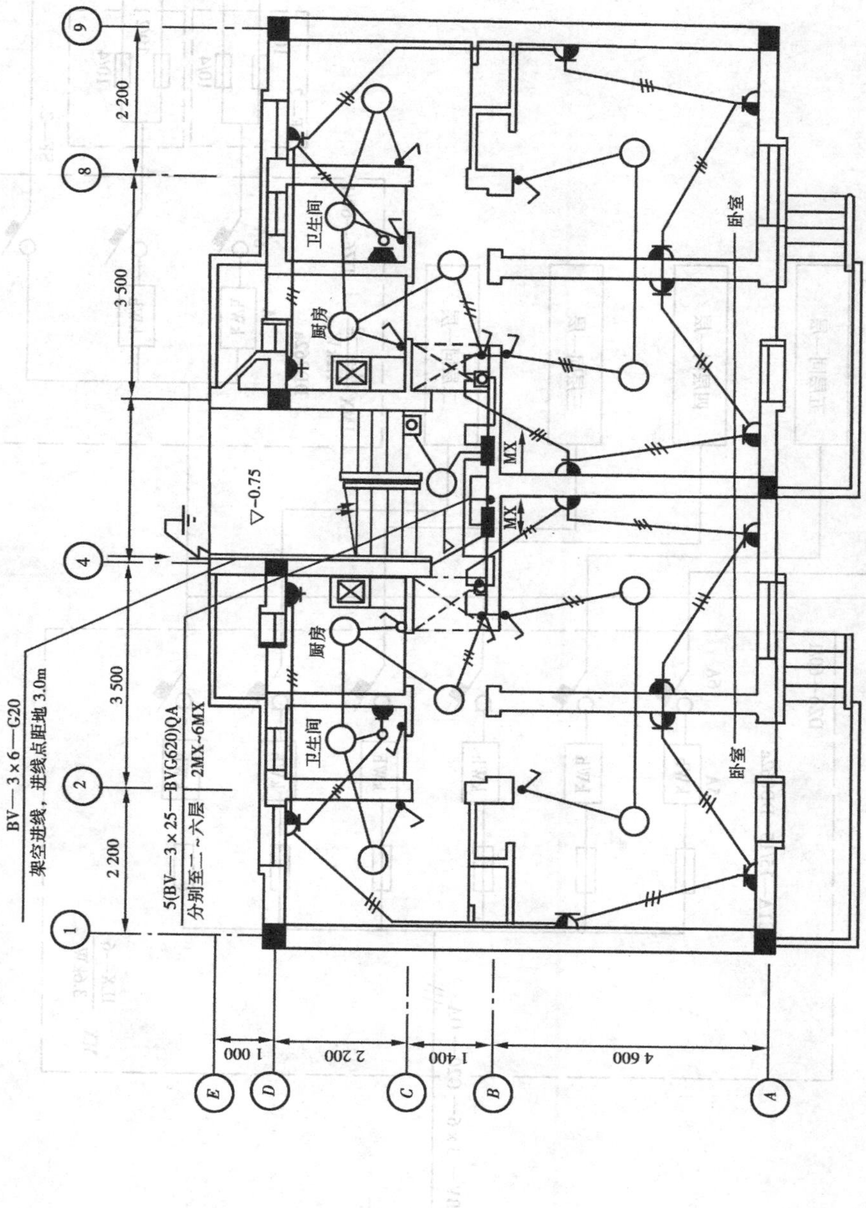

图 10.1　照明系统图示例

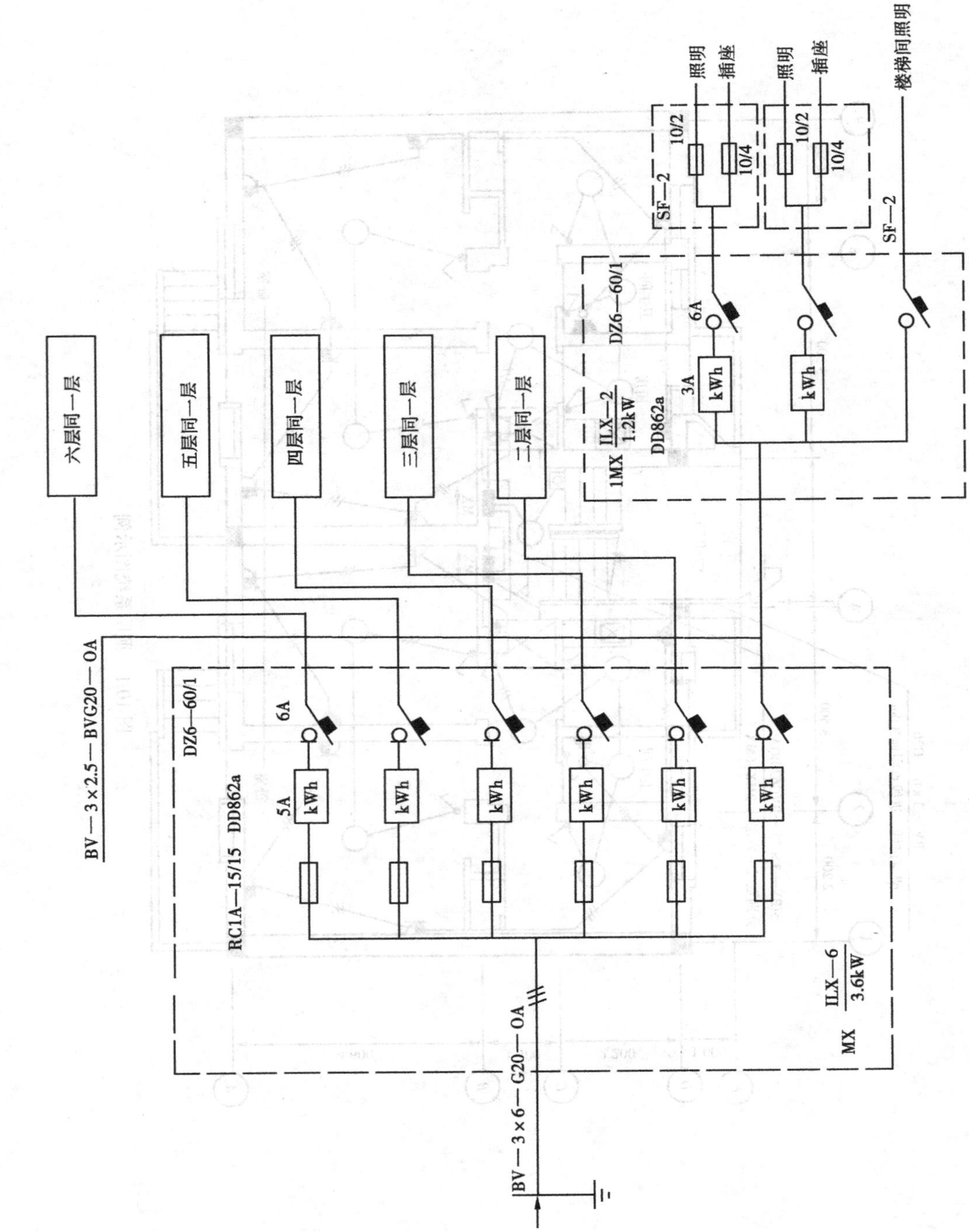

图 10.2 照明平面图示例

(3) 设备布置图

设备布置图通常由平面图、立面图、剖面图及各种构件详图等组成，用来表示各种电气设备的平面与空间位置相互关系以及安装方式。这类图一般都是按三种视图的原理绘制的工程图。

(4) 安装图

它是表示电气工程中某一部分或某一部件的具体安装要求和做法的图纸，同时还表明安装场所的形态特征。这类图一般都有统一的国家标准图。需要时尽量选用标准图。

(5) 电气原理图

电气原理图是表示某一具体设备或系统的电气工作原理的图纸，用以指导具体设备与系统的安装、接线、调试、使用与维护。在原理图上，一般用文字简要地说明控制原理或动作过程，同时，在图纸上还应列出原理图中的电气设备和元件的名称、规格型号及数量。

总之，电气施工图的绘制，应力求用较少的图纸准确、明了地表达设计意图，使施工和维护人员读起来感到条理清楚。此外，在一个具体工程中，往往可以根据实际情况适当增加或者减少某些图。

附　表

附表 1　搪瓷深罩型灯光通利用系数 μ

反射系数	预　棚	0.30	0.50	0.70	
	墙　面	0.10	0.30	0.50	0.50
	地　面	0.10	0.10	0.10	0.30
室形指数 i	0.6	0.26	0.29	0.32	0.34
	0.7	0.33	0.35	0.39	0.40
	0.8	0.36	0.39	0.42	0.44
	0.9	0.39	0.41	0.44	0.47
	1.0	0.41	0.42	0.46	0.49
	1.1	0.43	0.45	0.48	0.51
	1.25	0.45	0.47	0.50	0.53
	1.5	0.47	0.49	0.52	0.56
	1.75	0.49	0.50	0.54	0.58
	2.0	0.50	0.52	0.55	0.60
	2.25	0.51	0.53	0.56	0.62
	2.5	0.52	0.54	0.57	0.63
	3.0	0.53	0.55	0.58	0.65
	3.5	0.54	0.56	0.59	0.66
	4.0	0.55	0.57	0.60	0.67
	5.0	0.56	0.58	0.61	0.69

附表2　搪瓷广罩型灯光通利用系数μ

反射系数							
反射系数	顶棚	0.30	0.50			0.70	
	墙面	0.30	0.30	0.50		0.50	
	地面	0.10	0.10	0.10	0.30	0.10	0.30
室形指数 i	0.6	0.27	0.29	0.31	0.33	0.32	0.33
	0.7	0.30	0.30	0.35	0.36	0.35	0.36
	0.8	0.33	0.33	0.38	0.39	0.38	0.40
	0.9	0.34	0.34	0.39	0.41	0.40	0.42
	1.0	0.36	0.36	0.41	0.43	0.42	0.44
	1.1	0.37	0.38	0.43	0.45	0.43	0.47
	1.25	0.39	0.40	0.45	0.47	0.45	0.49
	1.5	0.42	0.42	0.47	0.50	0.48	0.52
	1.75	0.44	0.45	0.50	0.53	0.51	0.55
	2.0	0.46	0.47	0.52	0.55	0.53	0.58
	2.25	0.48	0.49	0.54	0.58	0.55	0.60
	2.5	0.50	0.51	0.55	0.60	0.57	0.62
	3.0	0.53	0.53	0.58	0.61	0.60	0.65
	3.5	0.55	0.56	0.60	0.64	0.61	0.68
	4.0	0.57	0.58	0.62	0.67	0.63	0.70
	5.0	0.59	0.60	0.63	0.69	0.65	0.72

附表3　乳白玻璃罩灯光通利用系数μ

反射系数								
反射系数	顶棚	0.3	0.50			0.70		
	墙面	0.3	0.3	0.50		0.30	0.50	
	地面	0.10	0.10	0.10	0.30	0.10	0.10	0.30
室形指数 i	0.6	0.28	0.29	0.34	0.36	0.29	0.36	0.37
	0.7	0.31	0.32	0.38	0.39	0.33	0.39	0.41
	0.8	0.35	0.36	0.42	0.43	0.37	0.44	0.46
	0.9	0.37	0.38	0.44	0.46	0.39	0.46	0.49
	1.0	0.39	0.40	0.46	0.48	0.41	0.48	0.51
	1.1	0.41	0.42	0.48	0.51	0.44	0.50	0.53

续表

反射系数	顶棚	0.3	0.50			0.70		
	墙面	0.3	0.3	0.50		0.30	0.50	
	地面	0.10	0.10	0.10	0.30	0.10	0.10	0.30
室形指数 i	1.25	0.43	0.44	0.50	0.53	0.46	0.53	0.56
	1.5	0.45	0.47	0.53	0.57	0.49	0.57	0.60
	1.75	0.48	0.50	0.56	0.60	0.53	0.60	0.64
	2.0	0.51	0.54	0.59	0.63	0.56	0.63	0.68
	2.25	0.53	0.56	0.62	0.66	0.59	0.65	0.71
	2.5	0.56	0.58	0.64	0.68	0.61	0.67	0.74
	3.0	0.59	0.62	0.67	0.72	0.65	0.70	0.78
	3.5	0.61	0.64	0.69	0.75	0.68	0.73	0.82
	4.0	0.64	0.67	0.71	0.78	0.71	0.76	0.85
	5.0	0.66	0.70	0.73	0.80	0.74	0.78	0.88

附表4 乳白玻璃散光罩灯(下部开口)光通利用系数 μ

反射系数	顶棚	0.50				0.70			
	墙面	0.30		0.50		0.30		0.50	
	地面	0.10	0.30	0.10	0.30	0.10	0.30	0.10	0.30
室形指数 i	0.6	0.22	0.24	0.26	0.27	0.24	0.25	0.29	0.30
	0.7	0.27	0.28	0.31	0.32	0.29	0.31	0.34	0.36
	0.8	0.31	0.32	0.35	0.36	0.33	0.35	0.38	0.41
	0.9	0.34	0.35	0.37	0.39	0.36	0.38	0.41	0.44
	1.0	0.36	0.37	0.40	0.42	0.39	0.41	0.44	0.47
	1.1	0.38	0.39	0.42	0.44	0.41	0.44	0.46	0.50
	1.25	0.40	0.42	0.44	0.46	0.44	0.47	0.49	0.53
	1.5	0.43	0.45	0.47	0.50	0.47	0.50	0.52	0.57
	1.75	0.46	0.47	0.50	0.52	0.50	0.54	0.54	0.60
	2.0	0.48	0.50	0.52	0.54	0.52	0.56	0.56	0.63
	2.25	0.49	0.52	0.53	0.56	0.54	0.59	0.58	0.65
	2.5	0.51	0.53	0.55	0.58	0.56	0.61	0.60	0.67
	3.0	0.53	0.56	0.57	0.60	0.59	0.64	0.62	0.70
	3.5	0.54	0.58	0.58	0.62	0.61	0.67	0.64	0.72
	4.0	0.56	0.60	0.60	0.64	0.63	0.69	0.66	0.74
	5.0	0.58	0.63	0.62	0.66	0.65	0.73	0.68	0.77

附表5 乳白玻璃半圆球罩灯光通利用系数 μ

反射系数	顶棚	0.50				0.70			
	墙面	0.30		0.50		0.30		0.50	
	地面	0.10	0.30	0.10	0.30	0.10	0.30	0.10	0.30
室形指数 i	0.6	0.13	0.14	0.16	0.17	0.14	0.15	0.18	0.19
	0.7	0.16	0.17	0.20	0.20	0.18	0.19	0.22	0.23
	0.8	0.18	0.19	0.22	0.22	0.21	0.22	0.24	0.25
	0.9	0.20	0.21	0.24	0.24	0.22	0.23	0.26	0.28
	1.0	0.21	0.22	0.25	0.26	0.24	0.25	0.27	0.29
	1.1	0.22	0.23	0.26	0.27	0.25	0.27	0.29	0.31
	1.25	0.24	0.25	0.28	0.29	0.27	0.29	0.30	0.33
	1.5	0.26	0.28	0.30	0.31	0.29	0.31	0.33	0.35
	1.75	0.28	0.30	0.32	0.33	0.31	0.33	0.34	0.38
	2.0	0.29	0.31	0.33	0.35	0.32	0.35	0.36	0.39
	2.25	0.31	0.32	0.34	0.36	0.33	0.37	0.37	0.41
	2.5	0.32	0.34	0.35	0.37	0.35	0.38	0.38	0.42
	3.0	0.33	0.36	0.37	0.39	0.37	0.41	0.40	0.44
	3.5	0.35	0.37	0.38	0.40	0.38	0.42	0.42	0.46
	4.0	0.36	0.39	0.39	0.41	0.40	0.44	0.43	0.48
	5.0	0.38	0.41	0.41	0.44	0.42	0.47	0.44	0.50

附表6 乳白玻璃圆球罩灯光通利用系数 μ

反射系数	顶棚	0.50				0.70			
	墙面	0.30		0.50		0.30		0.50	
	地面	0.10	0.30	0.10	0.30	0.10	0.30	0.10	0.30
室形指数 i	0.6	0.12	0.13	0.16	0.17	0.15	0.16	0.19	0.20
	0.7	0.16	0.17	0.20	0.21	0.19	0.20	0.23	0.24
	0.8	0.18	0.19	0.22	0.23	0.22	0.22	0.26	0.27
	0.9	0.20	0.21	0.24	0.25	0.24	0.25	0.28	0.30
	1.0	0.22	0.23	0.26	0.27	0.26	0.27	0.30	0.32
	1.1	0.23	0.24	0.27	0.28	0.27	0.29	0.32	0.34
	1.25	0.24	0.26	0.29	0.30	0.29	0.31	0.34	0.36
	1.5	0.26	0.28	0.31	0.33	0.33	0.35	0.36	0.40

续表

反射系数	顶棚	0.50				0.70			
	墙面	0.30		0.50		0.30		0.50	
	地面	0.10	0.30	0.10	0.30	0.10	0.30	0.10	0.30
室形指数 i	1.75	0.28	0.30	0.33	0.35	0.34	0.37	0.38	0.42
	2.0	0.30	0.32	0.35	0.37	0.36	0.39	0.40	0.44
	2.25	0.31	0.34	0.36	0.38	0.38	0.41	0.42	0.46
	2.5	0.33	0.36	0.38	0.40	0.39	0.43	0.43	0.48
	3.0	0.36	0.38	0.40	0.42	0.42	0.46	0.45	0.51
	3.5	0.38	0.40	0.41	0.44	0.44	0.49	0.48	0.53
	4.0	0.40	0.43	0.43	0.46	0.46	0.51	0.49	0.55
	5.0	0.43	0.46	0.46	0.49	0.50	0.55	0.52	0.59

附表7　裸露式单管荧光灯光通利用系数μ

反射系数	顶棚	0.3	0.50		0.70	
	墙面	0.3	0.30	0.50	0.30	0.50
	地面	0.10	0.10	0.30	0.10	0.30
室形指数 i	0.6	0.20	0.21	0.26	0.22	0.27
	0.8	0.26	0.28	0.32	0.29	0.34
	1.0	0.31	0.31	0.36	0.33	0.38
	1.25	0.33	0.35	0.39	0.37	0.42
	1.5	0.36	0.38	0.42	0.41	0.46
	2.0	0.40	0.42	0.47	0.46	0.51
	2.5	0.44	0.47	0.51	0.50	0.55
	3.0	0.46	0.49	0.54	0.53	0.58
	4.0	0.50	0.53	0.57	0.57	0.63
	5.0	0.52	0.55	0.60	0.60	0.65

附表8 带格栅多管荧光灯光通利用系数 μ

反射系数	顶 棚	0.30	0.50		0.70	
	墙 面	0.30	0.30	0.50	0.30	0.50
	地 面	0.10	0.10	0.30	0.10	0.30
室形指数 i	0.6	0.19	0.20	0.23	0.21	0.24
	0.7	0.21	0.23	0.25	0.24	0.26
	0.8	0.23	0.25	0.28	0.26	0.29
	0.9	0.25	0.27	0.30	0.28	0.31
	1.0	0.26	0.28	0.31	0.29	0.32
	1.1	0.27	0.29	0.32	0.30	0.34
	1.25	0.29	0.31	0.34	0.32	0.36
	1.5	0.31	0.33	0.36	0.34	0.38
	1.75	0.33	0.35	0.38	0.36	0.40
	2.0	0.35	0.37	0.40	0.38	0.41
	2.25	0.36	0.39	0.41	0.40	0.42
	2.5	0.37	0.40	0.42	0.41	0.43
	3.0	0.38	0.41	0.43	0.42	0.45
	3.5	0.39	0.42	0.44	0.43	0.46
	4.0	0.40	0.43	0.45	0.44	0.47
	5.0	0.42	0.45	0.46	0.47	0.48

附表9 普通白炽灯型号及参数

灯泡型号	额定电压/V	额定功率/W	最大功率/W	光通量/lm		灯泡型号	额定电压/V	额定功率/W	最大功率/W	光通量/lm	
				额定值	极限值					额定值	极限值
PZ220—15	220	15	16.1	110	91	PQ220—100	220	100	104.5	1 250	1 038
PZ220—25		25	26.5	220	183	PQ220—150		150	156.5	2 090	1 777
PZ220—40		40	42.1	350	291	PQ220—200		200	208.5	2 920	2 482
PQ220—40		40	42.1	350	291	PQ220—300		300	312.5	4 610	3 919
PQ220—60		60	62.9	630	523	PQ220—500		500	520.5	8 300	7 055
PQ220—75		75	78.5	850	706	PQ220—1000		1 000	1 040.5	18 600	15 810

附表10　管型照明卤钨灯型号及参数

灯管型号	额定参数			平均寿命/h	安装方式	灯管型号	额定参数			平均寿命/h	安装方式
	电压/V	功率/W	光通量/lm				电压/V	功率/W	光通量/lm		
LZG220—1500		1 500	31 500		夹式	LZG220—500		500	9 750		夹式
LZG220—1000	220	1 000	21 000	1 500	顶式夹式	LZG220—2000	220	2 000	42 000	1 500	顶式或夹式
LZG220—1500		1 500	31 500		顶式	LZG110—500	110	500	10 250		顶式

附表11　荧光高压汞灯型号及参数

灯管型号	电源电压/V	额定功率/W	工作电压/V	工作电流/A	启动电压/V	启动电流/A	光通量/lm	平均寿命/h	灯头型号
GGY50		50	95 ± 15	0. 62		1. 0	1 500	2 500	E27/27—1
GGY80		80	110 ± 15	0. 85		1. 3	2 800	2 500	E27/27—1
GGY125		125	115 ± 15	1. 25		1. 80	4 750	2 500	E27/35—2
GGY175		175	130 ± 15	1. 5		2. 3	7 000	2 500	E40/45—1
GGY250		250	130 ± 15	2. 15		3. 7	10 500	5 000	E40/45—1
GGY400	220	400	135 ± 15	3. 25	180	5. 7	20 000	5 000	E40/75—1
GGY700		700	140 ± 15	5. 45		10. 0	35 000	5 000	E40/75—1
GGY1000		1 000	145 ± 15	7. 5		13. 7	50 000	5 000	E40/78—3
GGY400		400	135 ± 15	3. 25		5. 7	16 500	5 000	E40/75—3
GGY250		250	220	1. 20		1. 7	5 500	3 000	E40/45—1
GGY450		450	220	2. 25		3. 5	13 000	3 000	E40/55—2
GGY750		750	220	3. 55		6. 0	22 500	3 000	E40 装配式

附表12 直管型荧光灯型号及参数

灯管型号	电源电压 /V	额定功率 /W	工作电压 /V	工作电流 /mA	启动电压 /V	启动电流 /mA	光通量 /lm	平均寿命 /h	灯头型号
YZ15	220	15	52	320	190	440	580	3 000	2RC—35
YZ20		20	60	350	190	460	970	3 000	2RC—35
YZ30		30	95	350	190	560	1 550	3 000	2RC—35
YZ40		40	108	410	190	650	2 400	3 000	2RC—35
YZ100		100	87	1 500	190	1 800	5 500	2 000	2RC—35

附表13 金属卤化物灯和高压钠灯型号及参数

名称及型号		电源电压 /V	额定功率 /W	工作电压 /V	工作电流 /A	启动电压 /V	启动电流 /A	光通量 /lm	功率因数	灯头型号
高压钠灯	NG400	~220	400	100^{+20}_{-15}	4.6	180	7.5	40 000	0.44	E40/45—1
	NG250		250		3.0	180	5.2	22 500	0.44	E40/45—1
钠铊铟灯	NTY1000		1 000	90 ± 10	10 ~ 12.5	180	15 ~ 16	60 000 ~ 70 000	0.5	夹 式
	NTY400		400	135 ± 15	3.25	180	5.7	28 000	0.61	E40/45—1
管型镝灯	DDG400	~220 ~380	400	216	2.7	340	5	36 000	0.52	E40/45—1

附表14 管型氙灯型号及参数

灯管型号	电源电压 /V	额定功率 /W	工作电压 /V	工作电流 /A	光通量 /lm	功率因数	发光体长度 /mm	平均寿命 /h	触发器型号
XG1500	~220	1 500	60	20	30 000	0.4	110	1 000	XC—S1.5A
XG3000	~220	3 000	220	13 ~ 18	72 000	0.9	590	1 000	XC—3A
XG6000		6 000		24.5 ~ 30	144 000		800		SQ—10
XG10000		10 000		41 ~ 50	270 000		1 050		XC—10A
XG20000		20 000		84 ~ 100	580 000		1 300		XC—S20A

续表

灯管型号	电源电压 /V	额定功率 /W	工作电压 /V	工作电流 /A	光通量 /lm	功率因数	发光体长度 /mm	平均寿命 /h	触发器型号
XG20000	~380	20 000	380	47.5~58	580 000	0.9	2 000	1 000	SQ—20
XG50000		50 000		118~145	1 550 000		2 700		SCH—50
XSG4000	~220	4 000	220	15~20	140 000	0.9	250	500	DWC—3
XSG6000		6 000		23~31	220 000				

参考文献

[1] 李育才,杜先智.建筑电气技术[M].上海:同济大学出版社,1990.

[2] 李海,黎文安.实用建筑电气技术[M].北京:中国水利水电出版社,1997.

[3] 高明远,杜一民.建筑设备工程[M].北京:中国建筑工业出版社,1989.

[4] 刘介才.供电工程师技术手册[M].北京:机械工业出版社,1998.

[5] 而师玛乃,花铁森.建筑弱电工程安装施工手册[M].北京:中国建筑工业出版社,1999.

[6] 罗国杰.智能建筑系统工程[M].北京:机械工业出版社,2000.

[7] 建设部执业资格注册中心,山东省建设委员会执业资格注册中心.注册建筑师考试手册[M].济南:山东科技出版社,1999.

[8] 史信芳,陈影,毛宗源.电梯技术·原理技术·维修技术·管理技术[M].北京:电子工业出版社,1989.

[9] 陈家盛.电梯结构原理及安装维修[M].北京:机械工业出版社,1990.

[10] 范锡普.发电厂电气部分[M].北京:中国水利电力出版社,1987.

[11] 牟道槐.发电厂变电站电气部分[M].重庆:重庆大学出版社,1996.

[12] 张振昭,许锦标.楼宇智能化技术[M].北京:机械工业出版社,1999.

[13] 刘国林.综合布线[M].上海:同济大学出版社,1999.

[14] 秦曾皇.电工学:上、下册[M].北京:高等教育出版社,2000.